William H. Calvin
George A. Ojemann

Einsicht ins Gehirn

Wie Denken und Sprache entstehen

Aus dem Amerikanischen
von Hartmut Schickert

Carl Hanser Verlag

Titel der Originalausgabe: *Conversation with Neil's Brain*
Addison-Wesley, New York 1994
© 1994 by William H. Calvin and George A. Ojemann

1 2 3 4 5   99 98 97 96 95

ISBN 3-446-18272-1
Alle Rechte der deutschen Ausgabe:
© Carl Hanser Verlag München Wien 1995
Satz: Gerber Satz, München
Druck und Bindung:
Friedrich Pustet, Regensburg
Printed in Germany

Für unseren gemeinsamen Mentor
ARTHUR A. WARD, JR.

Inhalt

1.
Ein Fenster zum Gehirn

Das Händeschrubben nach der Uhr ist ein Ritual, das jeder Operation vorausgeht; ich bin aber ein bißchen aus der Übung. Immer die Ellbogen nach unten halten, ermahne ich mich, damit das Wasser dort abtropft und nicht andersherum läuft, von den schmutzigen in die sauberen Bereiche. Drei Minuten muß ich noch schrubben, dann kommt mein großer Auftritt im OP.

Ich muß mich auf dieses Händeschrubben konzentrieren, weil ich es so selten tue; ein Chirurg erledigt das jedoch ganz automatisch und verschwendet so wenig Gedanken daran wie aufs Fahrradfahren. Zehn Minuten hat er dabei Zeit, über seinen Patienten nachzudenken, sich die Besonderheiten des Falls zu überlegen, sich zu erinnern, was der Patient sagte, als er ihn nach seinen Vorlieben fragte. Bei unserer Art von Neurochirurgie muß das operative Vorgehen manchmal auf der Stelle den einzigartigen Bedingungen des Patientengehirns angepaßt werden. Und schwerwiegende Entscheidungen sind zu treffen, mit denen der Patient anschließend leben muß. Da kann es zu Konflikten kommen: Einerseits will man den Patienten von seinen epileptischen Anfällen befreien, andererseits will man seine Sprache und sein Gedächtnis unversehrt lassen. Neurochirurgen folgen in solchen Fällen bestimmten Prinzipien wie »Lieber ein paar Anfälle als ein Verlust der Sprache«. Heute könnte eine solche Entscheidung anstehen, wenn Neil später am Tag ein Teil seines Gehirns entfernt wird.

Neben dem Waschbecken ist ein Fenster, durch das ich in den OP schaue und nachsehe, wie die Dinge stehen. Neil liegt fast völlig hinter einem großen Zelt aus blaugrünen, sterilen Tüchern verborgen. Ich muß an die Besprechung mit ihm vor der Operation denken: ein Patient und zwanzig wißbegierige Ärzte. Nicht gerade das übliche Zahlenverhältnis zwischen Arzt und Patienten, noch nicht einmal hier in dieser Klinik. Eine solche Konferenz lockt viele Leute wie mich an, die daran interessiert sind, wie das Gehirn normalerweise funktioniert. Sie mengen sich unter die Spezialisten, welche die Epileptiker sonst behandeln.

Vor der Besprechung hatten Neil und ich uns einmal über Schriftsteller unterhalten, und er sagte, daß er sich zu einer recht speziellen Art von Autor entwickelt habe: Er schreibt Briefe an Zeitungen – über das Tragen von Sicherheitsgurten. Die Schädelfraktur, auf die seine Epilepsie zurückzuführen ist, hatte er sich vor fünfzehn Jahren beim Aufprall auf das Lenkrad zugezogen, als er »nur mal eben schnell« zum Lebensmittelladen fuhr.

Wie viele Epileptiker, die operativ behandelt werden sollen, ist Neil hochmotiviert. Ein langer Tag im Operationssaal, sagte er, sei doch nichts im Vergleich zu einem epileptischen Anfall beinahe jede Woche. Und abgesehen davon, fügte er hinzu, hätte er schon immer gern wissen wollen, wie sein Gehirn funktioniert; vielleicht würde er jetzt etwas darüber erfahren.

Im Gegensatz zu anderen geistig Erkrankten entwickeln Epileptiker ein ziemlich weitgehendes Verständnis von ihrer Problematik. Die Anfälle sind temporär, und in den Zeiten dazwischen haben sie so gut wie keine Schwierigkeiten. Solange sie nicht gerade ein Auto oder ein Flugzeug steuern, fügt ihnen ein einzelner Anfall für gewöhnlich keinen Schaden zu; ernste Probleme bereiten ihnen jedoch die ständigen Wiederholungen. Etwa einem Viertel aller Epileptiker kann mit antikonvulsiven Medikamenten nicht geholfen werden. Läßt sich in ihrem Gehirn dann der epileptische »Schrittmacher« ausfindig machen, und liegt er in einem Bereich, wo er mehr Schaden als Nutzen stiftet, kann man ihn in einigen Fällen chirurgisch entfernen. Dazu bedarf es einer ganzen Reihe von Tests am offen liegenden Gehirn, um die Problemregion zu identifizieren. Zwei Stunden nach Beginn der Operation erwacht der Patient, und dann muß er – unter örtlicher Betäubung – schwere geistige Arbeit verrichten, während wir sein Gehirn untersuchen.

Noch eine Minute. Bloß an die Tür denken. Normale Leute stoßen eine Schwingtür einfach mit der Hand auf. Chirurgen jedoch nähern sich ihr rückwärts und drücken sie mit der Schulter beiseite. Nicht die Arme ausstrecken. Seit ich gelernt habe, wie ein Chirurg seine frisch geschrubbten Hände steril hält, habe ich an der medizinischen Fakultät immer mal wieder die Augen offengehalten: Chirurgen machen Türen mit der Schulter auf, auch wenn sie sich nicht gerade die Hände gewaschen haben. Wenn verschiedene Mediziner einen Vorlesungssaal betreten, kann man die Chirurgen an dieser Schulterbewegung von den anderen unterscheiden.

Die Bürste zum Abfall werfen, ohne irgend etwas zu berühren. Den Wasserhahn mit dem Kniehebel schließen. Durch das Fenster der Schwingtür schauen, ob gerade jemand aus dem OP herausgehen will. Mit dem Rücken an die Tür lehnen. Pause. Tief einatmen. Ausatmen. (Nein, das gehört nicht zu den Vorschriften der Prozedur – dennoch scheint es jeder zu tun, ehe er ins Rampenlicht tritt.) Rückwärts gehend die Tür aufdrücken und sich um ihre Kante herum in den OP drehen. Ein weiterer Akteur betritt von links die Bühne.

Niemand scheint ihn zu beachten.

Ein besonderes Schild hängt heute an der OP-Tür: »Ruhe bitte. Patient bei Bewußtsein.« Das soll die Fachsimpeleien des OP-Personals, das anästhesierte Patienten gewöhnt ist, unterbinden. Schon vor langer Zeit hat man herausgefunden, daß wache, nur örtlich betäubte Patienten manchmal nicht mitbekommen, daß die Schwestern sich bloß über den Fall von letzter Woche oder den Patienten im OP nebenan unterhalten.

Doch so ruhig wie in einer Bibliothek geht es kaum zu. Der OP ist voller Geräusche. Aus der Absaugvorrichtung dringen im Leerlauf gurgelnde Geräusche, der Herzmonitor piept gedämpft in regelmäßigen Abständen, hinzu kommt der monotone Chor der Ventilatoren in einem Dutzend elektronischer Geräte – all das erinnert an die Geräuschkulisse eines geschäftigen Büros, nur daß das Echo all dieser Töne von den Fliesen der Wände und des Bodens widerhallt. Nur ein einziges Telefon gibt es, und seine Nummer steht nicht im Verzeichnis. Es klingelt selten, manchmal aber muß die Springer-Schwester drangehen und eine dringende Frage weiterleiten.

Gerade eben hat so ein Anruf eine Assistenzärztin im zweiten Jahr veranlaßt, die Handschuhe abzustreifen und den OP zu verlassen – ihr Chef hatte fragen lassen, ob jemand unten in der Notaufnahme aushelfen könne, und der Chirurg hatte mit einem Kopfnicken seine Zustimmung gegeben. Beim Hinausgehen bemerkte sie mich überrascht, nahm so etwas wie einen zweiten Anlauf und winkte mir dann zu, als sie rückwärts durch die Schwingtür ging. Was mag in der Notaufnahme vor sich gehen?

Verglichen mit dem OP hatte im Vorraum wirklich Ruhe geherrscht. Dies ist nicht meine vertraute Umgebung. Obwohl ich nicht nur Zuschauer bin, komme ich mir immer ein bißchen wie Alice im Wunderland vor, wenn ich mit nassen, gelegentlich noch tropfenden Ellbogen einen OP betrete. Ich hatte niemals das geringste Interesse, Arzt zu werden, geschweige denn Chirurg. Ich begann als Physiker, bin jedoch bald auf Abwege geraten, zu denen mich die faszinierende Welt des Gehirns verführte: Wie befiehlt man seiner Hand, eine Kaffeetasse zu ergreifen? Was läuft schief im Gehirn, wenn der eigene Geist einem etwas vorgaukelt? Wie stellt man eine Einkaufsliste zusammen, oder wie plant man eine Karriere?

Gewöhnlich arbeite ich an einem Schreibtisch inmitten unsortierter Stapel von Fachzeitschriften, unter denen sich ein oder zwei Computer verstecken. Mit mir befreundete Archäologen freuen sich immer, wenn sie mein Büro sehen: Zahllose Schichten, die bis hinunter zur Physik reichen, frotzeln sie. Ich spreche oft mit Anthropologen, Linguisten und Computerwissenschaftlern über unsere sich überlappenden Interessengebiete, auch mit Psychologen und Primatologen; kürzlich habe ich ein Computerspiel für Schimpansen entwickelt, mit dem ich messen will, wie präzise ihre zeitliche Koordinierung ist.

Die meiste Zeit aber entwerfe ich theoretische Modelle der Hirnfunktionen. Kürzlich habe ich ein elektrisches Muster erforscht, das ich das »hexagonale Mosaik des Geistes« nenne. Mit Kranken habe ich es gewöhnlich nur dann zu tun, wenn meine Freunde aus der Neurochirurgie oder Psychiatrie mich einladen, herüberzukommen und mir einen Patienten mit einem besonders interessanten Problem anzuschauen. Ich bin Neurophysiologe. Gehirne – wie sie funktionieren und wie sie sich entwickelt haben – sind mein Arbeitsgebiet.

Was um alles in der Welt tue ich also hier im OP? Ich werde »assistieren«, ein zusätzliches Paar Hände zur Verfügung stellen und mich bereithalten, die kleineren elektronischen Probleme zu bewältigen, die gelegentlich auftauchen. Und ich werde aufmerksam den Patienten beobachten, während der Neurochirurg versucht, seine Gehirnoberfläche zu kartieren – dieser zerebrale Kortex ist schließlich das, was uns von den Affen unterscheidet. Viermal mehr haben wir davon.

Nur selten hat man Gelegenheit, ein reales menschliches Gehirn zu betrachten – wenigstens nicht, während sein Sprachkortex sich gerade mit einem unterhält: Sich irgendwie an Worte erinnert, sie zu einem Satz zusammenfügt, zwischen verschiedenen Sätzen auswählt und entscheidet, welche laut ausgesprochen und welche noch ein wenig länger im Unbewußten reifen sollen. Aus all dem geht eine einzigartige Persönlichkeit hervor – Neil in diesem Fall.

Neil unter dem sterilen Zelt

Noch viel seltener bekommt man die Gelegenheit, zu untersuchen, wie jener Satz zustande kommt. Nachzusehen, wo die Begriffe auftauchen oder wo sie zu Sätzen verschnürt werden. Festzustellen, welche Gehirnbereiche aufs Lesen spezialisiert sind. Die Stellen des Gehirns ausfindig zu machen, wo die Syntax sitzt, vielleicht sogar jene »Tiefenstruktur«, die nach Ansicht der Linguisten irgendwo eingebaut sein muß.

Mit hochgehaltenen Händen stehe ich da; von meinen Ellbogen droht noch immer ein letzter Tropfen zu fallen. Endlich ist mir aufgegangen, was die unterschiedlichen Gerüche im Vorraum und im eigentlichen OP ausmacht: Seife ist der Hauptgeruch des Vorraums, wegen all der Schrubberei, doch im OP dominiert der Duft frischgewaschener Wäsche, der aus all den kürzlich entfalteten Tüchern und Kitteln strömt.

Die instrumentierende OP-Schwester bemerkt mich, ist aber gerade damit beschäftigt, dem Neurochirurgen einige Schwämmchen bereitzulegen. Schließlich meint sie, daß der Vorrat für eine Weile reichen wird, nimmt ein steriles Handtuch und kommt herüber, um es mir zu geben. »Mal sehen, Sie haben siebeneinhalb, erinnere ich mich richtig?« Das ist in der Tat meine Handschuhgröße. Wie konnte sie das nach so langer Zeit noch wissen? Ich wette, sie hat nur meine Hände angeschaut und es geraten.

Ringsherum steril verpackt, muß ich mich zwischen all den Apparaten hindurchmanövrieren, ohne irgend etwas zu berühren. Die Hände habe ich wie ein meditierender Mönch oder ein eiskalter Pokerspieler vor der Brust verschränkt, und so zwänge ich mich an dem Apparat des Anästhesisten mit den Gas- und Sauerstofffflaschen vorbei. Ich erhasche einen Blick auf Neil unter den sterilen Tüchern. Nur der Anästhesist kann ihm ins Gesicht blicken. Doch ich sehe seine Arme und Beine. Er ist unruhig. Kein Wunder.

Ich komme zu spät, um noch den ersten Akt mitzuerleben, der passenderweise »Eröffnung« heißt. Neil liegt auf der rechten Seite, so daß die linke Hälfte seines Schädels nach oben weist. Denn in seiner linken Gehirnhälfte sitzt das Problem. Um an jenen Teil des Gehirns zu gelangen, der Neils epileptische Anfälle auslöst, muß der Chirurg ein handtellergroßes Stück Knochen entfernen, so daß sich gerade oberhalb einer gedachten Linie zwischen linkem Auge und linkem Ohr ein Fenster zum Gehirn öffnet. Der Schädelknochen muß in einem einzigen großen Stück herausgenommen werden, damit man ihn spät am heutigen Nachmittag wieder einsetzen und das Fenster schließen kann. Zum Öffnen braucht man bloß Bohrer und Sägen – allerdings handelt es sich um besonders ausgefallene Werkzeuge, die das Herz eines jeden Kunsttischlers höher schlagen lassen würden; sie sind so gebaut, daß sie darunterliegende Schichten nicht beschädigen können.

Das Öffnen geht natürlich nicht lautlos vonstatten. Neil hat während dieser ganzen Prozedur fest geschlafen. Doch jetzt ist sie vorbei, und das intravenös verabreichte, kurzzeitig wirkende Anästhetikum wird abgesetzt, damit Neil aufwachen kann. Während des folgenden Aktes muß er bei Bewußtsein sein. Zudem wird ihm während dieser Phase der Operation kaum etwas Schmerzen bereiten. Betastet man ein Gehirn, löst dies keine Berührungsempfindungen aus. Das Gehirn selbst hat keinerlei Sensoren dafür, auch wenn es die Botschaften der Rezeptoren im ganzen übrigen Körper empfängt.

George Ojemanns Büro dürfte Archäologen noch mehr Freude bereiten als meines: Riesenstapel überall. (»Mein Ablagesystem«, behauptet er. »In welchem Jahr hast du mir das Buch geliehen, daß du zurückbrauchst?«) Die Patientenakten werden natürlich woanders geführt, was mit ein Grund ist, warum er weiter seinem Ablagesystem frönen kann.

Der neurochirurgische Operationssaal, die verschiedenen Sprechzimmer in der Klinik, die Krankenzimmer, die Konferenzräume, wo Röntgenbilder aufgehängt und Fälle diskutiert werden – sie alle sind

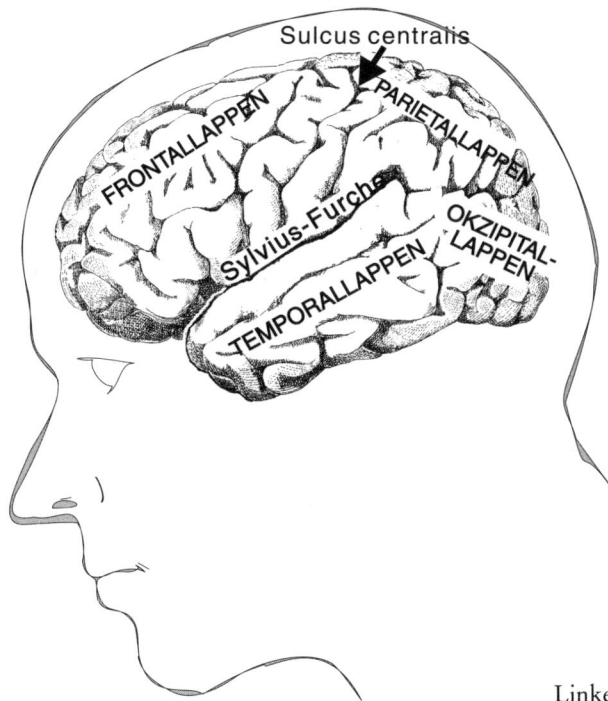

Sulcus centralis

FRONTALLAPPEN

PARIETALLAPPEN

Sylvius-Furche

OKZIPITAL-LAPPEN

TEMPORALLAPPEN

Linke Gehirnhälfte

gewissermaßen die »Büros« eines Neurochirurgen, der deshalb ein neues Paar Schuhe schneller abgetragen hat als die meisten anderen Menschen.

Hier im OP ist der Neurochirurg so etwas wie der Kapitän eines Schiffs, der durch schwieriges Gewässer navigiert, während er gleichzeitig ein tausendköpfiges Ensemble dirigiert (nun, ein halbes Dutzend ist es zur Zeit). Sogar die Scheinwerfer scheinen den Chirurgen in ein besonderes Licht zu rücken – erst wenn man das sterile Operationsfeld und das Gehirn des Patienten sehen kann, merkt man, daß der Chirurg nur zufällig illuminiert wird; von hinten strahlen ihn die Operationslampen an, während sein Gesicht von den Lichtreflexionen auf dem gut ausgeleuchteten Gehirn erhellt wird. Ein geliehener Heiligenschein, gewissermaßen.

»Wir dürften in ein paar Minuten so weit sein, daß wir mit dem Stimulator beginnen können«, sagt George gedämpft zu mir, während ich mich endlich um das letzte Hindernis herumzwänge. Das ist mein Stichwort, und ich mache mich schnell ans Auspacken des sterilen Kastens mit der Elektronik. Ich gebe der OP-Schwester ein Zeichen, daß sie mir helfen soll (kurze Blicke und hochgezogene Augenbrauen sind im OP wichtige Kommunikationsmittel – der chirurgische Mundschutz verbirgt das übrige Minenspiel größtenteils).

»Neil«, fährt George mit etwas lauterer Stimme fort, »wir kommen hier oben gut zurecht. Du kannst dich ruhig noch etwas bewegen, wenn du möchtest. Wie geht es dir?«

»Mir geht es gut«, antwortet die gedämpfte Stimme hinter den sterilen Tüchern. »Was macht ihr im Moment?«

»Wir fixieren gerade die Hirnhaut und machen alles sauber für den nächsten Schritt. Beschwerden dürftest du jetzt keine mehr haben«, sagt George. »Ich habe an der Stelle, wo du Schmerzen hattest, ein örtliches Betäubungsmittel verabreicht, aber wir werden den Durabereich ohnehin lange Zeit nicht mehr berühren«. Die Dura oder harte Hirnhaut ist ein festes Gewebe, welches das Gehirn umschließt; normalerweise kann man sie schneiden oder dehnen, ohne daß der Patient es bemerkt; nur bei einigen Menschen muß man sie, wie in jedem Fall die aufgeschnittene Kopfhaut, örtlich betäuben.

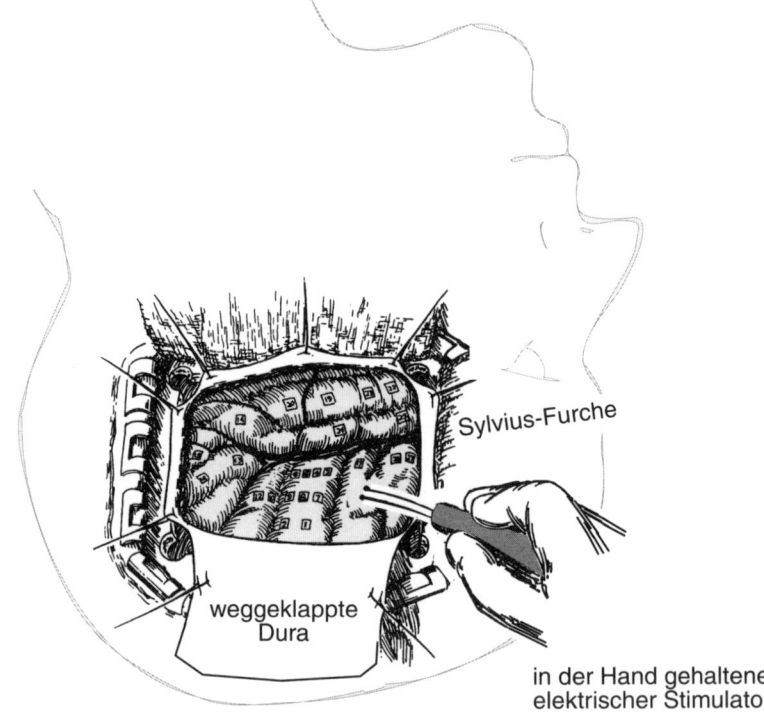

Neils Gehirn aus der Sicht des Neurochirurgen

16

Die OP-Schwester hat die erste Lage Tücher um den Elektronikkasten entfernt, ohne die darunterliegenden zu berühren. Sie tritt zurück und signalisiert mir mit einem kurzen Heben der Augenbrauen: »Jetzt sind Sie dran.« Zum ersten Mal nehme ich meine sterilen Hände von der Brust und mache mich daran, die zweite Lage Tücher um den Kasten zu entfernen. Oben auf der Galerie wird ein Scheinwerfer so umpositioniert, daß sein Licht auf den Seitentisch mit der glänzenden, aber transparenten Schachtel fällt; sie hat etwa die Größe eines altmodischen Brotkastens, aber einen recht ungewöhnlichen Inhalt.

Die beiden einzigen Dinge in dem Kasten, die vertraut wirken, scheinen in einem Operationssaal allerdings eher fehl am Platz: ein ganz gewöhnliches Klemmbrett für Notizen und ein gespitzter gelber Bleistift. Steril, natürlich. Ich nehme den Stimulator und wickele die Kabel ab. Damit leiten wir einen schwachen elektrischen Strom durch die Oberflächenschichten des Gehirns. Ich habe einmal versucht, meinen Arm mit Strom derselben Stärke – wenige Milliampere – zu stimulieren, und alles, was ich spürte, war ein leichtes Kribbeln. Keinerlei Schmerz.

Ich drehe mich um, zum Patienten hin, und schaue George beim »Saubermachen« zu; er spült mit einer sterilen Salzlösung, die er wieder absaugt. Nichts scheint mehr zu bluten. Neils Gehirn sieht weiß, rosa und rot gemustert aus, weil sich so viele Blutgefäße auf seiner Oberfläche breitmachen. Eine Menge Sauerstoff ist nötig, um ein Gehirn am Laufen zu halten: Es bekommt ungefähr ein Fünftel des hellroten, sauerstoffreichen Bluts, welches das Herz durch den Körper pumpt.

Für mich sieht es wie ein ganz normales Gehirn aus, aber dafür bin ich nicht der Experte. Und George sagt noch nichts. Vorsichtig berührt er die offenliegende Oberfläche hier und da, vor allem in dem Bereich, der nahe Neils Ohr liegt. Spürt er irgend etwas? Nein.

»So weit fühlt es sich normal an«, sagt George. Vernarbtes Gewebe fühlt sich manchmal fest an, seine Elastizität erinnert dann an ein alt gewordenes Marshmallow. Was die epileptischen Anfälle verursacht, die von diesem Bereich ausgehen, ist nicht zu erkennen. Es könnte immerhin ein Tumor sein oder eine alte Narbe. Vielleicht wird die mikroskopische Untersuchung heute nachmittag aber auch etwas anderes ergeben. Wegen Neils Schädelbruch vor vielen Jahren erwarten wir allerdings eher altes Narbengewebe.

»Siehst du den Sulcus centralis?« fragt George. Ich schaue mir Neils freiliegende Gehirnoberfläche näher an und suche die charakteristische Furche.

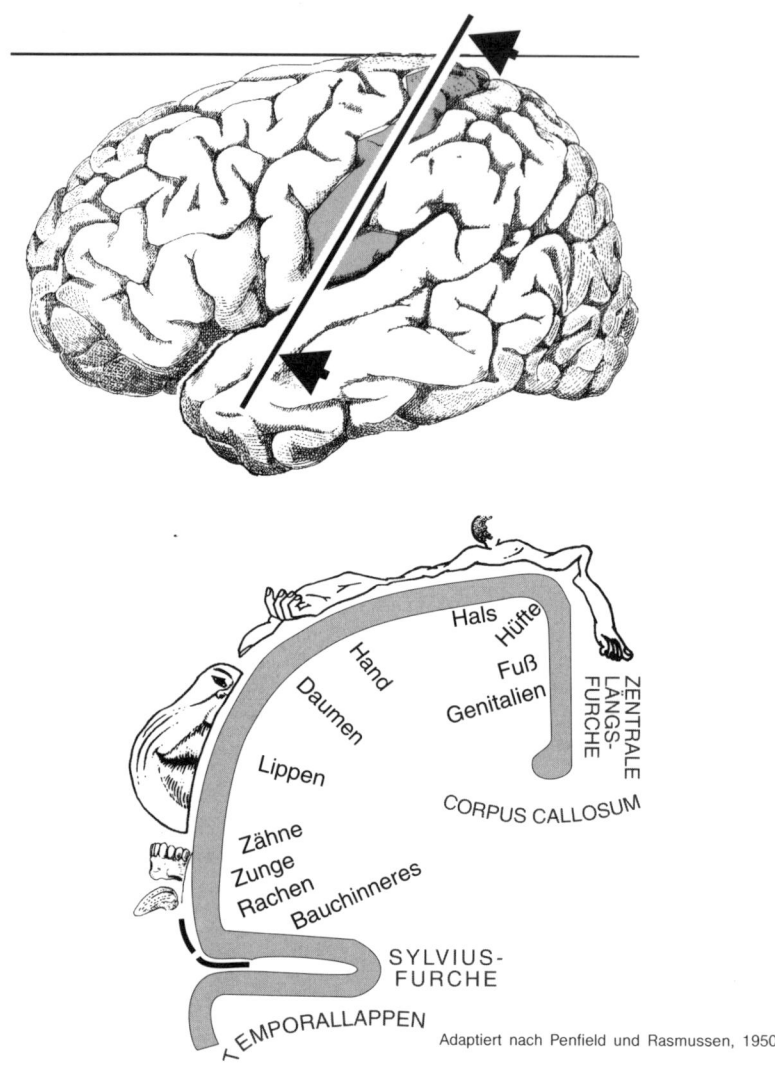

Adaptiert nach Penfield und Rasmussen, 1950

Im somatosensorischen Kortex (»sensorischer Streifen«) des linken Gyrus postcentralis ist die rechte Körperhälfte repräsentiert

Nur, wo ist sie denn? Das hatte ich gar nicht bemerkt – hier gibt es immerhin eine kleine Anomalie. Die Gehirnrinde ist zu einer Reihe von Hügeln und Tälern gefaltet (die Gyri und Sulci heißen), was ihre Gesamtoberfläche vergrößert – das ist von erheblicher Bedeutung, weil die höheren Gehirnfunktionen ausschließlich in den kortikalen Schichten nahe der Oberfläche ausgeführt werden. Je mehr Oberfläche der zerebrale Kortex hat, desto leistungsfähiger ist er.

In die »Täler« kann man kaum hineinsehen (einige, zum Beispiel die Sylvius-Furche, sind recht tief), aber man kann abschätzen, wie breit die »Hügel« sind. Und einer ist hier sehr breit – es scheint, als würde die Furche, die wir Sulcus centralis nennen, bei Neil einfach fehlen, wenigstens hier unten nahe der Sylvius-Furche, wohin wir dank des chirurgisch geöffneten Fensters schauen können. Daß die Furche fehlt, hat wahrscheinlich keine Bedeutung; zahlreiche Varianten gelten als normal.

»Du hättest bis zum Schluß bei der Vorbesprechung bleiben sollen«, sagt George zu mir. »Die Neuroradiologin hat erst ganz am Ende der Konferenz bemerkt: ›Ach, nebenbei, den Sulcus centralis werden Sie dort unten, wo Sie operieren, nicht finden.‹ Niemandem sonst war das aufgefallen, und sie wird schon dafür sorgen, daß wir das nicht so schnell vergessen.«

Magnetic Resonance Imaging oder kurz MRI nennt man die wunderbare Technik, mit der man das Gehirn scheibchenweise in eine Reihe von Bildern zerlegen kann, und zwar ganz ohne Röntgenstrahlen. Details wie das Fehlen einer Furche lassen sich mit ihr hervorragend erkennen, und das MRI gehört heute zu den Vorarbeiten jeder Gehirnoperation. Seither gibt es erheblich weniger Überraschungen im OP, wenigstens im jetzigen Stadium der Operation. Als George vor einem Vierteljahrhundert bei Arthur Ward diese chirurgische Technik zur Behandlung von Epilepsie erlernte, waren sie froh, wenn ihnen vorab ein gutes Röntgenbild die Hauptblutgefäße zeigte, denn falsch plazierte Adern weisen auf einen Tumor hin. Und als Arthur noch einmal ein Vierteljahrhundert früher in Montreal die Epilepsie-Operation von Wilder Penfield selbst erlernte, mußten sie die meiste Zeit im Dunkeln tappen. Penfield war ein Pionier der Neurochirurgie; seine Kartierungen der motorischen und sensorischen Streifen finden sich noch heute in den Lehrbüchern, und seine Untersuchungen, wie Gehirnstimulationen Gedächtnisinhalte wieder hervorrufen, beherrschen bis heute populäre Darstellungen, wie das Gehirn unsere Erinnerungen speichert.

Inzwischen gibt es eine ganze Reihe verschiedener Methoden, sich von der Anatomie des Gehirns ein Bild zu machen. Die Computertomographie war in den frühen siebziger Jahren die erste dieser revolutionären Entwicklungen. Dann kam das MRI mit seiner so weit verbesserten Auflösung, daß wir die Grenzflächen zwischen grauer und weißer Substanz erkennen konnten. Wir können sehen, wie die kortikale Oberfläche sich zu Windungen und Furchen faltet. Aber die Anatomie sagt meist noch nichts über die Funktion. Und wie gut das Gehirn *funktioniert* – darauf kommt es an. Ganz bestimmt im Fall von Neil, der etwas von seinem Gehirn einbüßen wird, weil sich damit die Aussicht verbindet, daß der Rest seines Gehirns dann besser funktionieren kann. Solche Operationen werden seit über fünfzig Jahren vorgenommen, und die weitere Geschichte solcher Patienten ist in zahlreichen Untersuchungen dokumentiert.

Der Stimulator sieht wie eine Mini-Stabtaschenlampe aus, der zwei Hörner gewachsen sind. Und natürlich ein Schwanz – das Kabel, mit dem er an die Elektronik angeschlossen ist. Die Hörner sind Silberdrähte, die in kleinen glatten Kugeln enden. George wendet sich zu mir um, ich reiche ihm den Stimulator, und er überprüft noch einmal die elektrischen Anschlüsse, welche die Schwester und ich hergestellt haben.

»Neil?« fragt er mit ein wenig erhobener Stimme. »Kannst du dich für eine Weile ruhig verhalten?«

»Ich denke, ja«, antwortet Neil unter den Tüchern. »Was passiert als nächstes?«

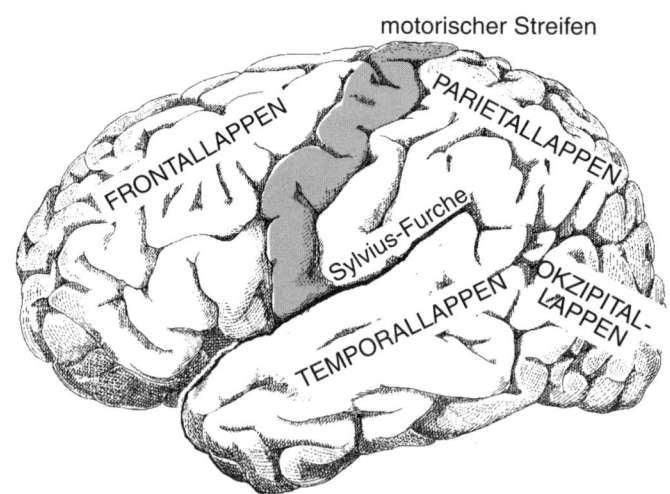

Linke Gehirnhälfte

»Wir sind jetzt soweit, daß wir mit der elektrischen Stimulation beginnen können, von der ich dir gestern erzählt habe«, erklärt George. »Sag' mir bitte, wenn du irgend etwas spürst.«

George senkt den Stimulator, bis die beiden Silberdrähte sanft die freiliegende Gehirnoberfläche berühren, und hebt ihn dann wieder an. »Etwas gespürt?«

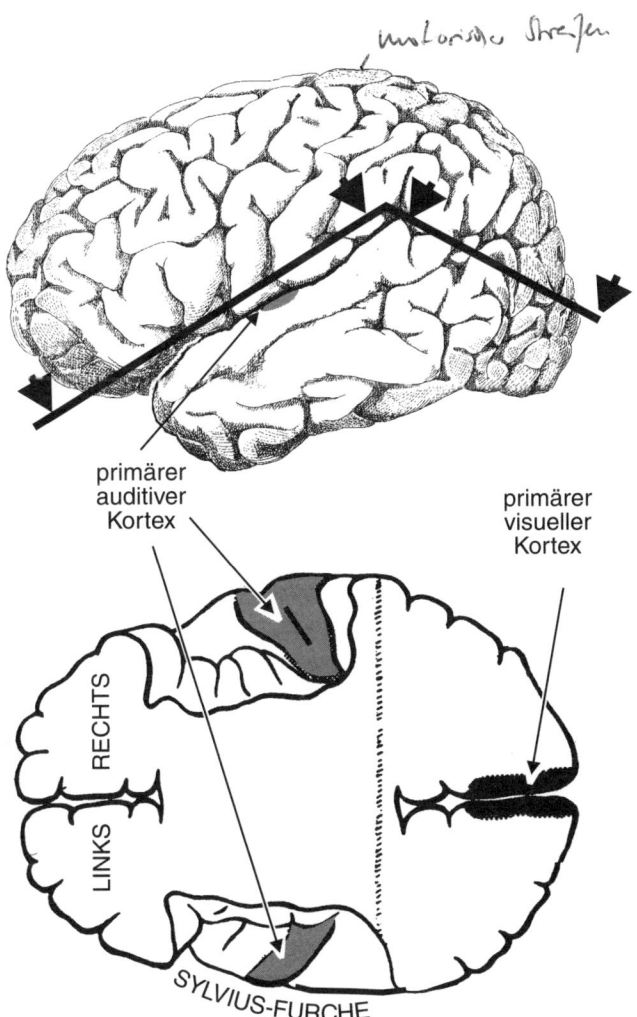

Querschnitt entlang der Oberseite beider Temporallappen (von oben betrachtet) mit den primären auditiven und, hinten, visuellen Bereichen

»Nein, nichts«, entgegnet Neil.

Inzwischen habe ich mich wieder um den Anästhesieapparat herumgedrückt, so daß ich unter die sterilen Tücher schauen und Neil etwas besser sehen kann. Er liegt auf der rechten Seite, sein Kopf ruht auf einem ringförmigen Kissen. Das Zelt über ihm ist oben flach, die OP-Schwester hat es so für ihr großes Instrumententablett eingerichtet, und an einer Seite ist es offen. Neil sieht, daß ich ihn beobachte, und stumm grüße ich ihn mit einem Wackeln der Augenbrauen.

»He! Jemand hat meine Hand berührt!« berichtet Neil ungefragt. Doch weder der Anästhesist noch ich sind auch nur in die Nähe von Neils Hand gekommen.

»Welche Hand?« fragt George.

»Meine rechte. Etwa, als sei mir jemand mit einer Bürste über den Handrücken gefahren. Es kribbelt immer noch ein bißchen.« Die Nerven der rechten Hand führen zur linken Gehirnhälfte, und offensichtlich hat George mit dem Stimulator den Hand-Bereich des somatosensorischen Kortex lokalisiert.

»Dreh' den Stimulatorstrom ein wenig runter.« George blickt zum Techniker oben auf der Galerie hoch, und eine Stimme antwortet aus der Gegensprechanlage, daß der Stimulator jetzt auf zwei Milliampere statt auf drei eingestellt sei.

»Jetzt habe ich es wieder gespürt«, berichtet Neil. »An derselben Stelle wie eben. Aber jetzt kribbelt es nicht weiter.« Neil hat mitbekommen, welche Strategie wir verfolgen – schließlich ist er Ingenieur mit einer Ausbildung am MIT. Und er hat in den vergangenen Wochen eine Menge Bücher über das Gehirn gelesen.

»Das ist seitlich an meinem Gesicht«, sagt Neil. »Auf der rechten Seite. Ungefähr an der Wange.«

»Kribbelt es hinterher noch?« fragt George.

»Nein. Aber normal fühlt sich das auch nicht an. Ein komisches Gefühl.« Das ist typisch bei diesem Verfahren – stimulierte Empfindungen können nur selten mit irgendwelchen vertrauten Wahrnehmungen gleichgesetzt werden. Kein Patient hat zum Beispiel je berichtet, er sei mit einem Bleistift gepikst worden.

Alle hören Neil zu. Keiner spricht, nur das Hintergrundgeräusch des OP ist zu hören. Im Moment pausiert Neil mit seinen Antworten, vermutlich weil George einen Bereich stimuliert, der nicht zum primären somatosensorischen Kortex gehört. Die meisten Bereiche des Gehirns können kurz stimuliert werden, ohne daß der Patient davon etwas bemerkt.

George nickt mir über das sterile Operationsfeld hinweg zu. Die sterilen Handschuhe vor die sterile Brust gepreßt, beuge ich mich noch weiter hinunter und schaue gespannt auf Neils Gesicht und Hände.

»Jemand hat meine Hand bewegt!« sagt Neil auf einmal. »Das hat sich komisch angefühlt, aber ich bin mir ganz sicher, daß *ich* sie nicht bewegt habe.« George muß den motorischen Streifen stimuliert haben. Neils Hand hat sich nicht irgendwie sinnvoll bewegt. Zunächst sah es aus, als wolle er vielleicht nach etwas greifen, doch dann drehte sich die Hand mit der Innenseite nach oben, und die Finger waren durchweg nicht so positioniert, als wollten sie zupacken. Eine Stimulation des motorischen Kortex ruft nur selten Bewegungen hervor, mit denen man etwas anfangen könnte.

Der motorische Kortex liegt unmittelbar vor dem somatosensorischen Kortex. Und wie ich George kenne, wird er als nächstes Neils Unterkiefer bewegen.

Wie erwartet, strafft sich Neils Unterkiefer, und sein rechter Mundwinkel zieht sich ein wenig zurück.

»Hat sich angefühlt, als hätte der Zahnarzt meinen Mundwinkel zurückgezogen«, berichtet Neil, als die Stimulation vorüber ist. »Aber nicht gerade sehr geschickt«, fügt er hinzu. Es ist nichts Willentliches dabei – die Patienten erzählen nicht, daß sie eine Bewegung machen wollten und diese dann ausführten. Es handelt sich um unwillkürliche Bewegungen, und noch dazu um ziemlich unkoordinierte.

»Nichts sonst«, berichte ich George, womit ich andeuten will, daß ich keine gleichzeitige Handbewegung gesehen habe. Ich konzentriere mich auf Neils rechten Daumen, weil ich erwarte, daß George als nächstes eine Stelle des motorischen Kortex stimulieren wird, die in der Mitte zwischen den beiden vorangegangenen Positionen liegt.

Und natürlich, Neils rechter Daumen krümmt sich nach innen. Neil bemerkt, daß wieder jemand seine Hand bewegt. Obwohl Kiefer und Daumen am Körper nicht gerade nebeneinander liegen, befindet sich die für den Kiefer zuständige Stelle des motorischen Kortex unmittelbar neben derjenigen für den Daumen.

»Eine Kieferbewegung konnte ich nicht ausmachen«, berichte ich anschließend. Im Grenzbereich kann die elektrische Stimulation so breit wirken, daß sie beide Bewegungen zugleich hervorruft.

Ich habe auch nicht gesehen, daß sich Neils linker Arm oder seine linke Gesichtshälfte bewegt hätten, obwohl sich das von selbst versteht. Es wäre wirklich eine kleine Sensation, wenn ich eine Bewegung der linken Körperhälfte beobachtet hätte, während die linke Gehirnhälfte stimuliert wird. Daß die linke Seite des Gehirns etwas mit der rechten Seite des Körpers zu tun hat und umgekehrt, entdeckten schon die alten Griechen. Hippokrates beobachtete, daß Verletzungen der einen Seite des Kopfes oft dazu führten, daß die andere Seite des Körpers gelähmt wurde oder unter Anfällen litt.

Die Vorstellung einer »Kartierung« der Gehirnoberfläche kam vor etwa zweihundert Jahren auf. Im frühen neunzehnten Jahrhundert vermuteten Phrenologen wie Franz Joseph Gall in Wien, daß das Gehirn recht detaillierte funktionale Kartierungen aufweise, ja, daß es sogar für die Grammatik einen eigenen Bereich gebe. Die Phrenologie begab sich allerdings auf einen Holzweg, als sie sich dahin verstieg, daß diese Karten durch Abtasten der Schädelhöcker lokalisiert werden könnten und daß es sogar verschiedene Bereiche für »Demokraten« und für »Konservative« gäbe. Solche Gehirnkarten sind, obwohl bei Illustratoren noch immer beliebt, größtenteils falsch – sie erinnern jedoch daran, was am Anfang unserer Wissenschaft stand: eine gute Idee.

Seit gut einem Jahrhundert kennen wir die Karte auf der Gehirnoberfläche, welche die Bewegungssteuerungen repräsentiert. John Hughlings Jackson, ein britischer Neurologe, beobachtete, auf welche Art und Weise ein epileptischer Anfall fortschreitet. Zuerst tritt vielleicht die Zunge hervor, dann beginnt sich das Gesicht zu verziehen. Es folgen die Finger, dann die Arme und so weiter, bis der ganze Körper betroffen ist. Anhand dieses langsamen Fortschreitens des Anfalls konnte man den motorischen Streifen kartieren, ähnlich wie wir es fein säuberlich mit dem Stimulator im OP tun. Elektrischer Strom ist ein simpler, aber wirkungsvoller Stimulus für den motorischen Streifen, solange man aufpaßt, daß die Stromstärke unterhalb des Niveaus bleibt, das einen lokalen Anfall auslösen würde.

Als ich wieder um das sterile Operationsfeld herum zurückgehe, sehe ich das große Stück von Neils Schädelknochen, das wohlverwahrt inmitten der Instrumente und Materialien der OP-Schwester feuchtgehalten wird. Wieder bei George angekommen, bemerke ich, daß er einige kleine, mit Zahlen beschriebene Stücke sterilen Papiers auf Neils Gehirn gelegt hat, wo sie nun locker auf seiner Oberfläche ruhen. Nummer eins markiert die erste Stelle, die George stimuliert hat, und so weiter. Die OP-Schwester hat ohne jeden Zweifel mitgezählt, wie viele Schnipsel verwendet worden sind, um sicherzustellen, daß sie später zusammen mit den Schwämmchen wieder alle entfernt werden. Im Moment dienen sie als Markierungen für die Stimulationsergebnisse.

Genau hinter dem motorischen Streifen erstreckt sich parallel zu ihm der sensorische Streifen. Auf den üblichen Abbildungen eines durchschnittlichen Gehirns in den Lehrbüchern sind die beiden Bereiche durch eine tiefe, eingefaltete Furche, den Sulcus centralis, getrennt. Wie aber unsere Neuroradiologin vorhergesagt hat, fehlt bei Neil diese anatomische Trennlinie, jedenfalls hier unten in dem Bereich, den wir heute durch das Fenster im Schädel sehen können. Die numerierten Schildchen für die sensorischen Reaktionen liegen unmittelbar neben jenen für die motorischen Reaktionen, alle zusammen auf demselben breiten Gyrus. Keine Einfaltung trennt sie.

In den Lehrbüchern finden sich typische Karten des sensorischen und motorischen Streifens, konkrete Patienten zeigen aber einen großen Variantenreichtum. Aus diesem Grund muß man bei jedem Patienten, den man einer Epilepsie-Operation unterzieht, sehr sorgfältig diese Streifen vermessen. Gehirnkarten sind so verschieden wie Gesichter. Niemand weiß, ob solche Unterschiede in der kortikalen Organisation von Bedeutung sind – vielleicht spiegeln sich in ihnen aber die Unterschiede zwischen den Tapsigen und den Geschickten, zwischen den Sprachgewandten und den Wortkargen.

Es gibt noch einige weitere motorische Karten; mit der Stimulationstechnik im Operationssaal sind sie kaum auszumachen, wir kennen sie aber aus Laboruntersuchungen an Affengehirnen. Der motorische Streifen ist zum Beispiel nicht der alleinige Befehlshaber der Muskeln. Bestimmt kommandiert nicht ausschließlich er die Neuronen im Rückenmark, die letztlich die Muskeln in Bewegung setzen; der prämotorische Bereich unmittelbar vor dem motorischen Streifen hat genauso viele Verbindungen zum Rückenmark hinunter wie der motorische Streifen selbst. Der Verlust des motorischen Streifens ruft jedoch Muskelschwäche hervor und führt, wenn der Schaden groß genug ist, zu Lähmung.

Dies ist eigentlich auch der Hintergrund der dubiosen Tatsachenbehauptung: »Sie nutzen nur zwanzig Prozent Ihres Gehirnpotentials.« Das

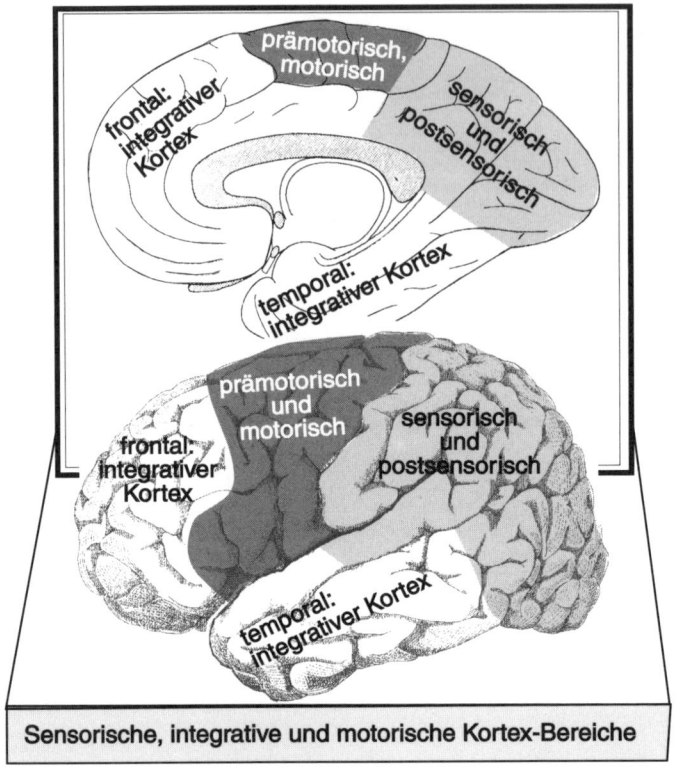

Sensorische, integrative und motorische Kortex-Bereiche

ist zwar richtig, aber nur in sehr eingeschränktem Sinn. Bevor es an der Hand zu Muskelschwäche oder Lähmungen kommt, muß ein langsam wachsender Tumor erst rund achtzig Prozent der Zellen im Hand-Bereich des motorischen Streifens zerstören. Doch dies ist ein sehr grobes Kriterium für die Funktionsfähigkeit: Ein Pianist oder ein Feinmechaniker würde wahrscheinlich viel eher gewisse Probleme bemerken. Und ein Schlaganfall, der vielleicht dreißig Prozent der Neuronen im motorischen Streifen auf einen Streich zunichte macht, würde ebenfalls zu Lähmungserscheinungen führen.

An der Rückseite des Gehirns gibt es mehrere Karten für die Tastempfindungen der Haut und genauso eine wohlgeordnete Karte der visuellen Welt – der Ausfall dieses Bereichs führt zu Blindheit. Doch das ist nicht die einzige. Niemand weiß, wieviele visuelle Karten wir Menschen haben, aber bei Affen gibt es mehrere Dutzend, und jedes Jahr werden weitere entdeckt. Gleichgültig, wie wichtig einige dieser Karten sein mögen (ohne sie wäre man vielleicht blind oder gelähmt), wir können sie nicht länger als den Mittelpunkt aller Dinge betrachten.

Sowohl die sensorischen wie die motorischen Kartierungen erstrecken sich noch weiter und umfassen den ganzen Körper; doch diese Bereiche bleiben unter Neils Schädeldecke verborgen. Beine und Füße etwa sind an der Oberkante der Gehirnhälfte repräsentiert, wo sich die Rinde senkrecht nach unten in den Längsspalt zwischen beiden Hemisphären krümmt.

Die Repräsentation des Kehlkopfs ist uns heute ebenfalls nicht zugänglich, genauso wenig der größte Teil des auditiven Kortex, denn beide liegen in den Tiefen jener großen Sylvius-Furche verborgen. Die Karten der visuell-räumlichen Wahrnehmung liegen hinten am Kopf und sind so gut wie unzugänglich, außer wenn dort ein Tumor entfernt werden muß. Die einzigen Bereiche von Neils Gehirn, die wir bei dieser Operation heute sehen können, sind der linke Temporallappen sowie Teile des Frontal- und des Parietallappens. Aber das sind sehr interessante Bereiche – der größte Teil des Sprachkortex gehört dazu.

Ich bemerke, daß George leicht den Temporallappen abtastet, also noch einmal nach Narbengewebe sucht. Und weil Neil sich angeregt mit dem Anästhesisten unterhält und mich nicht hören wird, riskiere ich mit gedämpfter Stimme einen kleinen Computer-Witz: »Versuchst du immer noch, den Reset-Knopf zu finden?«

»Nein«, albert George genauso leise, »ich suche den Sitz des Bewußtseins.«

Das ist eindeutig ein neurologischer Insider-Scherz. Es gibt keinen Sitz des Bewußtseins. Oder wenigstens keinen für die interessantesten Aspekte des Bewußtseins.

Das Bewußtsein: das ist mit Sicherheit die Große Frage. Wo ist Neil? Ist er unten in seinem Gehirnstamm, weil dieser Bereich ihn wachhält? Dort unten herumzustochern, wäre ein gefahrvolles Wagnis – der Patient könnte zu atmen aufhören, oder sein Blutdruck könnte in die Höhe schnellen.

Oder ist Neil in seinem Thalamus, weil dieser mitbestimmt, wem oder was er seine Aufmerksamkeit schenkt?

Oder in den Sprachbereichen seines Gehirns, die jetzt vor uns liegen, dank derer er sich auf eine Weise mitteilen kann, wie es Schimpansen nicht vermögen? Mindestens drei Kapitel dieses Buches werden sich mit der Frage befassen, wie aus Gehirnmechanismen eine Stimme hervorgeht.

Oder steckt Neil oben in seinen Frontallappen, mit denen er Vermutungen anstellt, Pläne schmiedet und sich Sorgen macht? Er brauchte sie, um seine Entscheidung zu treffen, ob er sich dieser Operation heute unterziehen soll oder nicht.

Gibt es unter den Milliarden von Nervenzellen in seinem Gehirn ein »Kommando-Neuron«, das eine bestimmte Handlung auslöst, oder eine Zelle, die darauf spezialisiert ist, seine Großmutter zu repräsentieren?

Hat Neil »Bewußtsein«, wenn er eine richtige Antwort gibt, das Ereignis aber nicht im Gedächtnis behalten kann? Wie erinnert sich Neil überhaupt an etwas? Und wie nimmt er seine Welt wahr, oder wie wählt er aus, was er aus dem Gedächtnis abrufen will, um dann über das weitere Vorgehen zu entscheiden?

Wie erschafft er etwas Neues, einen neuen Satz, den er noch nie zuvor gesprochen hat, oder einen Plan für sein weiteres Fortkommen? Oder (um die Kehrseite der Frontallappen-Funktionen anzudeuten, auf die wir in einem späteren Kapitel zu sprechen kommen) wie könnte er auf einem Nebengleis seines Denkens in eine Zwangsvorstellung geraten oder unter Halluzinationen leiden?

Und schließlich: Wie schafft es Neil, all dies miteinander zu verschmelzen und sich selbst im Zusammenhang der Geschichten zu sehen, die er sich um seine Vergangenheit herum konstruiert hat? Wie sieht er sich selbst im Schwebezustand an den Schnittlinien zwischen seinen verschiedenen Geschichten über die Vergangenheit und seinen verschiedenen Vorstellungen über die Zukunft? Und wie entscheidet er sich zwischen diesen? Das ist nun ganz bestimmt etwas Bewußtes.

Eine »Stimme« taucht irgendwie, irgendwo in diesem Gehirn vor uns auf. Die meiste Zeit spricht sie zu sich selbst (und was bedeutet *das* nun wieder?). Sie erzählt seine Lebensgeschichte. Es ist Neils Stimme. Als er geboren wurde, hat er sie nicht gehabt; doch als er vier Jahre alt wurde, begann er, sich selbst Geschichten zu erzählen, und noch vor seinem fünften Geburtstag war seine innere Stimme voll entwickelt. Wie hat er sie erschaffen? Im Verlauf unserer Bemühungen, Neil von seinen Anfällen zu heilen, werden wir Neils Gehirn erforschen und etwas darüber erfahren, wie es seine einzigartige Stimme hervorbringt.

2.
Das Bewußtsein verlieren

Die Musik aus diesen Sphären der Galaxie in unserem Kopf ist unser Bewußtsein. Bewußtsein ist das kontinuierliche, subjektive Gewahrwerden der Aktivität von Milliarden Zellen, die viele Male pro Sekunde feuern und im selben Moment mit Zehntausenden ihrer Nachbarn kommunizieren. Und diese Symphonie von Aktivitäten ist so organisiert, daß sie sich zu bestimmten Zeiten extern orientiert (im Wachzustand), zu anderen Zeiten bemerkenswert blind gegenüber der äußeren Welt ist (während des Schlafs) und zu wieder anderen sich ihrer selbst so außerordentlich gewahr (im Traum), daß sie sich die äußere Welt als ihr eigenes Bild wiedererschafft.

J. ALLAN HOBSON, The Dreaming Brain, 1988

Nur gelegentlich verliert Neil bei einem Anfall das Bewußtsein, und auch dann nur für ein paar Minuten. Doch damals, als er vor fünfzehn Jahren schwer verletzt wurde, war er lange Zeit ohne Besinnung. Bei seiner Kopfverletzung war auch sein Hirnstamm geschädigt worden. Während er auf dem Weg der Besserung war, beschrieb seine Frau Judy in einem privaten Brief, was passierte:

Neils Unfall ereignete sich vor mehreren Monaten; seine Genesung macht langsame, aber stetige Fortschritte. Zuerst glaubten wir nicht, daß er es schaffen und vielleicht jemals wieder aufwachen würde. Die ersten paar Tage waren einfach schrecklich. Er reagierte nicht, wenn man ihn ansprach. Herz und Lungen waren in Ordnung, aber wenn der Arzt ihn irgendwo kniff, streckte er bloß seine Arme und Beine. Ganz steif wurde er, bei leicht durchgedrücktem Kreuz. Der Arzt nannte diesen Zustand eine »Dezerebrationsstarre« und sagte, es sei kein gutes Zeichen.

Nach ein paar Tagen beugte Neil die Arme, wenn er gekniffen wurde, obwohl seine Beine immer noch steif blieben. Dies hielt der Arzt für ein gutes Zeichen und sprach von »Dekortikationsstarre« – obwohl das für uns kaum besser aussah und Neil noch immer nicht auf seinen Namen reagierte. Nach ein paar weiteren Tagen versuchte Neil die Hand des Arztes wegzuschieben, wenn dieser ihn kniff; ein weiteres gutes Anzeichen, meinte der Arzt.

Ich erinnere mich noch genau an den Tag, an dem Neil endlich die Augen öffnete, als ich ihn mit Namen ansprach. Ich war so erleichtert. Und von da an konnte man ihn jederzeit aufwecken – er schlief nur und lag nicht länger im Koma, auch wenn der Arzt noch ein paar Tage lang diesen Zustand als »Stupor« bezeichnete, bis Neil sich bewußter war, was um ihn herum im Zimmer vor sich ging. Ziemlich bald darauf erkannte er uns wieder, saß aufrecht und sprach, ging sogar wieder den Gang entlang, um zu Kräften zu kommen. Er wirkte hellwach und beinahe normal; nur sein Gedächtnis machte ihm zu schaffen, worüber er sich viel beklagte. Zu diesem Zeitpunkt wurde er von der neurologischen Abteilung in die Rehabilitationsklinik am anderen Ende der Stadt verlegt.

An den Unfall hat Neil keinerlei Erinnerungen. Auch an seinen Aufenthalt auf der neurologischen Station bis zur Verlegung kann er sich nicht gut erinnern. Bis heute läßt sein Gedächtnis noch zu wünschen übrig. An die Zeit vor dem Unfall hat er jede Menge Erinnerungen: seinen Namen, meinen, seine Kindheit, alles, was mit seinem Beruf zusammenhängt. Während er das meiste, was in den vergangenen paar Wochen geschehen ist, sich jetzt gut in Erinnerung rufen kann, ist sein Gedächtnis für die Zeit vor seiner Verlegung in die Rehabilitationsklinik noch lückenhaft. Zum Beispiel erinnert sich Neil noch nicht einmal an seine Geburtstagsfeier in der letzten Woche auf der neurologischen Station, als er uns so gut wie normal erschien: wie er den Gästen aus der großen Bowleschüssel einschenkte, die wir im Besucherzimmer aufgestellt hatten, und von seinen College-Tagen erzählte. Er erinnert sich nicht an seine jüngste Nichte, obwohl er das Baby die meiste Zeit auf dem Arm getragen und am selben Abend, als alle gegangen waren, noch über sie gesprochen hat. Es betrübt Neil sehr, wenn er merkt, daß er solche Erfahrungen nicht bewußt festhalten kann. Doch dann vergißt er seinen Kummer, bis er wieder an etwas erinnert wird, das ihm verloren gegangen ist.

Neils neue Erinnerungen blieben einfach nicht lang genug erhalten. Marvin Minsky, Fachmann für künstliche Intelligenz, merkt dazu an: »Wenn jemand sagt, er sei sich seiner bewußt, meint er damit, er erinnere sich ein wenig an seinen Geisteszustand, wie er vor wenigen Augenblicken war.« Minsky macht sich natürlich über den nachlässigen Gebrauch des Begriffs lustig und meint, Bewußtsein sei »eines jener Worte, die wir für Dinge haben, die wir nicht verstehen«.

Ist denn das Gedächtnis ein wichtiger Aspekt des Bewußtseins? Neil schien nach jener schrecklichen ersten Woche mit Sicherheit bewußt, auch wenn er nicht in der Lage war, sich an seinen vorangegangenen Geisteszustand zu erinnern. Für gewöhnlich machen wir zwischen Gedächtnisproblemen und dem Bewußtsein einen Unterschied – und wir würden gern noch ein paar weitere Dinge davon getrennt halten, weil der Begriff ziemlich überladen ist. Im *Webster's* finden sich dazu zahlreiche Konnotationen:

– Wahrnehmen, erfassen oder bemerken mit einem bestimmten Maß kontrollierten Denkens oder Beobachtens. Mit anderen Worten, sich über etwas völlig im klaren sein.

– Persönlich empfunden, wie in »schuldbewußt«.

– Des Denkens, Wollens, Planens oder der Wahrnehmung fähig beziehungsweise davon geprägt.

– Geistige Fähigkeiten nach Schlaf, Ohnmacht oder Stupor wiedergewinnend: »Nach der Anästhesie kam sie wieder zu Bewußtsein.« Mit anderen Worten, voll erwacht.

– Mit kritischer Aufmerksamkeit handelnd: »Er strengte sich bewußt an, um nicht wieder dieselben Fehler zu machen.« Hier kann *absichtlich* für *bewußt* stehen.

– Mit einiger Wahrscheinlichkeit etwas bemerken, beachten oder einschätzen: »Er war ein preisbewußter Konsument.«

– Mit etwas beschäftigt oder daran interessiert sein: »Sie war eine kostenbewußte Geschäftsführerin.«

– Von bestimmten Vorstellungen oder starken Empfindungen gekennzeichnet: »Es handelte sich um eine sehr rassenbewußte Gesellschaft.« Bei den letzten drei Beispielen könnte ersatzweise *empfänglich* oder *sensibel für* stehen.

Dasselbe Wort dafür zu gebrauchen – *bewußt* – muß nicht bedeuten, daß all diese Konnotationen sich auf dieselben neuronalen Mechanismen beziehen. In anderen Sprachen würde man für diese Konnotationen ja schließlich ganz unterschiedliche Begriffe benutzen. Und doch vermengen Leute, die über Bewußtsein diskutieren, diese Konnotationen immer wieder miteinander und tun so, als glaubten sie an die Existenz einer gemeinsamen, all dem zugrundeliegende Entität, das »kleine Männchen im Kopf«. Um dieser Unterstellung aus dem Weg zu gehen, können wir für die verschiedenen Aspekte unterschiedliche Worte gebrauchen, etwa indem wir *wach* oder *gewahr* statt *bewußt* gebrauchen.

Aber auch damit hat man seine Probleme. In den ersten Tagen nach seiner Kopfverletzung nahm Neil seine Umgebung vermutlich nicht wahr – im Grunde wissen wir das nicht. Möglicherweise wurde er der Stimme und des Kneifens gewahr, konnte aber nicht darauf reagieren; und weil er an Gedächtnisstörungen litt, konnte er vielleicht später nicht davon berichten. Gelegentlich findet man Patienten, die sich an Gespräche erinnern, welche sie zu einem Zeitpunkt mithörten, als sie noch im Koma zu liegen schienen. Sie nahmen sie wahr, waren aber effektiv gelähmt.

Neurologen sprechen daher lieber nicht von Bewußtsein, sondern von etwas, das sie objektiv feststellen können: verschiedenen Ebenen der Ansprechbarkeit oder Erregbarkeit. Einen schlafenden Menschen kann man für gewöhnlich nur mit lauter Stimme völlig wach machen. Manchmal erreicht der so hervorgerufene Wachzustand jedoch nur die Ebene des Stupor, selbst wenn man den Betreffenden kneift. Und gelegentlich lassen sich überhaupt keine zielgerichteten Bewegungen beobachten; dann sprechen wir von tiefem Koma.

Erregbarkeit ist nicht dasselbe wie Aufmerksamkeit, ein weiterer Aspekt des Bewußtseins. Erregung ist etwas Allgemeines, nicht etwas Zielgerichtetes wie Aufmerksamkeit. Die Fehler, die übererregte Leute machen, tendieren dazu, Fehler der Übertragung oder der Überkorrektur zu sein – solche Menschen kommen zu voreiligen Schlüssen. Bei zu geringer Erregung kommt es hingegen meist zu Auslassungsfehlern – Dinge werden nicht im nötigen Maß bemerkt. Überwachungsaufgaben – etwa die des Radaroffiziers, der stundenlang wachsam aufpassen muß, ob sich etwas Ungewöhnliches ereignet – können innerhalb von kurzen Zeiträumen wie etwa einer halben Stunde dazu führen, daß die Erregbarkeit nachläßt. Das aber ist etwas ganz anderes als die Ermüdung, die gewöhnlich eine Folge der Übererregung ist. Streß ist, in bestimmter Hinsicht, eine Form der Übererregung.

Stufen der Erregbarkeit gehören zwar nicht zu den Bewußtseins-Konnotationen im *Webster's*, gewöhnlich aber beziehen sich Neurologen genau darauf, wenn sie den Begriff *Bewußtsein* gebrauchen. Angesichts des ominösen Wortes betrachten sie diese Konnotation als den einzig sicheren Rückzugsgrund in dem ganzen Begriffssumpf.

Setzt man aber *bewußt* mit *erregbar* gleich, türmen sich sogleich an anderer Stelle die Probleme. Man läuft Gefahr, so interpretiert zu werden, als ob man jedem Organismus, der irgendwie erregbar ist, Bewußt-

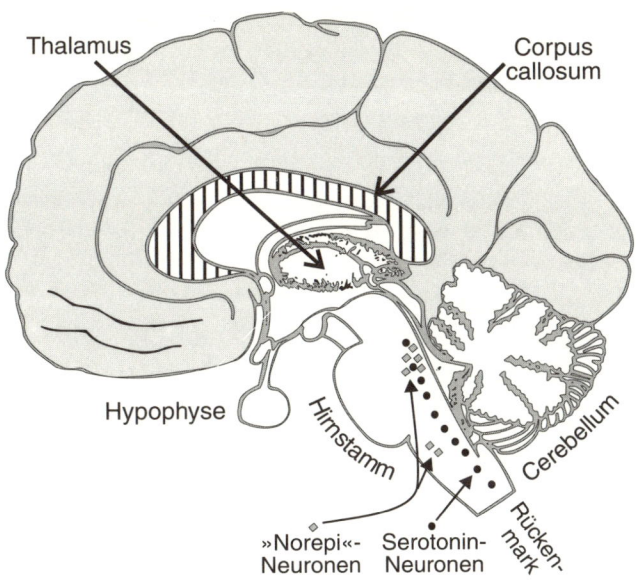

Thalamus

Corpus callosum

Hypophyse

Hirnstamm

Cerebellum

Rückenmark

»Norepi«-Neuronen

Serotonin-Neuronen

Längsschnitt durch die Mitte des Hirnstamms

sein zuschreiben würde. Denn Erregbarkeit ist eine Grundeigenschaft aller lebenden Zellverbände, der Pflanzen wie der Tiere, des dreimonatigen Fötus wie des schwer dementen Alzheimer-Patienten – selbst die Bakterien in den Eingeweiden wären nach dieser Definition bewußt. Ein ehemaliger Präsident der Vereinigten Staaten hat sich dieser Definition bedient, um seine Einstellung zur Abtreibungsfrage zu erläutern; kein Reporter hat daran gedacht, ihn zu fragen, was er demzufolge vom Bewußtsein eines, sagen wir, Spermiums hielte.

Bei so vielen Synonymen (*wach, gewahr, absichtlich, empfänglich, erregbar* und anderen) ist leicht einzusehen, warum Gespräche über Bewußtsein jeden ein wenig in Verwirrung stürzen, den scharfsinnigen Denker genauso wie den am Buchstaben klebenden Pedanten. Diskutieren moderne Wissenschaftler über Bewußtsein, kommen sie dabei meist auf eine ganze Reihe von Aspekten der geistigen Aktivität zu sprechen: zielgerichtete Aufmerksamkeit, Dinge, von denen man nicht wußte, daß man sie wußte, mentale Repetitionen, geistige Bilder, Denken, Entscheidungsfindung, Selbstwahrnehmung, veränderte Bewußtseinszustände, willentliche Handlungen, unterschwellige Beeinflussung, die Entwicklung des Begriffs des Selbst bei Kindern und die Geschichten, die wir uns beim Wachen oder Träumen selbst erzählen.

Neils Genesungsschritte entsprechen dem Maß, in dem sich sein Hirnstamm von der Quetschung erholte, die er bei dem plötzlichen Aufprall erlitten hatte. Als Neil seinen Arm beugte, wenn auch planlos, war dies das erste positive Anzeichen; das zweite war darin zu sehen, daß er versuchte, die Hand wegzuschieben, die ihn kniff. Dann schaffte er es bis zum Stupor, und schließlich war er wach und beobachtete seine Umgebung. Heute, fünfzehn Jahre später, ist er ein erfahrener Ingenieur, der eine Menge Fragen über sein Gehirn stellt. In den Wochen vor seiner Operation habe ich ihm viel zum Lesen gegeben, und wir trafen uns immer in der Cafeteria des Klinikzentrums, um darüber zu diskutieren.

Eines Nachmittags fand mich Neil im überdachten Innenhof in meiner Lieblingsecke hinter der Espressomaschine; ein befreundeter Psychiater mußte gerade gehen, also hatten wir den runden Tisch für uns allein, und nun saßen wir da inmitten des Kaffeedufts, während Regentropfen auf das Glasdach trommelten. Schon in der vorangegangenen Woche hatten wir uns hier getroffen, als Neil mir jene Kopie des Briefes überreichte, den seine Frau fünfzehn Jahre zuvor geschrieben hatte, und es sollte sich herausstellen, daß wir die meisten unserer Vorgespräche hier an diesem Tisch haben würden.

Nach einer Plauderei über einige Anekdoten, welche seine Taxifahrerin über andere Patienten der Klinik unter ihren Fahrgästen erzählt hatte, stellte er mir Fragen nach Bewußtsein und Koma.

»Also liegt es nur an dem ›Weck-Zentrum‹ da unten in meinem Hirnstamm?« fragte er. »Ist das Koma bloß ein tiefer Schlaf, bei dem morgens der Wecker im Gehirn nicht klingelt?«

»Ja und nein«, antwortete ich. (In Wirklichkeit war ich nicht so kurz angebunden, aber ich werde meine Antworten ein wenig zusammenfassen.) Aus Forschungen an Tieren, die bis in die vierziger Jahre unseres Jahrhunderts zurückreichen, wissen wir, daß bestimmte Teile des Hirnstamms das Aufwachen steuern. Sie sind von entscheidender Bedeutung. Tiere mit Schäden in diesem Bereich schlafen anscheinend ununterbrochen und erwachen nicht spontan. Viele Neuronen – ein anderes Wort für Nervenzellen – dort unten verteilen Norepinephrin überall im Gehirn und Rückenmark. Und zwar so breit gestreut, daß es beinahe an

34

den Mechanismus eines Rasensprengers erinnert. Viel davon gelangt in den sensorischen Streifen. Ungefähr die Hälfte von diesen »Norepi«-Neuronen bildet im Hirnstamm eine Zellgruppe, die man Locus coeruleus nennt. Während des Schlafs sind sie ziemlich untätig, aber äußerst aktiv, wenn man vor etwas Unerwartetem erschreckt.

»Ich habe herausgefunden, daß Epinephrin nur eine andere Bezeichnung für Adrenalin ist«, erwähnte Neil. »Ich vermute, daß Norepinephrin auch nur ein Synonym für Noradrenalin ist?«

Richtig, Epinephrin macht außerhalb des Gehirns etwas, das dem ähnelt, was Norepinephrin innerhalb tut. Adrenalin wird von den Nebennieren, den Glandulae adrenalis, freigesetzt, die oben auf den Nieren sitzen, und als Hormon über den Blutkreislauf verteilt. Wenn plötzlich der Puls jagt, weil man beinahe von einem Auto überfahren worden wäre, dann ist es das Adrenalin, welches die Herzfrequenz erhöht und die Muskeln zum Kampf oder zur Flucht bereitmacht. Es trägt zur Schreckwirkung bei, die Norepi innerhalb des Gehirns hervorruft.

Entlang der Mittellinie nahe der Oberfläche des Hirnstamms liegt verstreut eine weitere Gruppe Neuronen, die diffuse Botschaften aussenden. Sie verteilen Serotonin an weite Bereiche des Gehirns und des Rückenmarks. Von der Aktivität dieser Serotonin-Neuronen könnte das Niveau der Erregbarkeit abhängen, aber sie erhöhen ihre Aktivität bei sensorischem Input nicht. Die Norepi-Neuronen tun das, und deswegen glaubt man, daß sie für die Aufmerksamkeit wichtiger sind. Allerdings sieht es so aus, als käme den Serotonin-Neuronen eine andere wichtige Funktion zu, nämlich die Regulierung der Schmerzempfindung. Mittel, welche die Wirkung von Norepinephrin und Serotonin verstärken, werden üblicherweise als Antidepressiva verwendet. Andere, die nur die Serotoninwirkung verstärken, sind oft bei chronischen Schmerzstörungen hilfreich.

Während eines Komas arbeiten weder die Serotonin- noch die Norepi-Systeme richtig, und vermutlich kann deswegen der Patient nicht aufgeweckt werden.

Schlaf ist etwas viel Komplizierteres als Koma, fuhr ich fort. Ungefähr zwei Stunden verbringen wir jede Nacht in leichtem Schlaf. Weckt man Leute in diesem Schlafstadium auf, erzählen sie, gerade über bestimmte Dinge nachgedacht zu haben, aber mit ihren Gedanken nicht weit gekommen zu sein. Sie sprechen von Denken, nicht von Träumen. Die

35

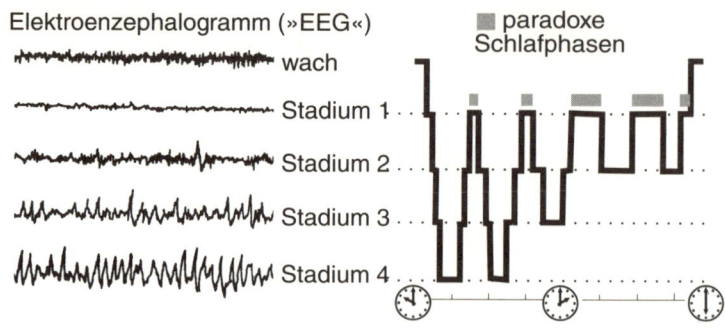

Die Stadien des Schlafs und die paradoxen Schlafphasen

Nach Andreasen, 1984

tieferen Stadien dieses »orthodoxen« Schlafs sind es auch, in denen es zu Bettnässen und Schlafwandeln kommen kann. Sowohl die Norepi- wie die Serotonin-Neuronen ticken mit etwa einem Viertel der Frequenz des Wachzustands vor sich hin.

Während des Schlafens werden ungefähr alle einhundert Minuten sowohl die Norepi- wie die Serotonin-Systeme praktisch ganz abgeschaltet. Dann durchlebt der Schläfer eine Phase »paradoxen« Schlafs. In diesem Stadium sind die meisten Muskeln ungewöhnlich entspannt – mit Ausnahme (und das ist das Paradoxe daran) der Augen, die unter den geschlossenen Lidern hin- und hersausen, und bei Männern kommt es zu einer Erektion. Wenn man Leute in diesem Schlafstadium weckt, erzählen sie oft von Träumen und nicht, daß sie an etwas gedacht hätten. Träume sind deutlich ausgeprägte Sinneseindrücke, wenn auch manchmal recht bizarr. Handlungsabfolgen scheinen sich zu entwickeln, bei denen es oft zu einem unmöglichen Nebeneinander von Menschen, Orten und Zeiten kommt. Starke Gefühlsempfindungen können damit verbunden sein.

Der Träumer scheint unkritisch all das zu akzeptieren, was im Traum passiert – etwas aus dem Gedächtnis abzurufen, funktioniert nicht gut im Schlaf. Neue Gedächtnisinhalte zu bilden, ist sogar noch schwieriger. Wenn man nur fünf Minuten nach dem Ende des Schlafstadiums der schnellen Augenbewegungen den Schläfer weckt, wird er sich oft kaum mehr an seinen Traum erinnern. Träumen vollzieht sich größtenteils visuell, hinzu kommen einige Hör- und Tastempfindungen sowie in gewissem Umfang ein Gefühl der Bewegung – aber nur selten berichtet jemand von Schmerzen oder Geruchs- und Geschmackswahrnehmungen.

»Also sind Träume eigentlich nicht dasselbe wie Tagträume, oder?«, fragte Neil, wobei er auf einem Rosinenbrötchen herumkaute, das er sich gerade an der Espressotheke geholt hatte.

Die Phantasien, denen sich die Leute im Wachzustand hingeben, sind selten so lebhaft und bizarr wie nächtliche Träume, erklärte ich Neil. Mehr noch, echte Träume gleichen Wahnvorstellungen, die man nicht durchschaut; während des Traums neigt man dazu, alles für real zu halten. Auch das Gefühlsleben ist beim Träumen verändert. Angst, Furcht und Überraschung werden wahrscheinlich stärker empfunden, während Scham- und Schuldgefühle kaum eine Rolle beim Träumen spielen, selbst wenn man sich scheinbar so niederträchtig verhält, daß im Wachzustand das Gewissen aufgerüttelt würde.

Während des Schlafs findet man zu den im Gedächtnis gespeicherten Erinnerungen nur schwer Zugang, und gewöhnlich kann man auch keine neuen Erinnerungen bilden. Eigentlich ist es recht rätselhaft, wie man überhaupt permanente Erinnerungen an Träume haben kann, wenn man bedenkt, wie wenig man davon in der Regel im Gedächtnis behält. Es gibt jedoch einen Umweg, wenigstens solange man während der ersten fünf Minuten danach erwacht: Ruft man sich den Traum, ehe er verblaßt, noch einmal ins Gedächtnis, wenn die Bahnen für die Bildung neuer Gedächtnisinhalte wieder arbeiten, dann wird man sich an diese *Erinnerung* erinnern – und nicht an das ursprüngliche Traumereignis. Geht man gewohnheitsmäßig beim Aufwachen die verblassenden Träume noch einmal durch, kann man sich eine beachtliche Sammlung von Unsinn im Gedächtnis anlegen. Ein Traumtagebuch zu führen, kann einem also den Kopf mit einer Menge Dinge verstopfen, die sich in Wirklichkeit nicht ereignet haben – und wir haben ohnehin schon genug Probleme damit, die tatsächlichen Ereignisse von jenen auseinanderzuhalten, die wir nur geplant oder uns vorgestellt haben.

»Warum reden Psychotherapeuten dann so viel und so gern über Träume?«, wollte Neil wissen.

Nach den Träumen zu fragen betrachten Psychotherapeuten möglicherweise als nützliches Hilfsmittel, um das Gespräch mit dem Patienten auf etwas anderes zu bringen als die gegenwärtigen Probleme, über denen er gerade grübelt. Über Träume zu sprechen, kann für einen Therapeuten dasselbe sein, wie das Gespräch aufs Wetter zu bringen: einfach eine Methode, die Konversation in Gang zu setzen und sie dann auf einen Aspekt zu lenken, über den der Patient spontan nicht sprechen würde. Man kann eine ganze Menge aus der Art und Weise schließen, wie ein Patient einen Traum interpretiert. Doch die Bedeutung von Träumen herausfinden zu wollen – was Patienten fälschlicherweise für die Absicht des Therapeuten halten mögen – ist nicht viel sinnvoller, als im Kaffeesatz zu lesen. Bei beiden überwiegt der Zufall, dennoch versuchen wir sie uns so zurechtzubiegen, daß sie irgendeine sinnvolle Geschichte ergeben.

»Das ist also das Schlafstadium, auf das man nicht verzichten kann«, fuhr Neil fort. »Ohne genügend Traumschlaf wird man leicht verrückt, nicht wahr?«

Normalerweise träumt man ungefähr zwei Stunden pro Nacht, erklärte ich ihm, zusätzlich zu den zwei Stunden leichten Schlafs, in denen man über irgendwelchen Dingen grübelt. Würde man jedes Mal bei Beginn einer Traumphase geweckt, würde man in der folgenden Nacht mehr träumen als normal. Passierte dasselbe Nacht für Nacht, würde man ziemlich reizbar – und zwar nicht einfach wegen des ständigen Weckens. Würde man genauso oft aus dem orthodoxen Schlaf gerissen, wäre man nicht so übellaunig.

»Irgendwo habe ich gelesen, daß wir alle beim Träumen die Erfahrung machen, psychotisch oder dement zu sein oder Wahnvorstellungen zu haben. Das klingt fast, als hätten wir ein psychotisches Pensum zu erledigen, und wenn wir nachts das Soll nicht erfüllen, werden wir tagsüber psychotisch!«

Das gleicht dem, was René Descartes schon 1641 schrieb: »Ich bin es gewohnt, zu schlafen und in meinen Träumen dieselben Dinge zu sehen, die Irre imaginieren, wenn sie wach sind.« Psychiater halten Psychosen schon für ein wenig komplizierter – aber Träume lassen tatsächlich normale physiologische Prozesse erkennen, die für sich allein genommen den Symptomen geistiger Erkrankung entsprechen könnten.

Es gibt Menschen, die man als Narkoleptiker bezeichnet, fuhr ich fort; am hellichten Tag fallen sie plötzlich in Schlaf. Die Krankheit ist seit Jahrhunderten bekannt, aber erst heute wissen wir, daß Narkoleptiker unmittelbar ins Traumschlaf-Stadium gelangen – ihre Tagträume weisen alle psychotischen Kennzeichen der nächtlichen Träume auf. In der Regel kommt es erst nach mindestens zwanzig Minuten orthodoxen Schlafs zu einer Traumschlaf-Phase, doch bei Narkolepsie vollzieht sich dieser Übergang sehr rasch. Die Muskelentspannung, die mit dem Traumschlaf einhergeht, setzt bei den meisten Narkoleptikern so plötzlich ein, daß sie noch im Stehen umfallen können.

»Das habe ich bei einem Zimmergenossen in der Reha-Klinik erlebt. Einem weiteren Überlebenden der Unsitte, sich nicht anzuschnallen. Ich sagte zu ihm, er nehme es wohl zu wörtlich, daß man ›in Schlaf fällt‹.«

Etwa drei Vierteln aller Narkoleptiker geht es manchmal so, sagte ich. Andere bemerken genügend Warnsignale, um sich noch hinlegen oder wenigstens den Kopf irgendwo aufstützen zu können. Narkolepsie kann die Folge einer Hirnstammquetschung sein, ist aber in den meisten Fällen wahrscheinlich vererbt; bei achtundneunzig Prozent aller Narkoleptiker findet sich ein »Narkolepsie-Gen«.

Die Uni-Mannschaft ruderte gerade vorbei, als wir unten am Fluß hinter dem Klinikzentrum während einer kurzen Schönwetterperiode spazierengingen. Da stellte Neil eine seiner Vokabel-Fragen.

»Ich habe den Verdacht, ihr benutzt das Wort *Schlag* in anderer Weise als der Steuermann«, sagte er.

In der Medizin, so erklärte ich, lag die Bedeutung von *Schlag* ursprünglich näher an »von einem unsichtbaren Hieb gefällt«. Man bezeichnete damit jeden plötzlichen Zusammenbruch, der mit einem Verlust des Bewußtseins einherging. Zumindest belegte man all jene Fälle mit diesem Begriff, bei denen der Bewußtseinsverlust nicht vorübergehend wie bei einer Ohnmacht oder einem Anfall war. Er konnte beispielsweise auch einen Herzanfall bezeichnen. Heute aber haben wir einen anderen Begriff für diese Arten plötzlichen Zusammenbruchs, weil wir die Ursachen kennen. Also bezieht sich *Schlag* nur noch auf den eigentlichen Schlaganfall – eine plötzliche Schädigung des Gehirns, die von Problemen mit der Blutversorgung herrührt.

Manchmal kommt es dabei zu Lähmungen, aber das hängt davon ab, welcher Hirnbereich geschädigt wurde. Oft kommt es zu keinem Verlust des Bewußtseins, und die Anzeichen für einen Schlaganfall sind nur schwach ausgeprägt.

»Was löst einen Schlaganfall aus? Die üblichen Installationsprobleme?«

Undichtigkeiten und Verstopfungen, genau. Und der gelegentliche Rohrbruch kann äußerst rasch zu größeren Schäden an der Bausubstanz führen.

Wie bei einem blauen Fleck unter der Haut kann auch im Gehirn ein Blutgefäß leck werden. Blut ist Gift für Neuronen, die zu funktionieren aufhören und oft absterben, wenn sie mit Blut in direkte Berührung kommen. Wenn keine äußere Einwirkung, etwa ein Schlag auf den Kopf, vorliegt, sind Blutungen üblicherweise Folge einer Ausstülpung einer Arterienwand, genau wie ein alter Reifen manchmal an der Flanke eine dicke Beule bekommt. Die ballonförmige Ausstülpung – Aneurysma genannt – verursacht vielleicht niemals Probleme, doch in einigen Fällen reißt sie, so daß Blut in das umgebende Gewebe gepumpt wird. Wenn ein Blutgefäß im Bein platzt, schwillt das Bein lediglich an. Das Gehirn aber ist vom Schädel umgeben, und all das austretende Blut braucht Platz und quetscht das Gehirn. In vielen Fällen ist es diese Kompression des Gehirns, welche die Kranken umbringt.

Der Schlaganfall kann auch von einem verstopften Blutgefäß herrühren. Gewöhnlich ist ein Blutpfropf die Ursache oder ein Stück atherosklerotischer Belag, das sich von der Innenwand einer Arterie gelöst hat – in beiden Fällen wird dieser sogenannte Embolus vom Blutstrom mitgenommen, bis er in eine Arterie gerät, die zu eng ist, als daß er noch passieren könnte. Manchmal befindet sich das betreffende Blutgefäß in der Lunge, manchmal im Gehirn. Welche Arterie verstopft wird, hängt allein vom Zufall ab. Immer aber wird dadurch die Sauerstoffversorgung irgend eines Gehirnbereichs unterbrochen. Wenn der Pfropfen wieder weitergespült wird oder sich binnen kurzem auflöst, kommt es nur kurz zu neurologischen Symptomen; beispielsweise hängen die Gesichtszüge auf einer Seite herab, beginnen sich aber nach einigen Minuten wieder zu erholen.

Solche zeitweiligen Schlaganfälle sind als vorübergehende ischämische Attacken bekannt. Wenn die Arterie aber für etwa fünfzehn Minuten oder länger verstopft bleibt, kommt es zu dauerhaften Schäden. Sind die abgestorbenen Zellen dann beseitigt, bleibt ein Loch im Gehirn zurück.

»Aber ich habe doch keine Löcher im Gehirn, nicht wahr?« Neil klang etwas ängstlich.

Nur die üblichen Hohlräume, die jeder hat – große, mit Hirn-Rückenmarks-Flüssigkeit gefüllte Reservoire, die wir Ventrikel nennen. Um diese Ventrikel gab es zur Zeit der Renaissance große Aufregung.

Christliche Gelehrte, die vor fünfhundert Jahren lebten, waren eigentlich die ersten Phrenologen. Sie glaubten, daß die Unterabteilungen der Seele in den verschiedenen Hohlräumen des Gehirns hausten: das Gedächtnis in der einen, Phantasie, Vernunft und Vorstellungskraft in einer anderen, Denken und Urteilskraft in einer dritten.

»Nach der Operation werde ich aber ein Loch haben. Was wird es füllen?«

Dieselbe Hirn-Rückenmarks-Flüssigkeit, die alles im Schädel ausfüllt, was nicht Gehirn oder Blutgefäß ist. Ein Ventrikel wird etwas größer, sozusagen.

»Ich bekomme ein bißchen mehr Seele, was?«, meinte Neil vergnügt, während wir zur Cafeteria zurückgingen. »Was ist mit jenen Menschen – ich habe in Zeitschriftenartikeln über sie gelesen – bei denen man große Löcher im Kopf entdeckt hat, obwohl sie ganz normal intelligent sind? Sie scheinen nur eine dünne Lage Gehirn zu haben.«

Eigentlich ist der größte Teil ihres Gehirns normal, sie haben lediglich eine große, flüssigkeitsgefüllte Zyste, über der an vielen Stellen nur eine dünne Schicht von zerebralem Kortex liegt. Viele Menschen halten den zerebralen Kortex für das Gehirn an sich, vielleicht weil der Kortex die höheren Hirnfunktionen wie Sprache, Vorausplanung und Zukunftsvorsorge beherbergt. Als man die ersten Computertomographie-Scanner an Medizinstudenten erprobte, entdeckte man bei einem solch eine große Zyste mit nur einer dünnen Lage Kortex darüber. Dieser Kortex aber funktionierte recht gut. Freilich haben wir alle nur eine dünne Kortexschicht. Sie ist wie eine dünne äußere Hülle, die den Windungen und Furchen der Gehirnoberfläche folgt.

»Ich habe Bilder gesehen, denen zufolge ihre Dicke zu variieren scheint.«

Um ihm das zu erklären, sagte ich zu Neil, bräuchten wir zuerst einmal ein Stück Kuchen. Mit dem Gebäck in der Hand erläuterte ich, daß die Hirnrinde größtenteils nur deswegen unterschiedlich dick erscheint, weil der Kortex in einem Winkel durchschnitten wurde und nicht genau senkrecht zur jeweiligen Ausrichtung, gerade als hätte man ein Stück Schichttorte schräg durchgeschnitten. In sehr schiefem Winkel geschnitten, kann eine Schicht zwei bis drei Mal so dick aussehen. In Wirklichkeit aber ist der Kortex nirgendwo dicker als ein Stapel von vielleicht zwei, drei Münzen. Er ist der Zuckerguß auf dem Kuchen.

»Hauptsache, du hast deinen Spaß mit mir. Diese dünne Schicht an

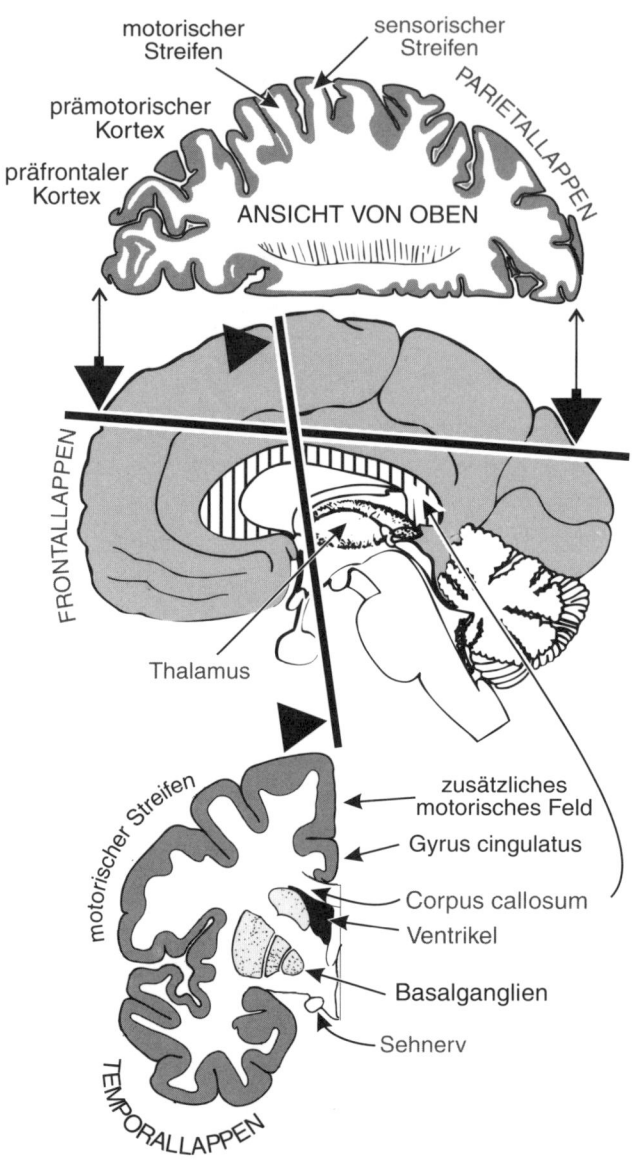

motorischer Streifen

sensorischer Streifen

prämotorischer Kortex

PARIETALLAPPEN

präfrontaler Kortex

ANSICHT VON OBEN

FRONTALLAPPEN

Thalamus

motorischer Streifen

zusätzliches motorisches Feld

Gyrus cingulatus

Corpus callosum

Ventrikel

Basalganglien

Sehnerv

TEMPORALLAPPEN

Die graue Substanz des Kortex und die Basalganglien

der Oberfläche macht also all die interessanten Sachen? Die ganze Sprache? Die ganze Planung?« Er dachte einen Moment lang nach.

»Was ist denn in dem restlichen Raum zwischen meinen Ohren, wenn es nur ein paar Lagen Kortex sind, die die ganze Arbeit machen?«

Drähte. Jede Menge Drähte. Nur daß wir sie Axonen nennen oder manchmal Nervenfasern. Wer schon einmal eine Telefonvermittlungs-Zentrale besichtigen konnte, wird sich an enorme Kabelbäume erinnern, die aus dem Fußboden kommen und wieder in der Decke verschwinden und sich oft noch mehrere Stockwerke hoch fortsetzen. Und wenn man dann schließlich den Computer sieht, der all die Anrufe von einem Netz auf das andere schaltet, wirkt er gar nicht sonderlich groß. Er ist klein genug, um in eine Kammer zu passen.

Das Gehirn macht viel phantastischere Dinge, als nur zu schalten, dennoch brauchen die Drähte den meisten Platz. Sie sind das, was man die weiße Substanz nennt. Die phantastischen Leistungen werden nur von jenem Teil des zerebralen Kortex erbracht, der als dünne Oberflächenschicht zu Hügeln und Tälern gefaltet ist.

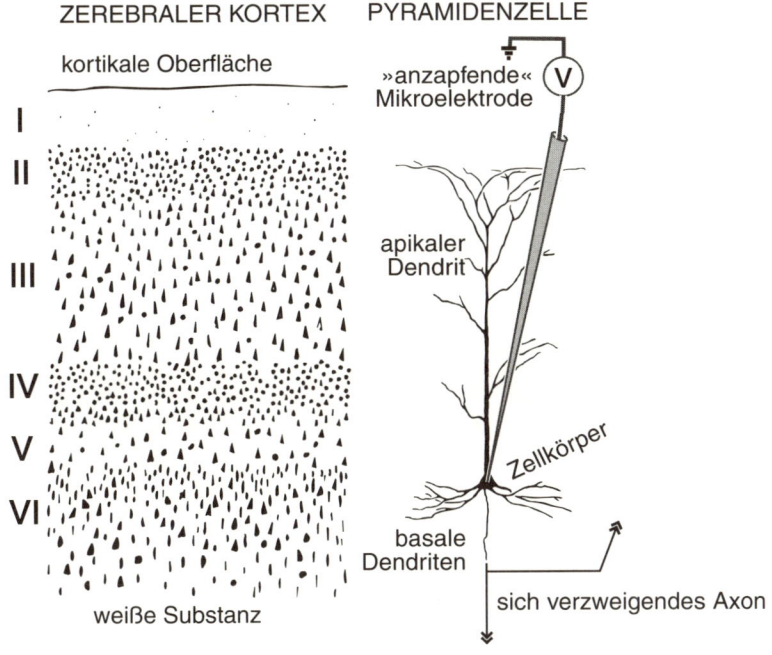

Der zerebrale Kortex stellt einen erheblichen Anteil der grauen Substanz dar. Doch in den Tiefen des Gehirns gibt es noch viel mehr davon; dort wird unser Schlaf gesteuert, unsere Aufmerksamkeit dirigiert und das Gedächtnis reguliert. Bestimmte Bereiche der grauen Substanz, etwa der Thalamus, stehen mit dem zerebralen Kortex in innigster Wechselbeziehung. In Wirklichkeit ist die graue Substanz übrigens nicht grau, sondern eher bräunlich rot.

»Wie, die kleinen grauen Zellen sind gar nicht mehr grau?« Neil legte die Gabel mit gespieltem Abscheu beiseite. »Das enttäuscht mich zutiefst.«

Nur bei einem toten Gehirn sind sie grau. Aber dies ist ja der einzige Zustand, in dem die meisten Menschen, wenn überhaupt, jemals ein Gehirn zu sehen bekommen. Nur im Operationssaal können wir erkennen, daß die natürliche Arbeitskluft der lebendigen grauen Substanz in Wirklichkeit ein hübsches, sattes Rotbraun ist – ganz ähnlich dem auf Farbbildern des Grand Canyon.

»Ich traue mich kaum zu fragen, aber ist denn die weiße Substanz in Wirklichkeit weiß?«

Keine Sorge, die weiße Substanz zeigt tatsächlich ein blasses Porzellanweiß, das an entrahmte, mit etwas Wasser verdünnte Milch erinnert. Die Färbung entsteht durch die Fettschichten, Myelin genannt, welche die Verbindungen zwischen den Nervenzellen isolieren. Auch in der grauen Substanz gibt es Myelin-Isolierungen, doch hier sorgen andere Dinge für etwas Farbe – all die anderen Teile der Neuronen, etwa die Zellkörper und Dentriten und viele kleine Blutgefäße. In der weißen Substanz hingegen finden sich nur die langen, dünnen, röhrenförmigen Leitungen der Neuronen – die Axonen –, die manchmal mit Myelin isoliert sind und manchmal nicht.

»Durch diese Leitungen laufen die elektrischen Signale, nicht wahr? Da kommen die Gehirnwellen her?«

Ja und nein. Ja: Die Axonen übermitteln elektrische Signale, Impulse genannt, deren Spannung ungefähr ein Zehntel Volt beträgt; sie sind unbedingt nötig, um Information über weite Entfernungen im zerebralen Kortex zu übermitteln. Andererseits nein: Die Gehirnstromkurven haben ihren Ursprung nicht in den Axonen der weißen Substanz, sondern in einem anderen Teil der Nervenzellen – den Dentriten –, die näher an der kortikalen Oberfläche liegen. Die Elektroenzephalographie – kurz EEG – ist eine ziemlich grobschlächtige Meßmethode. In der

Computerwelt gibt es nichts, das so grob wäre wie ein EEG. Dennoch können wir damit kleine Anfälle erkennen, die wir anders nicht bemerken würden, weil sie keine Muskelkontraktionen verursachen.

»Aber ist nicht die EEG-Spannung auf gewisse Weise dem Verkehrsaufkommen der hin- und herjagenden Botschaften proportional – den Lastwagen sozusagen, die Post anliefern oder abholen?«

Ein EEG ist noch nicht einmal so genau wie die kleinen Schläuche, die die Verkehrsplaner über die Straße spannen, um den Verkehrsfluß zu messen. Aber man muß ja nicht jedes Auto und jeden LKW zählen, wenn man sich eine ungefähre Vorstellung von der Verkehrsverteilung machen will. Es genügt ein Tonbandgerät, dessen Mikrofon man an eine Laterne hängt. Mit ganz langsamer Aufnahmegeschwindigkeit läßt man es den ganzen Tag lang laufen, und beim Wiederabspielen nimmt man den Schallpegel als Indikator.

Wenn man in einem Hotelzimmer in einer fremden Stadt erwacht, wie kann man dann, ohne überhaupt die Augen zu öffnen, feststellen, ob es schon Morgen ist? Hört man auf der Straße nur gelegentlich einen Lastwagen, ist es wahrscheinlich noch vier Uhr früh. Ständiger Verkehr entwickelt sich erst gegen sechs, und mit ihm der Verkehrslärm. Wenn man sich um sechs noch einmal auf die andere Seite dreht, wird man das nächste Mal vermutlich auf dem Höhepunkt des Berufsverkehrs aufwachen.

Die Hirnstromkurven des EEG lassen Rhythmen erkennen, die den »Wellen« des Straßenverkehrs ganz ähnlich sind. Zwei Mal am Tag gibt es große, anhaltende Spitzen – die Stoßzeiten morgens und abends. Doch es gibt auch schnellere Rhythmen. Würde man die Lautstärkeschwankungen des Verkehrslärms aufzeichnen, erhielte man einen Rhythmus von ungefähr dreißig kleinen Spitzen pro Stunden.

»Die Ampeln an der nächsten Ecke führen vermutlich dazu, daß der Verkehr sich bündelt.«

Richtig, sagte ich. Es gibt Zyklen innerhalb von Zyklen; der Stoßzeiten-Rhythmus ist am Wochenende nicht so ausgeprägt, die Stop-and-Go-Zyklen werden während der Stoßzeiten deutlicher. Genauso nehmen die Amplituden der verschiedenen EEG-Rhythmen zu und wieder ab, je nach dem ob man gerade wach ist oder ruht, aktiv ist oder untätig wartet. Und diese Rhythmen sind für uns recht hilfreich, selbst wenn sie ziemlich ungenau sind. Manchmal versuchen wir, eine Menge Aktivität zu synchronisieren, um zu sehen, welche Reaktion sich im EEG zeigt.

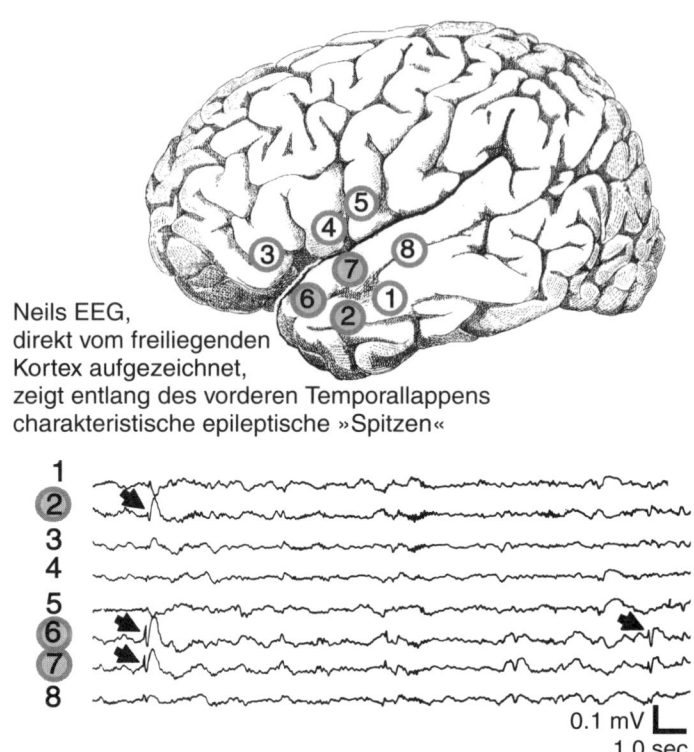

Neils EEG,
direkt vom freiliegenden
Kortex aufgezeichnet,
zeigt entlang des vorderen Temporallappens
charakteristische epileptische »Spitzen«

0.1 mV

1.0 sec

»Das war der Test, den ihr mit mir gemacht habt, bei dem es einmal pro Sekunde geklickt hat und ihr vom Mittelwert der hervorgerufenen Reaktion gesprochen habt?«

Genau. Wenn es ein lautes Geräusch gibt – sagen wir, Geschirr fällt zu Boden und zerbricht –, kommen schlagartig alle Gespräche in einem Raum zum Erliegen. Jeder ist für einen Moment still. Und dann beginnen alle gleichzeitig wieder zu reden. Anhand von kleinen Unterbrechungen wie dieser können wir eine Menge darüber erfahren, wie bestimmte Teile des Gehirns funktionieren. Nicht in jedem Fall finden wir einen entsprechenden Stimulus, der die Gespräche stoppt und wieder in Gang kommen läßt. Beim visuellen Kortex zum Beispiel funktionieren aber Lichtblitze ziemlich gut.

Neil interessierte sich sehr für seine EEG-Anomalien. Dutzende von EEGs hatte er im Lauf der vergangenen Jahre schon mitgemacht, aber niemals hatte er völlig verstanden, wonach die Neurologen suchten. Wir kritzelten einige EEG-Muster auf die Serviette, die Neil von der Espressotheke geholt hatte.

»Wie war gleich wieder eure Analogie für die Spitzen, die man in meinem EEG gefunden hat? Sagtet ihr nicht, sie seien Anzeichen für einen ruhenden epileptischen Prozeß zwischen den Anfällen?«

Bei den Spitzen handelt es sich um so etwas wie Fehlzündungen – nicht normal, aber an sich auch nicht schlimm. Für gewöhnlich deutet eine gelegentliche Fehlzündung bloß darauf hin, daß der Motor eingestellt werden muß, und ich denke, dasselbe bedeuten auch die meisten EEG-Spitzen. Erst wenn eine ganze Reihe von Fehlzündungen auftritt, beziehungsweise eine ganze Reihe von Spitzen im EEG, deutet das darauf hin, daß jeden Augenblick eine Panne droht. Manchmal erblickt man im EEG eine Reihe von Spitzen, die an einen alten Lastwagen erinnern, der beschleunigt, dann bei der nächsten Fehlzündung bockt, wieder beschleunigt, bockt und mit all den wiederholten Fehlzündungen sich selbst in Stücke zu reißen droht, bis er schließlich auf der Straße liegen bleibt. In etwa so, stellen wir uns vor, fängt auch ein epileptischer Anfall an.

»Wie viele Neuronen sind am Zustandekommen einer solchen EEG-Spitze beteiligt?«, wollte Neil von mir wissen.

Wahrscheinlich Millionen, antwortete ich. Eine auf die Kopfhaut geklebte EEG-Elektrode zeichnet Signale aus einem Gehirnbereich auf, der mindestens so groß wie ein Zehncentstück [ca. 2 cm] ist. Ich habe einmal abgeschätzt, daß es auf einem Stück zerebralen Kortex dieser Größe 133 Millionen Neuronen gibt. Schwierigkeiten macht dabei wahrscheinlich nur eine kleine Minderheit von ihnen, deren Signale allerdings während der meisten Zeit von jenen der anderen überdeckt werden. Viele Anfälle lösen keine Muskelbewegungen aus, doch sie halten den betreffenden Hirnbereich für eine Weile von seiner sinnvollen Arbeit ab. Mit dem an der Kopfhaut abgenommenen EEG können wir nur größere Banden von Neuronen beobachten, die sich zusammenrotten; wenn es zum offenen Aufstand kommt, sind schon viele Millionen Neuronen daran beteiligt.

»Viele, viele, kleine fleißige Neuronen«, sagte Neil. »Wieviele gibt es denn insgesamt?«

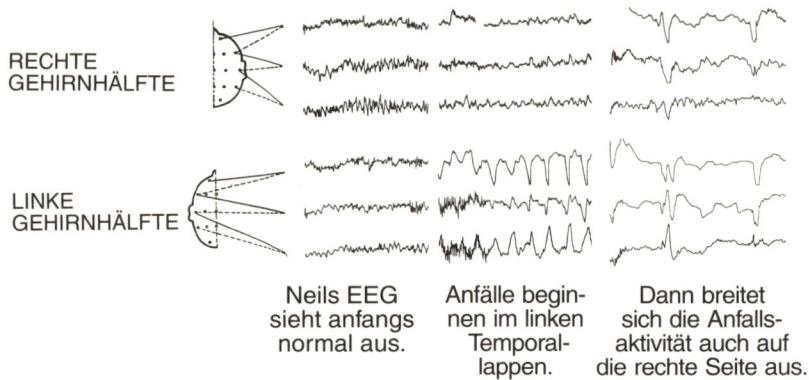

RECHTE
GEHIRNHÄLFTE

LINKE
GEHIRNHÄLFTE

Neils EEG
sieht anfangs
normal aus.

Anfälle begin-
nen im linken
Temporal-
lappen.

Dann breitet
sich die Anfalls-
aktivität auch auf
die rechte Seite aus.

Die Zählung steht heute bei ungefähr zweihundert Milliarden, sagte ich ihm. Für das gesamte Gehirn. Die Zwischensumme für den zerebralen Kortex beträgt etwa dreißig Milliarden. Oft wird der zerebrale Kortex mit dem gesamten Gehirn verwechselt, er umfaßt aber nur einen Bruchteil aller Neuronen. Das Cerebellum, das Kleinhirn oberhalb des Hirnstamms umfaßt eine größere Zahl, weil es so viele kleine Körnerzellen hat. Und die Anzahl der Synapsen ist sogar noch erheblich größer – das sind die Kontaktstellen zwischen den Neuronen, und jedes Neuron hat viele Tausende davon.

Selbst wenn die Gesamtzahl bei allen Menschen gleich wäre, würden doch die Teilsummen der verschiedenen Bereiche des zerebralen Kortex noch variieren. Würde man bei einer Reihe normaler Menschen sich den primären visuellen Kortex anschauen, könnte man feststellen, daß er längst nicht immer gleich groß ist. Einige Leute haben dreimal mehr davon als andere.

»Also sehen diese Leute besser?«

Ist mehr immer gleich besser? Beim visuellen Kortex weiß das bislang niemand. Auch beim Sprachkortex gibt es vermutlich solche Abweichungen. Bei verschiedenen Tierarten schwankt die Stärke der kortikalen Schichten in einem gewissen Bereich, aber die Anzahl der Neuronen unter einem Quadratmillimeter Kortexoberfläche ist immer ziemlich konstant und liegt um 148 000 herum.

»Das ist interessant. Hört sich an, als gäbe es ein allgemein gültiges Prinzip, nach dem sie gestapelt werden.«

Vielleicht. Als sich unsere frühen Vorfahren zu immer geschickteren Primaten entwickelten, wuchs der zerebrale Kortex hauptsächlich in die Breite. Bei Schimpansen und Gorillas ist seine Oberfläche insgesamt weniger als ein Blatt Schreibmaschinenpapier groß. Bei Menschen entspricht sie ungefähr vier Blatt Papier. Ratten haben um fünf Quadratzentimeter, fünfhundert Mal weniger als ein Mensch. Diese Zunahme der Kortexoberfläche hat vermutlich zu ihrer Auffaltung geführt, denn all diese Windungen und Furchen vergrößern die Oberfläche, die in ein gegebenes Volumen hineingepackt werden kann.

»Hat ein gescheiter Mensch mehr zerebralen Kortex als ein Idiot? Sind wir klüger als Schimpansen, weil unser Kortex größer ist?«

Die kortikale Oberfläche hat tatsächlich etwas damit zu tun, räumte ich ein, obwohl das noch nicht die ganze Geschichte ist. Wenn man mit einem MRI-Scanner die Menge an grauer Substanz mißt, zeigt sich, daß Menschen mit hohem IQ deutlich mehr davon haben als Menschen mit einem durchschnittlichen. Doch die Kortexoberfläche ist nur zu einem Teil für die unterschiedlichen IQ-Werte verantwortlich. Noch etwas anderes muß an der Intelligenz beteiligt sein. Vermutlich ist die interne Effizienz der Schaltkreise von größerer Bedeutung als die Gesamtmenge des Kortex.

»Ich werde ja ein Stück Kortex einbüßen, wenn ihr mich operiert. Was passiert dann mit meinem IQ? Auch meine Frau macht sich darüber Sorgen. Und, wie ich weiß, vor allem meine Geschäftspartner!«

Die IQ-Werte tendieren nach solchen Operationen im allgemeinen nach *oben*, und zwar ziemlich deutlich. Das liegt daran, daß die Patienten vor der Operation entweder durch die nachklingenden Auswirkungen kürzlich erlittener Anfälle oder durch die hochdosierten Arzneimittel und ihre Nebenwirkungen beeinträchtigt waren. So kamen sie bei Tests auf niedrigere Werte, als von ihrer biologischen Mitgift her möglich gewesen wäre.

Das ließ sich Neil eine Weile durch den Kopf gehen, während wir unsere Tabletts zum Geschirrlaufband der Cafeteria hinübertrugen. »Also werde ich nach der Operation vermutlich ein bißchen gescheiter sein als jetzt – aber nicht so gescheit wie vor fünfzehn Jahren, ehe ich mit dem Kopf aufschlug. Immerhin war ich damals so blöd, daß ich nicht den Sicherheitsgurt anlegte!«

Woran sich wieder einmal zeigt, daß gute Angewohnheiten wichtiger sein können als der IQ. Intelligenz – oder wenigstens das, was man mit IQ-Tests mißt – hat viel damit zu tun, daß man mental »schnell« ist und in einer bestimmten Zeitspanne eine Menge Fragen durchgehen kann. Und der IQ hat auch damit zu tun, daß man mit vielen Faktoren gleichzeitig jonglieren kann, zum Beispiel in jenen Analogiefragen à la »A verhält sich zu B wie C zu –?«. Dabei hat man drei Buchstaben zur Auswahl – D, E und F –, so daß man zur Bewältigung der Aufgabe sechs Dinge gleichzeitig im Kopf haben muß.

Fähigkeiten wie Kreativität, Urteilskraft und eine gute Wissensbasis sind im alltäglichen Leben viel wichtiger als alles, was mit dem IQ gemessen wird. Weder wird man so schnell sein wollen, daß man übereilt die falschen Schlüsse zieht, noch so unentschlossen, daß man sich niemals entscheiden kann. Wann man von einem Problem zum nächsten wechselt, ist eine Frage der richtigen Gewichtung. Ob man ein »gutes« Gehirn hat, hängt oft nicht davon ab, wieviel Gehirn man hat. Quantität kann gut durch Qualität ersetzt werden.

3.
Dem Gehirn beim Sprechen zusehen

»Aha, Zeit für Diaschau«, ruft Neil unter den Tüchern hervor. Ich blicke kurz von Neils Gehirn auf und sehe, daß der Neuropsychologe tatsächlich den Bildschirmprojektor am Anästhesisten vorbeimanövriert und so aufstellt, daß Neil den Projektionsschirm gut sehen kann.

Neils Kommentare zu dem, was er sieht, entstammen dem Gehirn, das so hell ausgeleuchtet und farbenfroh vor mir liegt. Nichts Graues ist daran. Die Töne kommen zwar aus Neils Mund, aber die Worte wurden hier von etwas Weichem gerade unterhalb der freigelegten Gehirnoberfläche ausgewählt und auf den Weg geschickt. Eben dieser zerebrale Kortex, auf den ich blicke, schafft es irgendwie, sich einen »Dirigenten« für das Orchester der Nervenzellen zu erschaffen – eine »Stimme«, die die meiste Zeit zu sich selbst spricht und nur gelegentlich sich laut äußert.

Eine Gemeinschaft von Bienen mag sich zu einem Bienenvolk organisieren können, eine Gemeinschaft von Nervenzellen aber kann eine Person erschaffen, die in der Lage ist, Gedichte zu schreiben, über ethische Probleme nachzudenken oder eine neurochirurgische Operation durchzuführen. Und eines Tages vielleicht zu verstehen, wie dieser Zellverband das macht. Jedes Mal, wenn ich mir durch so ein chirurgisches Fenster ein Gehirn betrachte, das gerade spricht, muß ich daran denken, daß im Vergleich dazu mir ein Blick zurück auf unseren blauen Planeten vermutlich nichts bedeuten würde, sollte mich mal jemand zu einer Mondreise einladen. Eine Person *lebt* in dem Gehirn, das ich jetzt sehe. Irgendwie geht der wahre Neil, seine authentische Stimme, aus all jenen Nervenzellen hervor. Und erzählt sich seine Lebensgeschichte. Irgendwie.

Während ich über all das staunen kann, denkt George wahrscheinlich angestrengt darüber nach, genau welche Teile dieses Gehirns wohl für seine Sprachfähigkeiten entscheidend sind. Nicht im allgemeinen, sondern ganz speziell in Neils Fall – bei seiner Version all der möglichen

Varianten des grundlegenden Bauplans. Neurochirurgen müssen darauf achten, daß sie nicht das Sprachzentrum verkrüppeln. Wenn epileptische Bereiche nahe den Sprachzentren liegen – was oft der Fall ist – kommt es entscheidend darauf an, die Sprachfähigkeiten zu kartieren, bevor man irgend etwas entfernt.

Wir beenden die Messungen der elektrischen Aktivitäten auf der Oberfläche des Gehirns, die uns ein viel genaueres Bild vermitteln als die EEGs vor der Operation. Die charakteristischen Anzeichen für den momentan ruhenden epileptischen Prozeß – jene an Fehlzündungen erinnernden Spitzen – finden sich in Neils Temporallappen, und zwar in Gebieten, die häufig mit der Sprachverarbeitung zu tun haben. Diese Gebiete kann George nicht einfach entfernen, weil er mehr Schaden anrichten als Nutzen stiften würde. Also lautet die nächste Frage: Wo genau kommt Neils Sprache her?

Wenn man einfach nur die Oberfläche des Gehirns betrachtet, kann man keine anatomischen Strukturen ausmachen, die den Sprachkortex an sich darstellen. Vielmehr ist es sehr schwer, auch nur die vier »Lappen« jeder Gehirnhälfte zu erkennen (Frontal-, Parietal-, Okzipital- und Temporallappen).

Bei einem früheren Gespräch darüber hatte Neil gesagt: »Es handelt sich wohl kaum um ein vierblättriges Kleeblatt.« So wie es zwischen dem Norden und dem Süden eines Landes keine allgemein anerkannte Grenze gibt, ist es auch kaum möglich, genau zu sagen, wo der Parietallappen aufhört und der Temporallappen anfängt.

»Wenigstens«, antwortete Neil, »ist die rechte Hälfte bloß das Spiegelbild der linken.«

Aber nein – die beiden Hirnhemisphären sind ganz im Gegenteil in mehrfacher Hinsicht recht asymmetrisch. In der Regel stellt eine Hemisphäre nicht genau die Hälfte dar, denn die rechte ist oft etwas breiter als die linke. Vorne springt die rechte Hemisphäre etwas weiter vor und ragt ein wenig über die Spitze des linken Frontallappens hinaus; umgekehrt ragt hinten der linke Okzipitallappen weiter hervor als der rechte.

»Also ist ein durchschnittliches Gehirn schief?«

Ja, und das ist noch nicht alles. Die Sylvius-Furche, der große, nach innen gefaltete Spalt, der den Temporallappen vom Rest der zerebralen Hemisphäre trennt, ist in der Regel auf der linken Seite lang und gerade.

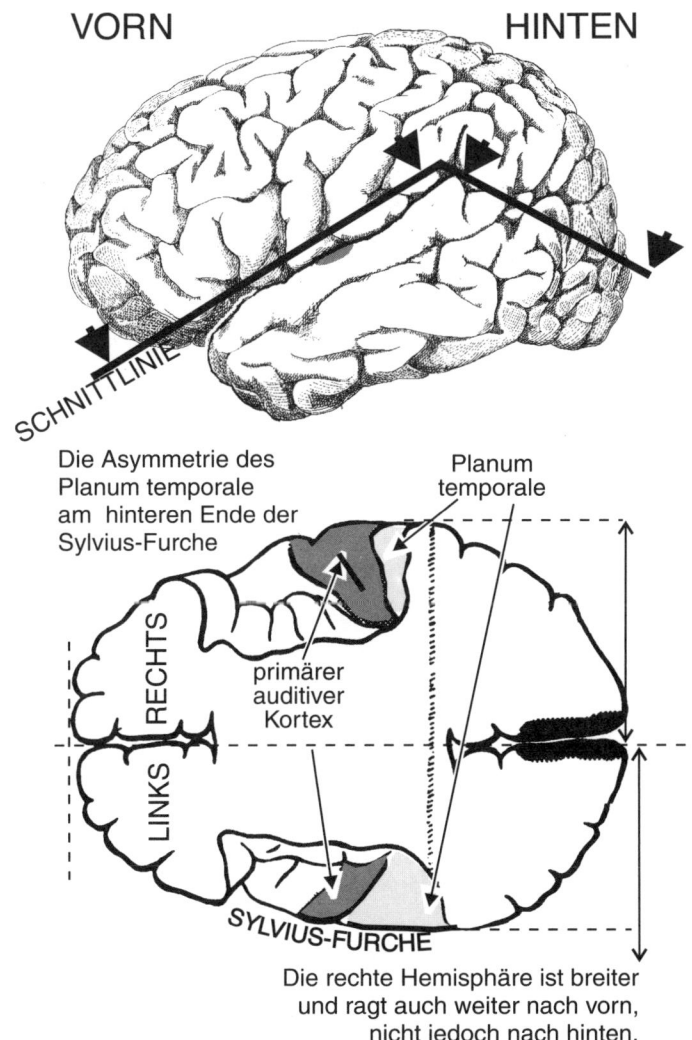

VORN   HINTEN

SCHNITTLINIE

Die Asymmetrie des
Planum temporale
am hinteren Ende der
Sylvius-Furche

Planum
temporale

RECHTS

LINKS

primärer
auditiver
Kortex

SYLVIUS-FURCHE

Die rechte Hemisphäre ist breiter
und ragt auch weiter nach vorn,
nicht jedoch nach hinten.

Auf der rechten Seite ist sie kürzer und merklich nach oben gekrümmt. Daran zeigt sich, daß bestimmte Gehirnbereiche links und rechts von verschiedener Größe sind. Eines dieser Gebiete ist das Planum temporale, jener Teil des Temporallappens, der tief in der Sylvius-Furche verborgen liegt und sich vom auditiven Bereich bis zum hinteren Ende der Furche erstreckt.

Auch funktional sind die beiden Hälften menschlicher Gehirne nicht symmetrisch. Einige Hirnfunktionen sind »einseitig«, vor allem die Sprache, die für gewöhnlich in der rechten Hälfte angesiedelt ist. Vor einigen Jahrzehnten entdeckte der Neurologe Norman Geschwind, daß das Planum temporale bei einigen Menschen auf der rechten Seite größer ist – und bei etwa demselben Prozentsatz der Bevölkerung wird die Sprache von der rechten Hirnhälfte dominiert. Er schloß daraus, daß die relative Größe dieses Bereichs als anatomischer Anhaltspunkt dafür anzusehen sei, auf welcher Seite die Sprache angesiedelt ist, auch wenn die wirkliche Funktion dieses Bereichs nicht bekannt ist.

»Haben Affen dieselbe Asymmetrie?« fragte Neil.

Bei Orang-Utans und Schimpansen gibt es sie, was darauf schließen läßt, daß mindestens ein anatomisches Substrat der Sprache schon früher in der Evolution auftauchte. Gorillas aber haben diese Asymmetrie nicht – sie tauchen in der Evolutionsgeschichte etwa in der Mitte zwischen Orang-Utans und Schimpansen auf –, und dennoch kann man Gorillas eine einfache Zeichensprache beibringen. So einfach ist es also nicht.

»Nun gut. Wann zeigt sich denn bei Föten zum ersten Mal diese Asymmetrie?«

Die Asymmetrie des Planum temporale kann man bei Föten von der sechsundzwanzigsten Woche an erkennen, dem Beginn des dritten Schwangerschaftsdrittels. Babys werden also bereits mit einer anatomischen Spezialisierung geboren, die vermutlich mit der Sprache zusammenhängt.

Doch die Anatomie bietet nur diese wenigen Anhaltspunkte für die Lokalisierung der Sprache. Veränderungen der Funktion hingegen bieten eine ganze Menge Hinweise.

Wenn am Auto etwas kaputt geht, hat man eine gute Chance, endlich herauszufinden, wozu ein bestimmtes, eigenartig aussehendes Teil eigentlich die ganze Zeit gedient hat. Wenn etwa die Bremsen versagen und man endlich darauf kommt, einmal unter die Motorhaube zu blicken, statt die Räder anzustarren, wird man vielleicht eine Flüssigkeit entdecken, die aus einem Bauteil herauströpfelt, das auf der Schnittzeichnung in der Gebrauchsanleitung des Herstellers mysteriöserweise als »Hauptbremszylinder« bezeichnet ist.

Dank eines Funktionsausfalls (der Bremsen) findet man schließlich heraus, was die Aufgabe dieses bestimmten Teils im Durcheinander des Motorraums ist. Die griechischen Philosophen-Ärzte haben vor zweieinhalbtausend Jahren ähnliche Schlußfolgerungen angestellt, als sie bemerkten, daß die linke Hälfte des Gehirns die rechte Hälfte des Körpers zu steuern scheint und umgekehrt.

»Wenn der Antrieb eines Autos in ähnlicher Weise über Kreuz organisiert wäre«, bemerkte Neil, »würden die linken Räder die Kraft von der rechten Seite des Motors erhalten. Die Bremsen der linken Räder würden von einem Bremszylinder auf der rechten Seite versorgt. Und umgekehrt.«

Statt dessen werden alle Räder moderner Autos von ein und demselben Motor angetrieben, der beide Seiten des Motorraums einnimmt.

»Und bei den meisten unserer Autos werden die Bremsen sowohl der rechten wie der linken Seite von einem Hauptbremszylinder auf der linken Seite des Motorraums gesteuert. Die Lenkung ist ebenfalls auf der linken Seite.«

Diese Bauweise erinnert ziemlich an die Sprachlokalisierung im menschlichen Gehirn. 1861 sagte der französische Chirurg Paul Broca, daß seiner Erfahrung nach Hirnschädigungen der linken Seite sich in der Regel auf die Sprache auswirkten, nicht hingegen Schäden auf der rechten Seite. Solch eine Aphasie – unter diesem Begriff faßt man alle Sprachstörungen zusammen – muß man von bloßen Schwierigkeiten mit dem Sprechen selbst unterscheiden. Um sprechen zu können, braucht man selbstverständlich beide Seiten von Brust, Zunge und Lippen, aber der Mechanismus, der die Worte auswählt, sitzt links im Gehirn, genauso wie Bremsen und Lenkung eines Autos von der linken Seite gesteuert werden. Broca selbst bezeichnete die linke Hemisphäre als die »sprachdominante«.

»Hat das auch etwas damit zu tun, daß wir meist Rechtshänder sind?«

Die linksseitige Sprachdominanz wurde in der Folge oft mit einer anderen Spezialität dieser Gehirnhälfte durcheinander gebracht: mit der Steuerung der rechten Hand. Man glaubte längere Zeit, daß bei Linkshändern die Sprache von der rechten Gehirnhälfte gesteuert würde, daß ihre Gehirne in bestimmten Aspekten spiegelbildlich gebaut wären, ganz wie Autos in Großbritannien oder Japan sich von denen in Europa und Amerika unterscheiden.

»Aber es ist nicht so? Ist bei ihnen einfach alles durcheinander geraten?«

Heute scheint es uns so zu sein, daß auch bei den meisten Linkshändern die Sprache in der linken Hirnhälfte sitzt, ganz wie bei Rechtshändern. Bei ungefähr fünf Prozent aller Menschen haust die Sprache in der rechten Hirnhälfte, und bei weiteren fünf bis sechs Prozent lassen sich wichtige Sprachfunktionen in beiden Hemisphären lokalisieren. Obwohl Linkshänder in der Gruppe mit der umgekehrten Dominanz und in der mit gemischter Dominanz häufiger vorkommen, ist keine Art und Weise des Handgebrauchs bekannt, die verläßlich darauf schließen lassen könnte, auf welcher Seite des Gehirns die wichtigen Sprachbereiche angesiedelt sind.

Broca konnte auch am Beispiel eines Falls zeigen, wo in der linken Gehirnhälfte die Sprache hausen könnte. Er betreute einen Schlaganfallpatienten, der viel von dem zu verstehen schien, was man ihm sagte. Leborgne, so hieß der Mann, konnte Anweisungen befolgen und half bei der Betreuung einiger anderer Patienten des Krankenhauses mit – aber er brachte nur ein einziges Wort heraus: »Tan«. Sein Zustand war mit einer Lähmung relevanter Muskeln nicht zu erklären, denn Leborgne konnte essen und trinken und auch »Tan-tan« sagen.

Als Leborgne gestorben war, untersuchte Broca sein Gehirn, um herauszufinden, wo der Schaden saß. Es stellte sich heraus, daß der Schlaganfall einen Bereich des Gehirns unmittelbar oberhalb des linken Ohrs in Mitleidenschaft gezogen hatte; geschädigt waren der untere hintere Abschnitt des Frontallappens, der untere vordere Abschnitt des Parietal-

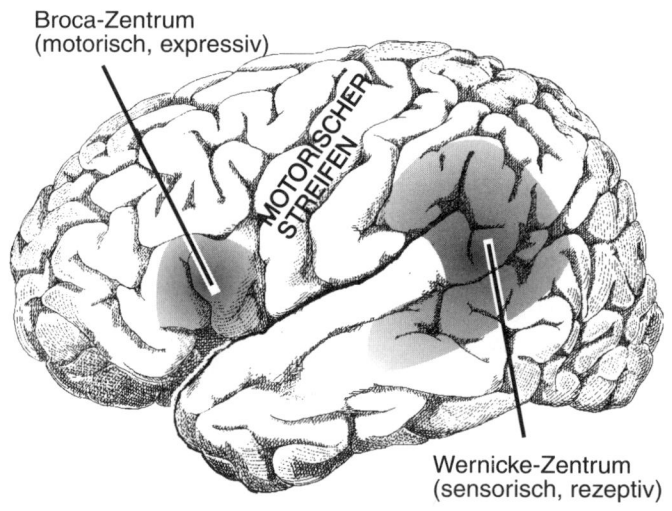

Der Sprachkortex nach der Vorstellung des 19. Jahrhunderts

lappens und der obere Teil des Temporallappens. Trotz dieser vielgestaltigen Schädigung dreier von vier Lappen war Broca vor allem vom Frontallappen-Schaden beeindruckt, der tiefer reichte als die anderen.

Broca stellte die These auf, daß die Schädigung des unteren hinteren Abschnitts des Frontallappens für die Sprachprobleme seines Patienten verantwortlich war. Er unterstellte, daß von diesem Bereich alle sprachliche Äußerung gesteuert würde. Bald begannen die Neurologen von »Brocascher Aphasie« oder »expressiver« beziehungsweise »motorischer Aphasie« zu sprechen, wenn ihnen diese charakteristische Sprachstörung begegnete, und den unteren hinteren Abschnitt des Frontallappens der linken Seite unmittelbar vor dem motorischen Streifen nannten sie »Brocasche Windung« oder »Broca-Zentrum«.

Ehrlich gesagt, ist Broca hier ein kleiner Fehler unterlaufen. Es hat sich herausgestellt, daß eine Schädigung des Broca-Zentrums allein nicht reicht, um in jedem Fall Broca-Aphasie hervorzurufen. Es müssen noch viele andere der bei Leborgne geschädigten Bereiche mitbetroffen sein, aber deren Bedeutung hatte Broca heruntergespielt.

»Das hat dann Wernicke entdeckt, oder?« fragte Neil.

Nein, es dauerte noch über ein Jahrhundert, bis dieser Fehler korrigiert wurde. Was der sechsundzwanzigjährige deutsche Psychiater Carl Wernicke 1874 beschrieb, waren Patienten mit einer anderen Art von Sprachstörung. Diese Menschen konnten fließend, ja sogar exzessiv sprechen; aber manchmal gebrauchten sie Worte, die keinen Sinn ergaben. Und gewöhnlich verstanden sie im Gegensatz zu Brocas Patienten nicht, was man zu ihnen sagte: Obwohl sie einwandfrei zu hören schienen, konnten sie den Wortfolgen, die sie vernahmen, keinen Sinn abgewinnen.

Bald sprachen die Neurologen von »Wernicke-Aphasie«, später von »rezeptiver« oder »sensorischer« Aphasie. Sie zogen den Schluß, daß zum Sprechen auch die Übermittlung des Gelesenen oder Gehörten zunächst an das Wernicke-Zentrum zur Dekodierung und sodann weiter an das Broca-Zentrum zum Aussprechen gehört.

Die beiden Gruppen von Patienten ließen sich nicht nur an ihren Symptomen unterscheiden: Bei den Patienten des Wernicke-Typs schien die Schädigung durch den Schlaganfall weiter hinten im Gehirn zu liegen (»posterior«), üblicherweise im hinteren Teil des Temporallappens und oben in den Parietallappen am rückwärtigen Ende der großen Sylvius-Furche. Das Broca-Zentrum hat etwa die Größe einer Vierteldollar-

Münze, während das Wernicke-Zentrum eher die Größe eines Silberdollars erreicht.

»Dem gesprochenen Wort zuzuhören, geschieht also in einem anderen Teil des Gehirns als das Sprechen?«

Dichotomien (»Entweder ist es *dies,* oder es ist *das*«) sind immer beliebt, und hier gab es gleich zwei von ihnen in parallelen, offensichtlich unterschiedlichen Versionen derselben Sache: Broca-Wernicke (sprechen-hören, expressiv-rezeptiv) und vorn-hinten (anterior-posterior). Folglich wurde in den Lehrbüchern das alles miteinander verknüpft (und wenn die Sprache in der linken Gehirnhälfte saß, mußte natürlich etwas anderes in der rechten vor sich gehen – eine weitere komplizierte Dichotomie, die wir im folgenden Kapitel angehen werden). Dichotomien machen Wissenschaftler glücklich, erleichtern überarbeiteten Studenten das Lernen, helfen Bücher zu verkaufen und Studienrichtlinien abzukürzen – in Wirklichkeit aber liegen die Dinge meist komplizierter, und deswegen kann man sie sich auch schwerer merken.

Nehmen wir einen Wüstennomaden, der herausfinden will, wozu die Knöpfe an seinem neuen Auto da sind: Er drückt einen Schalter und entdeckt, daß dieser einen zuvor verborgenen Hebelarm auftauchen und vor seinen Augen hin und her klappen läßt. Die Kinder finden das vielleicht ganz lustig, aber solange es nicht regnet, wird die Funktion der Scheibenwischer – Regentropfen zu entfernen – nicht klar werden.

»Vielen Leuten bereitet es ähnliches Kopfzerbrechen, mit der Fernbedienung ihres Videorecorders klarzukommen.«

Und den Neurophysiologen geht es ähnlich, wenn sie versuchen, die Funktionen der verschiedenen Hirnbereiche ausfindig zu machen (»die Funktion zu lokalisieren«). Elektrische Stimulationen des motorischen Streifens können ein paar grobschlächtige Bewegungen bewirken, stimuliert man aber das Broca- oder das Wernicke-Zentrum, kann man damit leider kein Sprechen auslösen. Gerade wie die Scheibenwischer Regen brauchen, damit ihre Funktion klar wird, bedarf es bei der Stimulation einer Wortfolge, die modifiziert werden kann. Wenn der Patient bereits spricht, verursacht die elektrische Reizung Fehler. Wenn nicht, scheint gar nichts zu passieren. Die anatomischen Strukturen sind nicht beschriftet, und solange das Gehirn nicht gleichzeitig spricht, bleiben die Funktionen der kortikalen Sprachbereiche unklar.

Die Diavorführung, während der Neils
Benennungs Stellen kartiert werden

Endlich hat die Diaschau begonnen; alle paar Sekunden tauchen auf dem
Projektionsbildschirm Objekte auf, die Neil mit Namen nennt. Das hat
er fleißig geübt, und wir wissen, daß er sämtliche Dias korrekt benennen
kann.

»Ich weiß, was das ist«, sagt Neil. »Das ist ein, äh, ein ...« George
entfernt den elektrischen Stimulator vor Neils Kortex. »Ein Elefant«,
sagt Neil schließlich etwas gereizt.

Das nächste Dia erscheint auf dem Schirm. »Das ist ein Apfel«, sagt
Neil routiniert. George hat zwar wiederum den Kortex dabei stimuliert,
aber an einer anderen Stelle, ein kleines Stück neben der ersten. Diese
neue Stelle scheint mit der Namensnennung nichts zu tun zu haben. Die
Stromstärke ist so eingestellt, daß ein kleiner Bereich des Gehirns etwa
von der Größe eines Bleistift-Radiergummis durcheinandergebracht wird.
Diese Stimulation veranlaßt Neil zu Fehlern, und wir glauben, es geschieht dadurch, daß jener kleine Hirnbereich (oder Gebiete, die eng
damit verknüpft sind) inaktiviert oder in Unordnung gebracht wird.

Wenn bestimmte Stellen stimuliert werden, kann Neil Objekte, die er
sonst problemlos identifiziert, nicht mehr mit Namen nennen. Der Dia-

projektor hält Neil eine Weile auf Trab, während George den Kortex erkundet; wir hören Neil zu und achten darauf, ob er irgendwelche Schwierigkeiten hat. Neil ist instruiert worden, vor dem Namen des jeweiligen Objekts immer die Worte »Das ist ein...« zu formulieren. Es gibt ein paar Stellen, besonders im und am Broca-Zentrum, bei deren Stimulation Neil nicht einmal mehr diese Präambel äußern kann: Er kann dann überhaupt nicht sprechen.

Zu einer Hemmung des gesamten Sprechvermögens kann es jedoch aus vielerlei Gründen kommen, so daß dies kein guter Anhaltspunkt zur Abgrenzung des Sprachkortex ist. Anomie, die bei Neil künstlich herbeigeführte Unfähigkeit, nach korrekter Präambel den Namen eines Objekts zu äußern, ist schon eher ein spezifisches Sprachproblem. Gelegentlich leiden wir alle ja unter Anomie (»Wie war doch gleich ihr Name? Er liegt mir auf der Zunge!«), und man glaubt, daß Schwierigkeiten mit der Namensnennung auf eine vorübergehende Leistungsschwäche in den Sprachverarbeitungsprozessen in unserem Gehirn zurückzuführen sind – weshalb sich diese Schwierigkeiten gut für den Kartierungstest im Operationssaal eignen.

Die Stelle, an der die Stimulation den Namen »Elefant« blockierte, hat nicht speziell etwas mit Elefanten zu tun; bei späteren Stimulationen während der Projektion anderer Objekte zeigen sich ebenfalls Probleme mit der Namensnennung. Es scheint sich um eine »Namen-Stelle« und nicht um eine »Elefanten-Stelle« zu handeln. Im Gegensatz zu Computerspeichern, die für jede Information eine separate Schublade haben, ist ein Gedächtnisinhalt wie »Elefant« im Gehirn so gespeichert, daß er über große Gebiete des Gehirns verteilt ist, wo er sich auf eine Weise, die wir noch nicht verstehen, auch mit anderen Gedächtnisinhalten überlagert.

Auch wenn es keine »Elefanten-Stellen« gibt, so nehme ich doch an, daß es Plätze für bestimmte Wortklassen wie Substantive oder Verben geben könnte. Oder gibt es, wie Neil kürzlich fragte, Stellen für Tiere, andere für Gemüse und wieder andere für Mineralien?

Gibt es Stellen, wo die Wortfolgen zusammengesetzt werden, und andere, wo die Bedeutung dessen, was man hört, dekodiert wird? Haben zweisprachige Menschen verschiedene Bereiche für die jeweilige Sprache? Ist der Sprachkortex bei Frauen und Männern unterschiedlich

organisiert, bei Eloquenten und Mundfaulen, bei Tauben, die die Zeichensprache benutzen? Vieles ist möglich, aber wir haben nur wenige Methoden, Antworten zu bekommen.

Das meiste dessen, was wir über andere Hirnfunktionen als die Sprache wissen, wurde anhand der Gehirne anderer Tiere erforscht. Sprechlaute nachzuahmen ist natürlich kein Sprechen im eigentlichen Sinn, genauso wenig wie ein Tonbandgerät in der Lage ist, Sprache zu erzeugen. Papageien können sich ein recht umfangreiches Vokabular aneignen, das wissenschaftliche Interesse konzentriert sich aber mehr auf die protolinguistischen Fähigkeiten unserer nächsten Verwandten, der Menschenaffen.

Leider sind auch Menschenaffen nicht in der Lage, menschliche Sprachlaute nachzuahmen. Wenn ihre Lehrer aber beim Aussprechen eines Wortes auf das entsprechende Symbol einer Tafel zeigen, kann der Affe später das Wort »sprechen«, indem er einfach auf sein Symbol zeigt. Dieselbe Symboltafel-Technik wird oft bei autistischen Kindern angewandt, die so schließlich lernen, die mit einem Symbol assoziierte Bedeutung auszudrücken, indem sie darauf zeigen. Relativ wenigen Menschenaffen ist bislang irgendeine Art Sprache beigebracht worden, und das auch nur mit recht beschränktem Wortschatz, gemessen an menschlichen Maßstäben (typischerweise 10 000 bis 100 000 Worte).

Die gelehrigsten Bonobos (*Pan paniscus*) können vollständige neue Sätze verstehen, die so kompliziert sind wie etwa: »Geh' ins Büro und hole mir den roten Ball!« Dabei ist die Testsituation neu (Bälle findet man für gewöhnlich nicht im Büro) und läßt Spielraum für mancherlei Fehler (eine ganze Anzahl Bälle, einige davon rot, sind im selben Raum deutlich sichtbar). Die Bonobos meistern solche Aufgaben ebenso gut wie ein zweijähriges Kind, obwohl sie (wie solch ein Kind auch) vielleicht nicht selbst solche Sätze konstruieren. Die von ihnen gebildeten Sätze liegen üblicherweise im Bereich der Protosprache und erinnern an einen mundfaulen Touristen mit begrenztem Vokabular oder an Broca-Aphasiker.

Viele ihrer Sätze sind Bitten vom Typen »Gib mir...«, doch gelegentlich konstruiert ein Bonobo auch einen Satz, bei dem er selbst weder das Subjekt noch das Objekt des Verbs ist, zum Beispiel »Sue jagen Rose« (anderen bei einer Verfolgungsjagd zuzuschauen, ist die Lieblingsunterhaltung junger Bonobos, fast so schön, wie selbst gejagt zu werden). Einige Tiere kommen Aufforderungen in beeindruckender Weise nach, doch sie können (wie entsprechend kleine Kinder) keine Fragen in freier Form beantworten (noch nicht einmal »Nenne mir drei Früchte«), geschweige denn sich über das Wetter unterhalten. Vielleicht ändert sich das einmal, denn heute wachsen mehr Affen heran, die von klein auf den Umgang mit Symbolsprachen von erfahrenen Vorschullehrern lernen. Vor allem Bonobos zeigen recht vielversprechende Fähigkeiten. Dennoch wissen wir so gut wie nichts über die Gehirnorganisation, die bei diesen Affen der Sprache zugrundeliegt. Also muß das meiste, was wir über die Sprachverarbeitung in Erfahrung bringen wollen, noch immer an Menschen beobachtet werden.

»Und zwar nach Schlaganfällen, hab' ich recht?« hatte Neil gefragt.

Bis vor kurzem basierte das meiste dessen, was wir über die Sprachverarbeitung im Gehirn wissen, auf den Launen der Natur und nicht auf umsichtig geplanten wissenschaftlichen Experimenten. Mit beiden kann man etwas anfangen. Der Unterschied zwischen ihnen gleicht dem zwischen einem Naturkundemuseum und einem modernen Wissenschaftsmuseum: Das eine zeigt die überlebenden Exemplare der verschiedenen Experimente der Natur, während das andere vorführt, wie und warum sie funktionieren. Wenn wir die Mechanismen kennen, werden wir vielleicht eines Tages Behinderten besser helfen können, allen ein schnelleres Lernen ermöglichen, sogar die Vielseitigkeit unseres auf Sprache basierenden Denkens erweitern, mit dem wir die Komplexitäten des täglichen Lebens angehen. Doch lange Zeit war das Naturkundemuseum der Aphasie und Dyslexie alles, was wir hatten.

Bei allen Arten von Sprachstörungen sind auch Schwierigkeiten mit der Namensnennung von Objekten zu beobachten. Deshalb bedienen wir uns der Benennung von Objekten, wenn wir während der Operation Neils Gehirn daraufhin absuchen, welche Bereiche für seine Sprache eine Rolle spielen. Die anomische oder amnestische Aphasie – die Unfähigkeit, den richtigen Namen zu finden – ist gelegentlich das einzige Problem nach einem Schlaganfall. Doch in der Regel hat der Patient spezifischere Probleme als eine simple, gewöhnliche Anomie; manchmal gehören die Namen, die ihm Schwierigkeiten bereiten, einer bestimmten Klasse von Worten an, was uns gewisse Einblicke erlaubt, wie die Sprache im Gehirn organisiert ist.

Seit Brocas Zeiten haben die Forscher herausgefunden, daß Patienten mit Schlaganfällen im Broca-Zentrum überwiegend Substantive hervorbringen. Wenn sie Wortfolgen äußern, neigen sie dazu, die Verben fortzulassen, die meisten Pronomen und die Konjunktionen. Ein Patient, der von einem Film erzählte, sagte: »Oh, Polizist... oh... ich weiß! Kassierer!... Geld!... Oh! Zigaretten... Ich weiß... dies... Bier... Bart...«

Es bereitet ihnen auch Schwierigkeiten, Bewegungssequenzen nachzuahmen, die man für sie erdacht hat und die einfache Bewegungen von Zunge und Mund umfassen. Manchmal können sie Worte singen, die sie nicht sprechen können. Ihrer Probleme sind sie sich vollkommen bewußt. Und trotz der Dichotomie von expressiv-rezeptiv oder vorn-hinten haben sie auch gewisse Schwierigkeiten zu verstehen, was andere sagen. Besonders haben sie Probleme mit den Worten, an denen die Struktur von Satzgefügen zu erkennen ist, etwa Konjunktionen und Präpositionen. Ihr Verständnis anderer Wortarten ist dabei oft intakt.

Patienten, bei denen das Wernicke-Zentrum in Mitleidenschaft gezogen ist, zeigen in der Regel einen brauchbaren Satzbau, gebrauchen aber Worte falsch. Statt des richtigen nehmen sie vielleicht ein Wort, das entweder vom Klang oder von der Bedeutung her ähnlich ist. Sie scheinen sich ihrer Probleme nicht bewußt zu sein, und sie reden oft recht weitschweifig; eine Aphasie-Patientin namens Blanche antwortete, als man sie nach ihrem Namen fragte: »Ja, er ist nicht Mount Everest, Mont Blanc, Blancmanger oder Mandeln in Wasser... Sie kennen ihn. Sie sind klug, Sie werden ihn mir sagen!«

Es gibt noch viele andere Arten von Aphasie. Angesichts der Broca-Wernicke-Dichotomie, die den begrifflichen Rahmen absteckte, ist es nicht verwunderlich, daß diese Varianten Kombinationen von oder Querverbindungen zwischen beiden zugeschrieben wurden, etwa Schädigungen der Verbindungswege zwischen den frontalen und den parietalen Sprachzentren. Bestimmte Aphasiker können rückwärts Sätze wiederholen, die Wörter enthalten, auf welche sie im Fall einer eigenen Satzkonstruktion kaum kommen würden. Zu dieser transkortikalen Aphasie gibt es auch noch ein Gegenstück namens Leitungs-Aphasie, bei welcher der Patient Worte zwar spontan gebrauchen kann, aber Schwierigkeiten bekommt, wenn er gebeten wird, einen Satz zu wiederholen.

Überraschenderweise scheinen Sprachstörungen, die aus anderen Formen der Schädigung resultieren, nicht denselben Gesetzmäßigkeiten zu entsprechen wie die von Schlaganfällen verursachten. So kommt es bei Kopfverletzungen oder Tumoren selten zu Wernicke-Aphasie, selbst wenn das Wernicke-Zentrum betroffen ist. Dies hat zu der Annahme geführt, daß die Wernicke-Aphasie für eine bestimmte Patientengruppe charakteristisch ist: ältere Menschen, die zusätzlich zu den eng umschriebenen Schlaganfalldefekten auch umfassendere Beeinträchtigungen des Gehirns aufweisen, welche altersbedingt sind oder von chronischen Erkrankungen der Blutgefäße des Gehirns herrühren. Die Symptome hängen von den Ausgangsbedingungen ab.

»Nun«, bemerkte Neil einmal, »wenigstens ist ein Hirnschaden nicht mehr die einzige Möglichkeit herauszufinden, ob ein bestimmter Bereich des zerebralen Kortex etwas mit der Sprache zu tun hat. Heute habt ihr all diese tollen Techniken, die ihr an mir ausprobieren werdet.«

Injiziert man zum Beispiel ein kurzzeitig wirkendes Betäubungsmittel in die linke Halsschlagader, welche die linke Gehirnhälfte versorgt, und später eine weitere Dosis in die rechte Halsschlagader, welche die rechte Gehirnhälfte beliefert, kann man herausfinden, ob die Sprache in der linken oder der rechten Hemisphäre angesiedelt ist. Wenn die Fähigkeit zur Namensnennung mehrere Minuten aussetzt, während eine Seite betäubt ist, handelt es sich um diejenige, in der die Sprache haust. Bei Neil haben wir diesen Test während seiner voroperativen Untersuchungen an-

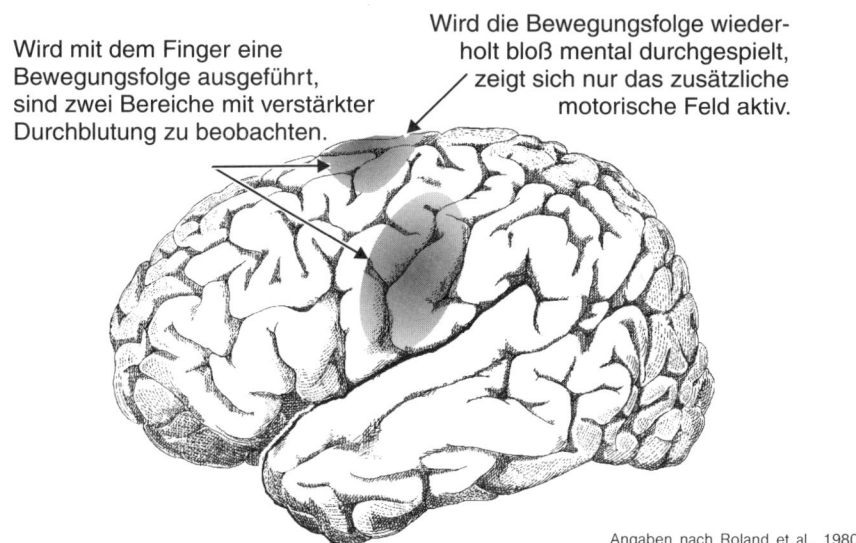

Wird mit dem Finger eine Bewegungsfolge ausgeführt, sind zwei Bereiche mit verstärkter Durchblutung zu beobachten.

Wird die Bewegungsfolge wiederholt bloß mental durchgespielt, zeigt sich nur das zusätzliche motorische Feld aktiv.

Angaben nach Roland et al., 1980

gewandt und herausgefunden, daß seine linke Hirnhälfte die sprachdominante ist.

Manchmal kann man das Betäubungsmittel durch einen Katheter in feinere Gehirnarterien einleiten, um kleinere kortikale Bereiche vorübergehend ausschalten. Für die am engsten umschriebene Blockierungsmethode, die elektrische Stimulation, die wir während Neils Operation anwenden, bedarf es vorhergehender chirurgischer Maßnahmen, aber man kann damit die Funktionen von Bereichen bis zur Größe eines Bleistift-Radiergummis lokalisieren.

Der verwendete elektrische Strom fügt dem Gehirn keinen Schaden zu. Wenn ich mit dem Stimulator meinen Handrücken berühre, spüre ich nur ein leichtes Kribbeln. Der Strom bringt lediglich ein paar Dinge durcheinander, so daß Funktionen wie etwa die Sprache vorübergehend blockiert sind. Damit kann man eine ganze Anzahl traditioneller Experimente durchführen, die ursprünglich entwickelt wurden, um nicht-sprachliche Hirnfunktionen bei Tieren zu erforschen, und die auf die Untersuchung der Sprachverarbeitung bei Menschen übertragen wurden. Aus ethischen Gründen sind diese Methoden, mit denen vorübergehend Hirnregionen manipuliert werden, ausschließlich bei Menschen anwendbar, die ohnehin in ihrem eigenen Interesse sich einer neurochirurgischen Operation unterziehen und sich freiwillig dafür zur Verfügung stellen.

Mit anderen Untersuchungsmethoden kann man Bilder erzeugen, die erkennen lassen, wie schwer das Gehirn gerade arbeitet. Weil sie durch die intakte Schädeldecke hindurch funktionieren, kann man sie auch bei normalen Freiwilligen anwenden, die lediglich ein paar Stunden Zeit opfern müssen. Mit einer dieser neuen Techniken, die Magnetfelder

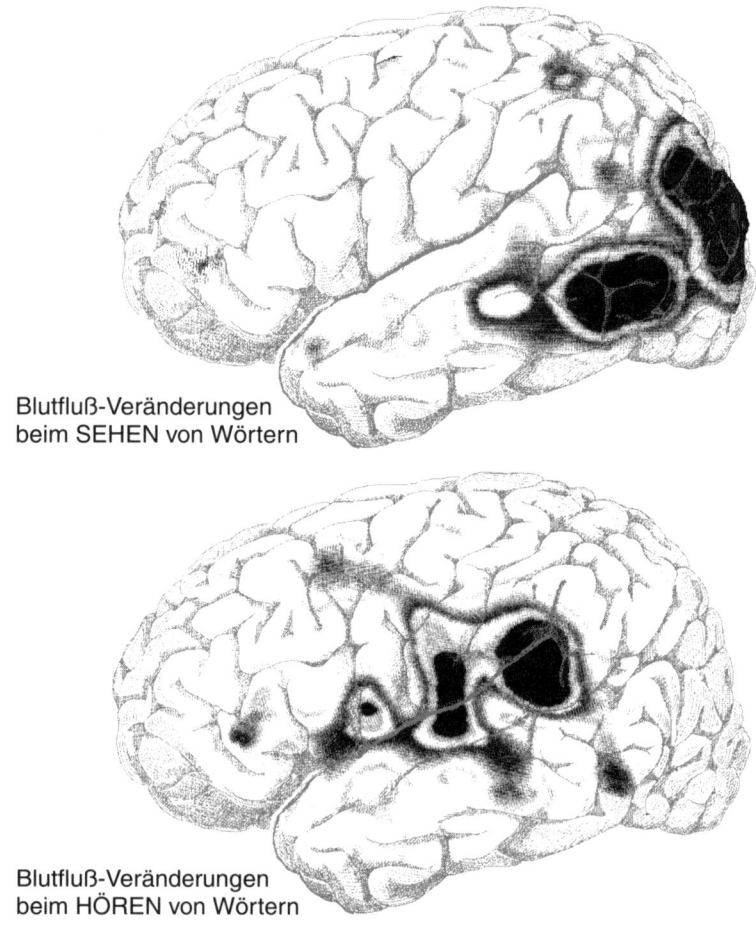

Blutfluß-Veränderungen
beim SEHEN von Wörtern

Blutfluß-Veränderungen
beim HÖREN von Wörtern

PET-Abbildungen modifiziert nach Raichle, 1992. (Bei den scheinbaren »Gräben« handelt es sich um Bereiche mittlerer Intensität, nicht um Lücken; vgl. die originalen Farbabbildungen.)

mißt, hat man kürzlich eine Welle von Aktivität entdeckt, die in regelmäßigen Abständen von vorn nach hinten durch das Gehirn streicht. Mit anderen, nicht weniger wichtigen Methoden werden lokale Veränderungen im Blutfluß innerhalb des Gehirns gemessen. Wenn Nervenzellen sehr aktiv werden, wird die Blutversorgung im entsprechenden Bereich des Gehirns verstärkt; kombiniert man solche Aktivitätsmessungen mit klug ausgewählten Aufgaben, welche die Versuchsperson während dessen bewältigen muß, erhält man ein Bild, welche Funktion wo angesiedelt ist.

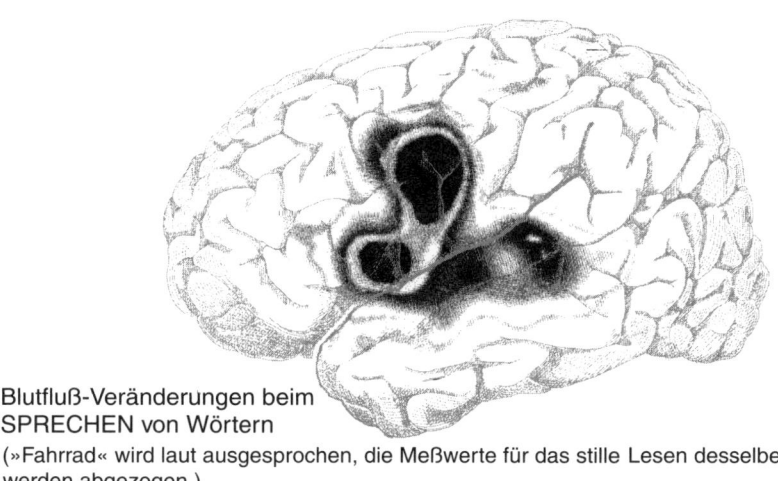

Blutfluß-Veränderungen beim SPRECHEN von Wörtern
(»Fahrrad« wird laut ausgesprochen, die Meßwerte für das stille Lesen desselben Worts werden abgezogen.)

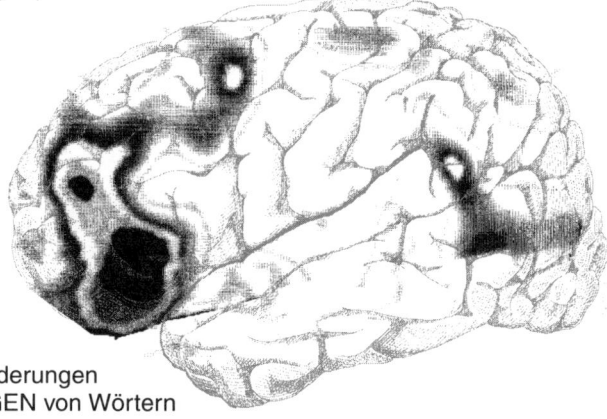

Blutfluß-Veränderungen beim ERZEUGEN von Wörtern

(»Fahren« wird ergänzt, die Meßwerte für »Fahrrad« allein – oben – werden abgezogen.)

Bei der Positronen-Emissions-Tomographie (PET) werden die Lokalisierungen mittels radioaktiver Indikatoren identifiziert. Eine noch neuere Technik mit verbesserter räumlicher Auflösung kann zwischen Zellgruppen unterscheiden, die ungefähr einen Millimeter auseinander liegen. Mit der FMRI-Technik (»functional« oder »fast magnetic resonance imaging«) wird der Sauerstoffgehalt des Blutes mittels Veränderungen der Geweberesonanz in einem Magnetfeld festgestellt, und wie auf einer Karte wird verzeichnet, wo es zu welchen Veränderungen kommt. Wenn Versuchspersonen wiederholt dasselbe Wort aussprechen, »leuchten« andere Gehirngebiete, als wenn sie es nur im Geist wiederholen, ohne es laut auszusprechen.

Das zugrundeliegende Verfahren besteht darin, nach Unterschieden in der Blutversorgung zwischen verschiedenen Zuständen des Gehirns zu suchen. Bei jeder Versuchsperson wird zunächst der Blutfluß in Ruhe gemessen; die Person tut nichts anderes, als auf ein kleines Kreuz in der Mitte eines Bildschirms zu blicken. Dann wird ein Wort gezeigt (ohne daß die Person verbal darauf reagiert) und die Durchblutung während dieses Zustands vermessen. Von diesem zweiten Bild zieht man das erste ab und kann so zeigen, welche Bereiche während des Lesens zusätzliche Aktivität zeigen. In einer dritten Phase wird die Versuchsperson das Wort vielleicht laut vorlesen; davon wird dann das Bild des stummen Lesens abgezogen, und man erkennt, was die Vokalisierung an neuraler Aktivität hinzugefügt hat. In einem vierten Schritt könnte man die Versuchsperson bitten, nicht das Wort vorzulesen, sondern statt dessen ein Verb zu sprechen, das zu dem Substantiv auf dem Schirm paßt, zum Beispiel »fahren«, wenn das Wort »Rad« präsentiert wird. Davon zieht man das dritte Bild ab um herauszufinden, was die Suche nach dem Verb an dem Blutfluß verändert, der mit dem Aussprechen eines Substantivs assoziiert ist.

Wenn Nervenzellen aktiv sind, ändert sich auch die Lichtreflexion an der Gehirnoberfläche. Digital kann man »vorher-« und »nachher«-Aufnahmen voneinander subtrahieren und so ein Bild bekommen, welche kortikalen Stellen intensiver arbeiteten. Für dieses sich »intrinsischer Signale« bedienende Verfahren muß zur Zeit noch die Gehirnoberfläche freiliegen, so daß es nur während Operationen wie jener von Neil angewandt werden kann. Allmählich erhalten wir damit Informationen hinsichtlich der Lokalisierung von sprachlichen Aktivitäten, die sich mit jenen ergänzen, die wir durch die Blockierung mittels elektrischer Stimulation bekommen. Die Bildtechniken zeigen, wo Neuronen aktiv sind; die Stimulations-Karten lassen erkennen, wo Neuronen für die Namensnennung von entscheidender Bedeutung sind.

All diese Informationsquellen – Schlaganfälle, Tumore, Stimulation und Aktivitätsverteilung – bieten ein unterschiedliches Bild von der Organisation der Sprache im Gehirn. In den meisten Fällen lassen sie den Schluß zu, daß weit größere Bereiche an der Sprache beteiligt sind als nur die Stellen der Namensnennung, die mittels elektrischer Stimulation identifiziert werden. Um Sprachdefizite nach der Operation zu vermeiden, scheint es jedoch auszureichen, die Stellen für die Namensnennung nicht zu schädigen; also gibt es sowohl »essentielle« wie »optionale« Sprachbereiche. Doch erst wenn die Endergebnisse all dieser Untersuchungstechniken vorliegen, werden wir richtig verstehen, wie das Gehirn die Sprache hervorbringt.

Neils Namensnennungs-Stellen liegen nicht genau dort, wo es nach dem Broca-Wernicke-Modell des neunzehnten Jahrhunderts zu erwarten wäre, selbst wenn man berücksichtigt, daß dieses Modell durch spätere Forschungen an vielen weiteren Schlaganfall-Patienten modifiziert wurde. Nur an drei Stellen, jede kleiner als ein Zehncentstück, wird bei Neil die Namensnennung blockiert. Eine von ihnen liegt im unteren Teil des Frontallappens unmittelbar vor dem Bereich für die Gesichtsmotorik, in dem sich das Broca-Zentrum befinden soll. Die anderen beiden liegen im hinteren Abschnitt des Temporallappens, wo das Wernicke-Zentrum sein soll. Zwischen ihnen erstreckt sich ein ausgedehnter Bereich, in dem eine Stimulation mit gleicher Stromstärke die Namensnennung nicht blockiert.

Alle drei Stellen sind erheblich kleiner als in den Lehrbuch-Darstellungen des Broca- oder Wernicke-Zentrums. Jede scheint ziemlich scharf umrissen zu sein, denn wenn man den Stimulator um weniger als einen halben Bleistiftdurchmesser versetzt, hört die Blockierung auf. Bei einer Reihe von Patienten, die sich solchen Operationen auf der Sprachseite des Gehirns unterziehen mußten, zeigte sich, daß das auch bei Neil festgestellte Verteilungsmuster das häufigste ist. Diese Art der Gehirnorganisation, bei der zwischen mehreren, in sich abgeschlossenen Bereichen Lücken klaffen, findet sich häufig auch auf den sensorischen und motorischen Gehirnkarten vieler Primaten.

Doch begegnen uns bei Patienten mit linksseitiger Sprachdominanz

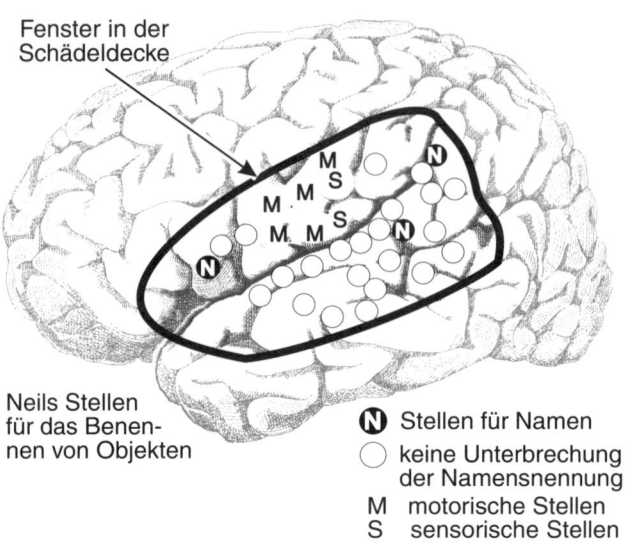

Fenster in der
Schädeldecke

Neils Stellen
für das Benen-
nen von Objekten

Ⓝ Stellen für Namen
◯ keine Unterbrechung
   der Namensnennung
M motorische Stellen
S sensorische Stellen

auch ganz andere Verteilungsmuster der Stellen für die Namensnennung. Bei einigen fanden sie sich nur im frontalen Bereich: Offensichtlich haben diese Patienten kein hinteres Sprachzentrum, obwohl ihre Sprache normal erscheint. Bei ein paar anderen sind nur temporale Namensnennungs-Stellen vorhanden: Eine Stimulation des Broca-Zentrums unterbricht die Namensnennung einfach nicht.

Besonders schwer ist das Wernicke-Zentrum mit dem Namensnennungs-Test zu lokalisieren. Bei den meisten dieser Patienten scheint es keine übereinstimmenden Temporallappen-Stellen für die Namensnennung zu geben. Bei einigen liegen diese Stellen im rückwärtigen Bereich, bei anderen in der Mitte entlang der Sylvius-Furche.

Die Broca-Zentren stimmen schon etwas mehr überein. Fast achtzig Prozent der Patienten hatten irgendwo in der Gegend des Broca-Zentrums – genauer, in jenem Abschnitt des Frontallappens unmittelbar vor dem Gesichtsmotorik-Kortex – einen Bereich für die Namensnennung. In einigen Fällen umfaßten die Namensnennungs-Stellen weniger als das traditionelle Broca-Zentrum, während in anderen sich der anomische Effekt auch weiter vorn oder weiter oben zeigte.

Diesen Grad von Variabilität in der Lokalisierung der Sprache hatte man nicht erwartet. Vielleicht erklärt sie sich durch den Umstand, daß Sprachzentren in der Evolutionsgeschichte eine ziemlich neuartige Ent-

70

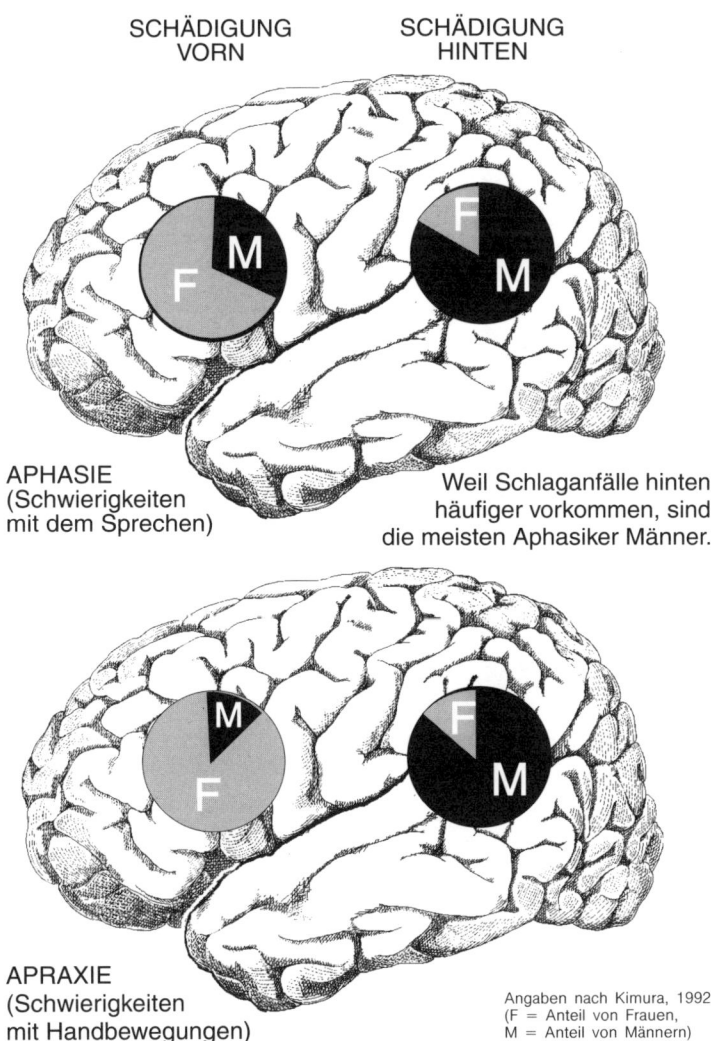

SCHÄDIGUNG
VORN

SCHÄDIGUNG
HINTEN

APHASIE
(Schwierigkeiten
mit dem Sprechen)

Weil Schlaganfälle hinten
häufiger vorkommen, sind
die meisten Aphasiker Männer.

APRAXIE
(Schwierigkeiten
mit Handbewegungen)

Angaben nach Kimura, 1992
(F = Anteil von Frauen,
M = Anteil von Männern)

Nach Schlaganfällen zu schließen, sind die Gehirne von Frauen hinsichtlich Sprache
und Handbewegungen anders organisiert als die von Männern.

wicklung darstellen, so daß sich einfach noch kein einheitliches Verteilungsmuster bei allen Menschen herausgebildet hat. Doch nicht allein die
Sprache ist so variabel; exakte kortikale Lokalisierungen der sensorischen und motorischen Bereiche bei Katzen und Affen haben ebenfalls
erhebliche individuelle Abweichungen ergeben.

71

Resultieren aus den Abweichungen Unterschiede hinsichtlich der Leistungsfähigkeit? (So lautete eine von Neils Fragen vor der Operation.) Zum Teil scheinen die Variationen der menschlichen Sprachbereiche etwas mit IQ und Geschlecht zu tun zu haben. (»Wird auch Zeit, daß endlich das Thema Sex drankommt«, bemerkte Neil dazu.) Die meisten Patienten, bei denen kein Wernicke-Zentrum auszumachen war, waren weiblich. Bei derjenigen Hälfte unserer Patienten, deren IQ-Wert unterhalb des Durchschnitts lag, war bei Frauen die Wahrscheinlichkeit geringer, daß sie Namensnennungs-Stellen im Parietallappen hatten. Ähnliche Unterschiede hinsichtlich der Sprachorganisation zwischen Männern und Frauen sind auch anhand der Folgen von Schlaganfällen beobachtet worden. Bei einigen Frauen hatten Schlaganfälle im Wernicke-Zentrum geringere Auswirkungen auf die Sprache als vergleichbare Schlaganfälle bei Männern. Zusammengenommen lassen diese Ergebnisse den Schluß zu: Obwohl in den meisten Fällen Frauen und Männer eine ähnliche Sprachorganisation haben, gibt es eine Gruppe von Frauen, die im hinteren Bereich weniger Namensnennungs-Stellen aufweist. Was das »bedeutet«, ist noch eine ungelöste Frage.

Wenn die ganze Sprachverarbeitung in der linken Hirnhälfte passiert, was tun dann die entsprechenden Bereiche der rechten Hälfte? Der englische Neurologe John Hughlings Jackson hat im neunzehnten Jahrhundert als erster die Vermutung angestellt, daß gerade so, wie die Sprache links lokalisiert ist, man möglicherweise in der rechten Hemisphäre visuelle und räumliche Funktionen findet. Lange Zeit wurde diese Idee ignoriert, heute ist sie jedoch allgemein anerkannt, sogar so sehr, daß man sich in der Öffentlichkeit oft übertriebene Vorstellungen davon macht.

Als Neil die Leseliste durchblätterte, die ich ihm mit Blick auf unser nächstes Treffen gegeben hatte, sagte er: »Es gibt doch ganze Bücherregale voller Ratgeber, wie man angeblich die rechte Gehirnhälfte anzapfen kann – und dadurch kreativer wird und sich der Übermacht der allzu logischen linken Gehirnhälfte entzieht. Aber ich kann kein einziges solches Buch auf deiner Leseliste zur rechten Gehirnhälfte entdecken!«

4.
Wenn links die Sprache sitzt, was passiert dann rechts?

Der »Halb-Hirn-Test«. Diesen Namen hatte sich Neil ausgedacht, als wir uns das nächste Mal im Innenhof trafen. In der vergangenen Woche hatte er sich einem der umfassenderen diagnostischen Test unterziehen müssen, die bei allen Kandidaten für eine Epilepsie-Operation durchgeführt werden.

»Ich habe also bestanden«, schmunzelte er, während ich mich hinsetzte und meinen ersten Schluck Cappuccino nahm, »und mich für die Epilepsie-Operation qualifiziert. Wie hieß der Test gleich wieder richtig? *Wada* und noch etwas?«

George meint, korrekt müsse er »intracarotider Amobarbital-Perfusionstest« heißen. Aber ich habe nie gehört, daß ihn irgend jemand anders genannt hätte als nach dem Namen desjenigen, der ihn entwickelt hat, eines japanisch-kanadischen Neurologen mit einem angenehm kurzen Namen: Juhn Wada. Mittels des Tests läßt sich nicht nur erkennen, auf welcher Seite des Gehirns die sprachlichen Hauptfunktionen angeordnet sind, sondern man kann damit auch herausfinden, ob jede Hälfte für sich mit Kurzzeit-Erinnerungen umgehen kann, während die andere inaktiviert ist.

Ähnlich wie bei der Verabreichung von Kontrastmitteln führt ein Radiologe einen langen Katheter in eine Beinarterie ein. Die Spitze dieses hohlen Röhrchens wird bis in die innere Kopfschlagader geleitet. Injiziert man dann ein kurzzeitig wirkendes Anästhetikum wie Amobarbital in die linke Kopfarterie, bleibt die rechte Hirnhälfte wach und arbeitet weiter, die vorderen zwei Drittel der linken jedoch stellen die Arbeit ein – wenigstens für ein paar Minuten.

»Ich mußte die Arme ausgestreckt halten, aber mein rechter Arm senkte sich, selbst als ich versuchte, ihn oben zu halten«, sagte Neil.

Dieses Absinken des Arms ist für die Neurologen das Signal, daß das Anästhetikum angekommen ist. Sie interessieren sich auch sehr dafür, ob man noch weiter sprechen kann – um sicherzugehen, daß man nicht einer von jenen Menschen ist, bei welchen die Sprache in der rechten statt in der linken Gehirnhälfte sitzt. Bei Neil versagte die Sprache, was das Indiz ist, daß sie bei ihm auf der linken Seite angesiedelt ist.

»Man sagte mir auch, daß ich irgendeine Musik nicht hätte identifizieren können.«

Das war während der Anästhesie der rechten Seite. Einfache musikalische Rhythmen zu erkennen – nicht bestimmte Musikstücke per se – scheint zu den Dingen zu gehören, welche die rechte Gehirnhälfte erledigt.

»Aber wie kommt es, daß gar nichts Dramatisches passiert, wenn die rechte Hälfte des Gehirns nicht arbeitet?«

Kommt darauf an, was man unter »dramatisch« versteht. Der US-Präsident Woodrow Wilson erlitt während der Friedensverhandlungen von Versailles nach dem Ersten Weltkrieg offensichtlich einen rechtsseitigen Schlaganfall. Gelähmt wurde er nicht, doch den anderen Staatsmännern fiel auf, daß sich seine Persönlichkeit über Nacht gewandelt zu haben schien; während er früher weitsichtig und konziliant gewesen war, wurde er jetzt barsch und nachtragend. Gleichzeitig aber ging er eher aus sich heraus, statt seine übliche Zurückhaltung zu zeigen. Ein paar Wochen später hatte er dann einen zweiten Schlaganfall, der seine linke Seite lähmte.

Trotz seiner unzweideutigen Lähmung behauptete er, daß ihm rein gar nichts fehle – und das war es, was seinen Mitarbeitern wirklich Kummer bereitete. Er entließ sogar seinen Außenminister, weil dieser gewagt hatte, die irritierende Situation mit dem Kabinett zu diskutieren.

Wilson konnte auch vor dem amerikanischen Kongreß nicht überzeugend genug für einen Beitritt zum Völkerbund plädieren. Das Fernbleiben der Vereinigten Staaten schwächte den Völkerbund entscheidend, und man kann sich durchaus vorstellen, daß die Geschichte einen anderen Verlauf genommen hätte, wenn Wilsons Schlaganfall nicht zu so einer seltsamen Behinderung geführt hätte. Dramatisch genug?

»Ich denke schon...«

Sein Arzt und seine Frau verschwiegen, wie sich sein Zustand nach Versailles entwickelt hatte, und im Grunde führten sie die Amtsgeschäfte des Weißen Hauses. Hinsichtlich Wilsons Krankheit – und seines Leugnens der Erkrankung – bewahrten sie Stillschweigen, so daß Wilsons fehlende Einsicht in seinen Zustand niemals den Weg in die Geschichtsbücher fand; erst ein halbes Jahrhundert später schrieb ein Neurologe mit historischen Interessen ein Buch darüber.

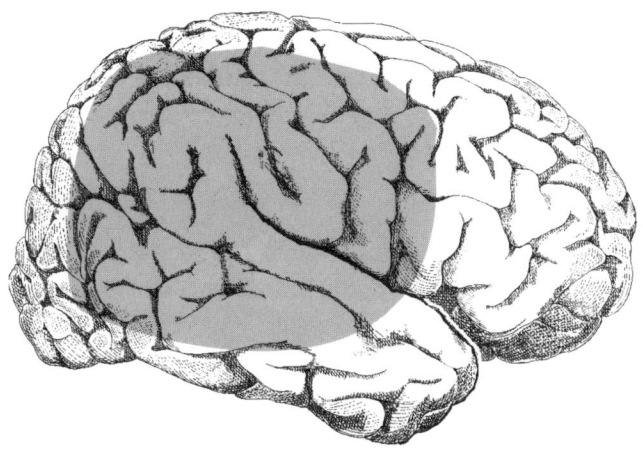

Ein großer, rechtsseitiger
Schlaganfall, wie ihn Woodrow Wilson 1919 erlitt, hat
eine gestörte körperliche Selbstwahrnehmung und die
Verleugnung der Erkrankung zur Folge.

Dieses Verleugnen der Krankheit ist der bei weitem seltsamste Aspekt
einer Schädigung des rechten Parietallappens. Trotz offensichtlicher Lähmungserscheinungen behaupten solche Patienten, daß ihnen nichts fehle.
Oder daß sie nur Schnupfen hätten.

Wenn eine führende Persönlichkeit ausfällt, nehmen in der Regel Un-
tergebene die Zügel in die Hand. In Wilsons Fall aber gab es nichts, was
der Vizepräsident und der Außenminister hätten tun können: Da Wilsons Sprachvermögen nicht eingeschränkt war, konnte er ihnen weiterhin Befehle erteilen. Er vermochte an seinem Amt festzuhalten, obwohl
er so schwer behindert war, daß er keinerlei Führungsaufgaben mehr
wahrnehmen konnte.

Wilsons Schlaganfälle zeigten noch andere typische Merkmale einer
rechtsseitigen Hirnschädigung, etwa eine fehlerhafte Körperwahrneh-
mung. Beispielsweise kann solch ein Patient linksseitig gelähmt im Bett
liegen und dennoch abstreiten, daß mit ihm irgend etwas nicht in Ordnung ist. Wenn man seine linke Hand nimmt, sie auf seine rechte Brust
legt und ihn dann darüber befragt, wird er vielleicht leugnen, daß es sich
um *seine* Hand handelt. Möglicherweise quält ihn die Frage, was denn
ein anderer da bei ihm im Bett zu suchen hat.

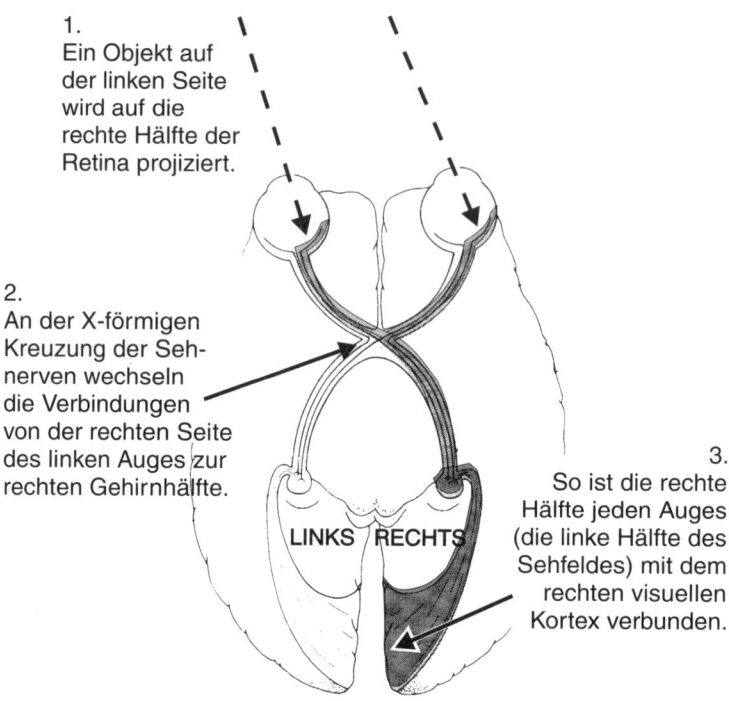

1.
Ein Objekt auf
der linken Seite
wird auf die
rechte Hälfte der
Retina projiziert.

2.
An der X-förmigen
Kreuzung der Seh-
nerven wechseln
die Verbindungen
von der rechten Seite
des linken Auges zur
rechten Gehirnhälfte.

LINKS RECHTS

3.
So ist die rechte
Hälfte jeden Auges
(die linke Hälfte des
Sehfeldes) mit dem
rechten visuellen
Kortex verbunden.

Wie die linke Hälfte der sichtbaren Welt in die rechte Gehirnhälfte gelangt.

In weniger drastischen Fällen kann es zu etwas kommen, was die Neurologen »Neglektion« nennen. Während das rechte Auge das Blickfeld
sowohl links wie rechts der Nase erfaßt, wird alles, was links von der
Mitte liegt, an die rechte Hirnhälfte geschickt. Die rechte Hemisphäre
wickelt alles ab, was von beiden Augen im linken Sehfeld wahrgenommen
wird und umgekehrt. Daher ignorieren einige Patienten mit rechtsseitigen
Schlaganfällen die gesamte linke Hälfte ihrer visuellen Welt.

Andere bemerken Objekte links von sich – aber nur, solange nichts
auf der rechten Seite um ihre Aufmerksamkeit wetteifert. Beim Autofahren kann solch ein Mensch, wenn er an einer Kreuzung steht, von links
kommende Autos genausogut erkennen wie die von rechts, aber nur,
solange sie sich nicht aus beiden Richtungen gleichzeitig nähern. Wenn
dies geschieht, ignoriert der Patient das Auto von links vielleicht und
achtet ausschließlich auf das von rechts.

Bei einigen Patienten geht die Neglektion vorüber; bei meinem Vater etwa, der einen kleinen Schlaganfall im linken Parietallappen erlitt, hielt sie nur einige Tage lang an. Bei anderen aber bleibt sie bestehen und wird zu einem großen Problem. Solche Patienten müssen mit dem Autofahren aufhören, aber es ist nicht so einfach, sie davon zu überzeugen; aus ihrer Sicht fehlt ihnen ja nichts.

»Das ist kaum zu glauben. Ihr Zustand ist ihnen wirklich nicht einsichtig?«

Genau das war das Problem bei meinem allerersten Neurologie-Patienten; ich begegnete ihm eines Sonntagmorgens bei einer Konferenz an der Harvard Medical School. Er schien völlig normal und konnte sich auch recht gut artikulieren. Gespannt beobachtete ich, wie der Neurologe sich hinter diesen Patienten stellte und seine Hände langsam um den Kopf des Patienten herum nach vorn schob, während der Patient geradeaus blickte. Der Patient berichtete, er sehe die Hand zu seiner Linken, als sie etwa den halben Weg um seinen Kopf herum zurückgelegt hatte. Als der Neurologe den Test auf der rechten Seite durchführte, nahm der Patient die Hand ebenfalls normal wahr. Als der Neurologe aber beide Hände gleichzeitig um den Kopf herumführte, berichtete der Patient nur von der Hand zu seiner Rechten – obwohl der Neurologe sogar mit den Fingern seiner linken Hand wedelte, um die Aufmerksamkeit des Patienten zusätzlich zu erregen. Der Patient hatte mit dem Autofahren aufgehört, weil die Ärzte und seine Familie darauf bestanden hatten, blieb aber dabei, daß aus seiner Sicht alles völlig normal schien.

Ein Selbstportrait des deutschen Malers Anton Räderscheidt, der einen rechtsseitigen Schlaganfall erlitten hatte, läßt genau erkennen, was Neurologen mit »Neglektion« und »defektem Körperbild« meinen: Das Portrait füllt nur die rechte Hälfte der Leinwand, und in dieser ist auch nur die rechte Seite des Gesichts akkurat wiedergegeben.

»Wenn man kein inneres Bild seiner linken Körperhälfte hat, ist es doch in gewissem Sinn logisch, wenn man behauptet, daß alles in Ordnung sei«, sagte Neil.

Zugegeben. Dennoch sind die Probleme, die solche rechtsseitigen Schlaganfälle nach sich ziehen, alles andere als nebensächlich. Man denke nur an einen Präsidenten, der behauptet, normal zu sein, und sich weiterhin autoritativ gebärdet. An Rehabilitierungsmaßnahmen wird er überhaupt kein Interesse haben, denn er weiß nichts von seiner Behinderung. Von allen Patienten mit Hirnschädigungen sind solche Patienten

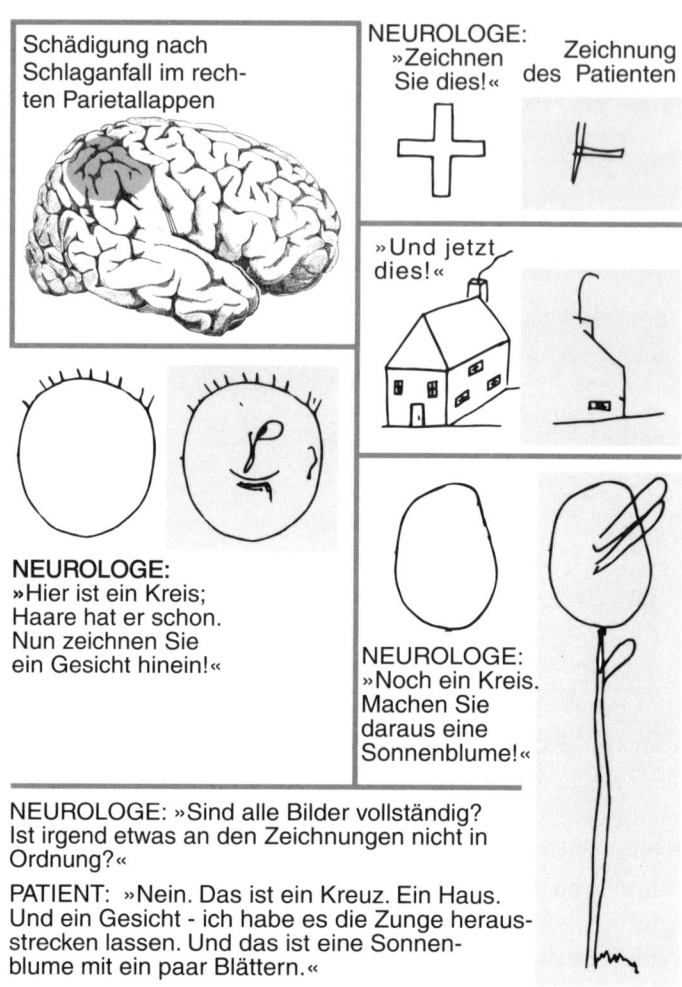

Schädigung nach Schlaganfall im rechten Parietallappen

NEUROLOGE: »Zeichnen Sie dies!«

Zeichnung des Patienten

»Und jetzt dies!«

NEUROLOGE: »Hier ist ein Kreis; Haare hat er schon. Nun zeichnen Sie ein Gesicht hinein!«

NEUROLOGE: »Noch ein Kreis. Machen Sie daraus eine Sonnenblume!«

NEUROLOGE: »Sind alle Bilder vollständig? Ist irgend etwas an den Zeichnungen nicht in Ordnung?«

PATIENT: »Nein. Das ist ein Kreuz. Ein Haus. Und ein Gesicht - ich habe es die Zunge herausstrecken lassen. Und das ist eine Sonnenblume mit ein paar Blättern.«

»Neglektion« der linken Seite des Sehfeldes

am schwierigsten zu rehabilitieren, weil ihnen ihre Probleme so wenig einsichtig sind.

»Was mich auf die Frage bringt: *Wo* findet denn solche Einsicht überhaupt statt?«

Nun, Patienten mit Psychosen mangelt es oft an Einsicht in ihre Krankheit. Und wir vermuten, daß auch Tieren solch eine geistige Fähigkeit abgeht.

»Vielleicht ist die Fähigkeit zu solcher Einsicht Teil des Bewußtseins«, sagte Neil. »Was immer das sein mag. Noch ein Punkt, den wir unter Bewußtsein verbuchen müssen.«

Man sagt, ein gutes Funktionieren der rechten Gehirnhälfte sei typisch für Menschen, die in den visuellen Künsten brillieren: Maler, Bildhauer, Architekten, Filmemacher. Wenn Neurologen den Verdacht auf einen rechtsseitigen Schlaganfall haben, überprüfen sie oft elementare Formen entsprechender Fähigkeiten.

Gern zeichnen Neurologen einen Kreis und bitten den Patienten, ein Zifferblatt in ihn hinein zu malen. Der Patient mit einem rechtsseitigen Schlaganfall weiß, daß die Ziffern von eins bis zwölf dort erscheinen müssen, aber er wird sie wahrscheinlich alle auf seiner »guten Seite« zusammenpferchen, nämlich in der rechten Hälfte des Kreises zwischen zwölf und sechs Uhr.

»Der Patient ignoriert einfach die linke Hälfte des Zifferblatts?«

Richtig. Bittet man einen solchen Patienten, ein Kreuz zu malen, ist es wahrscheinlich, daß der linke Querbalken daran fehlen wird. Ein Haus wird nur auf der rechten Seite detailliert wiedergegeben, ein Gesicht hat nur ein Auge, eine Blume nur die Hälfte ihrer Blütenblätter – und bei allen Zeichnungen wird der Patient behaupten, daß es sich um vollständige, normale Skizzen handelt. Ein Automechaniker mit solch einem Schlaganfall ist vielleicht in der Lage, alle Teile eines Motors zu identifizieren, wird es aber dennoch nicht schaffen, sie zusammenzubauen. Schwächere Formen dieser »konstruktiven Apraxie« erkennt man mit Hilfe der aus dem Standard-Intelligenztest bekannten Aufgaben, bei denen Objekte im Geist gedreht werden müssen. All das sind Beispiele für »visuell-räumliche« Funktionen.

Eine weitere Ausfallerscheinung, die oft mit großräumigen rechtsseitigen Schlaganfällen einhergeht, ist die »Ankleide-Apraxie«: Der Patient kann seine Arme nicht in die Ärmel stecken, obwohl er nicht gelähmt ist. Er kann die Ärmel und die Hosenbeine benennen und beschreiben, wozu sie da sind, aber er kann sie nicht anziehen, vermutlich weil seine körperliche Selbstwahrnehmung gestört ist. Selbst wenn Woodrow Wilson nicht zum Teil gelähmt gewesen wäre, hätte ihm Mrs. Wilson wahrscheinlich jeden Morgen beim Anziehen helfen müssen.

»Wird denn die Zeichensprache von der rechten Gehirnhälfte gesteuert?« fragte Neil.

Mit einem Wort: nein. Taube Menschen, die sich mittels der Zeichensprache verständigen, werden von einem linksseitigen Schlaganfall genauso behindert wie wir alle, und ihre Zeichensprache wird von einem rechtsseitigen Schlaganfall genausowenig gestört wie unsere gesprochene.

Man hat auch schon überlegt, ob die Piktogramme einiger asiatischer Sprachen etwas mit dem rechten Gehirn zu tun haben. Doch unabhängig von ihrer Ausdrucksform – einschließlich Piktogrammen und Handzeichen – scheint Sprache eben Sprache zu sein. Und diese beruht hauptsächlich auf der linken Gehirnhälfte, obwohl einige emotionale Aspekte der Stimmführung – etwa wenn wir unsere Stimme am Ende einer Frage heben oder am Ende einer Aussage senken – von rechtsseitigen Schlaganfällen in Mitleidenschaft gezogen werden. Solche Patienten sprechen manchmal monotoner, als sie es zuvor taten.

Rechts- und linksseitige Schlaganfälle weisen deutlich zu unterscheidende Symptome auf. Hieraus gewinnt wohl auch die populäre Vorstellung ihre Überzeugungskraft, nur die linke Hälfte des Gehirns sei für die Sprache und nur die rechte für räumliche Fähigkeiten zuständig. Doch die biologische Wirklichkeit ist viel komplizierter. George drückt es gern so aus, daß dieses populäre Bild kaum mehr als nur zur Hälfte richtig ist. Auf jeden Patienten mit bilateraler oder rechtsseitiger Sprache kommen dreizehn mit linksseitiger. Doch verhält es sich bei der rechtsseitigen Lateralisierung der räumlichen Fähigkeit keineswegs umgekehrt: In diesem Fall beträgt die Lateralität höchstens sechs zu eins.

»Lateralität?«, fragte Neil und hob die Brauen.

So nennt man es, wenn Funktionen, die aus sich heraus keine Rechtslinks-Aspekte haben, nicht gleichmäßig auf beide Hemisphären verteilt sind. Funktionen wie etwa das Abschätzen von Entfernungen sind bilateral: Beide Hälften des Gehirns können das anscheinend gleich gut tun. Die Lateralität wird üblicherweise dadurch erfaßt, daß man eine große Zahl von Patientenakten daraufhin untersucht, ob rechts- und linksseitige Schädigungen mit gleicher Wahrscheinlichkeit eine bestimmte Funktion unterbinden: etwa zu wissen, wie man sich ein Hemd anzieht. Auf fünf Patienten, die nach einem rechtsseitigen Schlaganfall an Ankleide-Apraxie leiden, kommt ein Patient mit Ankleide-Apraxie nach einem linksseitigen Schlaganfall. Auf zwei Patienten mit konstruktiver Apraxie nach einer Schädigung rechts kommt nur einer mit demselben Symptom nach einem linksseitigen Schlaganfall. Also sind die konstruktiven Fähigkeiten weniger lateralisiert als die Ankleide-Fähigkeiten, obwohl beide, verglichen mit der Tiefenwahrnehmung, Lateralität aufweisen.

»Entfernungen abschätzen zu können scheint zu den überlebenswichtigen Fähigkeit zu gehören, beispielsweise bei der Jagd mit Speeren und ähnlichem.«

Evolutionsgeschichtlich ist diese Fähigkeit viel älter. Ursprünglich nahm man an, daß es nur bei Menschen Lateralität gebe; mittlerweile aber glaubt man, daß schon die Affen sie entwickelt haben, vermutlich aufgrund ihrer Spezialisierung, mit der linken Hand an einem Ast zu hängen, während die rechte die Nahrung zum Mund führt. In schwächerer Form zeigt sich auch bei Affen unsere Tendenz, die linke Gehirnhälfte zu gebrauchen, um rasche Tonfolgen aufmerksam zu verfolgen. Es kommt also nicht nur auf das Ausmaß der Lateralisierung an, sondern genauso auf die Ausbildung zusätzlicher Spezialisierung wie etwa Sprache. Dabei kann das Corpus callosum, der Querbalken zwischen den Hirnhälften, einen erheblichen Engpaß darstellen, weil die Impulse diese Verbindung nur recht langsam passieren. Die Koordination hat ihren Preis.

Menschen mit deutlich lateralisierter Sprache müssen nicht notwendigerweise auch deutlich lateralisierte visuell-räumliche Funktionen haben. Letztere sind bei Männern stärker lateralisiert als bei Frauen, was vermutlich von einer bestimmten Menge Testosteron – dem männlichen Geschlechtshormon – während der Gehirnentwicklung beim Fötus im Mutterleib abhängt. Der unterschiedliche Lateralisierungsgrad von verschiedenen Funktionen zeigt einmal mehr, wie variabel wir Menschen sind.

»Wirkt sich denn der Grad von Lateralität in irgendeiner Weise auf die Fähigkeiten aus – beispielsweise malen zu können?«

Diese Frage ist noch ungeklärt. Sicherlich gibt es einige Hinweise, daß eine stärkere Lateralisierung mit einer besseren Funktion einhergeht. Wenn beide Seiten des Gehirns Anteil an der Sprachfähigkeit haben, scheinen bestimmte Arten von Sprachstörungen eher wahrscheinlich zu sein. Vor allem das Stottern. Es scheint, als könnten die beiden Sprachbereiche ihre Arbeit angesichts all der Botschaften, die durch das Corpus callosum hin und her geschickt werden müssen, nicht in richtiger Weise koordinieren.

»Das kenn' ich. Ich habe mal in einer Firma gearbeitet, bei der die Chefetage zweigeteilt war; die eine Hälfte residierte an der Ostküste, die andere an der Westküste. Niemals konnten sie zu einem gemeinsamen Beschluß kommen. Immer wenn wir ein neues Produkt herausbrachten, kam der Absatz ins Stottern. Jetzt habe ich mit zwei Kollegen einen Neuanfang gemacht, und das Problem hat sich erledigt.«

Verglichen mit den Sprachbereichen in der linken Gehirnhälfte wissen wir sehr wenig darüber, wie die visuell-räumlichen Fähigkeiten in der rechten Hälfte untergebracht sind. Diesbezüglich sind wir noch nicht einmal auf dem theoretischen Niveau von Broca und Wernicke am Ende des neunzehnten Jahrhunderts.

Es ist allein schon schwierig, der Neglektion, dem Verleugnen von Krankheit oder einer mangelhaften körperlichen Selbstwahrnehmung auf der Karte der rechten Gehirnhälfte einen Platz zuzuweisen – oder sicherzustellen, daß sich ihre Definitionen nicht überlappen. Die Schlaganfälle, die solche visuell-räumlichen Probleme hervorrufen, schädigen weite Gehirnbereiche, während kleinere Schlaganfälle Symptome hervorrufen, die wir mit den gegenwärtigen Methoden nur schwer erkennen können. Eine mangelhafte körperliche Selbstwahrnehmung ist bei einem Schlaganfall in den unteren Bereichen des Parietallappens eher wahrscheinlich als bei einer Schädigung weiter oben in diesen Lappen, die eher Neglektion zur Folge hat.

Das paßt zu den allgemeinen Befunden, die man an Affen gemacht hat, als man erforschte, was bei der Analyse der visuellen Wahrnehmung weiter geschieht, wenn die Information den primären visuellen Kortex verlassen hat. Schädigungen der Unterseite des Temporallappens tendieren dazu, das Erkennen von Objekten zu stören; Schäden am Parietallappen ziehen hingegen eher das Bewußtsein dafür in Mitleidenschaft, daß die Objekte überhaupt da sind – und damit machen sie es natürlich schwer oder unmöglich, sich auf Objekte zuzubewegen.

»Der Temporallappen kümmert sich also darum, *was* etwas ist, und der Parietallapen, *wo* es ist?«

In etwa ist es so, auch wenn es immer Überlappungen gibt. Aus der Erforschung einzelner Neuronen wissen wir zum Beispiel eine Menge über den Bereich 7 des Parietallappens – wenigstens bei Affen, die vermutlich keine allzu große Lateralität aufweisen. Zapft man sie mit ein paar Drähtchen an, kann man herausfinden, wofür sich die Neuronen im Bereich 7 interessieren. Am stärksten reagieren sie auf Objekte, die sich dicht an der Haut bewegen. Diese Neuronen sind wirklich sehr egozentrisch.

»Dicht an der Haut – also etwa wenn ich eine Gabel halte?«

Nein, hauptsächlich Dinge, die man nicht berührt – noch nicht. Wenn du das nächste Mal mit dem Flugzeug fliegst, achte mal darauf, wie die Stewardessen in diesen beengten Verhältnissen die Tabletts mit dem Essen servieren. Man kann beobachten, daß der Ellbogen einer Stewardeß den Kopf des Passagiers in der Reihe davor nur um Zentimeter verfehlt, und darüber staunen, wie gut sie zu wissen scheint, wo der Kopf dieses Menschen ist, selbst wenn sie schon längst nicht mehr in dessen Richtung blickt. Aus den Augen, aber nicht aus dem Sinn, könnte man sagen.

Ich habe mal eine Stewardeß darauf angesprochen. Sie behauptete, sie hätte auch hinten am Kopf Augen. Bei diesen »Augen« handelt es sich vermutlich um Neuronen in ihren Parietallappen, die zu einem mentalen Modell ihres extrapersonalen Raums beitragen. Die Parietallappen sorgen vermutlich dafür, daß unsere visuellen Wahrnehmungen nicht wie ein Amateur-Video aussehen, bei dem die Kamera hin und her geschwenkt wurde. Unsere Augen zucken tatsächlich hin und her, viel schneller als eine Kamera sogar, aber so sehen wir die Welt nicht. Die anscheinende Stabilität unserer visuellen Wahrnehmung rührt vermutlich daher, daß es sich dabei in Wirklichkeit größtenteils um ein mentales Modell der Welt um uns herum handelt – das wir uns aus all den ruckartigen Bildfolgen, die wir empfangen, zusammensetzen.

Die Funktionen des rechten Temporallappens kennen wir ein wenig besser als die des rechten Parietallappens. Unter anderem interessiert sich der rechte Temporallappen besonders für Gesichter.

»Der Mann, der seine Frau mit einem Hut verwechselte?«

Nicht genau so. Auf beiden Seiten des Gehirns können Temporallappen-Schlaganfälle die Fähigkeit, Gesichter zu erkennen, in Mitleidenschaft ziehen, besonders wenn die Unterseite des hinteren Temporallappens betroffen ist. Bei den zu einiger Berühmtheit gelangten Patienten, die vertraute Gesichter – etwa von Ehegatten – nicht erkennen können, liegt möglicherweise ein umfassenderes Problem vor. Jemand hat bei solchen Patienten einmal Tests mit einer Reihe von Fotos durchgeführt, auf denen Autos zu sehen waren; vermutlich sollten sie als Gegenkontrolle zur Testreihe mit Menschenportraits dienen. Die Patienten, die aus einer

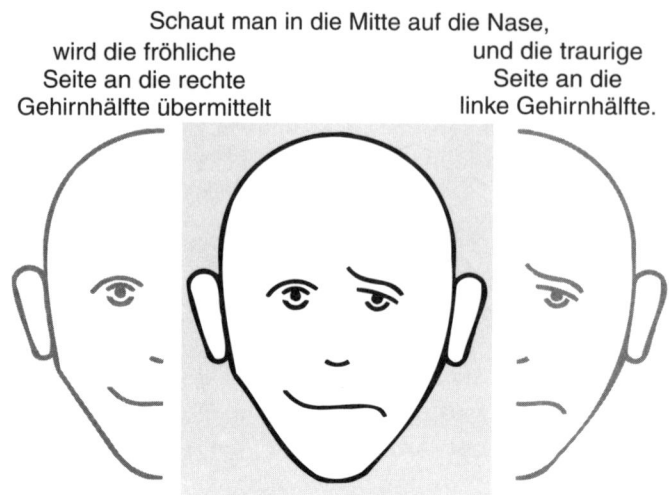

Schaut man in die Mitte auf die Nase,
wird die fröhliche und die traurige
Seite an die rechte Seite an die
Gehirnhälfte übermittelt linke Gehirnhälfte.

Da in der Regel die rechte Gehirnhälfte für emotionale Gesichtsausdrücke sensibler ist, wird man das Gesicht wahrscheinlich für fröhlich halten

Reihe von Portraits nicht die Gesichter von Angehörigen auswählen konnten, konnten auch nicht das Foto ihres eigenen Autos aus einer Reihe von Aufnahmen ähnlicher Fahrzeuge heraussuchen. Mit der allgemeinen Kategorie – Autos und Gesichter – können sie umgehen, nicht jedoch mit dem konkreten Beispiel. Mit den Eigennamen haben sie Probleme, nicht mit den Sachbegriffen.

Der rechte Temporallappen interessiert sich besonders für den emotionalen Gehalt eines Gesichtsausdrucks. Dies fand man mittels der Tatsache heraus, daß die linke Hälfte des Netzhautbildes an die rechte Gehirnhälfte weitergeleitet wird. Wenn die Hälfte eines Gesichts lächelt und die andere finster dreinblickt, wird wahrscheinlich der links vom Betrachter liegenden Seite der Vorzug gegeben.

Noch interessanter sind die Aufnahmeserien von Schauspielern, die – mit beiden Gesichtshälften zugleich – ein bestimmtes Gefühl auszudrücken versuchen, zum Beispiel Glück, Trauer, Ekel, Ärger und so weiter. George hat bei Patienten den rechten Temporallappen stimuliert, während er ihnen solche Schauspielerportraits präsentierte, die ein Grundgefühl wie Ekel ausdrückten. Normalerweise können die Patienten das dargestellte Gefühl ziemlich treffsicher benennen, doch sie machen Fehler, wenn bestimmte Stellen des Temporallappens stimuliert werden.

»Sehen sie eher Glück oder Ärger? Ich meine, ist die rechte Gehirnhälfte ein Pessimist oder ein Optimist?«

Leider keines von beiden, die Fehler tendieren in beide Richtungen. Aus dem zur Verfügung stehenden Angebot wird einfach die falsche Benennung ausgewählt. In der realen Welt könnte das zu erheblichen Mißverständnissen führen.

»Wenn sich also ein Tier nähert und man seinen Gesichtsausdruck als freundlich fehlinterpretiert und nicht als hungrig erkennt, wird man wahrscheinlich nicht allzuviel Nachkommenschaft hinterlassen können.«

Ja und nein. Im Grunde erweist sich dieses evolutionsgeschichtliche Argument als falsch. Primaten fressen in der Regel keine Angehörigen ihrer eigenen Art. Und den Gesichtsausdruck eines Tigers muß man nicht erst herausfinden, um zu wissen, daß er eine Bedrohung darstellt.

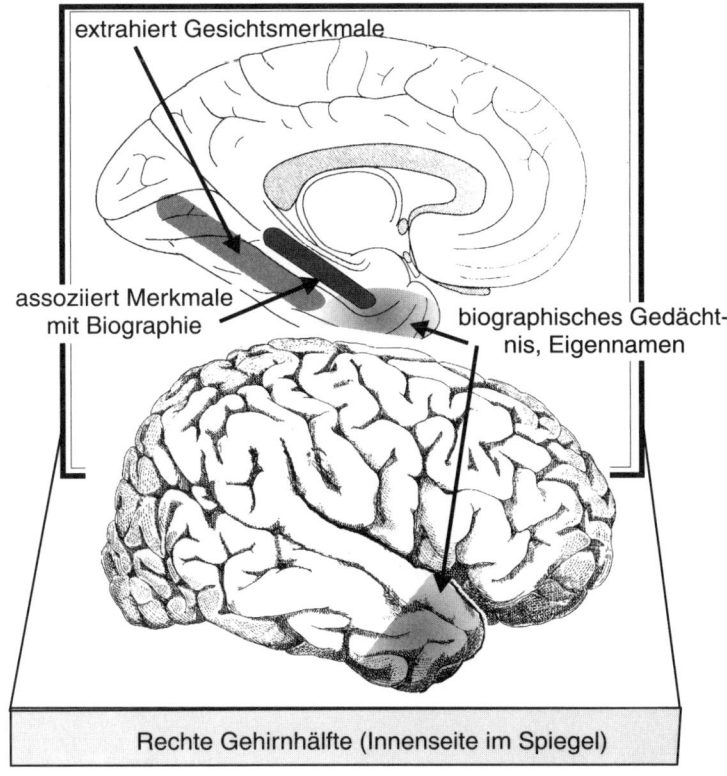

Nach Bruce und Young, 1986, und Sergent et al., 1992

85

Den Gesichtsausdrücken kommt jedoch bei den Menschenaffen außerordentliche Bedeutung zu, weil sie daran die Absichten anderer Gruppenmitglieder erkennen. Menschenaffen bitten auf diese Weise bei einer Auseinandersetzung um Hilfe, schätzen ein, was das dominante Tier noch gestatten wird, ohne Rache zu nehmen, finden so ihre Sozialpartner und so weiter.

Die emotionale Einstellung eines anderen Angehörigen der eigenen Art ablesen zu können, ist vermutlich für die Wahl eines Sexualpartner wichtiger als für das Überleben. Männchen, die den Gesichts- und Körperausdruck einer potentiellen Partnerin fehldeuten, werden gebissen oder getreten. Das ist das wahre Gesetz des Dschungels. Jene, die die Paarungsbereitschaft besonders gut einschätzen können, werden letzten Endes eine größere Nachkommenschaft zeugen können. Am Leben zu bleiben, ist die Hauptaufgabe während der Jugend, jener Lebensphase, die wegen ihrer hohen Sterblichkeitsrate am deutlichsten von der natürlichen Auslese geprägt ist. Im Erwachsenenalter wird dann die sexuelle Auslese der wichtigere Faktor.

In den Temporallappen von Affen kann man Neuronen finden, die sich für Gesichter interessieren – aber nur für Gesichter der entsprechenden Art, und dann auch nur für die Augen oder den Mund. Beinahe zwei Drittel aller Neuronen, die man an menschlichen Temporallappen untersuchte, schienen sich für Gesichter zu interessieren. Bei Affen gibt es eine Anzahl von auf Gesichter spezialisierten Neuronen in der ersten Falte unterhalb der Sylvius-Furche. Und die Wahrnehmung emotionaler Gesichtsausdrücke ist bei den Affen auch lateralisiert; sie reagieren angemessener, wenn die emotionalen Anzeichen in der linken Hälfte ihres Sehfelds liegen.

Ein Gesicht als das einer vertrauten Person zu erkennen, beruht unserer Ansicht nach auf einer Reihe von Verarbeitungsschritten. Einer der visuellen Bereiche höherer Ordnung, der sich entlang der Unterseite des Temporallappens erstreckt, extrahiert besonders gut Gesichtsmerkmale wie etwa Augenbrauen. Die Vorderseite des Temporallappens, so glaubt man, hat mit der Speicherung von biographischer Information und Eigennamen zu tun. Einen dritten, dazwischenliegenden Bereich hält man für ein assoziatives Gebiet, das zwischen Gesichtsmerkmalen und biographischer Information eine Beziehung herstellt. Die rechte Gehirnhälfte beschäftigt sich erheblich mehr mit diesen Dingen als die linke.

»Was ist denn mit den Namen von Leuten, die ich gespeichert habe? Wenn ihr mir bei dieser Operation die Vorderseite meines linken Temporallappens abrasiert, werden sie mir dann verlorengehen?«

Nein, aber gelegentlich beklagen sich hinterher Patienten, daß sie mit Eigennamen mehr Schwierigkeiten haben als mit Erinnerungen im allgemeinen. Wir sprechen zwar davon, daß verschiedene Gehirnbereiche auf etwas spezialisiert sind, doch die Informationen sind in der Regel redundant über weite Gebiete verteilt gespeichert. Und wenn man das vordere Ende des einen Temporallappens entfernt, bleibt die Spitze des anderen immer noch intakt.

»Was ist, wenn ich zwei und zwei zusammenzähle? Wo mache ich das – in der rechten Gehirnhälfte?«

Schädigungen sowohl der rechten wie der linken Gehirnhälfte können das Rechnen beeinträchtigen, besonders wenn der Parietallappen betroffen ist. Werden nach einem linksseitigen Schlaganfall Störungen der mathematischen Fähigkeiten beobachtet, treten in der Regel auch Komplikationen der Sprachverarbeitung auf. Es gibt eine Konstellation von Symptomen, die als Gerstmann- oder Angularissyndrom bekannt ist; dabei ist nicht nur das Rechenvermögen beeinträchtigt, sondern auch die Benennung von Körperteilen, besonders der Finger. Bei solchen Patienten kommt es auch zu Verwechslungen, wenn sie Dinge als rechts oder links benennen sollen.

»Hört sich an, als würden sie an den Fingern abzählen! Und was ist mit schwierigeren Rechenaufgaben, etwa Buchführung und so?«

Ein paar Untersuchungen über die Rechenfähigkeiten wurden im OP mit der Stimulations-Kartierungsmethode angestellt. Patienten, die sich einer Operation an der rechten Gehirnhälfte unterziehen mußten, hat George gelegentlich gebeten, ein paar einfache Rechenaufgaben – Addition, Subtraktion, Multiplikation und Division – zu lösen, während er ihren rechten Parietallappen stimulierte. Er identifizierte eine Anzahl von Stellen, bei denen nur eine der vier Grundrechenarten betroffen war, und ein paar andere, wo die Stimulation mehrere von ihnen beeinflußte.

Mit Bilanzbuchhaltung hat das aber noch keiner versucht. Die vorliegenden Ergebnisse legen jedoch den Schluß nahe, daß es für jede Rechenart ein irgendwie unterschiedliches neurales System gibt. Wir haben gesehen, daß es bei der Lateralisierung der visuell-räumlichen Funktionen Geschlechtsunterschiede gibt – bei Männern ist sie stärker ausgeprägt –;

hinzu kommen jetzt diese Hinweise, daß es spezifische mathematische Mechanismen in der rechten Gehirnhälfte gibt; zusammengenommen kann man daran sehen, wie wir eventuell eines Tages die Frage beantworten werden können, warum Männer in der »Distributionskurve« der mathematischen Fähigkeiten so überrepräsentiert sind. Wir sprechen hier nicht vom Durchschnittsstudenten oder der Durchschnittsstudentin, die sich durch die höhere Analysis büffeln, sondern von den mathematischen Genies, deren Begabung von Ausbildung und familiären Einflüssen unabhängig ist – die meisten von ihnen sind Männer. Und unter ihnen finden sich auch mehr Linkshänder, Allergiker und Legastheniker, als normalerweise zu erwarten wären.

Neurologisch betrachtet, ist Musik der Sprache ähnlich, aber es sind auch Unterschiede zu beobachten. George erzählt zum Beispiel oft von einem Patienten, der gern – und für einen Amateur ziemlich gut – Country- und Westernmusik spielte. Nachdem er die schlimmsten Kopfschmerzen seines Lebens gehabt hatte, diagnostizierten seine Ärzte eine Gehirnblutung, die von einem Aneurysma im linken oberen Temporalgyrus unmittelbar unterhalb der Sylvius-Furche herrührte. Ein paar Tage lang bereitete es dem Patienten Schwierigkeiten, auszudrücken, was er wollte. Und manchmal machten seine Worte auch keinen Sinn, aber all das ging vorüber. Als seine Sprache wieder normal war, versuchte er, eines seines Lieblingslieder zu singen – und stellte fest, daß er es nicht mehr konnte. Als die Neurologen dem etwas weiter nachgingen, fanden sie heraus, daß er von seinen sämtlichen Lieblingsliedern weder die Melodie summen noch die Texte singen konnte. Aber er konnte die Texte *sprechen*. Anders herum funktioniert das natürlich genauso. Patienten mit Broca-Aphasie können oft Worte singen, die sie nicht sprechen können.

Solche Beobachtungen lassen darauf schließen, daß Musik beider Gehirnhälften bedarf. Wenn die Vorderseite des rechten Temporallappens entfernt wird, werden die musikalischen Fähigkeiten etwas reduziert – das Gedächtnis für Melodien oder Rhythmen. Das ist aber nur bei Amateuren der Fall. Damit es bei Berufsmusikern zu Störungen der musikalischen Fähigkeiten kommt, bedarf es in der Regel einer Schädigung der linken Gehirnhälfte. Während man es zu musikalischer Könnerschaft bringt, so wird vermutet, wird die Musik zunehmend wie eine

Sprache organisiert und damit von der linken Gehirnhälfte abhängig, wenn auch nicht in genau denselben Bereichen wie die gesprochene Sprache.

George hat auch schon einige Neuronen im Temporallappen angezapft, während der Patient Musik hörte. Kurze Stücke klassischer Musik ließen ihre Aktivität abnehmen, manchmal bis auf einen Wert, der nur noch halb so groß wie vor dem Abspielen der Musik war. Klassische Musik kann beruhigen, ganz wörtlich genommen.

»Irgendwann muß ich dich dazu bringen, daß du mir erklärst, wie das mit diesem Anzapfen geht. Aber mach' erst mal weiter.«

Bei Musik mit einem ausgeprägten Rhythmus glich sich die Aktivität einiger Neuronen dem Takt an, ganz als würden die Neuronen im Gleichklang dazu klatschen. Wurde stampfende Rockmusik gespielt, steigerte sich die Aktivität der Neuronen in der Regel, und ihre Feuersalven wurden noch ausgeprägter. Einige Beobachter kommentierten, halb im Spaß, daß das Feuermuster dieser Neuronen an die »Ausbrüche« erinnere, die man von den Aufzeichnungen epileptischer Bereiche her kennt.

Oder wie George es gern mit einem verdächtigen Unterton in der Stimme ausdrückt: Vielleicht ist ja alles wahr, was unsere Großmütter über Rockmusik erzählten.

Sprache ist nicht allein eine Funktion der linken Hemisphäre, nur sind die Auswirkungen eines rechtsseitigen Schlaganfalles subtiler als die dramatischen Sprachveränderungen, die man nach linksseitigen beobachtet. Wenn man einen Satz hört, muß man sich ein mentales Modell für das bauen, was jene Klangfolge repräsentiert. Es mag zahlreicher Funktionen der rechten Gehirnhälfte bedürfen, um eine Äußerung in vollem Umfang zu verstehen.

Patienten mit rechtsseitigem Schlaganfall können zum Beispiel nicht alle Konnotationen eines gebräuchlichen Worts verstehen. Sie nehmen vielleicht alles »wörtlicher« und haben Schwierigkeiten, sprachliche Bilder zu erfassen. Bittet man sie, eine kurze Geschichte nachzuerzählen, wiederholen sie sie eventuell wörtlich, ohne irgend etwas zu verändern. Sie haben Probleme mit entgegengesetzten Begriffen. Ihre spontane Rede ist oft weitschweifig oder unzusammenhängend.

Angesichts der unmodulierten Stimme vieler Patienten mit rechtsseitigem Schlaganfall ist es nicht verwunderlich, daß sie auch Probleme damit haben, die Stimmführung eines Sprechers zu interpretieren. Überprüft man das anhand von erzählten Geschichten, wird das besonders deutlich. Im Gegensatz zu Alterspatienten, die rasch zugeben, daß sie etwas nicht mehr genau erinnern, lassen Patienten mit rechtsseitigem Schlaganfall nur selten Anzeichen für mangelndes Selbstvertrauen erkennen, wenn sie beim Nacherzählen von Testgeschichten Fehler machen. Besonders schlecht gelingt es ihnen, eine Geschichte in der richtigen Reihenfolge nachzuerzählen; die übliche Durchschnittszahl von Fehlern verdreifacht sich. Das ist fast so schlecht wie die Fehlerquote von Patienten, bei denen ein linksseitiger Schlaganfall Aphasie verursachte.

»Wenn sie also eine Geschichte nicht auf die Reihe bekommen, wären Witze wohl an sie verschwendet. Die Pointe würde sie nicht überraschen.«

So ist es, die Feinheiten gehen an ihnen vorbei. Versuchen sie selbst, Späße zu machen, ist der Humor oft grobschlächtig, farblos oder geschmacklos. Während die linke Gehirnhälfte wohl mehr mit den Bausteinen der Sprache zu tun hat, scheint die rechte also in erheblichem Umfang daran mitzuwirken, das alles zu interpretieren.

Während die linke Hemisphäre vielleicht Grouchos Wortspiele genießt und die rechte Hemisphäre sich an Harpos Possen erfreut, können nur beide Hemisphären zusammen die gesamte Nummer der Marx-Brothers richtig würdigen.

HOWARD GARDNER, HIRAM H. BROWNELL,
WENDY WAPNER, DIANE MICHELOW, 1983

5.
Probleme mit der Aufmerksamkeit

Wir saßen auf der Parkbank hinter dem Klinikzentrum; unsere Aufmerksamkeit wurde von einem besonders stattlichen Segelboot gefesselt, das ungeduldig mitten im Kanal dümpelte und darauf wartete, daß die Zugbrücke hochging. Aufmerksamkeit ist das Tor zum Gedächtnis – sie ist der Grund, warum ich mich noch an das Boot mit seinen schlaffhängenden Segeln erinnere. Wenn man etwas zu dem Zeitpunkt, da es sich ereignet, keine Aufmerksamkeit schenkt, wird man sich am folgenden Tag wahrscheinlich nicht mehr daran erinnern.

Das soll nicht heißen, daß man ein seltsames Geräusch, das einen mitten in der Nacht weckte, nicht wieder »abspulen« oder sich ein Gespräch ins Gedächtnis rufen kann, das man zufällig mithörte, während man zu jemand anderem sprach – Voraussetzung dafür ist allerdings, daß man innerhalb der nächsten paar Minuten noch einmal darüber nachdenkt. Am besten aber bleibt das im Gedächtnis, worauf sich zu dem Zeitpunkt, da es sich ereignete, die Aufmerksamkeit richtete; alles andere wird hingegen nach und nach vergessen.

»Was für Erinnerungen, glaubst du, werden mir kommen, wenn George meinen Temporallappen stimuliert?« fragte Neil.

Neil, so bemerkte ich, wurde wohl etwas ungeduldig, denn ich wußte, daß George erst noch weitere Tests durchführen wollte, ehe er sich zum Eingriff entschied.

Vermutlich werden dir keine schlagartigen Erinnerungen kommen, antwortete ich. Die »Wahrnehmungsreaktionen«, über die Wilder Penfield berichtete und von denen jeder schon gehört zu haben scheint, sind in Wirklichkeit ziemlich selten. Den veröffentlichten Untersuchungen zufolge ruft die elektrische Stimulation nur bei einem von einen Dutzend Patienten Wahrnehmungen hervor, und George hat das bei seinen Tests sogar noch seltener beobachtet. Fast immer werden sie von Stimulationen des Temporallappens ausgelöst. Manchmal sind sie beeindruckend detailliert, in der Regel aber handelt es sich bloß um Stimmen, die man »im Off« hört. George hatte einmal einen Patienten, der immer Musik von Led Zeppelin hörte, wenn eine bestimmte Stelle seines Temporallappens stimuliert wurde. Manchmal war es dasselbe Stück, manchmal ein anderes von derselben Platte.

»Da kann man mal sehen, welch bleibenden Eindruck das Jahrzehnt der goldenen Hitparaden hinterlassen hat. Die Stücke müssen gar nicht mehr gesendet werden – inzwischen sind sie alle *eingebrannt*!«

Auch Penfields Patienten berichteten von Kinderliedern und klassischer Musik. Manchmal bestand die Erinnerung aus einem speziellen Musikstück, manchmal handelte es sich um eine bestimmte Szene aus der Vergangenheit des Patienten – eine Patientin Penfields etwa erinnerte sich daran, wie ihre Mutter mit ihrer Tante am Telefon über einen Besuch sprach. In der Regel waren das keine »Multimedia«-Halluzinationen, sondern kaum identifizierbare Wahrnehmungen.

Besonders nachdem er sich als Direktor des Montreal Neurological Institute 1963 zurückgezogen hatte, unterstrich Penfield immer wieder seine Überzeugung, daß das Gedächtnis einem Tonband gleiche, das sämtliche Details einfange und speichere. Bis auf den heutigen Tag ist das die bei weitem populärste Vorstellung. Schon 1980 zeigte eine Umfrage, daß sogar die meisten Psychologen an eine Videoband-Analogie glaubten.

»Für die meisten Menschen ist wahrscheinlich die Videoaufzeichnung die einzige Technik, die ihnen als Analogie einfällt.«

Doch die moderne Gedächtnisforschung neigt dazu, die Video-Metapher anzuzweifeln, und betont, daß zum fraglichen Zeitpunkt die nötige Aufmerksamkeit gegeben sein muß und daß das, was gespeichert wird, zunächst überraschend formbar ist und durch nachfolgende Ereignisse leicht verzerrt werden kann. Besonders tendieren die Dinge dazu, »aus der Reihe« zu geraten, so daß falsch erinnert wird, welches Ereignis einem anderen folgte – was bei einem Videoband unmöglich wäre. Und moderne Neurochirurgen neigen zu der Ansicht, daß jene durch Stimulation hervorgerufenen »Wahrnehmungen« in Wirklichkeit kleine Anfälle sind, die Halluzinationen auslösen – daß sie also eher Fragmenten nächtlicher Träume gleichen als einer wiederabgespulten, vollausgebildeten sensorischen Wahrnehmung.

»Was geschah also? Hatten diese Leute gleichzeitig mit der Wahrnehmung einen Anfall, der die Details sozusagen einbrannte?«

Das ist möglich. Patienten mit Wahrnehmungsreaktionen bei Temporallappen-Stimulation neigen ganz besonders dazu, solche Wahrnehmungen auch im Rahmen ihrer Anfälle zu haben. Doch das könnte auch eine zufällig Assoziation sein. Ganz bestimmt hängen sie nicht allein von der stimulierten Stelle ab. George fährt mit seiner Geschichte über den Patienten, der Led Zeppelin hörte, gerne so fort – wieder mit dem verdächtig spöttischen Unterton in der Stimme –, daß der »Led-Zeppelin-Bereich« natürlich entfernt worden sei, weil George diese Musik nicht mag.

Ein paar Jahre später, fährt George dann fort, sprach er wieder mit dem Patienten über jene Wahrnehmung. George fragte ihn, ob er sich noch an den Moment im Operationssaal erinnere, als er die Musik gehört hatte. Ja, natürlich. Dann fragte George, ob seine musikalischen Interessen sich nach der Operation gewandelt hätten. »Oh, ja«, habe der Patient geantwortet. »Ich steh' jetzt auf harten Rock!«

Daß ihm ein ganzer Abschnitt des Temporallappens entfernt wurde (der »Led-Zeppelin-Bereich« war natürlich Teil des epileptischen Herds und stand daher ohnehin zur Entfernung an), minderte nicht die Fähigkeit des Patienten, sich an die Musik oder an die nachträgliche Wahrnehmung zu erinnern. Also war es wohl kaum die einzige Stelle, an der dieser Gedächtnisinhalt gespeichert war.

Einer der Gründe, warum man heute annimmt, diese »Erinnerungen« seien bloß mit Anfällen assoziierte Halluzinationen, ist darin zu sehen, daß alle diese komplexeren Wahrnehmungen mit geringfügiger Anfallsaktivität – was wir Nachentladungen nennen – sowohl am Ort des Geschehens wie in den tieferen Strukturen des Temporallappens assoziiert sind. Je stärker man den stimulierenden Strom einstellt, desto eher ruft man solche Erlebnisse hervor – und desto weiter sieht man die Nachentladungen sich ausbreiten.

»Wird dabei ein ausgewachsener Anfall ausgelöst?«, wollte Neil wissen.

Wenn der Strom stark genug ist und die Stimulation lang genug anhält, kann sogar ein normaler Kortex in einen Anfall getrieben werden. Auf diese Weise rufen Psychiater absichtlich Anfälle hervor, wenn sie mit der Elektroschock-Therapie schwere Depressionen behandeln. Im OP halten wir die Stromstärke immer unterhalb der Schwelle, bei der es lokal zu Nachentladungen kommt, und weit unterhalb des Wertes, bei dem diese sich über den lokalen Bereich hinaus ausbreiten könnten.

Epileptische Anfälle gibt es in allen Größenordnungen: kleine, mittlere und schließlich auch ganz große Anfälle.

»Ich hasse die großen«, sagte Neil. »Ich werde bewußtlos – aber das werde ich bei den kleinen auch, das ist nicht das wesentliche – und alle erzählen mir, daß ich bei den großen eine ziemliche Schau hinlege, ganz steif werde und dann überall am Körper zu zucken anfange. Das ist mir so peinlich wie nur irgend etwas. Manchmal kann ich den Urin nicht halten und beiße mir in die Zunge. Anschließend fühle ich mich den ganzen Tag lang zerschlagen und kaputt.«

Jeder Teil des zerebralen Kortex kann in ein Anfallsgeschehen hineingeraten, wenn er stark genug gereizt wird. Und das, was ihn reizt, ist meist ein Anfall in einem benachbarten Bereich, so daß sich der Anfall wie eine brennende Zündschnur ausbreitet und einen Bereich nach dem anderen mitreißt.

»Meine großen Anfälle kommen aber alle auf einen Schlag. Beide Arme und Beine und auf beiden Seiten meines Körpers, überall gleichzeitig.«

Das ist das, was wir einen generalisierten großen Anfall nennen, erzählte ich ihm. Ein EEG zeigt dann auf beiden Seiten epileptische Aktivität, die überall gleichzeitig beginnt, während der Patient sich schlagartig versteift. Es ist, als hätte irgendein Mechanismus ein kleines Anfallsgeschehen überall im ganzen Gehirn mit einem Mal verteilt, genau wie eine Streubombe gleichzeitig viele weit voneinander entfernte Feuer verursachen kann. Die Wirkungsweise der antikonvulsiven Medikamente besteht hauptsächlich darin, diese Art der Anfallsausbreitung zu unterbinden.

Manchmal scheinen generalisierte Anfälle die einzigen zu sein, die ein Patient hat, was den Neurologen seiner besten Ansatzmöglichkeiten beraubt. Solch ein Anfall kann so gut wie überall im Gehirn seinen Ausgang nehmen. Nur der Beginn eines Anfalls, ehe er sich generalisiert, kann einen Hinweis darauf geben, an welcher Stelle das Problem steckt. Wenn der Patient zwischen den mittleren und großen auch kleine Anfälle hat, verfügt der Neurologe über viel mehr Informationen zur Eingrenzung des Problems.

»Meine fangen damit an, daß ich irgendwie unausgefüllt bin. Ich bin sozusagen ›daneben‹, obwohl ich vielleicht noch da am Eßtisch sitze. Manchmal fange ich an, mit dem Löffel auf den Teller zu klopfen. Oder zu kauen und zu schlucken, obwohl das Essen noch gar nicht serviert ist.«

Na, das läßt bei einem Neurologen gleich die Alarmglocken schrillen. Automatismen können ihren Ursprung so gut wie überall im Temporallappen haben, aber nur selten in einem anderen Teil des Gehirns. Was passiert noch, vor all diesen automatischen Bewegungen?

»Nun, daran kann ich mich meist nicht sehr gut erinnern. Oft aber riecht es scheußlich. Ich weiß nicht recht, wie ich den Geruch beschreiben soll – er erinnert an nichts Reales. Vielleicht ein bißchen wie verbranntes Gummi. Und das ist das Letzte, woran ich mich erinnere.«

Solche Halluzinationen nennt man auch die »Aura« eines Anfalls. In Wirklichkeit handelt es sich bei ihnen schon um kleine Anfälle an sich, und wenn wir zumindest ihren Ausgangspunkt feststellen können, pflegen wir von fokalen Anfällen zu sprechen. Diese besondere Art von Anfall, die von einem kurzen, unangenehmen Geruchserlebnis begleitet ist, kann man auf den EEG-Aufzeichnungen oft noch nicht erkennen. Bei diesen Geruchswahrnehmungen ereignet sich in der Regel ein kleiner Anfall im Uncus, eine Ausbuchtung des inneres Temporallappens, die fast den Hirnstamm berührt.

»Das hat mir mein Doktor auch erklärt.«

Kommen automatische Bewegungen hinzu wie Herumwedeln mit einem Löffel oder Kauen mit leerem Mund, ohne daß man sich daran erinnert, sprechen wir eher von komplex-partiellen Anfällen. Um sich von so einem Anfall vollständig zu erholen, brauchen Patienten aller Wahrscheinlichkeit nach ungefähr eine halbe Stunde, obwohl sie nur ein paar Minuten lang nicht ansprechbar sind. Diese Art Anfälle erkennt man schon eher auf dem EEG, und oft kann man sie in diesem Fall dem Temporallappen zuordnen.

Bei Temporallappen-Anfällen berichten die Patienten von vielfältigen Gefühlen und Wahrnehmungen. Einige haben Déjà-vu-Erlebnisse, jenes Gefühl ungewöhnlicher Vertrautheit, als habe man die Situation schon einmal erlebt. Oder Illusionen – zum Beispiel Verzerrungen von Größe oder Gestalt, bei denen andere wie Riesen oder Zwerge erscheinen. Einige leiden unter visuellen oder auditiven Halluzinationen – sogar Gerüchen.

»Meine Neurologin hat mir von einem Patienten erzählt, der immer eine bukolische Idylle sah, bevor er einen Anfall hatte. Der Patient hat die Szene sogar für sie gezeichnet. Das klingt ganz nach den ›Visionen‹ aus der Bibel und ähnlichem.«

Paulus' Vision auf dem Weg nach Damaskus, natürlich. Vielleicht hatte er Temporallappen-Epilepsie. Die Stimmen, die Jeanne d'Arc auftrugen, Frankreich zu retten, können gut Halluzinationen gewesen sein, wie sie bei Temporallappen-Anfällen vorkommen. Als Jeanne auf dem Scheiterhaufen verbrannt wurde, wollte Berichten zufolge ihr Herz nicht verbrennen. Eine mögliche Ursache dafür könnte eine Verkalkung des Herzbeutels sein – eine kalzinöse Perikarditis –, die eine Folgeerscheinung von Tuberkulose ist. Tuberkulome – kleine, tumorähnliche Entzündungen tuberkulösen Gewebes – treten bei generalisierter Tuberkulose häufig im Gehirn auf, und epileptische Anfälle sind ein weitverbreitetes Symptom dieser Entzündungen. Es wäre also keine Überraschung, wenn Jeanne d'Arc an kleinen Temporallappen-Anfällen gelitten hätte.

»Als Temporallappen-Epileptiker befindet man sich in guter Gesellschaft – Dostojewski, van Gogh etwa. Ich habe gehört, daß auch Jonathan Swift und Lewis Carroll wahrscheinlich daran litten, wegen all der kleinen Menschen, über die sie in *Gullivers Reisen* und *Alice im Wunderland* geschrieben haben.«

Ja, Riesen und Zwerge zu sehen, kann Symptom für Temporallappen-Anfälle sein. Weiten sie sich nicht zu größeren Anfällen aus, werden sie vielleicht nie als Epilepsie diagnostiziert.

»Was genau ist der Unterschied zwischen den kleinen Anfällen und den großen?«

Ein großer Anfall – *Grand mal* oder einfach generalisierter Anfall genannt – fängt genauso an wie der allerkleinste. Aber er kann mehr Mitstreiter rekrutieren und sich so im Gehirn weiter ausbreiten.

»Ich kann niemals voraussehen, ob ich einen großen oder kleinen Anfall bekomme.«

Passiert ein großer Anfall, bleibt es nicht bei unkontrollierten Bewegungen. Ganz plötzlich versteift sich der gesamte Körper des Patienten. Letztes Jahr sah ich beim Einkaufen ein Mal einen Mann, der plötzlich mitten auf dem Gehsteig stehenblieb. Er sah verwirrt aus und schluckte mehrmals. Nach vielleicht zehn Sekunden wirkte er wie zu Stein erstarrt, sein rechter Zeigefinger deutete zum Himmel. Sein Kopf war zurückgeworfen, so daß er gleichzeitig in den Himmel zu starren schien.

»Klingt nach einer dieser religiösen Darstellungen aus dem Mittelalter, die ich kenne. Die Heiligen, genauso zu Stein erstarrt.«

Im fünften Jahrhundert vor Christus sprach Hippokrates in der Tat von Epilepsie als der »heiligen Krankheit«. Doch dieser Mann auf dem Gehsteig: Nach einigen Sekunden dieser starren Haltung begannen beide Arme zu zucken, als würde er den Göttern Zeichen machen, den Zeigefinger in ihre Richtung stoßend. Auch seine Beine begannen zu zucken.

Er wäre wohl hingestürzt, wenn seine beiden Begleiter ihn nicht festgehalten hätten. Sie legten ihn seitwärts nieder und falteten einen Mantel unter seinem Kopf, was genau das ist, was man tun sollte. Sie schienen sich so gut auszukennen, daß ich einfach im Wagen sitzenblieb und zuschaute, wie sie die Passanten beruhigten. Nach ein paar Minuten hörten die Zuckungen auf, aber es dauerte noch fünfzehn Minuten, bis der Mann sich wieder aufsetzte. Er sah völlig zerstört aus, aber nur fünf Minuten später konnte er weitergehen und wirkte ziemlich normal.

»Wenn ich so einen Anfall hatte, lasse ich meine Sekretärin alle Termine streichen und mich nach Hause fahren. Den Tag kann ich ganz abschreiben.«

Es gibt noch andere Arten generalisierter Anfälle, die im wesentlichen hemmender Natur sind, als würde kurz ein Schaltkreis unterbrochen. Diese Patienten wirken meist wach, scheinen aber vorübergehend jeden Kontakt verloren zu haben. Dieser Anfallstyp tritt häufiger bei Kindern auf. Man nennt das eine *Absence* – französisch ausgesprochen –, von lateinisch *absentia*, Abwesenheit. Im älteren Sprachgebrauch bezeichneten die Franzosen und mit ihnen alle anderen diese Anfälle als *Petit mal* – das »kleine Übel«.

»Wie breiten sich denn die fokalen Anfälle aus, so daß ein großer daraus wird?«

Sie ergreifen von den Bahnen für die selektive Aufmerksamkeit Besitz. Einige Neuronen scheinen überallhin Verbindungen zu haben, etwa jene neuralen Schaltkreise, die uns wach und aufmerksam halten. Erinnerst du dich an unser Gespräch über das Koma, fragte ich Neil, vor allem an jene Serotonin- und Norepi-Verbindungen des Hirnstamms, die diffus den gesamten Kortex durchziehen und die ich mit unterirdischen Rasensprengern verglichen habe, welche Flüssigdünger verteilen, um Gedanken wachsen zu lassen?

»Diese Anfälle dringen also in jenes System ein und werden dann überallhin ausgestrahlt?«

Nun, das war zumindest Penfields Vorstellung, obwohl es dazu einiger Nervenverbindungen bedarf, deren Existenz nicht klar ist. Seither hat sich eine andere Möglichkeit ergeben, daß nämlich in diesem Aufmerksamkeits-System die Impulse in umgekehrter Richtung laufen. Etwa wie eine Bewässerungsanlage, bei der jemand mit einem Schlauch Wasser in einen der Sprinklerköpfe hineindrückt, so daß es aus den anderen Sprinklerköpfen wieder hervorquillt. Neuronen funktionieren normalerweise wie Einbahnstraßen, gelegentlich können sie jedoch dazu gezwungen werden, in umgekehrter Richtung zu arbeiten.

Die selektive Aufmerksamkeit gleicht einem Scheinwerfer, der einige Aspekte der sinnlich erfahrenen Umwelt hervorhebt, während die anderen im Hintergrund bleiben.

Auch nach innen gerichtet scheinen wir uns desselben Systems zu bedienen, wenn wir etwa versuchen, uns an den Namen von irgend jemanden zu erinnern, den wir vor Jahren das letzte Mal gesehen haben, während wir gleichzeitig versuchen, die visuellen und akustischen Ablenkungen einer Cafeteria zu ignorieren. Das System wählt aus, welchen der vielen Wahrnehmungen, mit denen wir konfrontiert sind, wir besondere Beachtung schenken: Was wir im Gedächtnis speichern, was wir als unsere bewußte Erfahrung bewahren, was wir in unserem Gedächtnis wiederzufinden versuchen. Wenn wir ein einziges System im Gehirn finden wollen, das den gegenwärtigen Gehalt unser bewußten Erfahrung bestimmt, ist die selektive Aufmerksamkeit am dichtesten an einem solchen System dran.

»Jetzt wird es interessant. Das ist also das wahre Ich? Die selektive Aufmerksamkeit agiert wie ein Aufnahmeleiter am Regiepult, der entscheidet, welches Kamerabild auf Sendung geht?«

Manchmal kann der Scheinwerfer nicht richtig verstellt werden, so bei jenen rechtsseitig geschädigten Patienten, die Dinge zu ihrer Linken nicht beachten. Das ist ein gutes Beispiel dafür, daß ein hinterer Bereich des Parietallappens an der Steuerung der selektiven Aufmerksamkeit beteiligt ist, und die Leitungsverbindungen des Norepi-Systems scheinen diese Bereiche zu begünstigen. Medikamente, welche die Wirkung des Norepi unterdrücken, beeinträchtigen auch die Fähigkeit, die Aufmerksamkeit zu konzentrieren, etwa auf das, was der Lehrer gerade an die Tafel schreibt.

Während sogenannter Aufmerksamkeitstests, bei denen die Versuchsperson beispielsweise darauf achten muß, wann ein Signallicht auf Grün umspringt, hat man den Blutfluß im Gehirn untersucht. Bei solchen Aufgaben ist hauptsächlich die rechte Gehirnhälfte gefordert, nämlich sowohl ein hinterer parietaler Bereich wie ein Teil des Frontallappens. Und es hat sich gezeigt, daß diese beiden Bereiche auch dann aktiv werden, wenn die Aufgabenstellung gar nicht visueller Natur ist, sondern die Versuchsperson vielleicht darauf achtet, ob ihr jemand in den großen Zeh pikst.

Mehrere Bereiche des Frontallappens und des Hirnstamms sind gefordert, wenn wir uns einem Stimulus zuwenden oder wenn beispielsweise eine Katze, die ein Geräusch vernimmt, erst die Augen, dann die Ohren und schließlich den ganzen Kopf in Richtung des Geräuschs dreht. Doch das scheint etwas anderes zu sein, als sich ständig für einen bestimmten Typ von Stimulus bereitzuhalten – wenn wir beispielsweise inmitten all des Verkehrslärms von draußen lauschen, ob oben nicht Babygeschrei ertönt. Der Frontallappen hat in besonderem Maß damit zu tun, Dinge zu repräsentieren, die im Moment abwesend sind, und anscheinend bedienen wir uns eines Frontallappenbereichs unmittelbar vor dem Corpus callosum nahe der zentralen Längsfurche, des Gyrus cingulatus, wenn wir bewußt auf eine bestimmte Wortklasse achten – zum Beispiel wenn man beim Durchblättern des Telefonbuchs nach italienischen Familiennamen schaut.

Sowohl die vorderen wie die hinteren Aufmerksamkeitssysteme haben bei der Bewältigung ihrer Aufgaben zahlreiche subkortikale Partner, vor allem im Thalamus. Bei den Hirnstamm-Mechanismen, die uns aus dem Schlaf erwachen lassen, handelt es sich um ein ziemlich gängiges System, die Hochleistungs-Version des Systems im Thalamus jedoch ist etwas spezifischer.

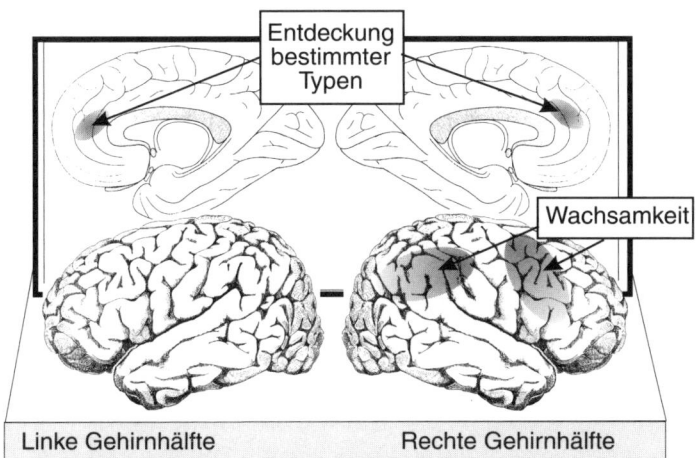

Angaben zusammengefaßt nach Posner, 1992

Besonderheiten der selektiven Aufmerksamkeit

Der Thalamus ist zwar nicht die Mitte aller Dinge – er und der frontale Kortex bilden ein engverzahntes System –, doch einige der besten Beispiele dafür, wie selektive Aufmerksamkeit funktioniert, lassen sich im Rahmen von Thalamus-Operationen aufzeigen, die zur Behandlung der Parkinson-Krankheit durchgeführt werden.

Ein Mikrotremor, ein leichtes Zittern, ist normal. Der Patient denkt, er habe wohl zu viel Kaffee getrunken. Doch ein oder zwei Jahre später hat er allmählich mehr als die üblichen Probleme, einen Scheck auszufüllen. Oder mit den Armen zu schwingen. Oder ein Steak mit dem Messer zu schneiden. Schließlich wird seine ganze Körperhaltung steif und sein Gang schlurfend. Seine Sprache ist oft monoton und verlangsamt.

Das Zittern und die Steifheit sind es, die ihn schließlich zum Besuch beim Neurologen treiben. Und der Neurologe wird erklären, daß ein paar Neuronen, die Dopamin herstellen – ein Neurotransmitter mit so weiter Verbreitung wie Serotonin und Norepi –, ihre Aufgabe nicht mehr allzugut verrichten, weil viele ihrer Kollegen schon vor Jahrzehnten abgestorben sind. Es gibt ein Medikament, L-Dopa, das den verbliebenen Neuronen in der Substantia nigra hilft, mehr Dopamin zu produzieren, und oft lindert das die Symptome.

Einige der Patienten haben aber noch immer einen Tremor, obwohl ihre Steifheit mittels des Medikaments zufriedenstellend unter Kontrolle gehalten wird. Jene Patienten können möglicherweise von einer Operation des Thalamus profitieren.

»Ich dachte, die Probleme lägen in der Substantia nigra«, sagte Neil.

Das ist der pigmentierte Gehirnbereich unterhalb des Thalamus, dem so viele Neuronen fehlen. Der Thalamus selbst ist wahrscheinlich normal. Die meisten Gehirnsysteme bestehen jedoch eigentlich aus zwei Systemen, von denen das eine zieht, während das andere bremst. Entscheidend ist die Balance zwischen den beiden. Wenn man einen kleinen Teil des Thalamus zerstört, scheint das in etwa den Verlust von Neuronen in der Substantia nigra auszugleichen, wodurch in dem System, das den Tremor reguliert, wieder eine Balance hergestellt wird.

»Wie kommt man an den Thalamus, wenn er so tief im Gehirn verborgen liegt?«

Durch ein kleines Loch im Schädel, in einem Bereich ohne größere Blutgefäße. All das wird unter örtlicher Betäubung gemacht. Der Neurochirurg versenkt bloß eine nadelgroße Sonde ungefähr sieben bis acht Zentimeter tief in den Thalamus und koaguliert ein wenig Thalamus-

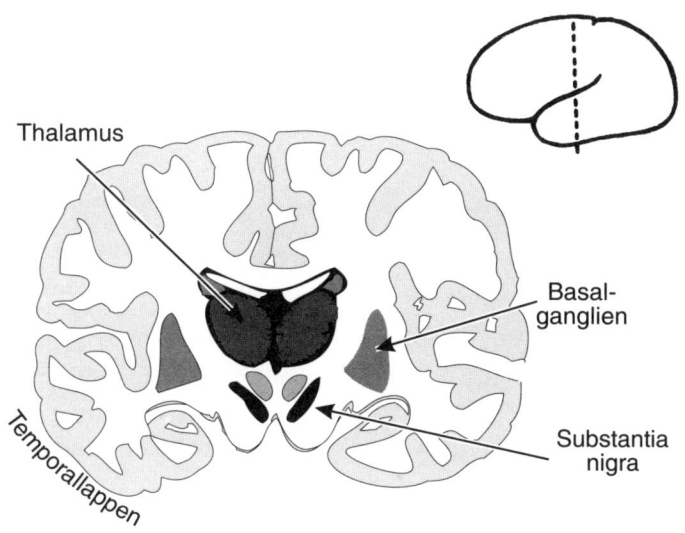

Thalamus

Basal-
ganglien

Substantia
nigra

Temporallappen

Die Substantia nigra, deren Zellen bei Parkinson verlorengehen, und der Thalamus, in dem Läsionen das Zittern unterbinden können

Gewebe um die Spitze der Sonde herum. In der Regel hört der Patient sofort auf zu zittern. Die Schwierigkeit besteht darin, genau zu wissen, wohin man mit der Nadel zielen muß und wo sich die Spitze gerade befindet.

»Im Ernst: Das klingt nicht gerade, als sei's zur Nachahmung empfohlen! Woher weiß man denn, wo die Spitze sich befindet – von Röntgenbildern?«

Richtig. Weil aber Gehirne sich nicht nur ihrer Funktion, sondern genauso auch ihrer Anatomie nach unterscheiden, stimulieren Neurochirurgen gern das Gewebe durch die Spitze der Sonde, während sie den Patienten bitten, eine schwierige Aufgabe zu lösen. Wenn George eine Thalamotomie bei Parkinsonismus durchführt, läßt er den Patienten auf einen Projektionsschirm schauen, auf dem Dias gezeigt werden. Zuerst erscheint ein Bild mit einem bekannten Tier oder Objekt, etwa ein Elefant. Und der Patient sagt: »Das ist ein Elefant.«

Dann wird es interessanter. Das nächste Dia zeigt eine Zahl. Der Patient, der vorher entsprechend instruiert wurde, beginnt, von dieser Zahl an rückwärts zu zählen. Ungefähr sechs Sekunden später befiehlt ein drittes Dia einfach »Erinnern«. Der Patient soll sich mithin an den Namen des Objekts auf dem ersten Dia erinnern: »Elefant«. Diese Aufgabe kann man auch schwieriger gestalten, so daß der Patient etwa in der Hälfte aller Fälle einen Fehler begeht. Man kann den Patienten beispielsweise immer drei Zahlen auf einmal rückwärts zählen lassen. Dann ist es für ihn schwieriger, während dieser Ablenkungsaufgabe den Namen »Elefant« im Gedächtnis zu behalten.

George kann den Schwierigkeitsgrad der Aufgabe so bemessen, daß der Patient normalerweise bei der Hälfte der Beispiele einen Fehler macht. Stimuliert er nun den Thalamus, während der Elefant oder was auch immer auf dem Bildschirm erscheint, läßt sich ein interessanter Effekt beobachten: Nicht nur ist die Benennung treffsicherer, sondern es kommt auch beim Erinnern zu weniger Fehlern. Die Stimulation verbessert das Gedächtnis!

»Was passiert, wenn George während der beiden anderen Dias stimuliert?«

Der Patient ist ohne weiteres in der Lage, während einer Thalamus-Stimulation rückwärts zu zählen; wenn dann aber das dritte Dia erscheint – bei abgeschaltetem Strom –, wird er sich nur an die Hälfte der zuvor gezeigten Objekte erinnern. Dieselbe Fehlerquote wie ohne Stimulation. Wird während des dritten Dias stimuliert, kommt es zu erheblich mehr Fehlern.

Mithin sieht es so aus, als ließe die Thalamus-Stimulation den Patienten seine Aufmerksamkeit auf das richten, was er gleichzeitig sieht. Denn: Wurde er während des ersten Dias stimuliert, verbesserte sich seine Erinnerung während des dritten. Und die Stimulation während des dritten Dias richtete seine Aufmerksamkeit auf den Projektionsschirm, so daß er sie nicht darauf konzentrieren konnte, den vorangegangenen Namen wiederzufinden. Die selektive Aufmerksamkeit funktioniert wie eine Sperre, welche Informationen ins Kurzzeitgedächtnis entweder nur hinein- oder nur herausläßt, aber nicht beides gleichzeitig: Man kann entweder seinen Gedanken nachhängen oder jemandem seine Aufmerksamkeit schenken, aber nicht beides. Seine Aufmerksamkeit auf etwas Äußerliches zu lenken steht im Widerspruch zu dem Versuch, eine Erinnerung aus dem Kurzzeitgedächtnis abzurufen.

»Kurzzeitgedächtnis? Gibt es noch ein anderes?« fragte Neil mit einem Grinsen. »Ich habe mich schon gewundert, warum mir immer wieder Namen entfallen.«

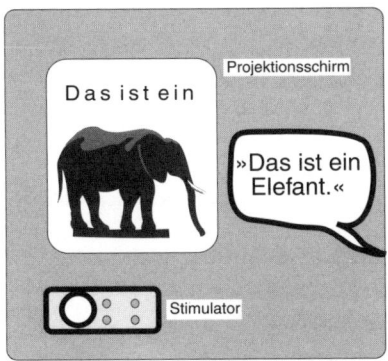

PRÄSENTATION

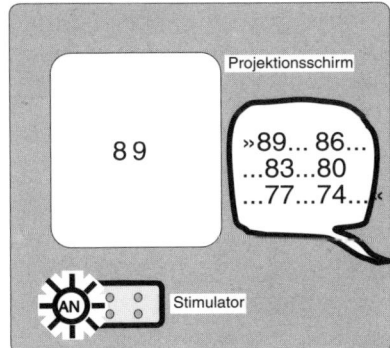

ABLENKUNG

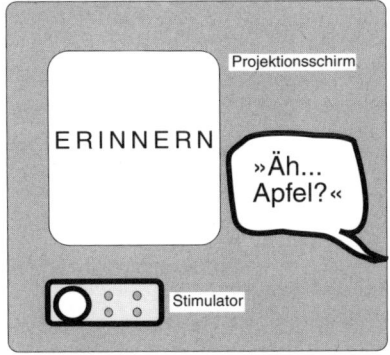

Test von Neils Gedächtnisleistung nach einer Ablenkungsphase von sechs Sekunden, während der das Gehirn elektrisch stimuliert wurde

ERINNERN NACH AUFFORDERUNG

Das unmittelbare »Arbeitsgedächtnis«, in dem die Erinnerung kurze Zeit über die Ablenkungsphase hinweg bewahrt wird, und die langfristige, dauerhafte Speicherung von Gedächtnisinhalten im Langzeitgedächtnis scheinen sich verschiedener Gehirnmechanismen zu bedienen.

Ich kann sie jedoch nicht erklären – und bestimmt nicht die »Gedächtnisstörungen«, über die manche Menschen klagen –, bevor wir nicht über die Synapsen und die elektrischen Signale innerhalb der Neuronen gesprochen haben.

All das bisher Gesagte gilt für Patienten, die sich einer Operation am linken Thalamus unterziehen. Manchmal jedoch wird auch der rechte Thalamus operiert, und bei solchen Patienten zeigt sich ein völlig anderes Bild. Gegenstand der selektiven Aufmerksamkeit wie der Erinnerung sind Form und Gestalt von Objekten und nicht Worte. George zeigt dann oft Dias mit komplexen Formen. Nach der Ablenkungsaufgabe des Rückwärtszählens werden dem Patienten drei Formen zu Auswahl angeboten, und er wird gefragt, welche der drei diejenige war, die er zuvor gesehen hat.

»Und was passiert dabei?«

Dasselbe wie bei einer Stimulation des linken Thalamus: Die Erinnerung verbessert sich. Wirklich interessant wird es aber, wenn es zu einem Konflikt zwischen dem rechten und dem linken Thalamus kommt, zwischen Namen und Gestalten. Stimuliert man den rechten Thalamus, während der Patient Objekte benennt, zeigt sich kein besonderer Effekt. Stimuliert man den linken Thalamus während der Objektbenennung, wird die Erinnerung daran verstärkt. Zeigt man jedoch komplexe Formen, während der linke Thalamus stimuliert wird, kommt es zu viel mehr Fehlern – als würden die Formen ignoriert, wenn der linke Thalamus stimuliert wird.

Das linke System der selektiven Aufmerksamkeit ist darauf ausgerichtet, verbale Information zu erhalten, und es dominiert die Entscheidung, was aus der Umwelt selektiv aufgenommen werden soll. Wie George es gern ausdrückt: Hier zeigt sich die wahre Dominanz der linken Hemisphäre gegenüber der rechten – nicht im allgemeinen, aber soweit es diesen besonderen Aspekt der selektiven Aufmerksamkeit betrifft.

Unsere Wahrnehmung der Welt hängt zunächst einmal davon ab, was unsere Sensoren erfassen – beispielsweise können wir nicht die Infrarotstrahlung einer Hitzequelle sehen oder das ultraviolette Licht, das uns Sonnenbrand verursacht. Im nächsten Schritt kommt es aber darauf an, was unsere selektive Aufmerksamkeit aus all diesen Wahrnehmungen auswählt. Alles, was diesen Satz von Filtern passiert, können wir im Gedächtnis behalten.

Deshalb sind die Leitungsbahnen der selektiven Aufmerksamkeit für das Lernen so wichtig. Dank ihrer können wir uns neue Informationen mit größerer Zuverlässigkeit aneignen. Wenn die selektive Aufmerksamkeit uns hingegen nicht auf die äußere Welt ausrichtet, können wir unser Gedächtnis durchforsten, um entweder den Namen von jemanden hervorzukramen oder etwas in jener freieren Form wiederherzustellen, die wir Phantasie oder Tagtraum nennen.

Defekte in diesen Schaltkreisen scheinen die Grundlage für das Syndrom mangelnder Aufmerksamkeit und kleinerer Lernstörungen zu sein, wie man sie bei Kindern mit Konzentrationsstörungen beobachtet. Solche Störungen können gut auch jene Bahnen der selektiven Aufmerksamkeit betreffen, die den linken Thalamus passieren, welcher die Aufmerksamkeit auf verbale Informationen wie etwa Namen von Objekten konzentriert.

Größere Fehlfunktionen in diesen Bahnen sind wahrscheinlich auch teils für Autismus verantwortlich; bei Autisten ist die Aufmerksamkeit, die sie der äußeren Umgebung entgegenbringen, insgesamt eingeschränkt; besonders wenig beachten sie andere Anwesende und vielleicht auch verbale Mitteilungen. Zu dieser Einschränkung gesellt sich eine intensive Fokussierung der Aufmerksamkeit auf einen kleinen Ausschnitt der Umweltgegebenheiten, von der sie nur schwer abzubringen sind.

Welche Gehirnschaltkreise bei autistischen Kindern defekt sind, wissen wir nicht genau. Während ihr problematisches Sozialverhalten und ihr mangelnder Einfallsreichtum an Frontallappen-Patienten erinnert, hat man andererseits bei ihnen kleinere Störungen neuraler Bahnen sowohl im Thalamus wie im Sprachkortex entdeckt. Ihre Verhaltensweisen legen den Schluß nahe, daß bei ihnen die thalamusseitige Steuerung der selektiven Aufmerksamkeit wahrscheinlich nur sehr schlecht funktioniert; ein autistisches Kind scheint sich größtenteils nur an dem zu orientieren, was es sich bereits zuvor angeeignet hat, und seine Fähigkeit, aus der Umgebung Neues aufzunehmen, ist eingeschränkt. Es steckt fest.

Viele autistische Kinder sind auch geistig zurückgeblieben, aber nicht alle. Doch auch die klügeren unter ihnen haben Schwierigkeiten mit der Einbildungskraft – etwa im Spiel eine Puppe mit einem leeren Löffel zu füttern – und können nicht verstehen, daß andere Menschen unterschiedliche Ansichten und Überzeugungen haben. Es fällt ihnen schwer, sich ein mentales Modell vom geistigen Zustand eines anderen Menschen zu machen. Bewußte Irreführungen durchschauen sie nicht. Sie nehmen alles so wörtlich, daß Humor und Ironie ihnen nichts sagen. Sie können nicht zwischen den Zeilen lesen. Es mangelt ihnen an einer »Theorie des Geistes«, mittels derer sie andere verstehen könnten.

Autismus rührt manchmal von einer Hirnschädigung in jungen Lebensjahren her; manchmal scheinen die Ursachen eine genetische Komponente zu haben. Wenn von eineiigen Zwillingen einer autistisch ist, besteht eine hohe Wahrscheinlichkeit, daß der andere es ebenfalls sein wird; bei zweieiigen Zwillingen, deren Gene nicht identisch sind, ist die Wahrscheinlichkeit hingegen sehr gering.

»Ich wünschte, man hätte mir eine dieser Thalamus-Elektroden eingepflanzt, als ich Spanisch lernen mußte. Ich hätte sie dann jedes Mal einschalten können, wenn ich ein neues Wort lernen mußte, und es bis zur Prüfung besser behalten können.«

Ja, aber wenn der Stimulator zufällig während des Examens angeschaltet geblieben wäre, hättest du dich weiterhin auf die Fragen konzentriert und wärst nicht in der Lage gewesen, die Antworten aus deinem Gedächtnis hervorzuholen. Wir machen öfters Witze über Medizinstudenten, die wohl einen Thalamus-Stimulator brauchen, wenn sie Anatomie büffeln. Eines Tages aber werden wir vielleicht in der Lage sein, damit einer bestimmten Art von autistischen Kindern aus ihrer inneren Isolation herauszuhelfen.

»Dabei wird mir klar«, sagte Neil, während wir aufbrachen, »daß das alles keine Science-fiction ist. Alles, was die echte Wissenschaft entdeckt, scheint eine Fülle neuer Möglichkeiten zu eröffnen.«

Und meist in Form von Anwendungen, an die wir niemals gedacht hatten.

6.
Der Charakter des bescheidenen Neurons

Das Nervensystem besteht aus einer immensen Anzahl individueller Einheiten, den Neuronen, die völlig unabhängig sind und einfach nur in Kontakt zueinander stehen.

DER NEUROANATOM SANTIAGO RAMÓN Y CAJAL, 1909

Die »graue« Substanz des zerebralen Kortex ist nur ein dünner Belag oben auf der weißen Substanz. Doch innerhalb des rötlich-braunen Zuckergusses auf dem weißen Kuchen sind die Neuronen zu einem halben Dutzend verschiedener Schichten arrangiert. In diesem Fall also ist der Guß geschichtet, nicht der Kuchen.

Wie auf den Stockwerken einer Telefonzentrale steigen Drähte aus den Tiefen empor und durchdringen diese kortikalen Schichten. Und andere Drähte führen wieder zurück in die weiße Substanz hinunter. Oder zur Seite. Die Dendriten eines jeden Neurons reichen ebenfalls durch ein paar Schichten hindurch und verbinden es mit vielen verschiedenen Input-Quellen.

Jedes Neuron ist ein Knotenpunkt, an dem Tausende von Drähten zusammentreffen, wo eingehende Post bearbeitet und manchmal in ausgehende Post verwandelt wird. Jedes Neuron ist ein kleiner Computer, der Tausende von Einflüssen entlang seiner Dendriten (der baumähnlichen Verästelungen) summiert und gelegentlich eine Massensendung an Tausende von Empfängern mittels eines elektrischen Signals durch seinen langen, dünnen Ast, das Axon, ausschickt.

Ein paar dieser Verbindungen folgen einer bestimmten »eins nach dem anderen«-Logik. Die vierte Schicht erhält den größten Teils ihres Inputs vom Thalamus tief unten mitten im Gehirn, der sich darum kümmert, die Botschaften von den Sinnesorganen – Augen, Ohren, Haut, Muskeln – weiterzuleiten. Die kortikalen Neuronen der vierten Schicht empfangen diesen Input des Thalamus und schicken den größten Teils ihres Outputs an die zweite und die dritte Schicht des Kortex.

Einige Neuronen in der zweiten und dritten Schicht schicken Botschaften hinunter an die fünfte und sechste, und die sechste Schicht sendet welche durch die weiße Substanz hinunter zum Thalamus zurück. Die fünfte Schicht schickt Signale zu anderen tief und weit entfernt gelegenen neuralen Strukturen, manchmal sogar ans Rückenmark selbst. Bei einem einfachen Durchlauf käme also etwas in der vierten Schicht an, würde an die dritte hochgeschickt, wieder hinunter an die fünfte oder sechste und dann zurück aus dem Kortex hinaus an irgendeine »subkortikale« Struktur.

»Das ist ein einfaches Flußdiagramm«, sagte Neil und blickte von der Skizze auf seiner Serviette auf. Er war gerade mal wieder zu Besuch in der Klinik, nachdem er seine, wie er hoffte, allerletzten neuropsychologischen Tests hinter sich gebracht hatte. »Hast du inzwischen den gesamten Schaltplan ausgearbeitet?«

Nur ein kleines Stück davon.

»Es sieht so aus, als hätte die vierte Schicht die Aufgabe, die eingehende Post zu sortieren«.

Richtig. Und die Schichten tief unten sind auf die ausgehende Post spezialisiert. Die oberen Schichten produzieren eine Menge Hauspost

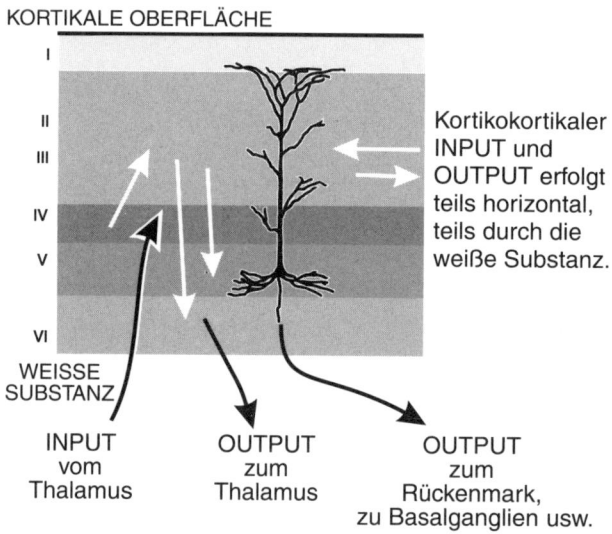

Ein- und Ausgangswege des zerebralen Kortex

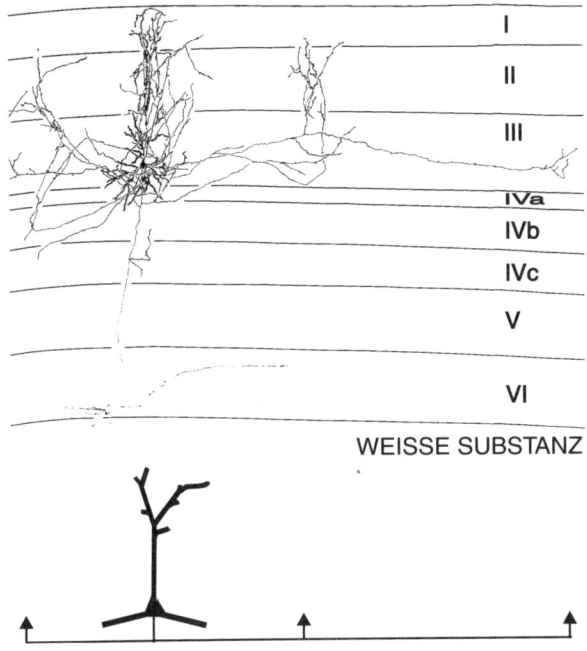

I
II
III
IVa
IVb
IVc
V
VI
WEISSE SUBSTANZ

Adaptiert nach McGuire et al., 1991

Axon-Ziele einer Pyramidenzelle der oberen kortikalen Schichten

und schicken oft Botschaften quer durch den Kortex – also horizontal durch das Organisationsdiagramm und nicht vertikal. Wir nennen das »kortikokortikal« – wobei manchmal eine Botschaft gerade nur rund einen Millimeter seitwärts geschickt wird, in anderen Fällen aber von der Vorder- bis zur Rückseite des Gehirns. Oder von der linken Hälfte zur rechten durch den dicksten aller Kabelbäume, das Corpus callosum.

Oft handelt es sich bei diesen Kortex-internen Botschaften um Massensendungen mit einer in gewisser Weise unergründlichen Logik, als würde die Post nur das jeweils erste Haus eines Straßenblocks beliefern und die anderen überspringen.

»Nun, das könnte man als selektive Massensendung bezeichnen.«

Und das passiert, wenn die Post ebenfalls aus dem ersten Haus eines Blocks stammt. Das dritte Haus eines Blocks sendet immer an das dritte Haus des nächsten und vielleicht noch an ein paar weiter entfernt gelegene – aber immer an das dritte Haus eines Blocks.

»Wie lang ist so ein Block?«

Ungefähr einen halben Millimeter, aber er ist natürlich nicht durch »Querstraßen« abgegrenzt, sondern nur durch die Lücken bei der Zustellung. Eine Botschaft kann auch eine Abkürzung »quer durch die Stadt« nehmen, indem sie tief in die weiße Substanz eintaucht und irgendwo in einem entfernteren Stück grauer Substanz wieder auftaucht. Die Massensendung eines durchschnittlichen kortikalen Neurons erreicht weniger als ein Prozent der Neuronen in einem Umkreis von einem Millimeter Radius.

Unter einem Quadratmillimeter kortikaler Oberfläche stecken alles in allem 148 000 Neuronen, rund fünfzehn Millionen also pro Quadratzentimeter. Oft sind sie zu kleinen Säulen oder »Kolumnen« von je rund einhundert Neuronen gebündelt. Manchmal sind diese wieder zu Makrolumnen von vielleicht dreihundert Minikolumnen mit dreißigtausend Neuronen organisiert.

»Für mich hört sich das nach einer Modulbauweise an«, sagte Neil, ganz Ingenieur. »Fast wie bei einem Wohnungsbauprojekt. Was machen die Grundmodule?«

Man sollte meinen, wir könnten anhand all dieser Information ein modulares Schaltdiagramm ausarbeiten, aber das ist erstaunlich schwierig. Im sensorischen Streifen findet sich beispielsweise eine Makrokolumne, die auf Hautempfindungen spezialisiert ist, die daneben liegende aber kümmert sich vielleicht um Meldungen von den Muskeln und Gelenken. Im visuellen Kortex kann sich eine Minikolumne auf Linien bestimmter Ausrichtungen spezialisieren, während die angrenzende

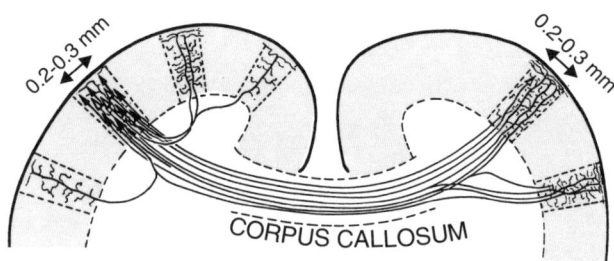

Modifiziert nach Szentagothal, 1978

Kortikokortikale Verbindungen sind in Säulen organisiert.

Minikolumne Spezialistin für andere Winkel ist. Die Makrokolumnen dort sind auch noch jeweils für das linke oder rechte Auge zuständig – zunächst hat man vielleicht eine Gruppe Minikolumnen, die sich um den Input vom linken Auge kümmert, während man nebenan auf eine andere Makrokolumne stößt, die für das zuständig ist, was vom rechten Auge kommt. Bei den meisten anderen kortikalen Bereichen wissen wir aber kaum etwas über die Kolumnenorganisation.

»Sehen die verschiedenen kortikalen Bereiche unter dem Mikroskop nicht unterschiedlich aus?«

Die Dicke des halben Dutzends Schichten variiert. Die kortikale Gesamtstärke bleibt aber über das gesamte Gehirn ziemlich gleich. Man stelle sich eine Stadt vor, in der die Maximalhöhe der Gebäude auf sechs Stockwerke begrenzt, die Höhe der einzelnen Stockwerke aber nicht überall gleich ist – das Erdgeschoß des einen Hauses ist vielleicht höher als die übrigen Stockwerke. In einem Stadtteil wurden, nehmen wir mal

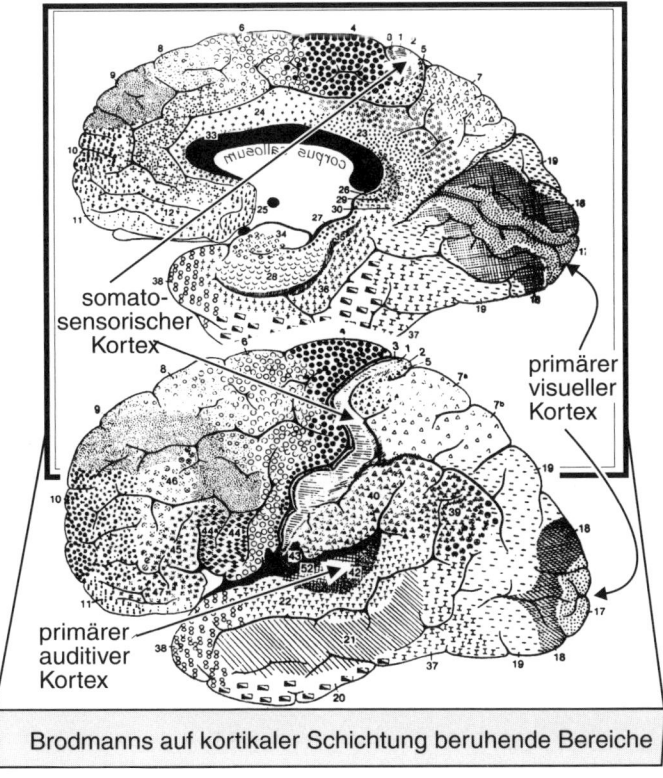

Brodmanns auf kortikaler Schichtung beruhende Bereiche

Braitenbergs Skelett-Diagramm des Kortex,

an, die Häuser so gebaut, daß der dritte Stock aus irgendeinem Grund extra hoch ist, während im vierten Stock die Decke so niedrig ist, daß man sich den Kopf anstößt. Auf diese Weise haben Neuroanatomen schon zu Beginn des zwanzigsten Jahrhunderts zweiundfünfzig kortikale Bereiche unterschieden, nämlich anhand der Neuronengröße und der relativen Stärke der Schichten, und die Bereiche durchnumeriert. Der Bereich 17 ist beispielsweise auch als primärer visueller Bereich bekannt.

Im motorischen Kortex, auch Bereich 4 genannt, ist die vierte Schicht nicht sonderlich entwickelt, weil dieser Bereich nicht viel Information vom Thalamus erhält. Doch hinten im primären visuellen Kortex ist die vierte Schicht am beeindruckendsten. Und zwar deswegen, weil hier so viel Input vom Auge (über eine Schaltstelle im Thalamus) ankommt, daß die vierte Schicht zahlreiche zusätzliche Neuronen aufweist und es auf eine Gesamtsumme von bis zu 357 000 Neuronen pro Quadratmillimeter bringt. Weil die zusätzlichen Neuronen so dicht gepackt sind und die Axonen vom Thalamus sich so deutlich voneinander abgrenzen, kann man in der vierten Schicht sogar ohne Mikroskop einen horizontalen Streifen ausmachen. Am Rande des Bereichs 17, dort wo er an Bereich 18 grenzt, hört der Streifen abrupt auf – aus diesem Grund war der primäre visuelle Kortex ursprünglich als »Streifenkortex« bekannt. Unglücklicherweise sind die Strukturen des Sprachkortex nicht so offensichtlich.

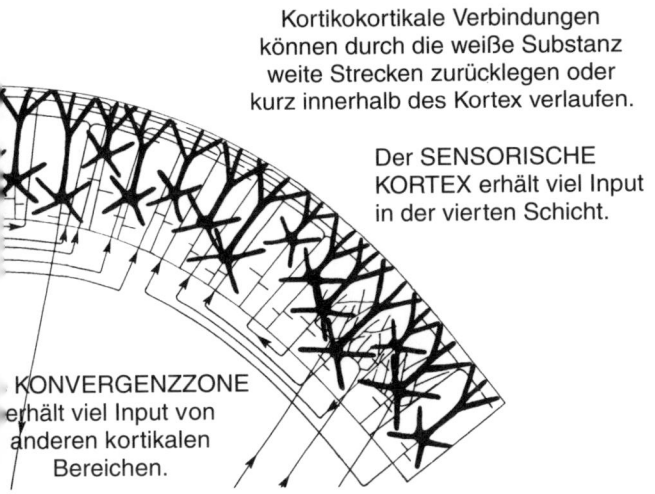

Kortikokortikale Verbindungen
können durch die weiße Substanz
weite Strecken zurücklegen oder
kurz innerhalb des Kortex verlaufen.

Der SENSORISCHE
KORTEX erhält viel Input
in der vierten Schicht.

KONVERGENZZONE
erhält viel Input von
anderen kortikalen
Bereichen.

...ausschließlich die Pyramidenzellen zeigt

Als Sigmund Freud zu seiner Zeit durchs Mikroskop schaute, glich die graue Substanz einem großen Spinnennetz sich kreuzender Axonen. Alles schien mit allem anderen verbunden. An einigen der Netzschnittpunkte saß anstelle einer gefangenen Fliege eine schwarze Ausbuchtung, die Zelle. Nirgendwo waren »Pfeile«, die darauf hätten schließen lassen, in welcher Richtung die Information floß. Freud fand das wahrscheinlich ziemlich frustrierend, und als schließlich bessere Visualisierungstechniken entwickelt wurden, hatte er sich schon einer anderen Betrachtungsweise des Gehirns zugewandt – der Psychoanalyse.

Mit Camillo Golgis Methode, immer ein paar Neuronen auf einmal mit Silber einzufärben, kamen Fridtjof Nansen und Santiago Ramón y Cajal unabhängig voneinander darauf, daß das Axon schließlich in einer Sackgasse unmittelbar vor einer anderen Zelle endete – tatsächlich war dort eine kleine Lücke, wie ein Niemandsland zwischen zwei unabhängig voneinander errichteten Grenzzäunen benachbarter Staaten.

Das war 1888. Rund zwölf Jahre später gab der Neurophysiologe Charles Sherrington dieser Stelle, wo zwei Zellen *beinahe* miteinander Kontakt hatten, einen Namen: Synapse. Die Synapse selbst konnte man sich aber im Detail erst 1953 ansehen, als es Elektronenmikroskope gab, die die beiden parallelen Grenzzäune zeigten. Die Synapse ist der Grenzübergang, wo der Axon-Output des einen Neurons zum Input des Dendriten oder des Zellkörpers eines anderen Neurons wird.

Informationen in Form von Chemikalien sind es, welche die Grenze überqueren. Es ist, als würde man ein Parfumfläschchen an dem einen Grenzzaun öffnen und die Duftmoleküle über das Niemandsland (den synaptischen Spalt) hinübertreiben lassen zum anderen Grenzzaun (die Zellmembran). Wenn das Parfum auf der anderen Seite ankommt, wird es von speziellen Rezeptormolekülen »erschnüffelt«, die in die Zellmembran eingebettet sind.

Bei den »Duftmolekülen« handelt es sich um Neurotransmitter. Es

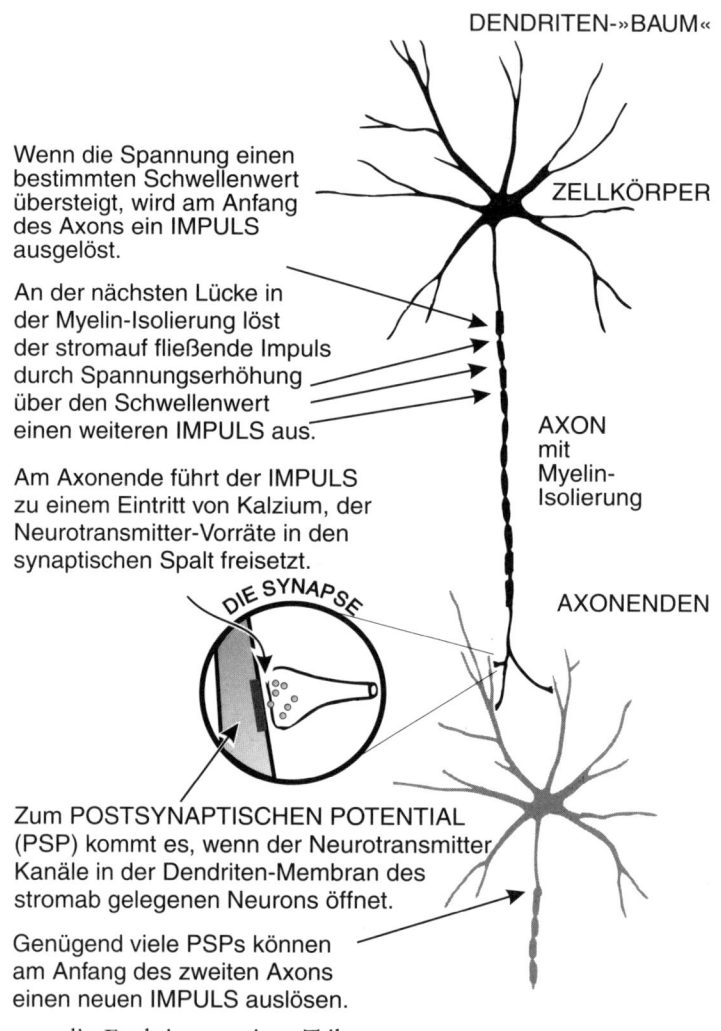

DENDRITEN-»BAUM«

Wenn die Spannung einen bestimmten Schwellenwert übersteigt, wird am Anfang des Axons ein IMPULS ausgelöst.

ZELLKÖRPER

An der nächsten Lücke in der Myelin-Isolierung löst der stromauf fließende Impuls durch Spannungserhöhung über den Schwellenwert einen weiteren IMPULS aus.

Am Axonende führt der IMPULS zu einem Eintritt von Kalzium, der Neurotransmitter-Vorräte in den synaptischen Spalt freisetzt.

AXON
mit
Myelin-
Isolierung

DIE SYNAPSE

AXONENDEN

Zum POSTSYNAPTISCHEN POTENTIAL (PSP) kommt es, wenn der Neurotransmitter Kanäle in der Dendriten-Membran des stromab gelegenen Neurons öffnet.

Genügend viele PSPs können am Anfang des zweiten Axons einen neuen IMPULS auslösen.

Das Neuron: die Funktionen seiner Teile

gibt Dutzende von Arten wie etwa Norepi und Dopamin. Auch Glutamat ist einer von ihnen und im zerebralen Kortex weit verbreitet.

Einige Arten von Neurotransmittern werden in erheblicher Entfernung von ihren Zielneuronen freigesetzt und diffundieren durch die ganze Umgebung, Kochdüften nicht unähnlich. Sie verändern ganz allgemein die Erregbarkeit der Zielneuronen. Das nennt man »Volumenübertragung«.

»Klingt nach Hormonen.«

Hormone sind eine Langstreckenversion dieses Prinzips. Ein Hormon wird an einer weit abgelegenen Stelle, beispielsweise der Niere, freige-

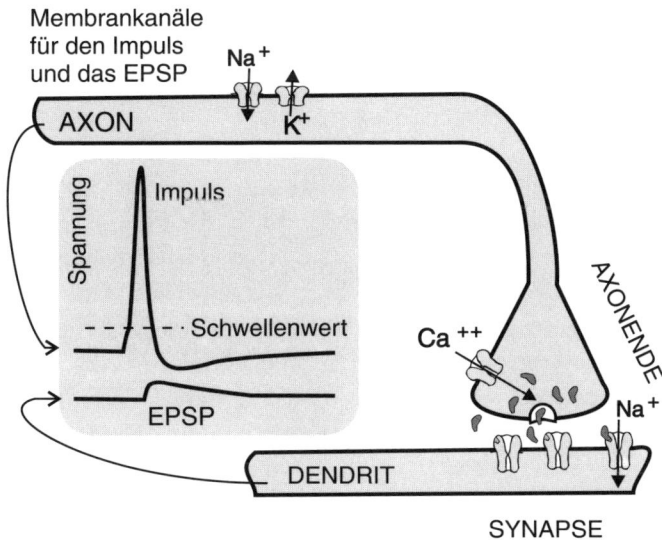

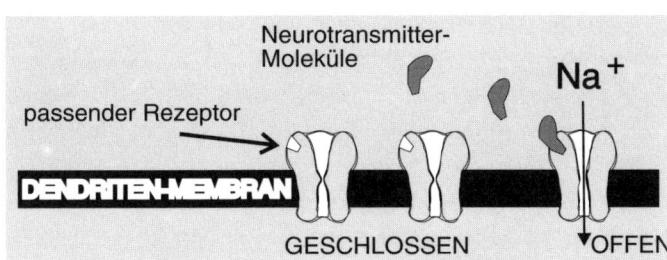

Am Axonende freigesetzte Neurotransmitter binden sich an Rezeptorstellen der halbdurchlässigen Proteinmembran.

Der Kanal öffnet sich, wenn der Rezeptor besetzt wird, und läßt Natrium eindringen, das die innere Spannung steigert (EPSP).

setzt und vom Blutstrom zu den Zielzellen etwa in einem Muskel transportiert. Das andere Extrem desselben Prinzips findet man an der Synapse, wo der Neurotransmitter so dicht an seiner Zielzelle freigesetzt wird, daß er sie nicht verfehlen kann – aber nur wenig Gelegenheit hat, weiter zu diffundieren und sich auf andere Neuronen auszuwirken. Und zwischen den Extremen liegt die Variante, bei der die Moleküle eine ganze Nachbargemeinde von Zielneuronen erreichen.

»Eine Art Stärkungsmittel? Sie dringen in jene Nachbarneuronen ein, wo sie den Lautstärkeregler aufdrehen?«

Mit Sicherheit verändern sie die Eigenschaften eines Neurons dahingehend, daß es seine Impulsausbrüche leichter produziert. Doch in der Regel dringt der Neurotransmitter natürlich nicht in das »flußabwärts« gelegene Neuron ein. Er kitzelt nur die Rezeptoren an seiner Oberfläche.

»Er wird nicht absorbiert? Was passiert dann mit dem Neurotransmitter?«

Er wird wiederverwendet, das meiste davon wandert in die präsynaptische Seite des Grenzzauns zurück. Viele Medikamente und Drogen stören dieses Recycling, bei dem die Transmitter wieder in die Zelle zurückwandern, die sie freigesetzt hat. Wir sprechen dann von »Blockierung«; es gleicht aber eher einer Verlangsamung, keinem Streik der Müllabfuhr, sondern nur einem »Dienst nach Vorschrift«-Bummelstreik. Kokain zum Beispiel blockiert – neben anderen Auswirkungen – das Recycling an jenen Synapsen, die Dopamin als Neurotransmitter verwenden. Die gebräuchlichen Antidepressiva blockieren das Recycling an Synapsen, die Serotonin benutzen. Seit langem weiß man, daß viele Insektizide das Recycling der Acetylcholin-Synapsen unterbinden.

»Welcher Sinn liegt darin, das Recycling zu verlangsamen?«

Der Neurotransmitter kann sich dann länger herumtreiben und so die flußabwärts gelegene Zelle zum Narren halten. Wird das Recycling blockiert, glaubt die postsynaptische Zelle in der Regel, daß weiter flußauf zusätzlich Neurotransmitter freigesetzt worden seien – was gewöhnlich dann geschieht, wenn eine besonders dringliche Botschaft von der präsynaptischen Station losgeschickt wird. Geschieht aber zu viel des Guten (wie im Fall der Insektizide), ist die Synapse natürlich vielleicht nicht mehr in der Lage, die Ankunft der nachfolgenden Signale weiterzuleiten, weil die postsynaptischen Rezeptoren wie ein verklemmter Klingelknopf nicht wieder in ihre Ausgangsstellung zurückkehren können.

Der Informationsfluß folgt in der Regel nur einer Richtung, nämlich vom stromaufgelegenen »präsynaptischen« Neuron zum flußabgelegenen »postsynaptischen«: Nur eine Seite kann die Parfumwolken freisetzen, und nur die andere hat die entsprechenden Rezeptormoleküle. Und das definiert das eine Ende des Axons als Output, das andere als die Stelle, wo Input zumindest die Chance hat, einen Einfluß auszuüben. Neuronen haben zwar keine Pfeile aufgemalt, ihrer Wirkung nach aber sind sie Einbahnstraßen für diesen schnellen Informationsstrom. Zu Zeiten Freuds wußte das natürlich niemand – das neurale Netz schien eine einzige große Spinnwebe zu sein, in der es kein flußauf und flußab und keine Sortierung nach In- und Output gab.

»Laß uns mal schauen, ob ich das richtig verstanden hab'. Irgend etwas setzt ein Päckchen Neurotransmitter-Moleküle im Niemandsland zwischen den Zellen frei. Ein paar werden recycelt, und ein paar kitzeln die Rezeptoren auf der postsynaptischen Seite – und dann werden auch sie recycelt.« Neil dachte einen Moment nach. »Das hört sich an, als würden die Neuronen nach einem Zuckerbrot-oder-Peitsche-Prinzip arbeiten, bei dem sie sich harmonierender oder konträrer Parfums bedienen?«

Nur auf sehr indirekte Weise. Einige recht langsame Reaktionen von Neuronen sind in der Tat chemischer Natur, kommt es aber auf Schnelligkeit an, wie beim Sprechen von Sätzen oder beim raschen körperlichen Reagieren, erfolgt die Berechnung größtenteils elektrisch. Das Zuckerbrot ist eine positive elektrische Ladung, die Peitsche eine negative. Der Parfumwolken-Prozeß an der Synapse ist bloß ein Mittelsmann.

Doch dieser Mittelsmann ist sehr anpassungsfähig; man hält ihn für die Grundlage des Lernens und des Gedächtnisses. Diese Wandlungsfähigkeit kann man nur verstehen, wenn man sich die elektrischen Verhältnisse in einem Neuron anschaut, die für die Berechnungen zuständig sind und die synaptische Stärke regulieren – wieviel elektrischen Effekt also eine Synapse produzieren kann. Und wenn man untersucht, wie eine Botschaft von dem einen Ende des Axons zum anderen transportiert wird.

Elektrizität ist der Träger der Information, nur nicht an der Synapse selbst. Das Ereignis, das in der Regel den Neurotransmitter wie ein Wölkchen aus einem Parfumzerstäuber freisetzt, ist die Ankunft eines elektrischen Ladungswölkchens. Obwohl zwischen Minimum und Maximum nur ein Zehntel Volt liegt, ist solch ein Impuls die größte Spannungsveränderung, die sich im Gehirn beobachten läßt. Wie eine Welle setzt sie sich vom Input-Ende des Axons bis zum Output-Ende fort – ausgenommen bei isolierten Axonen, wo sie zwischen den einzelnen Lücken in der Myelin-Isolierung zu springen scheint.

»Das elektrische Signal pflanzt sich also nicht, wie in Drähten, ohne zeitliche Verzögerung fort?«

Nein, eher so, als würde eine Reihe von Sicherungen durchbrennen. Die Geschwindigkeiten variieren je nach Axon in einem Bereich, der etwa dem Unterschied zwischen einem ganz langsam kriechenden Verkehrsstau bei den kleinsten unisolierten Axonen und dem Tempo der allerschnellsten Züge bei den größten isolierten Axonen entspricht. Am Ort des Geschehens hält der Impuls selbst nur rund eine Millisekunde vor (eine Tausendstelsekunde ist die kürzeste Zeit, die der Verschluß eines gutes Fotoapparats offen bleiben kann), aber das ist lang genug, um die Freisetzung eines vorher geschnürten Bündels von Neurotransmittern auszulösen, das in den synaptischen Spalt entleert wird.

Was auf der anderen Seite der Synapse passiert, ist in den meisten Fällen auch elektrischer Natur. Der Neurotransmitter hängt sich an das Rezeptormolekül, und gemeinsam können sie eine Pore in der Zellmembran öffnen. Dann fließt eine kurze Zeitlang ein elektrischer Strom in das postsynaptische Neuron (oder aus ihm heraus), wodurch sich ein sogenanntes postsynaptisches Potential aufbaut. All das kann sich viele Male pro Sekunde wiederholen, je nach dem, wie schnell die Impulse ankommen.

»Halt! Was hat den Impuls ausgelöst?«

Die postsynaptischen Potentiale streifen durch die Dendriten, um am Anfang des Axons, nahe des Zellkörpers, die Spannung über einen Schwellenwert zu heben. Es handelt sich um ein instabiles Gleichgewicht, wie am Druckpunkt eines Gewehrabzugs.

»Ich habe noch nicht begriffen, wo die Elektrizität herkommt.«

Die Nahrung, die man in sich aufnimmt, dient unter anderem dazu, Batterien aufzuladen. Jede Zelle im Körper hat solche Batterien, die dadurch entstehen, daß die Zellmembran bestimmte Salze aus der Zelle hinauswirft und andere hereinholt, die im Inneren der Zelle gehortet werden. All das braucht Energie. Üblicherweise werden Natrium-Ionen hinausgeworfen und Kalium-Ionen gehortet. Das ergibt die Batterie. Bei allen interessanten Ereignissen, etwa Impulsen, fließt elektrischer Strom, der solchen Batterien entstammt.

Wenn der Natrium-Nachschub in das Neuron hinein kleiner ist als die Abgabe von Kalium, stellt sich die Spannung einfach auf das Ruhepotential ein. Stell dir einen Heiß-und-kalt-Wasserhahn vor, der etwas eigenwillig ist: Wann immer man das heiße Wasser weiter aufdreht, dreht er von sich aus das kalte Wasser noch mehr auf, so daß der Wasserstrahl immer dieselbe lauwarme Temperatur hat. Doch nimm' mal an, diese Mischbatterie ist gleichzeitig so gebaut, daß in dem Moment, da die Temperatur einen bestimmten Schwellenwert überschreitet, das heiße Wasser viel stärker als das kalte zu fließen beginnt, so daß man einen Schwall heißen Wassers abbekommt, ehe irgendein Ausgleichsmechanismus das Ganze wieder abkühlt. Der Schwellenwert ist ein instabiles Gleichgewicht: Übersteigt die Spannung nur ein klein bißchen den Schwellenwert, gibt es kein Halten mehr.

»Ich kenn' ein paar Hotels, die solche Duschen haben.«

Deren Wasserhähne sind nicht diabolisch, bloß verkalkt. Ein Schwall von Natrium-Ionen, der in das Neuron eindringt, löst den Impuls aus. Übersteigt die einströmende Natriummenge die Kaliumreaktionen, steigt die Spannung – und je mehr Natrium hineinkommt, desto weiter steigt sie. Es ist ein Teufelskreis. Am Spitzenwert des Impulses kommt das Ganze zum Stillstand, wenn der Kalium-Zufluß schließlich genügend zugenommen hat, so daß Kalium- und Natriumfluß sich gegenseitig aufheben.

»Aber was beendet den Impuls? Warum bleibt die Spannung nicht einfach bestehen?«

Weil die Natrium-Poren dazu neigen, bei höheren Spannungen sich selbst langsam zu schließen. Die Kalium-Poren machen das nicht, also gewinnen sie letzten Endes die Überhand.

Diese Poren (normalerweise nennen wir sie Kanäle) sind mithin je nach lokaler Spannung offen oder geschlossen. Sie unterscheiden sich ziemlich von den für die Neurotransmitter empfänglichen Poren, welche die synaptischen Potentiale produzieren und den *anfänglichen* Impulsanstieg bewirken. Erst danach übernehmen die spannungsabhängigen Poren die Aufgabe, den Rest des Impulses aufzubauen.

»Warum setzt sich der Impuls so langsam entlang des Axons fort?«

Das ist so wie seinerzeit beim Pony Express, wo die Post immer an den nächsten Reiter weitergegeben wurde; der Impuls muß an der nächsten Station neu aufgebaut werden, an der nächsten dann wieder und so weiter.

»Aha! Die Domino-Theorie steht noch in voller Blüte – wenigstens in der Neurophysiologie!«

Genau so ist es. In der fettigen Isolierung, die das Axon umgibt, gibt es im Abstand von etwa einem Millimeter Lücken – die sogenannten Ranvier-Schnürringe –, und der Impuls scheint von einer Lücke zur nächsten zu springen. Das braucht seine Zeit; bei einigen Axonen dauert es länger als bei anderen, genau wie jeder einzelne Dominostein Zeit zum Umfallen braucht.

Lange Axone können Tausende solcher Dominosteine haben. Den ganzen Weg hinunter bis zu der Stelle, wo das Axon sich verzweigt, wird der Impuls wiederholt. Dann setzt er sich in beiden Ästen fort und so weiter, bis er schließlich die präsynaptische Spannung an tausend verschiedenen Synapsen verändert. Deshalb ist die Analogie der Massensendung so passend: Dieselbe Botschaft – sagen wir, ein Impulspaar – wird an alle Empfänger gleichzeitig verschickt.

»Was hält aber den Impuls davon ab, entlang des Axons zurückzuspringen? Ich könnte ja auch eine Einbahnstraße verkehrt herum fahren, wenn mich nichts daran hindert.«

Ganz so einfach ist es nicht. Natürlich muß der Impuls irgendwo seinen Anfang nehmen – und normalerweise ist die einzige Stelle, wo Impulse entstehen, der Anfang des Axons nahe der Input-Synapse des jeweiligen Neurons. Wird genügend Druck gemacht, können Impulse jedoch überall entstehen. Sie können zum Beispiel in der Mitte der Axonen ausgelöst werden, die sich um die Rückseite des Ellbogens herumziehen. Manchmal braucht es dazu gar keinen großen Anlaß, etwa bei Menschen mit Knieverletzungen, deren verrutschter Meniskus die Beinnerven schädigt.

»Noch einmal zu deiner Rasensprenger-Metapher – haben diese Impulse, die am Ende des Axons anfangen, etwas mit der Ausbreitung eines mittleren Anfalls zu einem großen zu tun?«

Das ist keine schlechte Idee und könnte auch der Grund für Muskelkrämpfe sein. Weil die anatomischen Zusammenhänge von motorischen Neuronen und Muskeln einfacher sind, schauen wir uns besser zunächst diese an. Jedes Mal wenn ein motorisches Neuron hinten im Rückenmark einen Impuls abfeuert, greifen die Muskelfasern diesen Impuls auf und zucken dadurch zusammen (die Synapse zwischen Axon und Mus-

kel ist so stark, daß sie immer einen Impuls in der Muskelzelle auslöst).
Bei einigen Muskeln zwischen Hüfte und Bein verzweigen sich die Axone
der motorischen Neuronen so reichlich, daß sie mit mehreren hundert
Muskelzellen verbunden sind. Ein Impuls im Axon des motorischen Neu-
rons läßt also viele Muskelzellen zugleich zucken. Und eine Folge von
Zuckungen baut eine ständige Muskelanspannung auf.

Nun nehmen wir einmal an, daß ein Impuls in einem der vielen Axonenden ausgelöst wird – wozu es normalerweise nicht kommen würde.
Doch eine kleine Veränderung der Umgebungsbedingungen um die End-
verzweigung des Axons herum könnte das bewirken; vielleicht gelangt
aufgrund mangelnder Durchblutung zu wenig Sauerstoff dorthin. Also
saust der Impuls los und jagt in verkehrter Richtung die Einbahnstraße
zum Rückenmark zurück.

»Das wird das arme Rückenmark ziemlich durcheinanderbringen.«

Vermutlich nicht sehr. Das Problem ist, daß dieser Impuls in verkehrter
Richtung eine Muskelkontraktion in all jenen anderen Hunderten von
Muskelfasern auslöst. Jedesmal wenn der hinaufjagende Impuls eine Verzweigung passiert, die zu einer anderen Muskelfaser führt, wird ein
Impuls ausgelöst, der diese Verzweigung hinunterjagt und ein Zucken bewirkt. Folglich kommt es in einem Teil des gesamten Muskels zu einer
kleinen Kontraktion.

Ein gelegentliches, vereinzeltes Zucken ist vielleicht irritierend, aber
kein großes Problem. Sollte jedoch die Anomalie an der Stelle, wo der
Impuls entstand, anhalten und wiederholt Impulse auslösen, ist die Wirkung dieselbe, als würde das motorische Neuron hinten im Rückenmark
eine ganze Serie von Impulsen auf dem üblichen Weg das Axon hinunterschicken. Dann kommt es zu einer beträchtlichen Kontraktion.

»Und so bekomme ich einen Krampf, der nicht aufhört«, sagte Neil,
»der völlig außer Kontrolle ist, jedenfalls von *mir* nicht kontrolliert werden kann.«

Richtig. Außer den Muskel zu massieren oder ihn durch Beugung
anderer Muskeln zu strecken, gibt es nichts, was man tun könnte. Das
Gehirn hat einfach keine Verbindungen zu der Stelle, die die Schwierigkeiten bereitet, und damit keine Möglichkeit, dieses fehlgesteuerte Sperrfeuer unterbinden zu können. Willentlich ist daran nichts zu ändern,
weil die Impulse gar nicht vom Gehirn oder vom Rückenmark ausgehen.

»Und das passiert, wenn einer meiner mittleren Anfälle sich plötzlich
zu einem ausgewachsenen *Grand mal* generalisiert?«

So stellen wir uns das vor. Die Neuronen im Gehirn haben Axonen mit zahlreichen Verzweigungen in ganz unterschiedliche Richtungen. Führen Millieuveränderungen an einer Stelle – Anfälle können zum Beispiel eine große Menge Kalium aus Neuronen herauspumpen – dazu, daß ein falscher Impuls erzeugt wird, kann dieser sich rückwärts fortpflanzen und an jeder Verzweigung, die er passiert, Impulse auslösen, welche die Axon-Zweige vorwärts hinunterrasen. Kommt es ähnlich wie kurz vor einem Muskelkrampf zu einem regelrechten Sperrfeuer von falschen Impulsen, zeigen sich in weiten Bereichen des Gehirns erhebliche Auswirkungen – in beiden Seiten, Armen und Beinen. Und praktisch simultan.

»Passiert das nur bei den Axonen des Systems für selektive Aufmerksamkeit?«

Nein, wahrscheinlich geschieht das mit vielen der Axonen, die einen Bereich mit einem mittleren Anfall kreuzen. Ein typisches kortikales Neuron hat ein Axon mit vielleicht zehntausend Seitenverzweigungen. Ein Neuron im Aufmerksamkeits- oder im Weck-System des Hirnstamms hat aber viel mehr Verzweigungen als der Durchschnitt – vielleicht eine Million – und kann so das Unheil viel effizienter vergrößern.

»Du sagtest, antikonvulsive Medikamente würden helfen, diese Ausbreitung zu stoppen?«

Entweder das, oder die Medikamente machen die entfernteren Stellen resistenter dagegen, einen eigenen Anfall zu produzieren, wenn das nach hinten losgehende Sperrfeuer sie erreicht – etwa indem sie die Vorräte an inhibitorischen Neurotransmittern aufstocken, so daß sie nicht so schnell zur Neige gehen, wenn solch ein Sperrfeuer eindringt. In einem normalen Kortex braucht es eine Menge verkehrter Impulse, um einen Anfall auszulösen. Genau wie bei der elektrischen Stimulation eines Anfallsgeschehens kann nur eine größere Menge synchronisierten Inputs – der eine Zeitlang ständig wiederholt wird – einen kortikalen Bereich in einen Anfall treiben.

Eingriffe in das Neurotransmitter-Geschehen sind eine eher klassische Methode, den Informationsfluß innerhalb des Gehirns zu beeinflussen. Lokalanästhetika können die Impulswiederholung im mittleren Axon blockieren. Muskellähmende Wirkstoffe führen zu Störungen in der Synapse zwischen Nerv und Muskel. Bestimmte Mittel wie etwa Curare verstopfen die Rezeptoren, die über die postsynaptischen Poren wachen, so daß das Acetylcholin sich nicht anbinden kann. Andere Stoffe verhindern die Erholung nach einer Impulserregung und stören so die Replikation nachfolgender Impulse.

Darüber hinaus können die Ionen, die durch die geöffneten Poren in das postsynaptische Neuron eindringen, mehr bewirken, als nur die interne Spannung zu verändern. Das Kalzium zum Beispiel, das an einigen Synapsen eindringt, kann eine Vielzahl von Regulierungsprozessen innerhalb des Neurons beeinflussen.

»Es spielt sozusagen eine Doppelrolle?«

Zusätzlich zu der Spannungsveränderung, die es durch die Zellmembran hindurch bewirkt, sendet es eine zweite Botschaft aus. Bei einigen synaptischen Aktionen spielen die Membranporen oder die Spannungsveränderungen überhaupt keine Rolle. Statt dessen bindet sich der Neurotransmitter an ein Rezeptormolekül an der Außenseite der Zellmembran. Dieses G-Protein bewirkt dann, daß sich eine energiereiche chemische Verbindung im Inneren des Neurons spaltet, was eine ganze Reihe chemischer Reaktionen in Bewegung setzt – bei einigen werden sogar Botschaften an den Zellkern geschickt, die dort die Proteinproduktion beeinflussen. Diese Prozesse laufen viel langsamer ab; manchmal ergeben sich daraus Spannungsveränderungen, manchmal aber werden andere Prozesse nur moduliert, ganz ähnlich wie man mit den Pedalen eines Klaviers den Klang moduliert, der über die Tasten erzeugt wird.

Mit den kalziumblockierenden kardiovaskulären Medikamenten versucht man, diese internen Effekte zu beeinflussen. Während bei einigen die Wirkung rasch eintritt, kann es bei antipsychotischen und antidepressiven Mitteln Wochen dauern.

»Und einige antikonvulsive Medikamente, vermute ich, brauchen ebenfalls lang, bis sie wirken.«

Ja. Doch die sekundären Botschaften sind nicht die einzigen, die sich so viel Zeit lassen. Viele synaptische Veränderungen betreffen nicht das postsynaptische Neuron, vielmehr bewirken sie, daß die Menge des zur Stimulation zur Verfügung stehenden Neurotransmitters sich erhöht.

»Etwa wenn das Recycling blockiert wird?«

Genau. Viele Antidepressiva verlangsamen einfach die Wiederaufnahme des Neurotransmitters in das präsynaptische Axonende.

Exzitation und Inhibition: Erregung und Unterdrückung haben eine Menge Nebenbedeutungen, selbst für Freudianer, für einen Neurophysiologen aber liegt ihre Bedeutung ziemlich dicht an Addition und Subtraktion. Allerdings subtrahiert das Neuron nicht ein Molekül eines inhibitorischen Neurotransmitters von zwei Molekülen eines exzitatorischen Neurotransmitters. Das Neuron vermeidet es, »Äpfel mit Birnen zu vergleichen«, indem es die positiven und negativen elektrischen Ströme addiert, welche die Neurotransmitter produzieren.

»Aha! In den Neuronen wird also eine Stromrechnung aufgemacht?«

Anstelle von Kilowattstunden werden hier die synaptischen Ströme in Nanoampere gemessen. Bei unserer Mischbatterie-Analogie entspräche das der Temperatur der austretenden Wassermischung: Die exzitatorischen Synapsen drehen das »heiße Wasser« auf und die inhibitorischen das »kalte«. Im allgemeinen zeigt der tausendfache Output eines Neurons an allen Enden dieselbe postsynaptische Wirkung, und daher sprechen wir oft auch von inhibitorischen und exzitatorischen Neuronen.

»Sehen sie unterschiedlich aus?«

Oftmals ja, wenigstens im zerebralen Kortex. Dort kann man leicht die meisten exzitatorischen Neuronen daran erkennen, daß sie eine große »Pfahlwurzel« haben, die zur Oberfläche emporwächst und auch apikaler Dendrit genannt wird. Vertikal steigt er aus dem Zellkörper empor (welcher manchmal dreieckig ist, weshalb die ganze Klasse der Pfahlwurzel-Neuronen auch den Namen »Pyramidenzellen« bekommen hat). Und eigenartigerweise können sich die apikalen Dendriten eines Dutzend Neuronens zu Bündeln verbinden. An seiner Unterseite hat der Zellkörper einige basale Dendriten, die ihn wie eine Halskrause umgeben.

Unten tritt das Axon aus dem Zellkörper und taucht in die weiße Substanz ein, um irgendwo weit entfernt seine Botschaften abzuliefern. Aber das Axon hat auch eine Reihe von Seitenzweigen, die in der Nähe enden. Sie stellen im größten Teil des Kortex die meisten kortikalen Synapsen. Die Axonenden der Pyramidenzellen setzen mit großer Wahrscheinlichkeit exzitatorische Neurotransmitter wie Glutamat oder Aspartat frei.

Die stromabwärts gelegenen Neuronen haben Rezeptoren, die Poren für Natrium-Ionen öffnen und so eine Spannung produzieren können, die als das exzitatorische postsynaptische Potential bekannt ist. Man kann die Temperatur des Badewassers aber auch dadurch erhöhen, daß

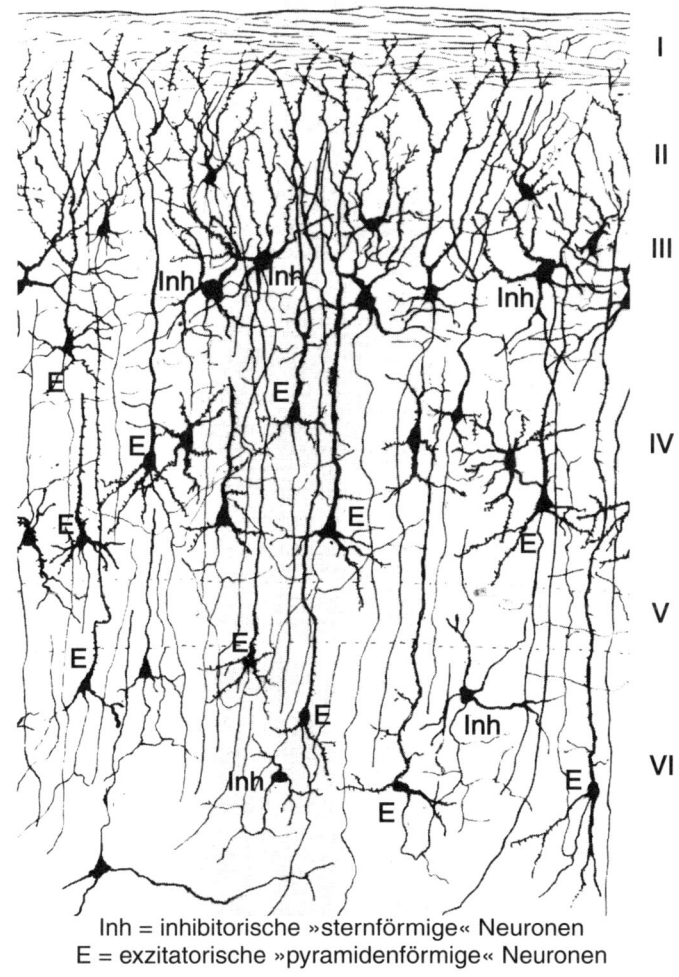

Inh = inhibitorische »sternförmige« Neuronen
E = exzitatorische »pyramidenförmige« Neuronen

Nach Cajal, 1888

Der visuelle Kortex der Ratte

man das kalte Wasser zurückdreht, und das ist die Wirkungsweise der Serotonin-Synapsen an den Hirnstamm-Axonen im Kortex: Sie reduzieren den Kalium-Ruhestrom.

»Also sind auch sie exzitatorisch. Was ist mit den inhibitorischen Neuronen?«

Bei den kortikalen Neuronen ohne eine solche »Pfahlwurzel« handelt es sich in der Regel um inhibitorische Zellen. Sie setzen meist γ-Aminobuttersäure (GABA, von englisch *Gamma-aminobutyric acid*) als Neurotransmitter an ihren Axonenden frei. Inhibitorisch ist an ihnen die *post*synaptische Wirkung ihrer Neurotransmitter.

»Die Kaltwasserbehandlung, vermute ich.«

Was die inhibitorischen Synapsen tun, wirkt den exzitatorischen Synapsen an anderen Stellen des dendritischen Baums und des Zellkörpers entgegen. In der Regel funktioniert das so, daß die Poren keine Natrium-Ionen hineinlassen, sondern meist Kalium- oder Chlor-Ionen. Und so produzieren sie ein inhibitorisches postsynaptisches Potential, um das die exzitatorischen Potentiale vermindert werden. Ungefähr vierzig Prozent des Potential-Inputs eines Neurons sind im Durchschnitt inhibitorisch. Das ganze ist also ein großer Balanceakt. Die Aktivität der exzitatorischen Synapsen läuft darauf hinaus, die Spannung über einen Schwellenwert hinaus zu erhöhen, so daß ein Impuls das Axon hinunter »gefeuert« wird. Für sich allein sind sie jedoch nur selten stark genug dafür; wahrscheinlich tragen sie jeweils nur einen kleinen Prozentsatz

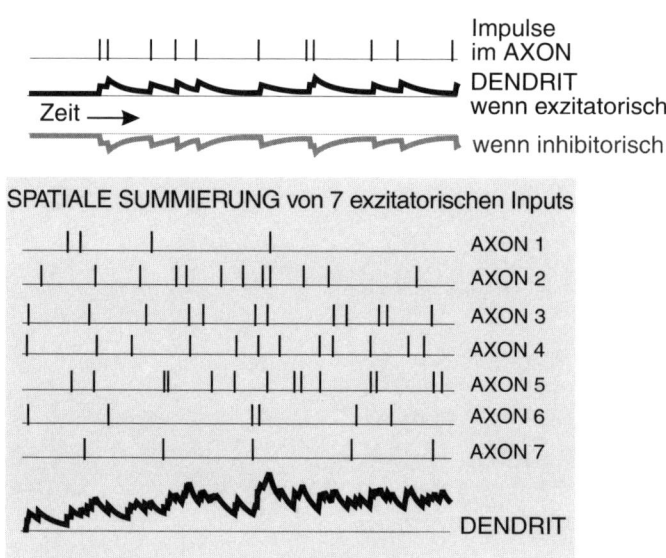

Modifiziert nach Calvin, 1980

Temporale Summierung

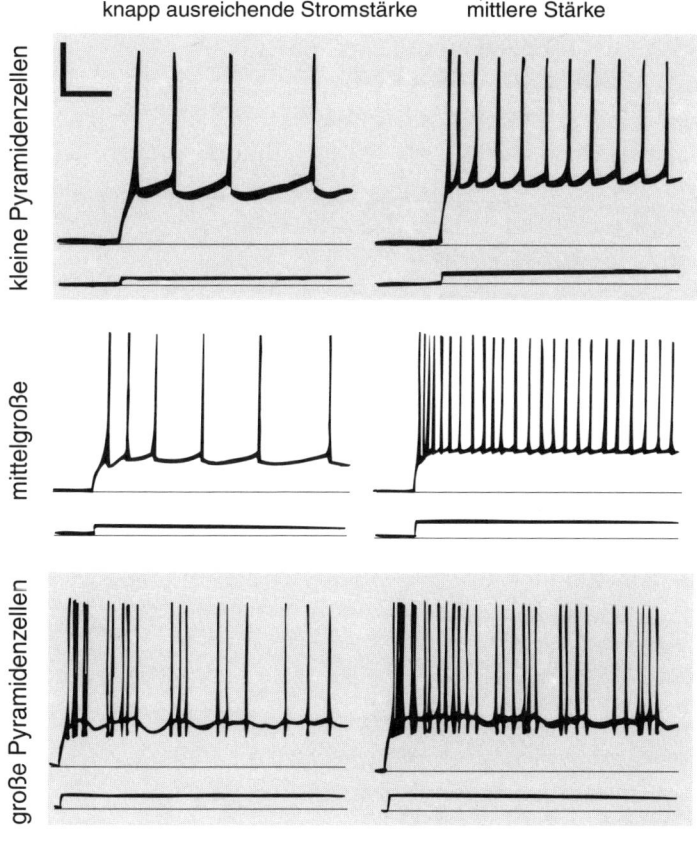

knapp ausreichende Stromstärke   mittlere Stärke

kleine Pyramidenzellen

mittelgroße

große Pyramidenzellen

Werte nach Calvin und Sypert, 1976

Reaktionen von Neuronen im motorischen Kortex auf Dauerströme

der Gesamtspannung bei, die für das Auslösen eines Impulses nötig ist.

»Mit Ausnahme der Muskel-Synapsen. Das Gehirn scheint doch etwas trickreicher zu sein. Ist es auch variantenreicher?«

Es ist beinahe so, als hätten verschiedene Neuronen verschiedene Charaktereigenschaften. Einige sind Spezialisten für rasche Veränderungen – gleichbleibende Bedingungen ignorieren sie. Andere sind das genaue Gegenteil. Wie sich herausgestellt hat, ist das bei Dyslexie von einiger

Bedeutung. Weil man sich Dichotomien so leicht merken kann, werden Neuronen oft in schnelle und langsame, zappelige und stetige, bewegungssensitive und statische, großzellige und kleinzellige eingeteilt. Doch dazwischen gibt es noch viel mehr unterschiedliche Typen, einfach weil es über ein Dutzend Arten von Poren gibt, die sich in die Neuronen öffnen; die jeweilige Mischung dieser Porenarten (die genetisch bedingt ist, aber auch medikamentös und durch Erfahrungen beeinflußt werden kann) bestimmt den Charakter des Neurons, gerade wie sich aus der Mischung verschiedener Whiskeys der typische Geschmack einer Marke ergibt.

Kortikale Neuronen sind manchmal recht still – George sieht oft Neuronen im menschlichen Temporallappen, die in einem Rhythmus von weniger als einmal pro Sekunde reagieren. Wenn Neuronen aktiv werden, brauchen sie mehr Sauerstoff und Glucose, und sie haben auch Mittel und Wege, eine bessere Blutversorgung anzufordern. Diesen vermehrten Blutfluß können wir dann mit den PET- und FMRI-Techniken messen, und so können wir auf schönen bunten Bildern dem Gehirn bei der Arbeit zusehen.

Die Menge der freigesetzten Neurotransmitter kann zwischen den Tausenden von Output-Synapsen verschieden sein. Die synaptische »Stärke« kann aber auch dadurch variiert werden, daß die Anzahl der postsynaptischen Rezeptoren für den Neurotransmitter verändert wird. Oder der Recycling-Kreislauf des Neurotransmitters wird verlangsamt beziehungsweise beschleunigt.

Aus diesen und anderen Gründen haben die in den vielen postsynaptischen Neuronen produzierten synaptischen Potentiale nicht alle dieselbe Stärke. Die Synapse ist zwar nur ein recht ineffizienter chemischer Mittelsmann zwischen ansonsten sehr effizienten elektrischen Prozessen, aber dieser Mittelsmann ist sehr wandlungsfähig. Ohne diese Anpassungsfähigkeit wären unsere neuralen Schaltkreise so starr und rigide wie die der Unterhaltungselektronik. Die Möglichkeit, diese »synaptischen Stärken« zu verändern, ist die unabdingbare Grundlage für Lernen und Gedächtnis.

Kurz gesagt, die synaptische Stärke verändert sich während des Gebrauchs. Manchmal nimmt die Stärke synaptischer Potentiale ab, und wir sprechen dann von synaptischer Depression.

»Depression?«

Nicht im psychiatrischen Sinn des Worts, sondern im physiologischen, der damit nichts zu tun hat. Und wenn ein Impuls rasch auf einen anderen folgt, können vom zweiten Impuls *mehr* Neurotransmitter freigesetzt werden als vom ersten – dann spricht man von erhöhter synaptischer Durchlässigkeit. Nach einem Impulsausbruch kann ungefähr eine Minute lang jeder weitere Impuls mehr als die üblichen Mengen von Neurotransmittern freisetzen. Dies bezeichnen wir als posttetanische Potenzierung oder, bei noch größeren Zeiträumen, als Langzeitpotenzierung – was auch schon so kompliziert ist, daß wir es lieber »LTP« abkürzen (von englisch *long-term potentiation*).

»Die Synapsen sind also das, was verändert werden kann. Können wir jetzt darüber sprechen, wie Lernen und Gedächtnis funktionieren?«

Welch eine Ungeduld! Nun gut, ein rascher Überblick: Vorübergehende Veränderungen der synaptischen Stärke – bessere Durchlässigkeit oder synaptische Depression – sind die Basis unserer flüchtigen, kurzzeitigen Gedächtnisinhalte. Und das Kurzzeitgedächtnis kann wiederum die Grundlage dafür bieten, daß langfristig stabile Erinnerungen aufgebaut werden. Wenn man etwas aus dem Kurzzeitgedächtnis verliert, wird es niemals in dauerhafter Form behalten werden können.

»Warum das?«

Vermutlich weil einige kurzfristige Veränderungen das Rüstmaterial für permanente Veränderungen darstellen – als würde eine Schalung mit Beton ausgegossen. Die LTP ist dafür ein interessanter Kandidat – man beobachtet sie nur in bestimmten, anpassungsfähigen Teilen des Nervensystems. Dazu zählen die oberen Schichten des zerebralen Kortex, die all den internen Schriftverkehr regeln. Und die LTP ist eine der Ursachen, die Synapsen größer und stärker werden lassen, so daß die Gehirnstruktur sich langfristig verändert. Die Gedanken verdrahten das Gehirn neu, so daß es morgen ein anderes Gehirn ist, als es heute war.

7.
Das Was und Wo des Gedächtnisses

Die Sonne schien in den Innenhof, als ich in der folgenden Woche dort Neil traf, der über das Gedächtnis nachdachte. Die Frage, ob operiert werden sollte, war noch nicht entschieden, und Neil wurde ungeduldig. Er hatte sich den Sommer über freigenommen, um seine Epilepsie behandeln zu lassen und gleichzeitig ein paar Bücher über das Gehirn durchzuarbeiten. Doch nun war der Sommer schon halb vorüber, und noch immer war kein Termin für eine Operation festgesetzt worden. Ich wußte, daß George sogar einige Vorbehalte hatte, ob man überhaupt operieren sollte.

»George ist bei solchen Temporallappen-Operationen bestimmt sehr um das Gedächtnis besorgt«, sagte Neil. »Ich glaube, der Hauptgrund für den Wada-Test war, mein Gedächtnis zu überprüfen; sicherzustellen, daß meine Sprache nicht auf der linken Seite sitzt, war gar nicht die entscheidende Frage.«

So sehe ich das auch.

»Und obwohl ich den Wada-Test ›bestanden‹ habe, scheint George sich immer noch wegen des Gedächtnisses Sorgen zu machen. Was war dann überhaupt so wichtig daran, den Wada-Test zu bestehen?«

Wir gehen heute davon aus, daß man für das Kurzzeitgedächtnis wenigstens einen funktionierenden Temporallappen braucht.

»Ich habe aber zwei.«

Darum geht es. Mit dem Wada-Test will man vorübergehend denselben Effekt erreichen, als würde ein Temporallappen entfernt – in diesem Fall der linke –, indem kurz die entsprechende Seite des Gehirns anästhesiert wird. Wenn man zwei *funktionierende* Temporallappen hat, dürfte es keine größeren Probleme verursachen, wenn einer davon entfernt wird. Was aber, wenn dein rechter Temporallappen – von uns allen unbemerkt – so schwer geschädigt wäre, daß er das Gedächtnis nicht unterstützen könnte? Dann würden sowohl die epileptischen Anfälle wie das Gedächtnis im selben Temporallappen angesiedelt sein – dem linken –, und dessen

Entfernung würde zu erheblichen Gedächtnisverlusten führen. Dann würde man besser nicht operieren.

Wenn dein Gedächtnis während der kurzen Zeitspanne, da die linke Seite des Gehirns durch das Betäubungsmittel lahmgelegt ist, funktioniert – und so war es ja –, wird das vermutlich auch nach der Operation so sein. Insbesondere dann trifft das zu, wenn dein Gedächtnis schlecht arbeitet, während die rechte Seite in gleicher Weise inaktiviert ist. Das würde darauf hinweisen, daß die rechte Seite für den größten Teil deiner Gedächtnisleistung verantwortlich ist.

»Wie hat man das herausgefunden?«

Mit dem Wada-Test begann man in den fünfziger Jahren zu arbeiten, nachdem am Montreal Neurological Institute ein paar aufschlußreiche Fälle untersucht worden waren, vor allem von Brenda Milner und Wilder Penfield. Vor dieser Zeit hatte niemand den Temporallappen im Zusammenhang mit dem Gedächtnis große Aufmerksamkeit geschenkt, obwohl es schon um 1900 entsprechende Vermutungen gegeben hatte. Einer von Brenda Milners Fällen ist unter den Initialen des Patienten, H.M., recht berühmt geworden.

Bei H.M. waren wegen epileptischer Anfälle und psychiatrischer Symptome Teile der Innenseiten beider Temporallappen entfernt worden. Unmittelbar darauf zeigten sich bei ihm ernsthafte Gedächtnisstörungen, die bis zum heutigen Tag anhalten. H.M.s allgemeine Intelligenz ist ziemlich gut – sein IQ-Wert lag nach der Operation ein bißchen höher als vorher. Seine Probleme beschränkten sich fast ausschließlich darauf, daß er sich an bestimmte Dinge nicht mehr erinnern konnte. Der Neurochirurg, der ihn operiert hatte, schickte ihn zu Milner, welcher die Art und Weise des Gedächtnisverlusts untersuchte. Die Ergebnisse wurden rasch veröffentlicht, und man sorgte für eine weite Verbreitung, damit niemand mehr beide Temporallappen zugleich chirurgisch entfernen würde.

Der andere Dreh- und Angelpunkt war ein Fall, der noch mehr mit dem zu tun hatte, was man mit dem Wada-Test untersucht. Einer von Penfields Patienten schien nur am linken Temporallappen eine Schädigung aufzuweisen, aber nachdem man ihn wegen epileptischer Anfälle entfernt hatte, litt der Patient an erheblichen Gedächtnisverlusten. Auch er wirkte nach der Operation ansonsten völlig in Ordnung, nahm seine Arbeit wieder auf, mußte sich jedoch alles und jedes aufschreiben, weil er sich an nichts mehr erinnern konnte. Penfield und Milner vermuteten, daß sein anderer Temporallappen in einer Weise geschädigt war, wie man sie mit den damals zur Verfügung stehenden Tests noch nicht feststellen konnte. Als jener Patient Jahre später an einem Herzanfall starb, ergab eine Untersuchung seines Gehirns, daß der ihm nach der Operation verbliebene Rest des Hippocampus tatsächlich eine ältere Schädigung aufwies; der Hippocampus ist eines der Gebilde an der Innenseite des Temporallappens, und viele sind heute der Ansicht, daß er für das Gedächtnis von entscheidender Bedeutung ist.

»Hat denn H.M. sämtliche Erinnerungen verloren? Es scheint doch eine ganze Reihe verschiedener Gedächtnistypen zu geben. Und jeder Fachautor scheint das Gedächtnis in anderer Weise zu unterteilen und eigene Begriffe für die Benennung der verschiedenen Typen zu verwenden. Das fand ich wirklich verwirrend!«

Willkommen in unserer Mitte. Immer wenn irgend jemand die Gedächtnisleistung mit neuem Material testet oder das Material auf andere Weise präsentiert oder zwischen Präsentation und und Abfrage der Erinnerung andere Zwischenschritte einschiebt, wird der Liste gleich ein neuer Begriff zugefügt. Was H.M. aber kann und was er nicht kann, läßt uns wirklich einige besonders nützliche Unterteilungen des Gedächtnisses erkennen.

Wie gesagt, waren bei H.M. innere Teile beider Temporallappen entfernt worden, wozu auch die vorderen beiden Drittel des Hippocampus auf beiden Seiten gehörten. H.M. weiß, wer er ist, wo er zur Schule ging, wo er in den Jahren vor seiner Operation lebte. Diese Art von Erinnerungen ist also intakt.

»Das ist das Langzeitgedächtnis?«

Das ist eine ganz gute Bezeichnung für diese Art von Gedächtnisleistungen. Es handelt sich um einen sehr robusten Typ von Gedächtnis, was bedeutet, daß vorübergehende Störungen der Gehirnfunktionen ihm nicht viel anhaben können. Wenn man nach einer schweren Gehirnverletzung das Bewußtsein wiedererlangt, sind sie noch da, genauso wenn die Versorgung des Gehirns mit Sauerstoff und Nährstoffen eine Zeitlang unterbrochen war oder wenn Anfälle die elektrische Aktivität des Gehirns gestört haben. Und auch wenn die Innenseiten beider Temporallappen entfernt worden sind, sind diese Erinnerungen noch erhalten.

»Also werden sie nicht im Temporallappen gespeichert – wenigstens nicht ausschließlich. Es hört sich schon so an, als seien diese Erinnerungen irgendwie einzementiert – nur irgendwo anders.«

Wir nennen das Konsolidierung. Die Inhalte des Langzeitgedächtnisses werden wahrscheinlich durch bestimmte strukturelle Veränderungen an Neuronen, etwa der Synapsengröße, fixiert. H.M. erinnert sich jedoch nicht an alles, was vor seiner Operation war. Viele Gedächtnisinhalte aus den letzten Jahren davor sind ihm verlorengegangen, und seit der Operation scheint er nicht mehr viele neue gebildet zu haben.

»Also muß der Temporallappen unter anderem dafür zuständig sein, neue permanente Gedächtnisinhalte zu schaffen, und das braucht offensichtlich seine Zeit – zwischen ein paar Tagen und Jahren.«

Als groben Näherungswert kann man das so stehen lassen, aber nichts am Gedächtnis funktioniert derartig einfach.

»Das ist der rote Faden unserer Gespräche,« gluckste Neil. »Nichts am Gehirn ist jemals simpel, bloß daß du mir dauernd erzählst, daß beim Gedächtnis alles noch viel schwieriger wird.«

Nimm zum Beispiel Ablenkungen. Eltern scheinen instinktiv zu wissen, wie man Kinder ablenken kann, wenn etwas Unangenehmes geschieht, wie man es erreicht, daß sie sich morgen wahrscheinlich nicht mehr daran erinnern. Ablenkung wirkt sich ganz erheblich darauf aus, wie gut Gedächtnisinhalte gespeichert werden. H.M. kann sich immer noch Dinge merken, wenn er all seine Aufmerksamkeit darauf konzentriert. Gibt man ihm eine Folge von sechs oder sieben Zahlen, die er sich merken soll, und stört man ihn unterdessen nicht, kann er sogar noch nach fünfzehn Minuten die Zahlen wieder aufsagen.

Hierbei scheint es sich also um einen anderen Gedächtnistyp zu handeln, der nach Verlust beider Temporallappen intakt bleibt. Man nennt ihn oft das »unmittelbare« oder »Arbeitsgedächtnis«.

»Kommt mir wie ein Spezialgedächtnis für Telefonnummern vor. Ich kann sie mir lang genug merken, um sie zu wählen – solange mich niemand in der Zwischenzeit irgend etwas anderes fragt.«

H.M. kann sich die Zahlen merken, solange man ihn nicht ablenkt; bittet man ihn jedoch, einen Moment lang etwas anderes zu tun, verschwindet die Erinnerung an die Zahlen. Bei H.M. versagt also ein »post-distraktionales Kurzzeitgedächtnis«. Das heißt, seine mangelnde Gedächtnisleistung wird nur offenbar, wenn etwas über eine Ablenkung hinweg gespeichert werden soll; kann die Erinnerung kontinuierlich aufrechterhalten werden, zeigen sich keine Beeinträchtigungen.

»Das erklärt, warum die Gedächtnisübungen, die ich während des Wada-Tests machen mußte, so und nicht anders aufgebaut waren. Ich benannte ein Objekt, dann las ich einen Satz, und wenn der Neuropsychologe dann rief ›Was war es?‹, mußte ich ihm den Namen des Objekts nennen, das ich mir gemerkt hatte, während ich den Satz las.«

Der Satz dient als Distraktion, als Ablenkung, bei diesen Tests des post-distraktionalen Kurzzeitgedächtnisses.

»Schlau ausgedacht. Ich vermute, mit dem Test sollte festgestellt werden, daß es mir nicht gehen würde wie H.M. und ich mein weiteres Leben als Versuchsobjekt für neuropsychologische Gedächtnistests verbringen würde. Kann das Versagen des post-distraktionalen Gedächtnisses auch andere Ursachen haben als einen Funktionsverlust in beiden Temporallappen?«

Natürlich. Vor allem bei Gehirnerschütterungen. Bei Football-Spielern, die auf dem Spielfeld eine leichte Gehirnerschütterung erleiden, zeigt sich ebenfalls dieser Unterschied zwischen einem unmittelbaren und einem post-distraktionalen Gedächtnis. Wenn sie auf dem Spielfeld liegen und auch noch, wenn man sie vom Platz trägt, können sie meist dem Mannschaftsarzt den Spielstand zum Zeitpunkt der Verletzung korrekt angeben.

Also sollte man meinen, daß ihr Gedächtnis funktioniert. Doch nur ein paar Minuten später hat der Spieler alle Erinnerung an diese Ereignisse verloren. Sowohl unmittelbare wie Kurzzeit-Erinnerungen sind ziemlich labil und können durch Einflüsse wie eine Gehirnerschütterung leicht durcheinander gebracht werden. Oder durch eine Unterbrechung der Sauerstoffversorgung des Gehirns oder durch irgend etwas anderes, das ähnlich wie ein epileptischer Anfall die momentane elektrische Gehirnaktivität stört. Das post-distraktionale Kurzzeitgedächtnis scheint aber am labilsten und am leichtesten zu stören zu sein; es ist auch dasjenige, welches mit dem Älterwerden zu schwinden scheint.

»Kommt es also zu zwei unterschiedlichen Gedächtnis-Defekten, wenn beide Temporallappen nicht arbeiten? Zu einem im post-distraktionalen Gedächtnis und zu einem anderen bei der Speicherung neuer Langzeiterinnerungen?«

Vermutlich nicht. Nur zu dem einen im post-distraktionalen Kurzzeitgedächtnis. Es sieht so aus, als müßten neue Langzeiterinnerungen zunächst das post-distraktionale Kurzzeitgedächtnis überdauern. Es gibt keinen Umweg ins Langzeitgedächtnis, nur den einen Zugang durch das Kurzzeitgedächtnis. Mithin sind H.M.s Störungen des Kurzzeitgedächtnisses auch für das Fehlen von Langzeiterinnerungen verantwortlich.

Es gibt auch Menschen, die für eine kurze Zeitspanne dieselben Symptome wie H.M. zeigen. Sie können sich nicht daran erinnern, was in den vergangenen ein oder zwei Stunden passiert ist: Sie wissen, wer sie sind, sie wissen wahrscheinlich, wo sie sind – aber sie wissen nicht, was sie dort tun wollten oder wie sie dorthin gekommen sind. Sie sind verwirrt, aber ihr Denkvermögen an sich ist unbeeinträchtigt, mit Ausnahme der Fähigkeit, sich zu erinnern, was unmittelbar vorher geschehen ist. Dessen ungeachtet können sie erzählen, was sie am Abend vorher getan haben oder über Lokalpolitik diskutieren. Später am Tag kommen die Dinge wieder ins Lot, und mit Ausnahme einer zurückbleibenden Erinnerungslücke von ungefähr einer Stunde sind diese Leute wieder völlig normal. Wir sprechen dann von einer zeitlich begrenzten globalen Amnesie. Außer beruhigendem Zuspruch ist keinerlei Behandlung nötig – und vielen dieser Menschen widerfährt dasselbe nicht ein zweites Mal.

»Ein kleiner Schlaganfall?« fragte Neil.

Wahrscheinlich nicht. Derzeit neigen wir eher zu der Ansicht, daß es sich um eine Art Migräne mit stark verminderter Durchblutung handelt – nur daß sie an einer eher unüblichen Stelle auftritt, den Innenseiten beider Temporallappen. Folglich kann das Kurzzeitgedächtnis nicht mehr richtig arbeiten, bis die normale Durchblutung schließlich wiedereinsetzt.

»Bis jetzt wenigstens scheint das Gedächtnis doch wesentlich einfacher zu funktionieren, als du mich glauben lassen wolltest«, sagte Neil. »Das erinnert doch stark an meinen Computer. Es gibt einen Puffer, der als das unmittelbare Gedächtnis arbeitet, etwa wie mein Eingabepuffer für die Tastatur. Der Arbeitsspeicher meines Computers (RAM) funktioniert wie dein post-distraktionales Gedächtnis; seine Inhalte werden immer wieder mit neuen Informationen überschrieben. Und schließlich gibt es noch die Festplatte; wenn Informationen erst einmal durch den Puffer und den Arbeitsspeicher hindurch bis auf die Festplatte gelangen und dort gespeichert werden, bleiben die Aufzeichnungen erhalten, auch wenn die anderen Systeme versagen.«

»Obwohl«, sagte Neil amüsiert, »ich nicht viel von einem Computer hielte, der Jahre bräuchte, um Information aus dem Arbeitsspeicher auf die Festplatte zu bekommen. Aber was ist denn daran so kompliziert?«

Als man in den fünfziger Jahren H.M. das erste Mal untersuchte, schien die Klassifizierung der Gedächtnistypen noch eine einfache Sache zu sein. Später fand man heraus, daß H.M. bestimmte Arten von neuen Informationen, die er sich nach seiner Operation angeeignet hatte, dennoch erinnern konnte.

Man brachte ihm bei, etwas zu zeichnen, während er seine Hand und das Papier nur durch einen Spiegel sehen konnte. Er lernte, ein Labyrinth abzumalen. Obwohl er solche perzeptuell-motorischen Übungsaufgaben nicht ganz so gut wie normale Leute bewältigte, verbesserten sich seine Leistungen doch deutlich; von Tag zu Tag bewältigte er die Aufgabenstellung schneller. Wenn man ihn jedoch fragte, ob man diese Fertigkeit schon früher einmal mit ihm geübt hätte, verneinte er dies natürlich. An die Übungsstunden erinnert er sich größtenteils nicht, obwohl er den Testapparat selbst zu erkennen scheint; seine neuerworbenen Fähigkeiten sind ihm auch nicht wieder verlorengegangen, die Aufgabenstellung, die einst so schwierig war, kann er noch immer rasch bewältigen. Also ist sein post-distraktionales Gedächtnis für bestimmte Arten von Information wie etwa motorische Fähigkeiten intakt. Für andere Arten, beispielsweise die speziellen Ereignisse des gestrigen oder heutigen Tages, ist es gestört.

Das Gedächtnis für die motorischen Fähigkeiten wird oft auch als prozeduales Gedächtnis bezeichnet. Und es gibt noch andere Typen des »unbewußten« Gedächtnisses. Bestimmte Gedächtnisleistungen hängen zum Beispiel von Informationen ab, die unmittelbar vorher gegeben werden. Dieses sogenannte »Priming« funktioniert bei H.M. ebenfalls. Also ist bei ihm mehr intakt als nur das prozedurale Gedächtnis – sein unbewußtes, »implizites« Gedächtnis ist nicht beeinträchtigt. Verlorengegangen ist ihm das Erinnerungsvermögen an die Tagesereignisse, das man manchmal als deklaratives oder explizites Gedächtnis bezeichnet.

»Ein eigener Arbeitsspeicher für jeden Typ von Gedächtnis...«, sagte Neil. »Das macht meinen Computer schon etwas komplizierter. Ich wünschte, man würde sich wenigstens auf einen einheitlichen Namen für jeden Gedächtnistyp einigen.«

Tut mir leid, auf dem Gebiet des menschlichen Gedächtnisses gibt es noch keine Industriestandards, nur immer wieder neue Unterteilungen. Das explizite Gedächtnis scheint wieder zwei Unterabteilungen zu haben: Das *semantische* Gedächtnis für allgemeine Prinzipien, Fakten und Assoziationen – das Vokabular der Sprache zum Beispiel. Und das *episodische* für einzigartige, persönlich erlebte Ereignisse. H.M. hat mit beiden Probleme – beispielsweise hat er seit seiner Operation kaum neue

Worte gelernt. Andere Patienten mit Temporallappen-Schäden scheinen hingegen viel mehr Probleme mit »episodischen« Gedächtnisinhalten zu haben als mit semantischen.

Als Brenda Milner Patienten zu untersuchen begann, denen der Temporallappen nur auf einer Seite entfernt worden war, stellte sie bei ihren Tests subtile Gedächtnisstörungen fest: Wie diese Störungen aussahen, hing dabei davon ab, ob die Patienten links oder rechts operiert worden waren. Die linksseitigen Gedächtnisstörungen betrafen überwiegend Worte und Begriffe, während sich bei rechtsseitig operierten Patienten Probleme mit bestimmten Arten von räumlicher Information zeigten.

»Jene verrückten, wirren Figuren, die ich mir merken sollte?« fragte Neil.

Ich glaube, man stellt jene Figuren her, indem man einen Haufen Kleiderbügel auf dem Fußboden fotografiert, ihn dann gründlich durcheinanderbringt und wieder fotografiert. Personen mit teilweise entferntem rechten Temporallappen fällt es schwerer zu entscheiden, ob ihnen dieses Bild schon einmal gezeigt wurde. Doch solche rechtsseitigen Gedächtnisstörungen betreffen nur bestimmte Typen raumlicher Information, nicht alle. Und natürlich beobachtet man die Störungen nur nach einer vorherigen Ablenkungsphase.

»Bei all diesen Beispielen scheint die Erinnerung entweder da zu sein oder zu fehlen. Dabei scheine ich doch eine Menge ungenauer oder unscharfer Erinnerungen zu haben, Halberinnerungen sozusagen. Gibt es dafür Tests?«

Solche Dinge gehörten mit zu den ersten Phänomenen, welche die Gedächtnispsychologen erforschten. Im neunzehnten Jahrhundert lernte der deutsche Psychologe Hermann Ebbinghaus eine Liste von »Worten« auswendig, die aus Kombinationen von drei Konsonanten bestanden, aber keinerlei Sinn machten. Einige Zeit später testete er sich selbst und stellte fest, daß er zwar nur wenige der Drei-Buchstaben-Kombinationen behalten hatte, die Liste aber viel schneller als beim ersten Mal wieder auswendiglernen konnte. Das legte den Schluß nahe, daß irgend etwas davon in seinem Kopf verblieben war, obwohl er sich nicht mehr daran erinnern konnte.

»Genauso habe ich vor ein paar Jahren, als wir unser Südamerika-Geschäft aufbauten, wieder ziemlich schnell Spanisch gelernt. Ehe ich mit dem Unterricht anfing, konnte ich mich an keinerlei spanische Worte mehr erinnern – obwohl ich in der ersten Klasse spanisch gesprochen hatte, denn ich hatte eine Menge spanischer Schulkameraden. Mein Kursleiter sagte, es sei ganz normal, daß Leute wie ich eine Sprache schnell wiedererlernten. Also war etwas von meinem Spanisch die ganze Zeit da gewesen, ich konnte es mir nur bis zu meinem Auffrischungskurs nicht mehr zunutze machen.«

Was man »bewußt« erinnert, kann nur die Spitze eines Eisbergs sein. Es gibt noch ganz andere unbewußte Gedächtnis-Effekte. Eine Erinnerung kann zum Beispiel eine andere unterdrücken. Versucht man etwa, sich an die neue Telefonnummer eines bestimmten Menschen zu erinnern, und die alte Telefonnummer drängt sich laufend dazwischen, sprechen wir von proaktiver Inhibition. Um retroaktive Inhibition handelt es sich, wenn einem ständig die neue Telefonnummer einfällt, während man sich an die alte zu erinnern versucht.

»So geht es mir«, bemerkte dazu Neil, »wenn ich eine Person am anderen Ende des Raumes erblicke und zu mir sage, das ist Jane Doe. Und dann merke ich, daß es in Wirklichkeit gar nicht Jane Doe ist, sondern eine andere Frau, die ich kenne, aber mir fällt der Name Betty Smith nicht ein, weil Jane Does Name mir immer wieder in die Quere kommt.«

Bis dann, vielleicht eine halbe Stunde später, Jane Does Name so weit verblaßt ist, daß einem plötzlich und ganz ungewollt der richtige Name einfällt.

»Genau. Bei all diesem Hin und Her finde ich es erstaunlich, wie man sich überhaupt mit einiger Zuverlässigkeit an etwas erinnern kann.«

Unsere Erinnerungen sind nicht so verläßlich, wie wir glauben. Ganz besonders trifft dies auf das episodische Gedächtnis zu, eine besondere Kategorie, die eine Reihe von Erinnerungselementen miteinander verknüpft.

Jeder glaubt, man könne sich besonders gut an Ereignisse erinnern – etwa die Ermordung Kennedys –, die sich wie eine Momentaufnahme dem Gedächtnis eingebrannt haben. Aber so ist es nicht. Am Morgen nach der Explosion der Raumfähre *Challenger* im Jahr 1986 bat der Psychologe Ulric Neisser seine Studenten in der Einführungsvorlesung, einen Fragebogen auszufüllen. Sie wurden gefragt, wo sie waren, als sie von dem Unglück hörten, was sie zu diesem Zeitpunkt taten, wer bei ihnen war und wer ihnen zuerst davon erzählte. Nachdem er die Fragebögen drei Jahre lang weggesperrt hatte, nahm er wieder Kontakt zu diesen Studenten auf, die jetzt vor dem Abschluß ihres Studiums standen. Er ließ sie noch einmal dieselben Fragen beantworten – und bat zusätzlich um Auskunft, wie sicher sie sich jetzt ihrer Anworten seien.

Mindestens ein Viertel der Studenten lag in allen wichtigen Hauptpunkten völlig daneben. Nur jeder zehnte erinnerte sich an die Ereignisse genauso gut wie am Morgen unmittelbar danach.

»Und das waren diejenigen, welche sich ihrer Erinnerungen ziemlich sicher waren?«

Unglücklicherweise ist noch nicht einmal das Gefühl, daß man richtig liegt, sehr zuverlässig. Die Studenten, die bei sämtlichen Hauptpunkten Fehler machten, waren sich der Genauigkeit ihrer Erinnerungen tendenziell genauso sicher wie die anderen. Es verwirrte sie ziemlich, als man ihnen den ursprünglichen Fragebogen vorlegte – in ihrer eigenen Handschrift.

Sich sequentielle episodische Erinnerungen korrekt ins Gedächtnis zu rufen, scheint am schwersten zu fallen. Wir müssen uns nicht nur an eine bestimmte Menge von Elementen erinnern, beispielsweise an das Wo, Was und Mit-Wem der Nachricht von der Shuttle-Explosion, sondern auch an die richtige Reihenfolge der Elemente.

In einigen Fällen, etwa beim gestrigen Mittagessen, hilft uns ein mentales Skript: ein drehbuchartiges »Mittagessen-Formular«, das wir nur noch ausfüllen müssen. Für ein Mittagessen sind zunächst drei unverzichtbare Angaben zu machen: *Wo, wann* und *was* – und dabei kann es sich um ziemlich standardisierte Angaben handeln. Darüber hinaus aber sind weitere Eintragungen für die üblichen zusätzlichen Elemente möglich: *mit wem, Gesprächsthema* und so weiter. Andere Episoden bieten solche Gedächtnisbrücken nicht, und in vielen Fällen gibt es kein Standard-Skript, etwa für ein Gespräch, das man irgendwann im Lauf des Vormittags geführt hat.

Sowohl im normalen Leben wie nach einer Hirnverletzung besteht der häufigste Fehler darin, daß man die Reihenfolge der Elemente ein bißchen durcheinanderbringt. Wir können vielleicht akkurat berichten, wer auf einer bestimmten Konferenz was sagte, aber solange wir uns keine Notizen gemacht haben, gerät die Reihenfolge der Redebeiträge vielleicht durcheinander.

»Aussagen von Augenzeugen bei Verkehrsunfällen sollen besonders unzuverlässig sein«, bemerkte Neil.

Ja, aber dafür gibt es noch einen weiteren Grund. Episodische Erinnerungen sind, wie sich herausgestellt hat, nachträglich besonders leicht zu verändern und keineswegs so permanent wie eine Videoaufnahme. Zu diesem Thema haben Psychologen eine Menge Experimente durchgeführt, meist mit Studenten als Versuchspersonen. Elizabeth Loftus und ihre Kollegen haben zum Beispiel einen Verkehrsunfall inszeniert und auf Video aufgezeichnet – eine ganz simple Szene, in der ein Auto langsam um eine Ecke biegt und einen Fußgänger anfährt. Im Bild waren noch mehrere andere Autos und Fußgänger zu sehen. Auch stand da ein Stoppschild. Die Wissenschaftler führen dieses Videoband der jeweiligen Versuchsperson vor und stellen anschließend ein paar Fragen.

Während der folgenden Woche werden der Versuchsperson dieselben Fragen zu dem Video wieder gestellt. Wieviele Fahrzeuge, wieviele Menschen und so weiter. Es werden aber auch ein paar irreführende Fragen eingebaut, die nebenbei einen Bezug zu einem nichtexistierenden Vorfahrt-achten-Schild herstellen, etwa: »Passierte ein anderes Auto den roten Datsun, während er am Vorfahrt-achten-Schild hielt?« Wenn man die Versuchsperson das nächste Mal fragt, was sie ursprünglich gesehen hat, tendieren die Antworten zu einem Vorfahrt-achten-Schild – obwohl es in Wirklichkeit ein Stoppschild war. Etwa achtzig Prozent aller normalen Versuchspersonen machen diesen Fehler. In der folgenden Woche geschieht genau das Gleiche, auch wenn man keine zusätzlichen irreführenden Informationen mehr einbaut, auch wenn man die Versuchsperson warnt, daß eine irreführende Information mit ins Spiel gebracht worden sei. Über neunzig Prozent der Versuchspersonen identifizierten unmittelbar nach dem Betrachten des Videobandes das Schild korrekt als Stoppschild. Doch diese zutreffende Erinnerung ist später nicht mehr abrufbar.

»Oh weh! Da denke ich doch mit Grausen an all die Suggestivfragen mit den unausgesprochenen Vermutungen, die Detektive so gern Verdächtigen stellen. Und an die Rechtsanwälte, die vor dem Prozeß immer wieder die Zeugen befragen.«

Vielleicht wird die ursprüngliche Information überschrieben, vielleicht ist sie nur schwerer wieder hervorzuholen, weil die irreführende Information leichter zugänglich ist – der Effekt der retrograden Inhibition. Ich glaube, daß wir dazu neigen, gleich dem Fußballspieler mit der Gehirnerschütterung die einzelnen Elemente einer Geschichte irgendwie in eine vernünftige Reihenfolge zu bekommen. Manchmal hilft uns ein Standard-Skript wie beim Mittagessen. In der Regel finden wir die richtigen Elemente, oft auch in der richtigen Reihenfolge. Menschen mit Amnesie aber fällt es schwerer, die richtigen Elemente zusammenzubekommen; vielleicht nehmen sie das gestrige Mittagessen anstelle des heutigen, und oft bringen sie die Reihenfolge durcheinander. Dennoch scheinen sie sich ihrer Sache sicher zu sein. Sie lügen nicht bewußt, also sprechen wir in diesem Fall von Konfabulation. In unseren nächtlichen Träumen geraten die Elemente in ihrer Reihenfolge oft erheblich durcheinander, doch während wir träumen, erscheint uns das alles – wie psychotischen Patienten ihre Sinnestäuschungen – völlig real.

Wo im Gehirn sitzt das Gedächtnis? Wie Neil richtig beobachtete, müssen angesichts all der unterschiedlichen Gedächtnistypen eine Menge verschiedener Gehirnbereiche daran beteiligt sein. Er konnte nicht glauben, daß das Gedächtnis ausschließlich eine Angelegenheit des Temporallappens oder eines Teils davon, etwa des Hippocampus, sei. Für einen einzelnen Bereich sei die Aufgabe zu groß, sagte er, während wir mit unseren Kaffeetassen in der Sommersonne auf dem Campus spazierengingen.

Richtig. Mehrere Bereiche sind involviert, noch mehr Unterteilungen gibt es zu lernen.

»Ich weiß nicht, ob ich noch mehr Gedächtnisabteilungen kennenlernen möchte«, stöhnte Neil.

Angenommen ich bitte dich, daß du dich im stillen an ein paar bestimmte historische Fakten erinnerst, beispielsweise aus dem Amerikanischen Unabhängigkeitskrieg. Dabei werden offensichtlich die Parietallappen des zerebralen Kortex mehr aktiviert als die Frontallappen. Wenn ich dich aber bitte, daß du dich im stillen an ein Ereignis aus deiner Kindheit erinnerst, vielleicht eine Urlaubsreise, wird sich statt dessen die Aktivität des Frontallappens steigern. Ereignisse, an denen man beteiligt war, sind Teil des episodischen Gedächtnisses, Dinge hingegen, die man eher abstrakt gelernt hat, sind Teil des semantischen Gedächtnisses, etwa der Wortschatz.

Doch diese großen Unterteilungen korrespondieren nicht mit bestimmten Stellen im Gehirn. Sie sind verschiedene Teile des Erinnerungs*prozesses*. Zwischen der Bildung eines Gedächtnisinhalts (manchmal Kodierung genannt), der Speicherung und dem Wiedererinnern bestehen erhebliche Unterschiede. Die Beziehungen zwischen den verschiedenen Gehirnbereichen und diesen verschiedenen Aspekten des Gedächtnisses lassen sich am besten an Hand einiger von Georges Stimulations-Kartierungen veranschaulichen.

George verwendete einen Gedächtnistest, der dem während des Wada-Tests angewandten ähnelt, und den ich bereits früher erwähnt habe, als wir über die Stimulation des Thalamus sprachen. Mit diesem Test mißt man – mal sehen, ob ich mich an alle Beiworte erinnern kann – das post-distraktionale, explizite, episodische Kurzzeitgedächtnis. Es ist der Test mit den drei Dias. Das erste zeigt einfach das zu benennende Objekt. Das zweite ist ein Ablenkungs-Dia mit einem Satz, den man vorlesen muß, während man sich den Namen des Objekts zu merken versucht. Schließlich kommt das Erinnern-Dia, eine Aufforderung an die Versuchsperson, den Namen des Objekts auf dem ersten Bild zu wiederholen.

Manchmal stimuliert George das Gehirn, wenn bei der Präsentation des ersten Dias der Gedächtnisinhalt gebildet wird, manchmal während der Ablenkungsphase und manchmal während des Erinnerungsversuchs. In jedem Fall achtet er darauf, wie gut der Name des Objekts wieder aus dem Gedächtnis reproduziert wird.

Als erstes fand George heraus, daß diese Gedächtnisleistung von anderen kortikalen Stellen beeinflußt wird als denen für das Namengedächtnis.

»Wenn also die Bereiche für die Namen das semantische Gedächtnis darstellen«, beobachtete Neil, »dann speichern die anderen Stellen vielleicht episodische Erinnerungen?«

Möglicherweise. Als nächstes stellte George fest, daß eine Stimulation von Temporallappen-Stellen die Gedächtnisleistung meist dann am stärksten beeinträchtigte, wenn sie während des ersten oder des zweiten Dias stattfand – während der Bildung und der Speicherung. Stimulationen während der Erinnerungsphase wirkten sich kaum auf die Leistung aus. Im Gegensatz dazu wirkten sich Frontallappen-Stimulationen am stärksten während der Erinnerungsphase aus.

»Als würden sie«, warf Neil ein, »einfach von der Aufgabe ablenken.«

Unerwarteterweise bewirkten Hippocampus-Stimulationen kaum etwas, solange nicht die Stromstärke so hoch eingestellt war, daß auf beiden Seiten kleine Anfälle produziert wurden. In diesem Fall versagte das

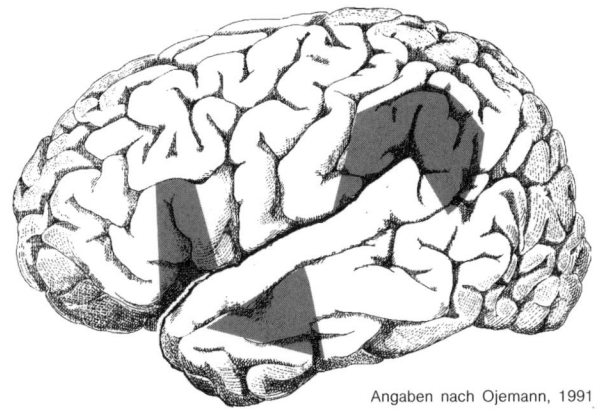

Angaben nach Ojemann, 1991

Bereiche (willkürlich ausgewählt), in denen die Stimulation das post-distraktionale Kurzzeitgedächtnis unterbricht

Gedächtnis, unabhängig davon, ob die kleinen Anfälle sich während der Bildungs-, Speicherungs- oder Erinnerungsphase ereigneten. Doch Gedächtnisstörungen sind ja in der Regel die Folge, wenn ein Anfallsgeschehen sich so weit ausbreitet, daß die inneren Teile beider Temporallappen mitbetroffen sind.

»Meine Anfälle müssen beide Temporallappen lahmlegen«, sagte Neil, »denn während der ersten rund zehn Minuten nach einem Anfall geht es mir vorübergehend genau wie H.M. Bestimmt bilde ich dabei keine neuen Gedächtnisinhalte. Ich kann mich niemals erinnern, was während eines Anfalls geschah. Nach dem, was du über die Stimulations-Untersuchungen gesagt hast, würde ich meinen, daß Gedächtnisstörungen vom Temporallappen, vom Frontallappen und von Schäden weiter unten in den Tiefen herrühren.«

Das entspricht ziemlich genau dem, was wir herausgefunden haben. Schwerste Amnesien sind die Folge, wenn beide Temporallappen geschädigt sind, die etwas mit der Speicherung im post-distraktionalen Kurzzeitgedächtnis zu tun haben. Welchen Strukturen des Temporallappens genau bei diesem Prozeß die entscheidende Bedeutung zukommt, wird noch kontrovers diskutiert, wahrscheinlich sind es aber der Hippocampus und der Kortex gleichermaßen.

Mit Sicherheit ist jener Bereich des Kortex daran beteiligt, der unmittelbar an den Hippocampus angrenzt. Jedenfalls bei der Alzheimer-Demenz, wenn die ersten Anzeichen einer Neuronen-Degeneration zu erkennen sind; und vermutlich ist dieser Bereich auch für die Frühsymptome des Kurzzeit-Gedächtnisverlusts bei Alzheimer verantwortlich. Doch Stimulations-Untersuchungen des Gehirns zufolge sieht es so aus, als wären an dieser Art Erinnerungen auch evolutionsgeschichtlich jüngere Teile des Kortex beteiligt, die seitlich am Temporallappen liegen.

»Der Kortex, den ihr während der Epilepsie-Operation sehen könnt?«

Richtig. Weniger schwere Gedächtnisstörungen sind manchmal zu beobachten, wenn der Temporallappen nur auf einer Seite entfernt wird. Wie bereits erwähnt, wirkt sich eine linksseitige Entfernung eher auf den Wortschatz aus, eine rechtsseitige mehr auf die räumliche Orientierung. Nach einer Operation des linkes Temporallappens haben die Patienten beispielsweise Probleme, sich an den Namen eines Menschen oder einer Stadt zu erinnern.

»Wie George mir erklärt hat, besteht die Möglichkeit, daß ich nach meiner Operation an dieser Art Gedächtnisverlust leiden werde«, sagte Neil und versetzte einem Stein auf dem Weg einen Fußtritt. »Doch verglichen mit meinen Anfällen dürfte das ein geringeres Problem sein. Vielleicht muß ich ein bißchen öfter in mein Adreßbuch gucken als andere Leute.«

Zu Störungen des Erinnerungsvermögens kommt es auch bei Schädigungen des Frontallappens, besonders wenn die äußeren Teile der Frontallappen sowohl auf der linken wie auf der rechten Seite in Mitleidenschaft gezogen sind. Ähnliches läßt sich auch bei Huntington-Chorea beobachten, einer erblich bedingten, früher Veitstanz genannten Krankheit, bei der Zellen in den Tiefen der zerebralen Hemisphären degenerieren und die Verbindungen zu beiden Frontallappen unterbrochen werden.

Zu schweren Amnesien kommt es auch, wenn bestimmte subkortikale Bereiche auf beiden Seiten beschädigt werden – etwa das Corpus mamillare des Hypothalamus. Schäden in diesem Bereich sind für das Korsakow-Syndrom typisch, das Alkoholiker aufweisen, die an einem Thiamin- oder Vitamin-B_1-Mangel in der Nahrung leiden – die bei ihnen ja meistens flüssig ist. Es bereitet ihnen erhebliche Probleme, neue Gedächtnisinhalte zu bilden, und sie haben auch einige Schwierigkeiten, früher gespeicherte Langzeiterinnerungen wieder hervorzuholen. Anhand solcher Patienten machen Medizinstudenten in der Regel ihre ersten Erfahrungen mit Konfabulationen.

»Es wäre wohl besser, wenn man billigen Fusel mit Vitaminen anreicherte«, sagte Neil. »Der Milch werden ja schließlich auch manchmal Vitamine zugesetzt. Würde das nicht viele Korsakow-Fälle verhindern?«

Natürlich. Herauszufinden, was zu tun richtig wäre, ist schon schwer genug. Die Leute aber dazu zu bringen, daß auch wirklich etwas getan wird, scheint das eigentliche Hindernis zu sein. Es gibt eine ganze Menge von Präventivmaßnahmen, mit denen man die Zahl schwerer geistiger Beeinträchtigungen vermindern könnte.

Man denke nur daran, wie lang es gedauert hat, bis alle neuen Autos serienmäßig mit Sicherheitsgurten ausgerüstet wurden, obwohl allen bekannt war, welch schwerwiegende Folgen Kopfverletzungen haben können. Und dann hat es noch einmal ein Vierteljahrhundert gedauert, bis man wenigstens die Hälfte aller Autofahrer dazu brachte, ihre Sicherheitsgurte auch anzulegen.

8.
Wie werden Erinnerungen gebildet?

Neil mußte wieder für ein paar Tage in die Klinik, weil weitere diagnostische Voruntersuchungen anstanden. George wollte sein EEG rund um die Uhr aufzeichnen, um ganz sicher zu sein, daß Neils Anfälle im linken Temporallappen begannen – und nicht etwa im linken Frontallappen.

Wir saßen draußen in der lauen Sommerluft. Neil wollte etwas Sonne tanken, so lange er es noch konnte. Als erstes fällt am menschlichen Gedächtnis auf, sagte ich zu ihm, daß seine Funktionsweise mit keinem anderen Speichersystem zu vergleichen ist, auch nicht mit Computern oder Videobändern. Vor allem muß man es sich als einen *Prozeß* vorstellen, nicht als etwas *Ortsgebundenes*.

»Aber ich dachte, der Hippocampus sei die Stelle?« fragte Neil. »Etwa nicht?«

Bestimmte Bereiche sind allerdings wichtig, aber bei ihnen handelt es sich wahrscheinlich nicht um Stellen, wo Information auf lange Sicht im eigentlichen Sinn gespeichert wird. Und die Stellen verraten uns auch nicht viel über die Mechanismen.

Es sieht so aus, als käme dem *Wie* des Gedächtnisses eine grundlegendere Bedeutung zu als dem *Was* und *Wo*. Eine Abschätzung der Größe von »Puffern« und »Arbeitsspeichern« hatte uns auf unser Thema zurückgebracht. Ein paar alltägliche Beobachtungen können interessante Hinweise auf die Größenordnung geben. Das Fassungsvermögen des unmittelbaren Gedächtnisses kommt in einem Titel zum Ausdruck, den der Psychologe George Miller 1956 einem Zeitschriftenaufsatz gab: *The magical number seven: plus or minus two*. Sieben Informationseinheiten kann man im Arbeitsgedächtnis behalten.

»Etwa wenn man versucht, sich eine Telefonnummer lange genug zu merken, um sie zu wählen«, sagte Neil.

Das Broca-Zentrum scheint bei dieser Art Arbeitsgedächtnis eine wichtige Rolle zu spielen, erklärte ich. Einige Menschen können nur fünf Ziffern behalten, andere neun, der Durchschnitt jedoch liegt bei sie-

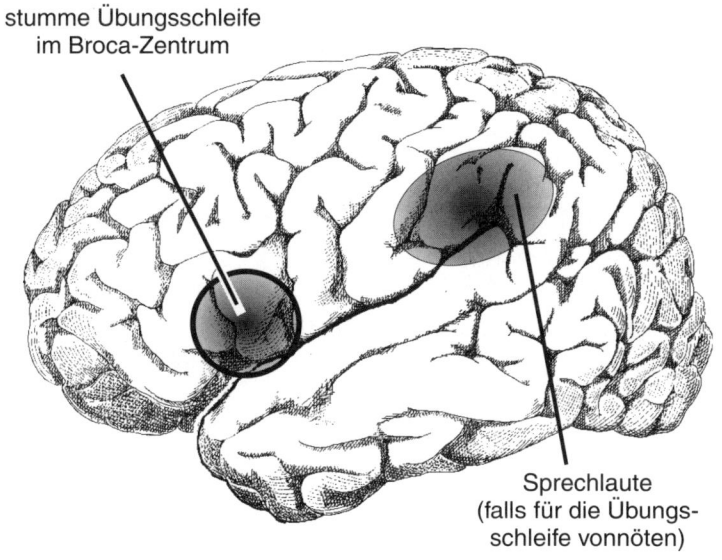

stumme Übungsschleife
im Broca-Zentrum

Sprechlaute
(falls für die Übungs-
schleife vonnöten)

Angaben nach Paulesu et al., 1993

Das Arbeitsgedächtnis: Bereiche, in denen sich beim stillen Wiederholen einer Telefonnummer die Durchblutung signifikant steigert

ben. So viele Informationseinheiten können wir auf einmal lange genug behalten, um sie wiederaufsagen oder in die Telefontastatur eintippen zu können. Bei allen größeren Mengen müssen wir uns gedanklicher Krükken bedienen – sofern nicht Teile der Information uns bereits völlig vertraut sind. Bei der vielleicht fünfzehnstelligen Telefonnummer für ein Auslandsgespräch müssen wir schon etwas unternehmen: beispielsweise sie aufschreiben und anschließend Ziffer für Ziffer wiederablesen. Am weitesten verbreitet ist jedoch der Trick, größere Informationsmengen zu untergliedern, wann immer die Obergrenze von sieben Einheiten erreicht wird – wie nennen das auch bündeln.

Mit längeren Ziffernfolgen gehen die meisten Menschen folgendermaßen um: Sie merken sich separat die Vorwahl für ein Auslandsgespräch (00), die internationale Vorwahl für Großbritannien (44), dann die Vorwahl für London-Mitte (71), schließlich den Hauptanschluß des University College (338), gefolgt von der vierstelligen Durchwahlnummer einer Nebenstelle. Das sind insgesamt acht Informationsbündel anstelle der vierzehn Ziffern, welche die Wahlwiederholungs-Funktion des Telefons speichert.

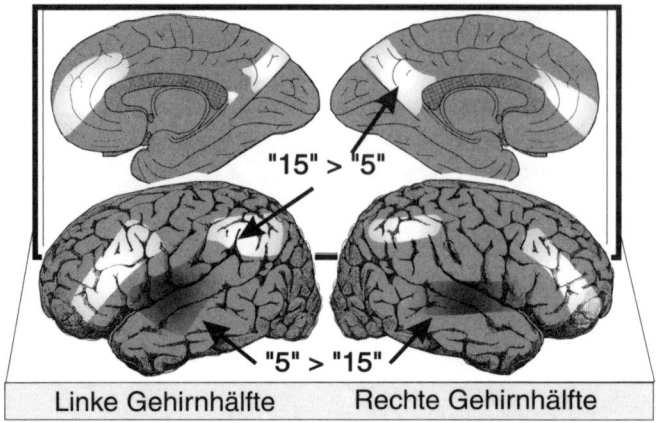

"15" > "5"

"5" > "15"

Linke Gehirnhälfte   Rechte Gehirnhälfte

Angaben nach Grasby et al., 1993

Welche Bereiche am Erlernen einer langen Wortliste beteiligt sind (Wiederholung einer Liste von 15 Wörtern minus die Blutfluß-Veränderungen einer leichten Liste mit 5 Wörtern)

»Also ist die Menge von Informationsbündeln limitiert und nicht die Gesamtsumme aller Informationsbits?«

Genau. Es kommt sozusagen auf das richtige Packen an, so daß ein einzelnes Bündel mehr als nur eine Informationseinheit repräsentiert. Ganz ähnlich verfahren wir auch, wenn wir unseren Wortschatz aufbauen: Der einzelne Begriff ersetzt eine längere, weitschweifige Umschreibung. Der Linguist Philip Lieberman sieht in Effizienzsteigerungen wie dieser einen wichtigen Beitrag dazu, daß die Sprache sich vom Niveau der Menschenaffen zu dem der Menschen weiterentwickeln konnte; die Beschränkungen unseres Arbeitsgedächtnisses würden es sonst unmöglich machen, mehr als die allereinfachsten Dinge auszudrücken.

Nehmen wir an, ich würde eine Liste mit fünf Namen laut vorlesen und dich dann bitten, sie in beliebiger Reihenfolge wiederzugeben. Das schafft so gut wie jeder. Wenn die Liste jedoch fünfzehn Namen umfaßt, wäre es schon gut, wenn du dir sieben oder acht davon merken könntest. In beiden Fällen würden mehrere Gehirnbereiche verstärkt durchblutet werden. Zieht man von der Blutfluß-Aufzeichnung für die Liste mit fünfzehn Namen diejenige für die Liste mit fünf Namen ab, bekommt man eine ungefähre Vorstellung, welche Gehirnbereiche an den Bündelungsversuchen beteiligt sind.

Auf beiden Seiten des Gehirns sind die Frontallappen ebenso aktiv wie die hinteren Parietal-Bereiche, die in der Regel visuell-räumliche Aufgaben wahrnehmen. Da dies aber ein rein verbaler Test ist, der noch dazu mit geschlossenen Augen absolviert wird, legt dies den Schluß nahe, daß viele Menschen sich dabei bestimmter Gedächtnishilfen bedienen, indem sie sich beispielsweise die Liste bildlich vorstellen oder die Einzelheiten in verschiedenen Räumen eines gedachten großen Hauses »plazieren«.

Wenn bei einem Satz mit sieben Worten jeder Begriff – wie eine Zahl – nur für etwas sehr Einfaches steht, kann der Satz an sich nicht viel ausdrücken. Wenn jedes Wort jedoch eine komplexe Vorstellung mit all ihren Konnotationen repräsentiert, kann ein einziger solcher Satz sehr viel aussagen. Durch Bündeln erschaffen wir neue Kategorien. Einige sind, wie die Zimmer des Erinnerungs-Hauses, nur von kurzer Dauer. Andere wiederholen wir oft genug, daß sie Bestandteil unseres persönlichen Wortschatzes werden.

In der Regel geht man davon aus, daß eine kontinuierliche neuronale Aktivität die Basis des Arbeitsgedächtnisses bildet, also die Grundlage dafür ist, daß wir uns etwas einprägen. Doch die Beweise dafür, gleich welcher Art, sind dürftig, auch wenn Aufzeichnungen der neuronalen Aktivität bei Affen erkennen lassen, daß einige Frontallappen-Neuronen kontinuierlich während jener Zeitspanne aktiv sind, die zwischen dem Objektvergleich und der Reaktion des Wiedererkennens liegt.

Solche Neuronen hat man auch im Temporal- und im Parietalkortex gefunden, wobei die temporalen Neuronen während der Speicherungsphase von visuellen Gedächtnisinhalten wie etwa Farben aktiv sind, während die parietalen Neuronen während der Speicherungsphase sensorischer Eigenschaften Aktivität zeigen. Mithin könnte das Arbeitsgedächtnis Teil jener Gehirnbereiche sein, die sich um die Wahrnehmung des Materials, das erinnert werden soll, kümmern – vielleicht handelt es sich auch um Neuronen in den postsensorischen Bereichen. Bei den Untersuchungen an Affen veränderten in der Regel bei der Wahrnehmung andere Neuronen ihre Aktivität als bei der Speicherung von Gedächtnisinhalten.

»So weit klar«, sagte Neil. »Das unmittelbare Gedächtnis hält nur die Aktivität am Laufen, die Wahrnehmung, die ursprünglich von dem

Ereignis ausgelöst wurde. Was passiert aber, wenn ich dich ablenke? Halte ich dich dann davon ab, das Ganze einzustudieren?«

Möglicherweise gibt es mehrere Notizzettel, mit denen man zugleich arbeiten kann – irgendwann aber sind sie voll und müssen überschrieben werden. Ich bezweifle, daß dies so einfach geht wie bei einem Computerbildschirm, auf dem man eine Anzahl von Fenstern gleichzeitig geöffnet halten kann. Das Überschreiben an sich ist interessant, denn die nachklingenden synaptischen Veränderungen zuvor gebildeter unmittelbarer Erinnerungen – etwa die verstärkte Freisetzung von Neurotransmittern und verstärkte postsynaptische Reaktionen – wären ja ein weiteres Substrat für das post-distraktionale Gedächtnis. Daraus könnte sich die vorangegangene Aktivität des Arbeitsgedächtnisses rekonstruieren lassen.

Bei einigen Neuronen des Temporallappens ist es möglich, ihre individuelle Aktivität aufzuzeichnen, bevor sie chirurgisch entfernt werden. Wir tun dies, indem wir uns mit einer sehr feinen Nadel, deren Spitze in elektrischem Kontakt mit dem Gewebe steht, vorsichtig an sie heranschleichen. Dicht an einem Neuron werden seine Impulse in einem Lautsprecher hörbar.

»Du meinst, ihr zapft eine Zelle wie eine Telefonleitung an?«

Genau. Offiziell heißt das »Mikroelektrodenmessung«. Diese Technik wurde schon um 1950 herum entwickelt, und sie hat viel zu unserem Verständnis beigetragen, wie das Gehirn funktionell verdrahtet ist, welche Neuronen sich wofür interessieren. Das Ganze aber braucht viel Zeit, und so wird es noch eine Weile dauern, bis wir uns ein Gesamtbild des Geschehens machen können. Wir müssen die Daten von sehr vielen Patienten miteinander vergleichen, um uns einen Reim darauf machen zu können.

George hat die elektrische Aktivität einzelner Neuronen im temporalen Kortex während jener Diaschau aufgezeichnet. Er stellte fest, daß mehr als zwei Drittel der Neuronen ihre Aktivität steigern, wenn ein neues Stück Information ins Gedächtnis eingebracht wird. Diese erhöhte Aktivität hält ein paar Sekunden lang an, länger als es braucht, dieselbe Information sprachlich zu verarbeiten. Während die Erinnerung gespeichert wird, geht die Aktivität dann wieder auf einen Grundwert zurück.

»So also könnte das Arbeitsgedächtnis funktionieren, wenn es nur darum ginge, die Aktivitäten nach einem eingetretenen Ereignis aufrechtzuerhalten.«

Wenn die gespeicherte Information zum ersten Mal wieder hervorgeholt werden muß, steigert sich die Aktivität abermals – nicht so sehr wie beim ersten Mal, nicht bei so vielen Neuronen und nicht so lang, aber dennoch kann man sich vorstellen, daß eine Annäherung an die ursprüngliche Aktivität rekonstruiert wird, während man sich zu erinnern versucht. Wenn dieselbe Information, nachdem sie wieder gespeichert wurde, ein zweites Mal aus dem Gedächtnis abgerufen wird, sind noch weniger Zellen aktiv.

Wird sie zum dritten Mal abgerufen, sind die Aktivitätsveränderungen noch minimaler. Während der ersten Aneignung und während des ersten Erinnerns ist die neuronale Aktivität so groß, daß dies erklären könnte, warum das Kurzzeitgedächtnis so empfindlich auf Kopfverletzungen, Sauerstoffmangel im Gehirn, Alterungsprozesse und andere Bedingungen reagiert, bei denen Neuronen nicht gut arbeiten. Vielleicht können sich unter solchen Bedingungen einfach nicht genügend Neuronen an diesem Festhalten von Information beteiligen, um den ganzen Prozeß in Gang zu setzen.

Untersuchungen der Blutfluß-Veränderungen bei normalen Freiwilligen haben zu ähnlichen Ergebnissen geführt. Wenn etwas Neues erlernt wird, etwa mit den Fingerspitzen in einer bestimmten Reihenfolge den Daumen zu berühren, zeigen sich weite Bereiche aktiv. Ist das Lernen jedoch abgeschlossen, haben die Aktivitätsveränderungen begrenzteren Umfang. Je nachdem ob die zu erlernende Aufgabe motorischer oder sprachlicher Art ist, scheint sich die gesteigerte Aktivität an unterschiedlichen Stellen zu zeigen.

»Folglich braucht man weniger Gehirn, um etwas zu tun, was man vorher gut geübt hat«, stellte Neil fest. »Was erklären würde, warum das prozedurale Gedächtnis bei H.M. funktionierte, sein episodisches aber nicht.«

Wir hoffen es. Bislang haben wir jedoch mit unseren Forschungen kaum die Oberfläche angekratzt. All diese aktiven Bereiche des temporalen Kortex sind möglicherweise nicht der eigentliche Sitz des postdistraktionalen, expliziten Kurzzeitgedächtnisses. Möglicherweise haben sie eher unterstützende Funktion, indem sie Veränderungen bei einer viel kleineren Zahl von Neuronen erleichtern, deren synaptische Modifikationen für die eigentliche Speicherung von Erinnerungen verantwortlich sind. Die Abfolge von Aktivitäten im Netz jener Zellen stellt vermutlich die neuronale Repräsentation der Erinnerung dar.

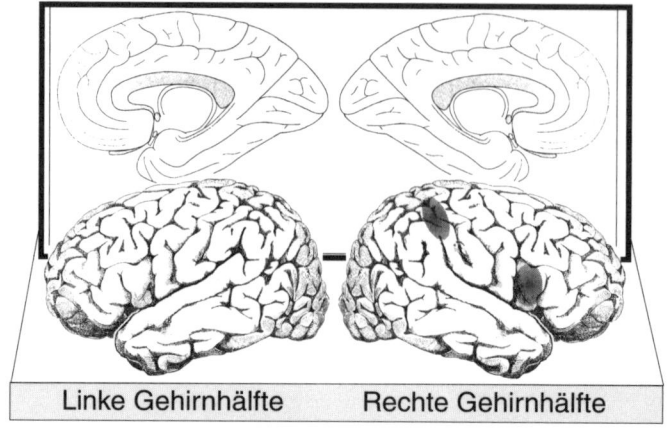

Linke Gehirnhälfte   Rechte Gehirnhälfte

Adaptiert nach Seitz et al., 1990

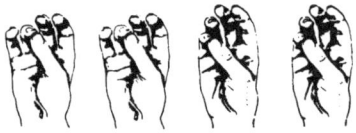

Bereiche, in denen die Aktivität abnimmt, wenn sich nach einer Stunde Training einer rechtshändigen Fingerübung die Fertigkeit verbessert

»Und was passiert, wenn man sich diese Erinnerung wieder ins Gedächtnis ruft?«

Wie das Erinnern funktioniert, ist wahrscheinlich der Schlüssel zur Frage der Langzeitspeicherung; wir wissen aber noch nicht einmal sicher, was zum Erinnern alles dazugehört. Ein Teil des ursprünglichen Aktivitätsmusters wird rekonstruiert, natürlich, aber wie ausführlich? Vermutlich genügend, um irgendwie die richtige motorische Reaktion auszulösen, so daß man den Namen genauso ausspricht wie beim ersten Mal, als man ihn lernte. Das Aussprechen erfordert eine räumlich-zeitliche Sequenz von Impulsen, die die verschiedenen Muskeln antreiben, mit denen man das Wort ausspricht oder die Antwort niederschreibt.
»Eine Sequenz in Zeit und Raum? Klingt nach Notenlesen.«
Das Standardbeispiel ist wahrscheinlich das einfache Oszillieren bei den Muskelkommandos für das Kauen oder Atmen: Zuerst zieht sich eine Gruppe von Muskeln zusammen, dann wird dieser Vorgang beendet, und eine andere, entgegengesetzte Gruppe von Muskeln beginnt

zu arbeiten. Und beim Gehen sind es nicht nur zwei Gruppen, sondern Dutzende verschiedener Muskeln. Wenn man beispielsweise aus dem Gehen heraus zu laufen beginnt, muß das Rückenmark ein völlig anderes raumzeitliches Kommandomuster für all diese Muskeln produzieren.

Manchmal besteht eine solche Sequenz nur aus einer einmaligen Abfolge, etwa bei einer Wurfbewegung. Das geht ungefähr so vor sich wie bei einem mechanischen Klavier, dessen achtundachtzig Tasten so programmiert sind, daß sie in überlappenden Kombinationen zu verschiedenen Zeitpunkten anschlagen. Wählt man beim Werfen eine andere Zielentfernung, damit man beim nächsten Mal nicht wieder zu weit wirft, muß man die zeitlichen Sequenzen des Kommandos an die räumlichen Muskelgruppen modifizieren – und zum Werfen braucht man in der Tat ungefähr achtundachtzig Muskeln, so daß das raumzeitliche Muster einer solchen Bewegung noch mehr der Walze eines mechanischen Klaviers ähnelt, die ein raumzeitliches Muster zur Produktion einer Melodie aufweist.

»Ein Notenblatt ist bloß der Code zur Wiedererschaffung eines raumzeitlichen Musters«, amüsierte sich Neil. »Das gefällt mir.«

Die meisten Forscher würden sagen, daß die Reproduktion eines Gedächtnisinhalts darin besteht, eine raumzeitliche Sequenz von neuronalen Entladungen zu erzeugen – wahrscheinlich eine Sequenz, die derjenigen bei der Einprägung ins Gedächtnis ähnlich ist, nur daß ein paar der unwesentlichen Kinkerlitzchen fehlen, von denen sie ursprünglich unterstützt wurde. Man spricht dann von einem Hebbschen Zellverband. Der kanadische Psychologe Donald Hebb hat schon 1949 dieses Problem durchdacht, lange bevor entsprechende Daten zur Verfügung standen und Versuche unternommen wurden, einzelne Neuronen in einem Primatengehirn anzuzapfen.

»Also ist es ähnlich wie auf diesen Anzeigetafeln in Sportstadien, bei denen viel kleine Lichter an- und ausgehen und so gemeinsam ein Muster erzeugen. In Raum und Zeit.«

Ja, aber ich würde Hebbs Zellverband dahingehend modifizieren, das raumzeitliche Muster nicht an bestimmte Zellen zu binden, so daß es einer Botschaft der Anzeigetafel noch ähnlicher wird. Dort kann man ein bestimmtes Muster, etwa einen Apfel, an ganz verschiedenen Stellen der Tafel auftauchen lassen – oder es sogar darüberwandern lassen. Das Muster bedeutet immer dasselbe, auch wenn es von ganz unterschiedlichen Lampen erzeugt wird. Ich habe sogar die Vermutung geäußert, daß das Grundmuster in einem Sechseck von ungefähr einem halben Millimeter Durchmesser enthalten ist, was ungefähr dreihundert elementaren Einheiten entspricht, und daß das Muster sich sogar selbst klonieren kann – aber das zu erklären, würde ein weiteres Buch brauchen.

»Ein halber Millimeter, also nicht mehr als der Durchmesser einer dünnen Bleistiftmine. Das ist ziemlich wenig. Wieviele Zellen umfaßt so ein Hebbscher Zellverband für eine bestimmte Erinnerung, sagen wir ein Wort oder ein Gesicht?«

Vielleicht nur ein paar Dutzend, soweit man das aus einigen Forschungen über Temporallappen-Neuronen schlußfolgern kann, die an der Gesichtererkennung beteiligt sind. Das heißt aber, daß mehrere Dutzend aktiv sind, während Hunderte von anderen zur gleichen Zeit relativ inaktiv bleiben. Das Ausbleiben einer Reaktion ist genauso Teil der kortikalen Repräsentation einer Botschaft. Es ist genau wie auf der Anzeigetafel: Mehrere Dutzend Lichter können einen Apfel darstellen, solange die anderen dunkel bleiben und das Bild nicht stören.

Man muß dabei bedenken, daß das zwischenzeitlich gespeicherte Muster ziemlich abstrakt sein kann und weder dem Input-Muster gleichen muß noch dem raumzeitlichen Output-Muster, das die Muskeln antreibt. Man kann sich den zerebralen Code für »Apfel« beispielsweise wie den Strichcode auf einer Supermarkt-Packung vorstellen. Auch er sieht überhaupt nicht wie ein Apfel aus, dient aber dazu, Äpfel zu repräsentieren.

Neil dachte darüber nach. »Wenn man etwas Neues lernt, könnte das also erfordern, ein *neuartiges* raumzeitliches Muster zu erzeugen? Einen neuen Code?«

Ja, und bestimmte Hirnregionen könnten besonders darauf getrimmt sein, neuartige raumzeitliche Muster aufzuzeichnen. Bestimmten Arten von Information muß man eine Weile lang nachgehen, nur für den Fall, daß nachfolgende Ereignisse sie als bedeutsam erweisen sollten.

»Dabei kann man natürlich eine Menge Fehler machen. Zum Beispiel dem berühmten Trugschluß anheimfallen: ›*Nach* diesem Ereignis, also *wegen* diesem Ereignis‹.«

Das machen sogar Schnecken, und ich denke, wir haben viel phantasievollere Möglichkeiten, einem solchen Trugschluß anheim zu fallen. Die Input-Muster, die aufbewahrt werden müssen, stammen vermutlich von den verschiedenen spezialisierten Neuronen, welche die visuelle Wahrnehmung analysieren. Sie eine Stunde lang zu bewahren, kann wich-

Das Gedächtnis-Engramm
ist ein langfristig stabiles
räumliches Muster wie eine
ausgefahrene Buckelpiste.

PASSIVES
GEDÄCHTNIS

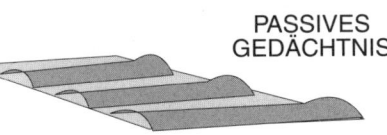

Das aktive raumzeitliche
Muster entsteht dadurch,
daß die Reifen und Federn
mit den Querrillen und -buckeln
in Resonanz geraten. In der
Tat handelt es sich dabei um
dasselbe Muster, das einst die
Waschbrettstruktur erzeugen half.

AKTIVES
GEDÄCHTNIS

Aus Calvin, 1992

Eine Analogie für Hebbs Dualität des Gedächtnisses

tig sein, wenn sich mit zeitlicher Verzögerung Folgen zeigen – etwa
wenn einem nach Verzehr eines unreifen Apfels übel wird, und man dies
das nächste Mal vermeiden möchte. Aber wir sind noch zu viel mehr in
der Lage: Wir erkennen beispielsweise ein Gesicht als bekannt, das wir
vor einer Woche sahen, selbst wenn wir es nur dieses eine Mal zuvor
gesehen und noch nicht einmal versucht haben, es uns zu merken.

»Erinnerungen bestehen also aus raumzeitlichen Mustern wie denen
auf einer Anzeigetafel. Dauerhaft sind sie aber in einer anderen Form
gespeichert? Den synaptischen Stärken?«

Das Gedächtnis scheint zweigleisig zu fahren, wie Hebb schon 1949
betont hat – es hat so etwas wie aktive und passive Versionen, die auf
verschiedene Weise zustande kommen.

Das aktive Gedächtnis – das raumzeitliche Aktivitätsmuster – muß ein
anderes Muster erzeugen, ein rein räumliches Muster von synaptischen
Stärken, dem keine explizite Zeitkomponente zu eigen ist – schließlich
kann im Falle eines Komas die neuronale Aktivität im Gehirn größtenteils zum Erliegen kommen, ohne daß all jene Langzeiterinnerungen ausgelöscht werden. Das Muster ist einfach da, wie die ausgefahrenen Quer-

rinnen einer Buckelpiste, und wartet darauf, daß irgend etwas kommt und in Resonanz mit ihm wieder ein aktives raumzeitliches Muster erzeugt.

Man kann sich vorstellen, daß der Hippocampus dem Kortex Gelegenheit gibt, seine kurze Zeit zuvor potenzierten Synapsen zu modifizieren, beziehungsweise mit dem Kortex ein paar Tage lang zu üben, damit diesem die neuen Informationen in Fleisch und Blut übergehen. Sind die Informationen stabil verankert, werden die synaptischen Stärken zuverlässig das wichtige raumzeitliche Muster wieder erzeugen.

»Das Problem reduziert sich also darauf, wie man die Veränderungen der synaptischen Stärken permanent macht?« fragte Neil. »Am besten gießt man sie in Beton. Verzeih' mir meine plumpe Analogie – ich habe nämlich gerade mein Haus umgebaut. Aber hast du nicht früher einmal selbst gesagt, daß der Kurzzeit-Gedächtnisprozeß die Form darstellt, in der später die Langzeiterinnerung zementiert wird? Die Formen selbst aber werden weggeworfen, wenn der Beton richtig ausgehärtet ist?«

Vielleicht ähnelt es eher einem Prozeß wie der allmählichen Versteinerung von Holz. Die Form des Holzes ist in Stein erhalten geblieben, weil das sich zersetzende Holz nach und nach durch haltbare, harte Mineralien ersetzt wurde. Was immer die Synapsen verstärkt: es könnte ein paar Tage lang als Wachstumsstimulus dienen, so daß sich ihre Standardmenge von freigesetzten Neurotransmittern vergrößert und sich derjenigen annähert, welche die Synapse nach dem ursprünglichen Ereignis während der vorübergehenden Verstärkung freisetzte. Anstelle eines Größenwachstums könnte sich auch das Axon etwas weiter verzweigen oder zusätzliche synaptische Verbindungsstellen schaffen, wo es zuvor keine gab.

Solche Dinge sind als Teil von einfachen Lernprozessen bei Meeresschnecken belegt. Des weiteren kann als Beweis für die wichtige Rolle des Synapsenwachstums oder der Ausbildung neuer Synapsen bei der Speicherung von Langzeiterinnerungen die Beobachtung gelten, daß die Bildung von Langzeiterinnerungen durch Medikamente gestört wird, welche die Produktion neuer Proteine – der Bausteine für neues Gewebe – blockieren. In jüngster Zeit geht die Gedächtnisforschung in vieler Hinsicht denselben Fragen nach wie die Krebs-Ursachenforschung, etwa: Wie wird das Zellwachstum reguliert?

Mit Sicherheit nimmt die Zahl der Synapsen im zerebralen Kortex einer Ratte erheblich zu, wenn diese Neues lernt, beispielsweise wenn sie eine neue, vielfältige Umgebung erkundet. Im Kortex einer solchen Ratte gibt es achtzig Prozent mehr Synapsen als bei Ratten, die in Einzelkäfigen gehalten werden, und immer noch erheblich mehr Synapsen als bei Ratten, die lediglich in langweiligen Laufrädern rennen, statt Erkundungsgänge zu unternehmen. Die Fähigkeit, beim Wechsel von einer eintönigen in eine vielfältige Umgebung die Anzahl der Synapsen zu erhöhen, bleibt einer Ratte ihr Leben lang erhalten – nicht jedoch die Fähigkeit, dementsprechend auch die Durchblutung zu verbessern.

Neben solchen praxisbedingten Synapsenveränderungen deutet einiges darauf hin, daß auch der simultane Gebrauch mehrerer verschiedener Synapsengruppen deren synaptische Stärken erweitern kann. Möglicherweise kommt diese Art von synaptischer Modifikation beim assoziativem Lernen zum Einsatz, etwa wenn Pawlows Hunden beim Klang einer Glocke verstärkt der Speichel floß. Auch dies wurde aufgrund theoretischer Überlegungen schon 1949 vorhergesagt.

»Wieder dieser Hebb? Die Hebbsche Synapse?«, fragte Neil, und ich nickte. »Gibt es denn eigentlich etwas, was du mir geben könntest, um mein Gedächtnis besser zu machen? Irgend etwas, das den Zement schneller abbinden läßt? Oder Vitamine für die Hebbsche Synapse?«

Nach Mitteln, welche die Gedächtnisleistung verbessern, sucht man schon lange, aber nur selten werden welche gefunden. Wenn Gedächtnis unter anderem darauf beruht, daß Synapsen modifiziert werden, sollte man annehmen, daß die verschiedenen Medikamente, welche die Synapsen beeinflussen, das Gedächtnis besser machen würden – oder auch schlechter. Doch spezifische Auswirkungen auf das Langzeitgedächtnis sind kaum festzustellen, auch wenn es verschiedene Anästhetika gibt, die verhindern, daß Kurzzeiterinnerungen jemals ins Langzeitgedächtnis gelangen.

Zwei Chemikalien scheint hinsichtlich des Gedächtnisses eine wichtige Rolle zuzukommen. Die eine ist Acetylcholin. Acetylcholin blockierende Medikamente beeinträchtigen die Gedächtnisleistung. Neuronen, die Acetylcholin als Transmitter verwenden, beeinflussen die Aktivität des Hippocampus und gehören mit zu den ersten Zellen, die bei der Alzheimer-Krankheit verlorengehen. Doch unglücklicherweise tragen Medikamente, welche die Acetylcholin-Versorgung steigern, nichts dazu bei, daß sich das Gedächtnis von Alzheimer-Patienten verbessert.

Bei der anderen Chemikalie handelt es sich um Glutamat, eine Aminosäure, die überall im Körper zum Aufbau von Proteinen Verwendung findet, aber auch als Neurotransmitter dient. Soweit wir wissen, sind die exzitatorischen Synapsen des zerebralen Kortex, an denen Glutamat als Transmitter dient, die besten Kandidaten für die synaptische Kodierung von Erinnerungen – für einen Gedächtnismechanismus auf der Basis von Zellmembranen also. Es gibt mindestens zwei unterschiedliche Arten von postsynaptischen Kanälen, die sich öffnen, wenn Glutamat sich an ihre Rezeptormoleküle bindet. In dem einen Fall handelt es sich um ganz gewöhnliche Kanäle, wie sie exzitatorische Synapsen nun einmal haben: Durch ihn können Natrium-Ionen in den Dendriten eindringen, was vorübergehend dessen Spannung erhöht.

Der andere Glutamat-Kanal – der aus nebensächlichen Gründen »NMDA« genannt wird – läßt aber auch ein paar Kalzium-Ionen in den Dendriten eintreten. Doch das wirklich Ungewöhnliche am NMDA-Kanal ist, daß er sich nicht öffnet, solange nicht zwei Signale zugleich eintreffen: Sowohl die richtige Spannung als auch der richtige Neurotransmitter sind vonnöten, damit der Kanal sich öffnet. Das erinnert an eine elektronisch gesicherte Eingangstür, bei der man nicht nur eine gültige Code-Karte in den Schlitz stecken muß, sondern bei der zugleich auch der elektrische Strom eingeschaltet sein muß, damit das elektronische Schloß arbeiten kann.

Alle Kanäle, die man vor Entdeckung des NMDA-Mechanismus kannte, funktionierten entweder allein auf der Basis von Spannung (wie die Natrium- und Kalium-Kanäle für den Impuls) oder allein auf der Basis von Neutrotransmittern, keinesfalls aber mittels einer Kombination beider, die es möglich macht, fast simultan an einem Dendriten eintreffende Inputs zu erkennen. Und das ist erheblich interessanter als eine bloße Kombination von Code-Karte und elektrischem Strom.

Im NMDA-Kanal steckt ein Pfropfen: In der Regel dringt ein Magnesium-Ion in den Kanal ein und gerät dort in eine Falle, so daß es den Kanal nicht zur Gänze passieren kann. Wenn sich dann ein Neurotransmitter an das Rezeptormolekül des Kanals bindet, öffnet sich das Tor vielleicht, aber kein Natrium- oder Kalzium-Ion kann hindurch, weil das Magnesium-Ion den Kanal verstopft.

»Eigentlich wäre der Kanal offen, er ist es aber nicht, weil das Ding da drin steckt. Wie zieht man den Stopfen heraus?«

Das ist ja das Interessante an der Sache. Wenn der Dendrit an anderer

Stelle einen Input erhalten hat, kann sich seine Spannung so verändern, daß der Magnesiumpfropfen nicht im NMDA-Kanal steckenbleibt. Und wenn jetzt die NMDA-Synapse von Neurotransmittern aktiviert wird, können folglich positive Ionen in den Dendriten eindringen und ein synaptisches Potential erzeugen, das zu dem ursprünglichen hinzuaddiert wird. Für Neurophysiologen ist das wirklich aufregend – das Eindringen des Kalziums weist auf einen mehrere Minuten lang aktiven Mechanismus für das Kurzzeitgedächtnis hin. Im Hippocampus (dem evolutionsgeschichtlich älteren Teil des Kortex mit einer einfacheren Schichtenstruktur) hält die Langzeitpotenzierung (LTP) manchmal tagelang an, und das ist zum Teil auf den NMDA-Mechanismus zurückzuführen.

»Vermutest du, daß diese NMDA-Sache auch etwas mit meiner Epilepsie zu tun hat?«

Wenn der NMDA-Kanal lange Zeit geöffnet ist – wie in der Frühphase eines Anfalls – kann eine Menge Kalzium in die Zelle eindringen. Das kann erhebliche synaptische Veränderungen bewirken – und unglücklicherweise das raumzeitliche Muster erzeugen, das zu einem Anfall führt.

»Und vielleicht auch die Wahrscheinlichkeit eines weiteren Anfalls erhöhen?«

Das ist das eine Problem. Im Übermaß einströmendes Kalzium hat aber noch andere Folgen. Zu viel Kalzium ist Gift für die Zellen – es kann sie sogar töten. Das ist mit ein Hauptgrund, warum bei Sauerstoffmangel in den Stunden nach einem Schlaganfall so viele Zellen sterben: Die NMDA-Kanäle öffnen sich und lassen zu viel Kalzium herein. Folglich kann eine Überstimulation der NMDA-Rezeptoren Neuronen auf lange Sicht schädigen, und das ist einer der Gründe, warum wiederholte Anfälle dir in ganz anderer Weise als ein einzelner gefährlich werden können.

Wiederkehrende Anfälle können sich auch einen Wiederholungsmechanismus zunutze machen, den das Gehirn verwendet, um schwache Erinnerungen besser abzusichern, damit sie auf lange Sicht erhalten bleiben. Wiederholtes Üben – etwa wenn ein Kind schreiben lernt – macht den Unterschied zwischen prozenduralen und episodischen Erinnerungen aus. Aus diesem Grund merkt man sich einen Namen besser, wenn man ihn mehrmals laut ausspricht, nachdem man jemanden kennengelernt hat.

Das Gehirn kann also eine episodische Erinnerung dadurch verstärken, daß es sie ein paarmal automatisch wiederholt, solange sie noch frisch ist?«

Der Hippocampus könnte zum Beispiel den Kortex dazu bringen, daß er ein paar kürzlich erlernte Prozeduren mehrmals durchspielt und sie dadurch verfestigt. Ein solcher Auffrischungskurs muß niemals bis zu irgendeiner Ebene des Bewußtseins vordringen, obwohl ich mir vorstellen kann, daß er sich als nächtlicher Traum bemerkbar macht.

»Wie bringt der Hippocampus den Kortex dazu?«

Stell dir vor, daß der Hippocampus ein Stück eines raumzeitlichen Musters dem Kortex wieder vorspielt – ein Fragment vielleicht eines Ereignisses der vergangenen Woche. Wenn der Kortex gerade nichts anderes zu tun hat und in eine Resonanz mit jenem Muster gerät, wird er am Ende möglicherweise das raumzeitliche Muster vollständig ergänzen – genau wie wir an Hand der ersten paar Töne einer Melodie den Rest der Strophe ergänzen können. Das sind jetzt nur Vermutungen von mir, aber ein solcher Anstoß durch den Hippocampus wäre eine Möglichkeit, wie das kortikale Muster wiederholt geübt und sich so zunehmend den synaptischen Stärken einprägen könnte – genau so werden vermutlich prozedurale Erinnerungen ausgebildet, allerdings ohne Mithilfe des Hippocampus.

»Deshalb ist also der Hippocampus für die Bildung neuer episodischer Erinnerungen so wichtig, nicht aber für Gedächtnisinhalte vom prozeduralen Typ? Ein Teil des Gehirns übt einfach mit dem anderen, damit der episodische Stoff sich einprägt?«

So baue ich mir die Mosaiksteinchen zusammen, die wir heute haben – doch mit Sicherheit ist dies nicht das einzige, was der Hippocampus tut. Ein solches Modell hat überdies den angenehmen Vorteil, daß das Üben dann geschieht, wenn der Kortex nicht anderweitig beschäftigt ist, was dem Schlaf eine wichtige Rolle in diesem System zuweisen würde; wir haben uns schon lange gefragt, warum Schlafentzug die Gedächtnisleistungen beeinträchtigt.

»Du meinst, es gibt endlich eine Antwort auf die notorische Kinderfrage: ›Papi, warum schläft man eigentlich?‹?«

Bis jetzt noch nicht, aber nach und nach bilden sich ein paar Vorstellungen heraus, die wir überprüfen können – wieder so eine Sache, wo ich nur sagen kann: Laß uns nächstes Jahr noch einmal darüber sprechen.

Eine sequentielle Episode – die Erinnerung an einen Verkehrsunfall oder an einen Gesprächsfetzen, den man zufällig mithörte – ist für die Gedächtnismechanismen ein harter Brocken, weil sie sich nicht wiederholt und daher vielleicht öfters als andere Arten von Erinnerungen im

Hintergrund geübt werden muß. Mit sequentiellen Episoden umzugehen, ist daher schwierig, aber nicht unmöglich. Schließlich dreht sich auch beim Sprechen alles darum, einmalige Sequenzen zu konstruieren, und bei der Zukunftsplanung ist es nicht anders. Uns Menschen gelingen diese Dinge besser als anderen Primaten, und daher sollte man erwarten, daß es in unserem Gehirn Spezialisten für die Handhabung episodischer Sequenzen gibt.

9.
Was ist vorne los?

Die EEG-Überwachung rund um die Uhr hatte Georges Zweifel beseitigt, ob nicht doch der Frontallappen möglicherweise an der Auslösung von Neils Anfällen beteiligt sein könnte. Folglich entschloß sich George, Neil eine Temporallappen-Operation anzubieten, und dieser war sehr erleichtert – so sehr, daß er sich kopfüber wieder in seine Gehirn-Lektüre stürzte und feststellte, daß ihm noch einige Auskünfte fehlten.

Als wir uns das nächste Mal in der Cafeteria trafen, wurde mir klar, daß es ihn allmählich faszinierte, sich Stück für Stück ein Bild der Gehirnfunktionen zusammenzusetzen. Er war in selten guter Form für ein kleines Wortgefecht.

»Das ist wie bei einem dieser kryptischen Kreuzworträtsel in der Sonntagszeitung«, berichtete er in gespielter Verzweiflung. »Überall gibt es Hinweise. Ein paar Begriffe überlappen sich auch schon. Aber wo steckt das *wahre Ich*?«

Diese Frage beschäftigt die Philosophen nun schon seit mindestens zweieinhalbtausend Jahren. Wenn sie so einfach zu beantworten wäre, hätte irgend jemand das Rätsel schon vor langer Zeit gelöst.

»So leicht kommst du mir nicht davon. Du hast mir immer noch nicht gesagt, wo die Geschäftsleitung sitzt. Bloß jede Menge Abteilungen, die auch nicht gerade immer gut arbeiten. Wie treffe ich – also *ich, Neil*, meine Entscheidungen, was ich als nächstes tue? Warum sage ich *dies* und nicht *jenes*? Wer führt da, wie auch immer, Regie?« sagte er und tippte sich an die Stirn.

Ein Kollektiv von »Intelligenzen«? Das Selbst als »emergente Eigenschaft« der Teile? Bis auf weiteres darfst du diese Leerstelle mit deiner Lieblingsplatitüde füllen, denn die Wissenschaft hat darauf noch keine sichere Antwort. Ernsthaft darfst du aber kein Geschäftsleitungsbüro und auch keine Kommandohierarchie erwarten.

Rund ein Jahrhundert lang haben wir im Gehirn nach Stellen gesucht, welche die entscheidenden Zentren für jene höheren Formen von Bewußtsein sein könnten, wo die Entscheidungen getroffen werden, was als nächstes gesagt oder getan oder für die Zukunft geplant wird. Ich habe mir diese Stellen keineswegs für ein großes Finale aufgespart: Es gibt sie einfach nicht.

In den über hundert Jahren neurologischer Forschung ist nicht ein einziger Schlaganfall- oder Tumorpatient aufgetaucht, bei dem sich eine verheerende Störung solcher höheren Funktionen an einer bestimmten Stelle hätte lokalisieren lassen. Natürlich kann die Entscheidungsfindung auf vielerlei Weise beeinträchtigt werden, aber nicht an einer einzelnen Stelle. Man muß erhebliche Teile des Frontallappens verlieren oder eine ganze Menge Sprachkortex.

Während das Gehirn also kein »ausführendes Organ« besitzt, stelle ich mir seine Exekutive gern als *Funktion* vor – etwas, das wir den »Erzähler« nennen könnten. Ununterbrochen erzählt er sich selbst Geschichten, rekonstruiert, was bis jetzt geschehen ist, oder spekuliert, was als nächstes geschehen könnte. Er analysiert die Vergangenheit und wirft einen Blick in die Zukunft. Die Erzähler-Funktion kann vermutlich von vielen Bereichen des Gehirns wahrgenommen werden, die oft gewissermaßen wie ein Komitee agieren.

»Ich fühle mich aber nicht wie ein Komitee. Nun ja, manchmal schon: wenn ich das Frühstück mache, den Hund füttere, die Kinder zur Schule schicke, die Zeitung lese, bei all dem den Herd im Blick behalte und die Nachrichten im Radio höre. Zu anderen Zeiten aber, das versichere ich dir, ist mein *ganzes Wollen auf ein Ziel gerichtet*, etwa wenn ich mich allein darauf konzentriere, dir die entscheidende Frage zu stellen.«

Das kommt daher, würde ich sagen, daß es bei jedem Komitee einen Gewinner gibt: eine Geschichte, die sich dein Gehirn ausgedacht hat und die im Wettbewerb gegen ein paar andere ausgedachte Kandidaten dafür, was als nächstes gesagt werden soll, Sieger bleibt. Die Mitläufer bleiben unbewußt – solche nicht hinreichend gute Kandidaten begegnen uns jede Nacht in unseren Träumen, wenn die Kriterien dafür, was gut genug ist, zurückgenommen sind. Die Einheit des Bewußtseins rührt daher, daß es in einem bestimmten Moment immer nur einen Sieger gibt. Wenn man ein paar Sekunden später an etwas anderes denkt, benutzt man wahrscheinlich einen etwas anderen Bereich des zerebralen Kortex: Nun behält dieser die Oberhand über seine Mitstreiter.

»So langsam kommt mir das Ganze wie ein politischer Machtkampf im alten Europa vor. Du meinst, das wahre Ich ist nichts weiter als eine

– wie heißt das doch gleich – eine *Hegemonialmacht*? Der gegenwärtige Sieger, der eine Zeitlang die zerstrittenen anderen Fraktionen beherrschen kann? Sie irgendwie in Schach halten, aber nur selten eliminieren kann?«

Wenn wir uns fragen, wie wir auf eine neue Idee kommen oder einen neuartigen Satz formulieren, den wir noch niemals zuvor gesprochen haben, ist das immer noch das beste Modell, das wir haben. Der Darwinsche Prozeß – Varianten, die selektiv überleben und sich reproduzieren, wieder neue Varianten hervorbringen und so weiter, immer wieder – erklärt schließlich recht gut, wie im Verlauf von Jahrtausenden neue Arten von Tieren entstehen. Und wie das körpereigene Immunsystem im Verlauf mehrerer Wochen immer bessere Antikörper als Reaktion auf neue, fremdartige Moleküle hervorbringt. Wir wissen sehr viel darüber, wie aus diesem schlichten Darwinschen Prozeß, wenn er oft

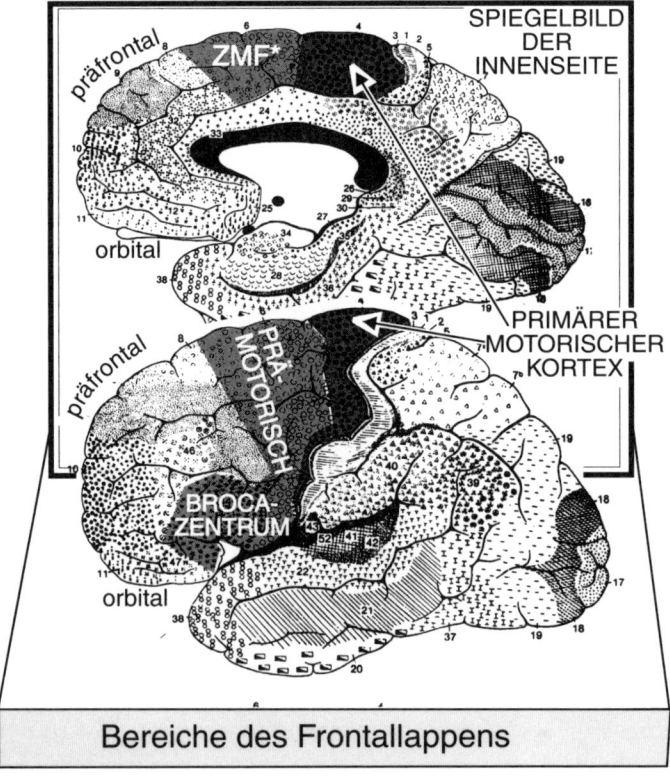

Bereiche des Frontallappens

* = zusätzliches motorisches Feld

genug wiederholt wird, ganz phantastische Ergebnisse hervorgehen können.

In deinem Geist läuft vermutlich derselbe Darwinsche Prozeß ab, wenn du einen neuen Satz aussprichst oder dich entscheidest, was du heute zum Abendessen kaufen sollst. Anders gesagt, in einem Wettstreit zwischen mehreren möglichen Kandidaten wird in einem Zeitraum von Millisekunden bis zu Minuten ein immer besserer Satz geformt. In der Regel sind binnen ein bis zwei Sekunden genügend viele Generationen durchgespielt worden, so daß dir der Satz hinreichend gut erscheint, um ihn über die Zunge kommen zu lassen.

»Es ist also ein *Prozeß* und keine *Stelle*?«

Ja, und es *muß* ein Prozeß sein, wenn innerhalb von ein oder zwei Sekunden etwas Sinnvolles dabei herauskommen soll. Die einzelnen Neuronen arbeiten in Schritten von Millisekunden, also tausendmal schneller. Also kann der Prozeß vielleicht ein paar Generationen von raumzeitlichen Mustern durchspielen und so innerhalb des Zeitrahmens, in dem unser Erzähler zu operieren scheint, eine neue geistige Vorstellung ausbilden. Vielleicht sogar eine Vorstellung davon, was als nächstes passieren könnte, was die Zukunft bringt.

Der Frontallappen verfügt vielleicht über jene Fähigkeiten, die wir für die Zukunftsvorsorge brauchen, denn dort scheinen die Bewegungsabläufe geplant zu werden. Der motorische Streifen ist ebenfalls Teil des Frontallappens; er bildet den hinteren Bereich, wo der Frontal- an den Parietallappen stößt.

Unmittelbar vor dem motorischen Streifen liegt noch ein »prämotorischer« Streifen, der ebenfalls mit den Bewegungsabläufen zu tun hat. Das Broca-Zentrum (beziehungsweise die entsprechende Struktur auf der rechten Seite) liegt, seitlich betrachtet, zuunterst, dann folgt in der Mitte des Streifens der prämotorische Kortex, und oben beginnt das zusätzliche motorische Feld, das sich entlang der Innenseite der Hemisphäre bis hinunter zum Gyrus cingulatus zieht.

Auch im prämotorischen Streifen sind die Körperfunktionen wie in einer Karte repräsentiert, aber nicht parallel zur Kopf-Hand-Fuß-Abfolge des motorischen Streifens. In diesem Bereich gibt es mehrfache Karten des Körpers, wobei in jedem Fall der Arm vor dem Bein liegt. Vom linken prämotorischen Kortex wissen wir, daß er in viel stärkerem

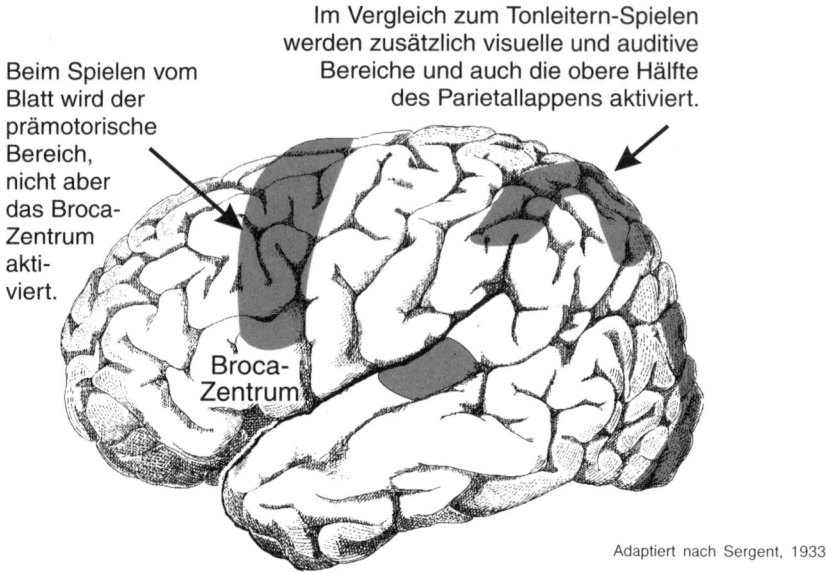

Beim Spielen vom Blatt wird der prämotorische Bereich, nicht aber das Broca-Zentrum aktiviert.

Im Vergleich zum Tonleitern-Spielen werden zusätzlich visuelle und auditive Bereiche und auch die obere Hälfte des Parietallappens aktiviert.

Broca-Zentrum

Adaptiert nach Sergent, 1933

Klavier spielen: Noten lesen und eine temporale Sequenz erzeugen

Maß beide Körperseiten kontrolliert als sein rechtsseitiges Gegenstück. Der prämotorische Kortex hat, im Gegensatz zum motorischen Streifen, zahlreiche Verbindungen zum Parietallappen sowie zum Thalamus (und damit zu den Basalganglien, einer anderen wichtigen Komponente des Systems der Bewegungssteuerung).

Wenn man die Gehirnaktivitäten eines Menschen aufzeichnet, der im Geist Fingerübungen macht (ohne die Finger tatsächlich zu bewegen), zeigt sich, daß der zusätzliche motorische Bereich viel stärker arbeitet als der Rest des Gehirns. Wie bereits erwähnt, spielt das Broca-Zentrum eine wichtige Rolle, wenn man sich eine Telefonnummer lang genug merkt, um sie wählen zu können. Spielt man Klavier (und liest dabei die Noten vom Blatt ab), arbeiten der prämotorische Kortex und hintere parietale Bereiche viel stärker, als wenn man nur die Tonleiter hinauf- und hinunterspielt.

Der Neuropsychologe Alexander R. Luria entdeckte bei Untersuchungen an sowjetischen Kriegsverletzten des Zweiten Weltkriegs einige Finessen der Bewegungsplanung. Probleme im prämotorischen Bereich äußerten sich nicht in Störungen von einzelnen Bewegungen, wie etwa einen Schlüssel in ein Schloß zu stecken, sondern bei Bewegungsabfolgen, beispielsweise den Schlüssel umzudrehen, die Klinke niederzudrükken und schließlich die Tür zu öffnen. Patienten mit Schädigungen des linken prämotorischen Kortex haben Schwierigkeiten, Handlungen zu einer fließenden Bewegung zu verknüpfen, zu einer »kinetischen Melodie«, wie Luria das nannte.

Wenn ein Neurologe die Leistung des prämotorischen Streifens überprüfen will, bittet er meist den Patienten, schnell mit den Fingern zu trommeln, denn die Schnelligkeit erfordert ein erhebliches Maß von Koordinierung zwischen den einzelnen Bewegungskommandos. Patienten mit prämotorischen Störungen können beispielsweise nicht so einfach den Rhythmus wechseln. Bittet man einen solchen Patienten, eine Zickzacklinie zu zeichnen, mitten drin aber zu einer Wellenlinie überzugehen, wird er vielleicht jedes dieser Muster für sich allein zeichnen können, nicht aber zwischen beiden hin- und herwechseln können. Der prämotorische Kortex ist in der Hauptsache dafür zuständig, einzelne Bewegungen miteinander zu verknüpfen, und Musiker machen regen Gebrauch von ihm, wenn sie die Noten vom Blatt ablesen und unvertraute Sequenzen von Hand- und Fingerbewegungen entwickeln müssen.

Der präfrontale Kortex liegt vor jenem prämotorischen Streifen aus Broca-Zentrum, prämotorischem und zusätzlichem motorischen Bereich. Er kümmert sich in erheblichem Maß darum, daß ein geistiges Abbild einer Sache erhalten bleibt, die vorübergehend nicht zu sehen ist; Affen, denen man den präfrontalen Kortex entfernt hat, haben Schwierigkeiten sich zu erinnern, wo ihr Wärter zuvor etwas zum Fressen versteckt hat, wenn man sie mehr als ein paar Minuten lang davon abhält, danach zu suchen.

Die richtige Reihenfolge der Dinge zu beachten, ist eine weitere präfrontale Funktion, die Luria herausgefunden hat. Nehmen wir an, ein Patient mit präfrontaler Schädigung liegt im Bett und hat beide Arme unter der Bettdecke. Wenn man ihn dann bittet, seinen Arm zu heben, scheint er dazu nicht in der Lage zu sein. Bittet man ihn aber, einen Arm unter der Bettdecke hervorzuholen, kann er das ohne weiteres tun. Fordert man ihn anschließend auf, den Arm in der Luft auf und ab zu bewegen, gelingt ihm auch das problemlos und geschmeidig.

Solche präfrontalen Probleme führen also nicht zu Lähmungen wie im Fall einer Schädigung des motorischen Streifens und auch nicht zu Schwierigkeiten, einzelne Bewegungen zu einer Abfolge zu verknüpfen, wofür der prämotorische Kortex zuständig ist. Das Problem besteht bloß darin, daß der Patient die Gesamtabfolge nicht planen kann: Angesichts der Vorbedingung, zunächst das Hindernis der einengenden Bettdecke umgehen zu müssen, gerät er in eine Sackgasse. Anhand des Abwägens von Möglichkeiten eine angemessene Abfolge von Handlungen zu planen, zählt zu den Aufgaben des präfrontalen Kortex. Ein Verlust dieser Fähigkeit nach einer größeren Schädigung des Frontallappens zeigt sich im schlimmsten Fall als »Perseveration«, wobei der Patient ein und dieselbe Bewegung andauernd wiederholt und nicht in der Lage zu sein scheint, zu einem neuen Bewegungsmuster zu wechseln.

Der Frontallappen ist derjenige Teil des Gehirns, der einer Geschäftsleitungs-Abteilung noch am nächsten kommt. Doch hat er viele wechselseitige Verbindungen mit dem Temporal- und dem Parietallappen, die wie dicke Pipelines durch die weiße Substanz führen. So umfassend sind diese Verbindungen, daß man besser von diesen drei Lappen gemeinsam als dem Exekutivkomitee sprechen könnte.

»Eine Troika, wie die Russen sagen würden? Und der Okzipitallappen soll als einziger Teil des zerebralen Kortex nichts mit den Exekutivaufgaben zu tun haben?«

Touché. Und das ist nicht das einzige Problem. Die Funktionen des Frontallappens herauszufinden, war ein ziemlich schwieriges Unterfangen. Kleine Schlaganfälle im Frontallappen werden von Neurologen nur selten bemerkt. Die Symptome sind so unauffällig, daß die Patienten sich vielleicht noch nicht einmal um ärztliche Hilfe bemühen. Kopfverletzungen führen häufig zu diffusen Schädigungen, deren Symptome auf gewisse Orientierungsschwierigkeiten hinweisen – oft können solche Patienten einfach nicht mehr richtig vorausplanen. Tumore des Frontallappens wachsen in vielen Fällen so langsam, daß man die daraus resultierenden Funktionsstörungen für Alterungsprozesse oder leichte Geistesstörungen hält.

Wilder Penfields eigene Schwester war so ein klassischer Fall. Penfield operierte sie wegen eines ziemlich großen Tumors im rechten Frontallappen. Offensichtlich war sie eine jener Köchinnen gewesen, die vier Stunden lang ein fünfgängiges Festessen vorbereiten und dann alles genau zu dem Zeitpunkt, da es benötigt wird, fix und fertig aus dem Topf oder dem Backofen hervorzuzaubern. Doch diese Fähigkeit verlor sie. Schon ein normales Abendessen im Kreis der Familie quälte und verwirrte sie, weil sie die Zubereitung nicht mehr richtig organisieren konnte.

»Sie konnte sich keinen Plan mehr machen?«

Oder sie konnte den Plan nicht länger »im Kopf« behalten beziehungsweise seine Durchführung überwachen. Bei Patienten, die sich wegen Zysten oder Tumoren einer Epilepsie-Operation am Frontallappen unterziehen mußten, ist man zu faszinierenden Untersuchungsergebnissen gekommen. Die Neurologen baten die Patienten lediglich, mitzuzählen, wie oft man sie an den Finger tippte. Geschah das im langsamen Tempo, ungefähr einmal pro Sekunde, konnten die Patienten nicht sehr gut mitzählen, doch wenn die Rate wesentlich höher lag, gelang es ihnen ohne weiteres. Das widerspricht allen Erwartungen. Bei einem Ereignis pro Sekunde scheint eine gewisse Wachsamkeit gefordert, bei sieben hingegen nicht. Und um die Wachsamkeit kümmert sich der rechte Frontallappen unmittelbar oberhalb des motorischen Streifens für den linken Arm.

Vielleicht hatte Penfields Schwester nicht die Fähigkeit verloren, Pläne zu machen, sondern konnte sich einfach nicht entscheiden, welche Alternative die beste sei. Unter Neurologen ist der Fall eines Buchhalters gut bekannt, bei dem ein großer Tumor auch die Basis beider Frontallappen befallen hatte. Sechs Jahre nach der Operation, bei der ihm der Tumor entfernt worden war, wies dieser Mann einen hohen IQ-Wert auf und konnte eine ganze Reihe neuropsychologischer Tests ziemlich gut bewältigen. Dennoch hatte er große Probleme damit, sein Leben zu organisieren – mehrere Male verlor er seine Stellung, ging bankrott, und binnen zweier Jahre wurde er zweimal geschieden.

Häufig war er unfähig, rasch eine einfache Entscheidung zu fällen – etwa was er anziehen oder welche Zahnpasta er kaufen sollte. Statt dessen verrannte er sich in endlose Vergleiche und Gegenüberstellungen; in vielen Fällen kam er zu überhaupt keinem Entschluß oder zu einem rein zufälligen. Stunden konnte er für eine relativ einfache Entscheidung brauchen. Wollte er essen gehen, war es erforderlich, daß er zunächst die Tischanordnung, die Speisekarte, die Atmosphäre sowie den Service aller in Frage kommenden Restaurants in Betracht zog. Er fuhr sogar zu den Lokalen hin, um nachzusehen, wie gut sie besucht waren, und dennoch blieb er unentschlossen und konnte sich nicht entscheiden, wohin er zum Essen gehen sollte.

»Das klingt zwanghaft. Wie bei jenen Menschen, die sich andauernd die Hände waschen. Grübelzwang.«

Denselben Gehirnbereich, der bei diesem Mann von einem Tumor geschädigt wurde – die Basis beider Frontallappen –, sehen wir mittels unserer Abbildungstechniken gelegentlich auch bei solchen Patienten in Aktivität, die an obsessiven oder zwanghaften Störungen leiden, obwohl andere Erkenntnisse darauf hinweisen, daß die Ursache ihrer Schwierigkeiten primär in den Basalganglien zu suchen ist.

»Was ist denn der Unterschied zwischen Obsessionen und Zwangshandlungen?«

Derselbe wie zwischen Denken und Tun – wahrscheinlich sind das Haarspaltereien, weil beiden Störungen vermutlich dieselben Ursachen zugrunde liegen. Obsessionen sind Vorstellungen, die immer wieder auftauchen, hartnäckige Gedanken, die sich andauernd aufdrängen, aber sinnlos erscheinen, etwa wenn man sich übertriebene Sorgen wegen Schmutz, Krankheitskeimen oder Giften macht, Ordnung, Symmetrie und Genauigkeit über alles stellt oder vielleicht befürchtet, daß irgend etwas Schreckliches passieren müsse.

Zwangshandlungen sind ein immer wiederkehrendes, zweckgerichtetes Verhalten, von dem der Betroffene weiß, daß es eigentlich überflüssig ist – etwa wenn er nachschaut, ob die Tür auch verschlossen ist, obwohl er das gerade vor zehn Minuten getan hat und noch einmal zehn Minuten früher ebenfalls. Zwangshandlungen entstehen manchmal als Folge von Obsessionen, manchmal sind sie anscheinend grundlose Zwangsroutinen – etwa bis vier zu zählen, immer und immer wieder. Heute beginnt man auch weniger auffällige Eigenheiten als Zwangssymptome anzuerkennen, zum Beispiel wenn Patienten sich pausenlos die Haare kämmen.

Glücklicherweise gibt es unter den zahlreichen Antidepressiva drei, mit denen vielen dieser Patienten geholfen werden kann (Sie funktionieren sogar bei Haustieren, die sich ununterbrochen putzen). Von den Antidepressiva, die bei obsessiv-zwanghaften Störungen nicht helfen, unterscheiden sich die in solchen Fällen wirkenden Medikamente nur geringfügig, manchmal nur in einem einzigen Atom des gesamten Moleküls.

»Einen richtigen Zwangsneurotiker habe ich, glaube ich, noch nicht getroffen. Obwohl wir unseren Buchhalter immer wieder damit aufziehen, scheint er als Kandidat nicht in Frage zu kommen. Er *weiß*, daß es notwendig ist, die Zahlenkolonnen dreimal durchzugehen, weil er oft genug erst beim zweiten oder dritten Mal Fehler gefunden hat. Also ist das alles andere als überflüssig.«

Richtig. Patienten, die an Zwangshandlungen leiten, wissen in der Regel, daß diese unnötig sind – es mangelt ihnen nicht an Einsicht. Obsessiv-zwanghafte Menschen scheinen recht selten zu sein, aber das liegt nur daran, daß sie ihr Leiden verheimlichen – viele führen ein zurückgezogenen Leben und suchen niemals deswegen den Arzt auf. Mittlerweile sieht es so aus, als wären mehrere Prozent der Bevölkerung davon betroffen, mehr als von Epilepsie oder Schizophrenie. Da mittlerweile wirksame Medikamente zu ihrer Behandlung zur Verfügung stehen, werden in Zukunft vielleicht mehr von ihnen den Mut haben, ihre Zurückgezogenheit aufzugeben.

Sich an veränderte Umweltbedingungen anzupassen, ist ein recht alltägliches Problem. Ganz individuell müssen wir auf veränderte Umstände reagieren: zum Beispiel den Bus nehmen, wenn wir kein Taxi bekommen können. Der Frontallappen hat eine Menge damit zu tun, daß wir Strategien für verschiedene Eventualitäten entwickeln, den Gang der Dinge beobachten und, wenn nötig, zu einer anderen Vorgehensweise wechseln.

»Der linke oder der rechte Frontallappen? Oder beide?«

Beide. Lange Zeit haben wir geglaubt, daß beide Frontallappen geschädigt sein müssen, damit sich irgendwelche Symptome zeigen. Heute wissen wir jedoch, daß wir Schädigungen auch nur eines Frontallappens mit bestimmten, entsprechend subtilen Testmethoden entdecken können. Zu ihnen gehört der Wisconsin-Kartentest, bei dem der Patient einen speziellen Satz Karten zu zwei Stapeln sortieren muß.

»Den hat man mit mir auch gemacht. Alle Karten mit roten Symbolen sollten auf den rechten Stapel gelegt werden, alle anderen Farben auf den linken.«

Allerdings wird das dem Patienten nicht ausdrücklich gesagt, er soll es vielmehr anhand der Reaktionen des Neuropsychologen selbst herausfinden. Der Patient beginnt, die Karten auf den einen oder anderen Stapel zu legen, und der Neuropsychologe sagt nach jeder Karte *ja* oder *nein*, je nachdem ob das korrekte Sortierungskriterium angewendet wurde – in unserem Beispiel sagt er *ja*, wenn eine Karte mit einem roten Symbol auf den rechten Stapel gelegt wird. Recht bald erkennt der Patient das Kriterium und bekommt nach jeder Karte ein *ja* zu hören. Doch das ist noch nicht der eigentliche Test.

Etwa nach der Hälfte aller Karten wechselt der Neuropsychologe ohne Vorankündigung das Kriterium. Jetzt sagt er beispielsweise *ja*, wenn Karten mit drei Symbolen unabhängig von ihrer Farbe auf den rechten Stapel gelegt werden. Da der Neuropsychologe nichts davon erwähnt, daß jetzt ein anderes Kriterium gilt, besteht für den Patienten der einzige Hinweis darin, daß er nun *nein* zu hören bekommt. Immer wieder. Eine normale Versuchsperson bekommt bald mit, daß die Spielregeln verändert wurden, und probiert andere Zuordnungen aus, bis sie schließlich durch eine Reihe von *Ja*-Antworten das neue Kriterium erkennt.

»Genauso war es. Eigentlich hat es ziemlich Spaß gemacht. Vielleicht aber nur, weil ich es jedes Mal schnell herausgefunden habe, wenn mir etwas anderes signalisiert wurde.«

Ein Patient mit einer Frontallappen-Schädigung findet die ursprüngliche Sortierungsanforderung bald heraus und bekommt eine Reihe von *Ja*-Antworten zu hören. Wenn dann aber eine andere Strategie gefordert ist, sortiert er einfach die Karten so weiter, wie er begonnen hat, die roten nach rechts, obwohl er damit nur eine Reihe von *Nein*-Antworten hervorruft. Er scheint sein Verhalten nicht den neuen Spielregeln anpassen zu können. Es handelt sich also um das gleiche Problem wie bei Lurias Patienten, eine Unfähigkeit, das Verhalten nach den Umständen auszurichten.

»Ich denke, ich habe den Test bestanden.«

Bei umfassenderen Schäden geht die Fähigkeit zur Abstraktion verloren. Neurologen überprüfen das meist, indem sie die Patienten bitten, Sprichworte zu erklären: »Was bedeutet es, wenn man sagt, ›Wer im Glashaus sitzt, sollte nicht mit Steinen werfen‹?« Nach einer durchschnittlichen Schädigung des Frontallappens kann ein Patient vielleicht das Sprichwort noch umschreiben. Ist der Schaden jedoch ausgedehnter, würde er das Sprichwort nur noch wörtlich wiederholen können – ein Beispiel dafür, was man »konkretes Denken« nennt. Sind noch mehr Frontallappen-Funktionen in Mitleidenschaft gezogen, wiederholt der Patient bestimmte Handlungen andauernd. Wie schon erwähnt, sprechen wir dann von Perseveration. Im schlimmsten Fall wird der Patient zu einem stummen Akinetiker, der zwar wach ist, aber einfach dasitzt, nichts tut und nichts sagt.

»Das klingt nach einer Störung in jenen Bahnen für die selektive Aufmerksamkeit, von denen du mir vor einer Weile erzählt hast.«

172

Sicherlich ist die Rolle, die der Frontallappen beim adaptiven Verhalten spielt, eng mit den Mechanismen der selektiven Aufmerksamkeit verknüpft. Vielfältige, wechselseitige Interaktionen zwischen frontalem Kortex und Thalamus sind es, die aus jenen Wahrnehmungen, welche mit der momentanen Situation und mit den Plänen des Individuums in Zusammenhang stehen, eine Auswahl treffen. Die Thalamus-Aktivität erhöht die Wahrscheinlichkeit, daß signifikante sensorische Signale im Gedächtnis bewahrt und so Teil der »bewußten Wahrnehmung« werden. Versagt nach einer Frontallappen-Schädigung dieses Zusammenspiel von Thalamus und frontalem Kortex, verliert der Betroffene das Interesse an seiner Umgebung. Die Innen- und Unterseiten des Frontallappens scheinen für dieses Zusammenspiel besonders wichtig zu sein; größere Schäden in diesen Bereichen führen mit erheblicher Wahrscheinlichkeit dazu, daß der Patient in stummer Bewegungslosigkeit verharrt.

»Klingt mir nach einer Depression. Aber wenn ich deprimiert bin, liegt das nicht an mangelndem Interesse; es ist vielmehr, als fiele ich in ein schwarzes Loch – ein Stimmungsumschwung, der sich meiner Kontrolle zu entziehen scheint. Ist daran auch der Frontallappen schuld?«

Bei einer PET-Untersuchung wurde während einer Depression tatsächlich eine verringerte Stoffwechselaktivität im Frontallappen festgestellt, vor allem im linken, doch ist ungewiß, ob es sich hier um eine Ursache oder um eine Folge handelt. Bei Patienten mit Frontallappen-Schäden zeigt sich auch eine Reduktion ihrer emotionalen Ansprechbarkeit. George erzählt gern die Geschichte eines Patienten namens Tom, bei dem ein großer Tumor auf die Innenseiten beider Frontallappen drückte. Er hatte nicht nur das Interesse an seiner Umgebung ebenso wie an seinen früheren Aktivitäten verloren und ließ Anzeichen für konkretes Denken und Perseveration erkennen, sondern er hatte auch größtenteils sein emotionales Einfühlungsvermögen eingebüßt. Er kümmerte sich nicht darum, wie sein Verhalten auf die Umgebung oder auf die ihm nahestehenden Menschen wirkte. Er zeigte keinerlei Gefühlsregung, als George ihm von seinem Tumor berichtete und sagte, daß er sich einer größeren Operation unterziehen müsse. Glücklicherweise war die Operation erfolgreich, wie George berichtet, und der Tumor konnte vollständig entfernt werden. Tom ist offensichtlich wieder ganz zu seinem früheren Selbst zurückgekehrt, einschließlich aller Gefühle.

»Was ist mit den Soziopathen? Die kümmern sich doch auch nie darum, ob sie anderen Leid zufügen.«

Ach ja – im neunzehnten Jahrhundert sprach man in diesen Fällen noch von »moralischer« oder »charakterlicher Psychopathie«. Heute nennt man sie »Menschen mit antisozialen Persönlichkeitsstörungen«, aber auch die Begriffe »soziopathische Persönlichkeit« und »psychopathische Persönlichkeit« sind noch in Gebrauch. Schätzungsweise drei bis fünf Prozent aller Männer und ein Prozent aller Frauen fallen in diese Kategorie, wenn man eine Definition zugrundelegt, nach der das betreffende Verhalten sowohl im Jugend- wie im Erwachsenenalter an den Tag gelegt wird.

Einigen Berichten zufolge zeigen diese Menschen nicht dieselben autonomen Reaktionen auf irritierende Bilder wie normale Menschen. Diejenigen Gehirnbereiche, deren Schädigung unter anderem die emotionale Ansprechbarkeit verändert, sind zugleich auch für viszerale Funktionen zuständig: Sie regulieren den Herzrhythmus, den Blutdruck, die Atmung, die Verdauungsaktivität und verschiedene Hormonspiegel. Wie George es gern ausdrückt: Zwischen Gefühlen und Schmetterlingen im Bauch gibt es tatsächlich einen Zusammenhang.

»Gefühle, die wirklich an die Nieren gehen?«

Wir kennen sogar die Stelle, wo sie vermutlich herkommen – eine wichtige Stelle, weil hier möglicherweise die Ursache psychosomatischer Erkrankungen zu finden ist. Zwar kommt es auf mehreren Ebenen des Gehirns zu einer Verbindung zwischen Emotionen und viszeralen Funktionen, und auf dieser Grundlage lassen sich die am deutlichsten für emotionale Reaktionen zuständigen Teile identifizieren; doch die Überlappung emotionaler und viszeraler Bereiche im Frontallappen ist ein besonders vielversprechender Kandidat, weil es hier Verbindungen zu den höheren kognitiven Prozessen gibt – das Zusammenspinnen all jener Was-wäre-wenn-Szenarien, die ihren Teil dazu beitragen, daß wir Sorgen, Angst und Leid empfinden.

Die viszeralen oder vegetativen Funktionen werden von zwei Systemen gesteuert. Das eine, das Sympathikussystem, stimmt den Körper auf Flucht oder Kampf ein, beschleunigt den Herzschlag, erhöht den Blutdruck, läßt die Haare zu Berge stehen – und hemmt die Verdauungstätigkeit, da die Blutversorgung an anderer Stelle sichergestellt werden muß. Das andere, das Parasympathikussystem, wirkt genau entgegengesetzt und stimmt den Körper eher auf seine vegetativen Aktivitäten ein.

Die Chefbüros für beide Systeme befinden sich im Hypothalamus, demjenigen Teil des Gehirns, der unmittelbar unter dem Thalamus und

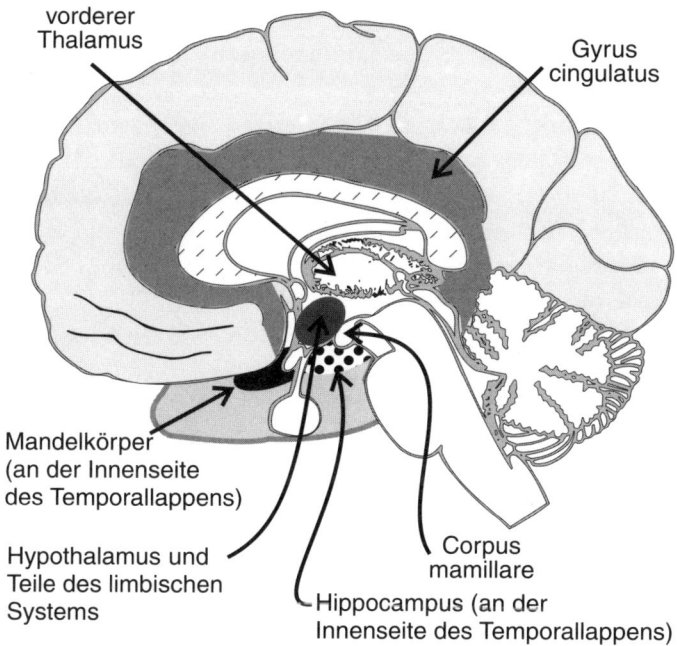

vorderer
Thalamus

Gyrus
cingulatus

Mandelkörper
(an der Innenseite
des Temporallappens)

Hypothalamus und
Teile des limbischen
Systems

Corpus
mamillare

Hippocampus (an der
Innenseite des Temporallappens)

oberhalb der Hypophyse liegt. Der Hypothalamus ist in der Tat so etwas wie die Chefetage, von der aus alle viszeralen Funktionen nicht nur mittels des Sympathikus- und Parasympathikussystems gesteuert werden, sondern auch durch die Regulierung der Hormone, da der Hypothalamus die Aktivitäten der Hypophyse kontrolliert.

Schädigt man bei Versuchstieren den Hypothalamus, gerät nicht allein die Steuerung ihrer viszeralen Funktionen durcheinander, auch ihre emotionalen Reaktionen veränderen sich. Wird ein kleiner Bereich des äußeren Hypothalamus zerstört, ändern umgängliche, zutrauliche Katzen ihr Verhalten dahingehend, daß sie auf alle Kontaktversuche mit blinder Rasierei reagieren. Werden nur wenige Millimeter entfernte innere Teile des Hypothalamus beschädigt, tritt das Gegenteil ein. Die Katzen werden überaus friedlich und fett.

Bei ein paar Patienten mit Tumoren oder kleinen Schlaganfällen in den verschiedenen Teilen des Hypothalamus zeigten sich dieselben Arten von Symptomen. Daneben rufen elektrische Stimulationen in einem weiten Bereich des Hypothalamus offensichtlich recht angenehme Gefühle hervor. Läßt man Versuchstieren die Wahl zwischen Fressen, Wasser und sexuellen Lustgefühlen, die sie sich auf Knopfdruck verschaffen können, drücken sie solange den stimulierenden Knopf, bis sie vor Erschöpfung umfallen.

»Ob man ›dick aber glücklich‹ oder ›dünn aber gemein‹ ist, könnte folglich davon abhängen, welche Art von Hypothalamus man hat. Ist das nicht auch der Teil, der im Gehirn von Homosexuellen anders sein soll?«

Man hat einmal die unterschiedliche Größe einer Gruppe von Nervenzellen im Hypothalamus untersucht, die als AH3 bekannt ist. Dem Bericht zufolge ist diese Zellgruppe bei männlichen Homosexuellen von einer Größe, wie man sie normalerweise bei Frauen erwarten würde, wenigstens in diesem einen Bereich. Unterschiede im Hypothalamus zu finden wäre ohnehin keine große Überraschung, denn er ist in erheblichem Maß an der Regulierung der verschiedenen Sexualhormone im Verlauf des Lebens beteiligt. Niemand weiß jedoch, ob dies die Ursache ist – wovon wohl alle ausgehen – oder die Folge. Es könnte sich genausogut etwas zurückbilden, weil es nicht gebraucht wird.

»Nun, ich verstehe, daß Unterschiede im Funktionieren des Hypothalamus die Emotionalität eines Menschen verändern können«, sagte Neil. »Ist aber nicht, was die Emotionen angeht, der Kortex der eigentliche Boß?«

Wenigstens bei den höher integrierten emotionalen Verhaltensweisen ist das der Fall – die Verhaltenssteuerung durch den Hypothalamus ist nur recht grob und unkultiviert. Auf der Ebene des Hypothalamus werden Gefühle wie Wut oder Freude kaum von äußeren Stimuli beeinflußt. Erst auf der kortikalen Ebene scheint es zu Wechselwirkungen zwischen der Umwelt und den Emotionen zu kommen.

Primär sind die Innenseiten des Frontal- und des Temporallappens die Bereiche, wo Emotionalität und viszerale Funktionen durch Schädigungen oder elektrische Stimulationen beeinflußt werden können. Diese Bereiche haben Verbindungen zum Hypothalamus; zusammengenommen bezeichnet man sie als das limbische System. Ausgedehnte Schädigungen am Temporallappen-Anteil des limbischen Systems sowohl auf der rechten wie auf der linken Seite des Gehirns können dazu führen, daß ein Tier mit größerer Wahrscheinlichkeit auf Umweltreize aggressiv reagiert. Dasselbe trifft auf einige Patienten mit solch einer beidseitigen Schädigung zu. Schäden am Frontallappen-Anteil des limbischen Systems führen zu Friedfertigkeit und Gleichgültigkeit – wie bei Georges Patient Tom.

»Was die Emotionen betrifft, sitzt das eigentliche Ich also in meinem Hypothalamus und in meinem limbischen Kortex?«

Es gehört noch mehr dazu. Große Bereiche des Kortex interagieren mit dem limbischen System. Es ist diese Mischung von emotionalem Charakter und Denken, die unsere Persönlichkeit ausmacht. Der rechte Temporallappen erkennt die emotionale Färbung eines Mienenspiels, und Gefühle werden eher auf der linken Seite des Gesichts ausgedrückt. Im Gegensatz zu anderen sequentiellen Gesichtsbewegungen werden Lachen und Lächeln leichter durch rechtsseitige Gehirnstörungen beeinträchtigt als durch linksseitige. Und natürlich können Verletzungen des Temporallappens dazu führen, daß sich die Persönlichkeit verändert.

»In welcher Weise?«

Bei der Sonntagmorgen-Visite der Neurochirurgen sah ich einmal einen Mann mit einer Kopfverletzung. Die Schwestern hatten einen handgeschriebenen Zettel an der Tür zu seinem Zimmer angebracht: »Diesem Patienten keine Streichhölzer geben!« Mutwillig hatte er Streichhölzer angezündet und im Zimmer herumgeworfen. Dieser Mann war alles andere als lethargisch. Er wollte nicht im Krankenhaus bleiben. Er hatte einen wachen Blick, ging aggressiv mit den Ärzten um, schäkerte mit den Schwestern und verhielt sich im großen und ganzen wie ein Matrose auf Landgang, der nichts als seinen Spaß haben will. Hätte er laufen können, wäre er wohl wie ein Gockel herumstolziert – er hatte jedoch zugleich eine Beinverletzung.

Am folgenden Sonntag sah ich einen weiteren Patienten mit einer Quetschung des Temporallappens. Dieser Mann war lammfromm und verhielt sich im Umgang mit dem Personal höchst zurückhaltend; meist senkte er den Blick, wenn er mit jemandem sprach – völlig anders als der Patient der vorangegangenen Woche. Erst als wir später im Gang über ihn sprachen, bemerkte ich, daß es genau derselbe Patient war, den ich die Woche zuvor gesehen hatte.

»Welches war denn seine richtige Persönlichkeit?«

Die zweite. Seine Familie war angesichts des vergnügungssüchtigen Matrosen ziemlich verblüfft gewesen. Und das hatten die Neurochirurgen als Warnsignal interpretiert, daß die limbischen Bahnen des Temporallappens vermutlich durch eine Schwellung des Gehirns verletzt wurden und daß sie ganz schnell etwas unternehmen mußten, damit die Gehirnschwellung ein wenig zurückging. In der Regel bedeutet das, daß man Diuretika und ähnliches verabreicht, um die Flüssigkeitsmenge in den unverletzten Bereichen des Gehirns zu reduzieren. Manchmal kann man dadurch etwas Zeit gewinnen.

»Ein Glück, daß er nicht aus dem Krankenhaus herauskam. Weiß der Himmel, in was er geraten wäre.«

Höchstwahrscheinlich in ein Koma, und sein Gehirn hätte dann noch mehr Schaden genommen. Ich glaube, der zuständige Arzt hatte entschieden, daß die kleine Beinverletzung einen extra großen Gipsverband erforderte – als Anker für den Matrosen gewissermaßen. Ich bin mir sicher, daß der Gips schon wieder verschwunden war, als ich den Patienten das zweite Mal sah. Ich kann mich noch nicht einmal erinnern, Verbände an seinem Bein gesehen zu haben.

Bestimmte Veränderungen der Temporallappen-Funktionen können von dauerhafterer Art sein. Patienten mit epileptischen Herden im rechten Temporallappen sagt man eine Persönlichkeit nach, in der eher emotionale Ansprechbarkeit, Sexualität, Sorge ums Detail und eine gewisse Hilflosigkeit zum Ausdruck kommen. Solche Patienten neigen dazu, ihre Defizite unterzubewerten und ihre Fähigkeiten zu überschätzen.

»Also sind sie um ihr Image besorgt«, bemerkte Neil. »Ich kann es kaum erwarten, etwas über Linke-Temporallappen-Epileptiker zu erfahren. Also nur zu.«

Patienten mit linksseitigen Temporal-Herden sollen, wenigstens einigen Untersuchungen zufolge, im großen und ganzen – nicht in jedem Einzelfall – eine etwas andere Persönlichkeit haben. Ein Patient mit einem Herd im linken Temporallappen neigt zum Moralisieren, zu religiösen Überzeugungen, ist geradlinig, nüchtern, leidet an Selbstzweifeln und überbewertet, was bestimmte Ereignisse für ihn persönlich bedeuten; oft schreibt er all diese persönlichen Bewertungen in sämtlichen Einzelheiten auf. Sowohl Dostojewski wie Rasputin sollen Beispiele für die Linke-Temporallappen-Persönlichkeit gewesen sein.

»Das scheint auf mich nicht so recht zuzutreffen«, überlegte Neil. »Wie die meisten statistischen Verallgemeinerungen, vermute ich. Nüchtern, ja. Von Selbstzweifeln geplagt? Davon versuch' mal meine Frau zu überzeugen!«

Und damit wären wir wieder bei den Geschichten à la »Die Diagnose kann ich doch schon stellen, wenn *so einer* ins Zimmer kommt«, wie sie Ärzte sich untereinander so gern erzählen. George behauptet, er könne jederzeit auf einen linksseitigen Temporal-Herd tippen, wenn ein Patient zu seiner ersten Untersuchung in die Klinik kommt und ein dickes Manuskript unter dem Arm hat, in dem alle seine Symptome beschrieben sind.

10.
Wenn es mit dem Denken und Fühlen nicht klappt

Schon immer war bekannt, daß Melancholiker zwar wenig Energie haben, diese wenige Energie aber sehr gut nutzen; sie arbeiten meist in einem genau umschriebenen Gebiet, bringen dort Großes zustande, doch ihre Leistungen bereiten ihnen nur wenig Freude. Viele große Errungenschaften und Einsichten der Menschheitsgeschichte verdanken sich der Unzufriedenheit, den Schuldgefühlen und dem kritischen Blick der Melancholiker.

DER PSYCHIATER PETER D. KRAMER, 1993

In gewisser Hinsicht ist es bei einer Depression so, als würde man die Welt durch eine dunkel getönte Brille betrachten, und bei einer Manie, als erblicke man durch ein Prisma oder durch ein Kaleidoskop ein bunt zusammengewürfeltes Muster visueller Eindrücke: oft brillant, aber meist in Stücke zerbrochen. Wo die Depression fragt, grübelt und zögert, antwortet die Manie mit Tatkraft und Selbstsicherheit. Der ständige Wechsel zwischen eingeengtem und weit ausschweifendem Denken, zwischen unterdrückten und dann heftig ausbrechenden Reaktionen, zwischen verbitterten und überschäumenden Stimmungen, zwischen kalten und feurigen Gefühlszuständen, zwischen dem Rückzug aus allen Bindungen und dem Wiedereingehen derselben – und die Schnelligkeit und Übergangslosigkeit, mit der sich die Übergänge zwischen solch kontrastierenden Erfahrungen vollziehen: all das kann schmerzlich und verwirrend sein. Bei jenen Menschen, die in der Lage sind, solch ein Chaos in den Griff zu bekommen oder gar ihrem Willen gefügig zu machen, kann dies zu einer künstlerisch nützlichen Vertrautheit mit Übergängen führen. Sie gehen leichter mit Vieldeutigkeiten um, wissen extreme Lebenssituationen zu nutzen und sind sich intuitiv bewußt, daß in der Welt nebeneinander existierende, gegensätzliche Kräfte am Werk sind. Die Verknüpfung dieser widersprüchlichen Wahrnehmungen eines beständigen Kerns und einer rhythmischen Zerbrochenheit ist sowohl für die künstlerische wie für die manisch-depressive Erfahrung von entscheidender Bedeutung.

DIE PSYCHOLOGIN KAY REDFIELD JAMISON, 1993

Ob man seinen eigenen Augen und Ohren trauen kann, wird nicht nur dann fraglich, wenn andere Menschen das Gegenteil behaupten. Bei einigen Patienten bezieht sich die Frage »Ist das wirklich passiert?« auf die Wahrnehmung selbst – entsprach sie etwas Realem, oder hat man sie sich nur eingebildet? Ich wollte eigentlich das Gespräch nicht so rasch auf Neils Halluzinationen bringen, nachdem wir gerade die wichtigen Fragen »Cappuccino oder Milchkaffee?«, »Rosinen- oder Schokoladenkuchen?« entschieden hatten, aber Neil erinnerte mich an jenen Geruch nach verbranntem Gummi, der manchmal seinen Anfällen vorausging.

»Natürlich nimmt sonst keiner diesen Geruch wahr. Sind Halluzinationen immer ein Anzeichen für Schizophrenie oder Temporallappen-Epilepsie? Das wollte ich schon immer wissen«, fügte er hinzu, »jedenfalls seit mein Neurologe mir die Sache so klargemacht hat, daß es immer Halluzinationen sind, die eine Schizophrenie definieren – was mich natürlich mehr als beunruhigt hat.«

Angesichts dessen, was wir heute über posttraumatische Streßreaktionen wissen, müssen Halluzinationen nicht notwendigerweise ein Zeichen für eine ernsthafte geistige Erkrankung sein. Nicht wenige Menschen haben vermutlich gelegentlich eine Halluzination – zum Beispiel nach dem Tod eines nahen Verwandten oder eines geliebten Haustiers. Und Streßreaktionen sind ja keine Seltenheit, wenn man bedenkt, wie häufig es zum Tod eines geliebten Wesens, zu Verkehrsunfällen, Scheidungen, Einbrüchen und so weiter kommt.

Mardi Horowitz, ein Psychiater aus San Francisco, erzählt gern die Geschichte von seiner schnellsten Diagnose und seiner kürzesten erfolgreichen Therapie – beides dauerte alles in allem nur fünf Minuten. Viele Jahre lang hatte er sich gelegentlich mit einem älteren Nachbarn über den Gartenzaun hinweg unterhalten; dabei war es oft um das künstliche Hüftgelenk seines Nachbarn gegangen oder um dessen Prostata-Probleme oder seine Star-Operation. Eines Tages aber begann der Nachbar von seiner Pistole zu erzählen.

Das schien gar nicht zu ihm zu passen, also fragte der Psychiater vorsichtig: »Tragen Sie sich mit Selbstmordgedanken?«

Der Nachbar meinte, mit all den medizinischen Problemen in der Vergangenheit sei er ja fertig geworden, aber er hätte keine Lust, auch noch seinen Verstand zu verlieren, und dagegen wolle er etwas tun, solange er es noch könnte.

Der Psychiater fragte, welcher Art denn seine neuen Probleme seien.

Halluzinationen. Manchmal sehe er aus den Augenwinkeln seine Hündin (die drei Monate zuvor altersbedingt gestorben war), manchmal würde er sie auch bellen hören.

Der Psychiater antwortete, er würde wetten, daß dies meist zu jener Tageszeit geschehe, zu der er sie früher gefüttert hatte.

Ja, tatsächlich.

Daraufhin erklärte der Psychiater, daß Menschen, die einem geliebten Wesen nachtrauern, oft an solchen Halluzinationen leiden. (Wahrscheinlich hat deswegen die Vorstellung von einem »Geist« in unser Denken Eingang gefunden – weil so viele Menschen die gleiche Erfahrung machen.)

Der Nachbar glaubte, der Psychiater wolle ihn verulken. Also fragte der Psychiater ihn, ob er ihm glauben würde, wenn er es in einem Buch geschrieben sähe. Nun ja, vielleicht. Also ging der Psychiater ins Haus, kehrte mit einem Lehrbuch an den Gartenzaun zurück und reichte es dem Nachbarn.

Ja, sagte der Nachbar, nachdem er die Seite überflogen hatte – aber in diesen Fällen seien es doch *Menschen*, die in den Halluzinationen auftauchten – verstorbene Frauen und Gatten und Kinder. Er aber würde doch einen *Hund* hören.

Ganz einfach, der Hund hätte ihm wohl viel mehr bedeutet als die meisten Menschen, oder?

Der Psychiater empfahl, sich einen neuen Hund zuzulegen. Der Nachbar besorgte sich einen und lebte glücklich bis ans Ende seiner Tage.

»Dann laß uns mal schauen, daß meine Geschichte auch mit einem ›und lebte glücklich bis ans Ende seiner Tage‹ aufhören wird«, meinte Neil heiter, aber durchaus im Ernst.

Und dann fuhr er fort: »Wenn ich dich richtig verstanden habe, müssen Halluzinationen nicht notwendigerweise auf eine ›organische‹ psychiatrische Erkrankung schließen lassen. Heißt das, daß sie ein rein geistiges Problem sein können und kein Gehirn-Problem? Welche psychiatrischen Krankheiten beruhen denn überhaupt auf Problemen mit dem Gehirn?«

Nun ja. Allen psychiatrischen Störungen liegen Probleme im Gehirn zugrunde, und die Psychiatrie hat in jüngster Zeit ihr Klassifizierungsschema geändert, um von der kartesianischen Leib-Seele-Dichotomie wegzukommen. Mit *organisch* hat man bislang meist offensichtliche Schädigungen irgendwelcher Art bezeichnet, welche die entsprechenden psychiatrischen Probleme produzierten. Also etwa Kopfverletzungen, Schlaganfälle und Tumore.

Doch nicht in jedem Fall müssen leicht erkennbare Schäden aufgrund äußerer Einwirkungen auf das Gehirn die Ursache sein. Manchmal handelt es sich um degenerative Herde – Maurice Ravel, der die letzten vier Jahre seines Lebens nicht mehr komponieren konnte, soll an einer Degeneration des Kortex im unteren Teil seines linken Parietallappen gelitten haben. Und natürlich gehört auch die Alzheimer-Demenz zu den degenerativen Erkrankungen. Sie ist die häufigste der organischen Störungen; allein in den Vereinigten Staaten leiden vier Millionen Menschen an dieser Degeneration des Gehirns.

»Das ganze Gehirn verrottet?« fragte Neil.

Nun, nicht das ganze Gehirn, aber entscheidende Teile. Alzheimer ist eine Krankheit, bei der Neuronen quasi verwelken und absterben; oft geschieht das im Kortex entlang der Innenseite des Temporallappens, beispielsweise im Hippocampus. Anfänglich kommt es zu einem Verlust des Kurzzeitgedächtnisses, doch wenn sich die Degeneration auf andere Gehirnschaltungen ausweitet, fallen weitere Funktionen aus. Die Patienten verlieren auch die Erinnerung an lang zurückliegende Ereignisse und sind nicht mehr in der Lage, neue Gedächtnisinhalte zu bilden. Schließlich gehen auch der Wortschatz und die Beherrschung einfacher Tätigkeiten verloren – sie erkennen ein Messer nicht mehr und wissen nicht, wozu man es gebraucht. Diese Degeneration wird mit Ansammlungen eines anomalen Proteins, des Amyloids, in Verbindung gebracht, das charakteristische Ablagerungen namens »senile Plaques« bildet; die eigentliche Ursache für diese degenerative Erkrankung aber ist unbekannt.

Auch Drogenmißbrauch kann zu Hirnschädigungen führen, wie die Fälle von Jugendlichen belegen, die nach der Einnahme der Straßendroge MPTP rasch und irreversibel an Parkinsonismus erkrankt sind. Adolf Hitler soll über Jahre hinweg Aufputschmittel genommen haben, und einige Psychiater glauben, daß ein organisch bedingtes Wahnsyndrom für seinen Größen- wie seinen Verfolgungswahn verantwortlich war. Auch nach dem Absetzen eines Amphetamin-Mißbrauchs kommt es noch lange Zeit zu Wahnvorstellungen.

»Ich habe mich immer gefragt, ob bei Brandstiftern eine organische Ursache vorliegt«, sagte Neil. »Nicht bei den Geschäftemachern, sondern bei den echten Pyromanen, die es um des Nervenkitzels willen tun.«

Solche Serienbrandstifter kann man als Tätergruppe erstaunlich gut eingrenzen – und, ja, es gibt einige Anzeichen, daß ihr Verhalten organische Ursachen hat. Es klingt vielleicht überraschend, aber sie sind keine Psychotiker – anders ausgedrückt, sie leiden nicht an Wahnvorstellungen oder Halluzinationen. Sowohl der Serotonin- wie der Blutzuckerspiegel scheinen bei ihnen allgemein gestört zu sein. In den meisten Fällen kommen sie gerade von einer Sauftour: Ihr Blutzuckerspiegel sinkt ab, und der Serotoninspiegel im Gehirn verändert sich. In diesem Zustand suchen sie die Erregung des Feuerlegens.

»Klingt nach einer Manie.«

Nein, die meisten anderen Symptome, die manische Patienten zeigen, lassen sich bei ihnen nicht finden. Dasselbe Syndrom wie die impulsiven Brandstifter weisen aber jene Menschen auf, die impulsiv jemanden umzubringen versuchen.

»Was meinst du mit impulsiv? Ohne Vorsatz?«

Jene Fälle, bei denen der Polizei zufolge das Opfer dem Attentäter unbekannt war, nichts getan hat, um den Angriff zu provozieren, und bei denen es auch keine Anhaltspunkte für einen Raubüberfall gibt. Bei solchen Tätern besteht auch das Risiko, daß sie sich selbst Gewalt antun; viele von ihnen sind schon einmal nach einem Selbstmordversuch in eine Klinik eingeliefert worden. Im Gefängnis, wo es keinen Alkohol gibt, sind solche Menschen dann auch nicht besonders gewalttätig – oder brandlüstern.

Dieses Brandstiftungs- oder Leute-Abschlachten-Syndrom, wie immer man es nennen will, paßt nicht so recht in die Systematik, in die wir die Erkrankungen üblicherweise einteilen; zum Beispiel finden sich trotz der zahlreichen Selbstmordkandidaten nur wenige Täter, welche die Kriterien für eine schwere Depression erfüllen. Es könnte sich gut um eine Stoffwechselstörung handeln, bei denen solche breitgestreuten Neurotransmitter wie Serotonin in Mitleidenschaft gezogen sind.

»Ist das jetzt eine Geisteskrankheit? Oder eine Gemütskrankheit? Ich bin ziemlich verwirrt.«

Da geht es dir nicht alleine so – es ist schwer zu sagen, wie man diese Störung klassifizieren soll. Bei Gemütskrankheiten wie den Manien und Depressionen kommt es zu unangemessenen emotionalen Reaktionen. Geisteskrankheiten haben unangemessene geistige Vorstellungen zur

Folge – Schizophrenie, Wahnvorstellungen und kleinere Störungen dieser Art sind dafür typisch. Aber bleiben wir einen Moment lang bei den Manien.

Jede Menge impulsives Verhalten und eine übertriebene Aufgeregtheit sind für eine Manie typisch; bei glimpflichem Verlauf jedoch sind die Betroffenen sehr tatkräftig und erledigen eine Menge Aufgaben. Dennoch können sie in Schwierigkeiten kommen: Ihre Sexualität ist übersteigert, sie lachen unangemessen oder machen unpassende Witze, verfallen in einen Kaufrausch, fahren verwegen Auto. Wenn die Manie sich steigert, nimmt ihre Desorganisation zu, und ihr Urteilsvermögen schwindet weiter. Sie sprechen wie unter Zwang und beantworten Fragen überaus weitschweifig. Manchmal sprechen sie noch weiter, wenn alle Zuhörer schon den Raum verlassen haben. Als Virginia Woolf manisch geworden war, sprach sie manchmal zwei oder drei Tage lang so gut wie ohne Pause. Am ersten Tag machten ihre Sätze noch einigen Sinn, am dritten Tag aber waren sie völlig zusammenhanglos. Damals gab es noch keine Lithiumsalze zur Behandlung von Manien; Schizophrenie und manisch-depressives Irresein wurde häufig, vor allem in den Vereinigten Staaten, miteinander verwechselt, bis man anhand des Ansprechens auf die Lithium-Medikamente die beiden Patientengruppen besser auseinanderhalten konnte.

Die Euphorie und die manchmal ansteckende Fröhlichkeit manischer Patienten sind verblüffend, doch ein Psychiater kann im allgemeinen eine manische Euphorie gut von einer allgemeinen »guten Stimmung« unterscheiden, indem er weitere, eindeutig pathologische Symptome beachtet, beispielsweise eine übertriebene Großzügigkeit oder ein für den Betreffenden untypisches schlechtes Urteilsvermögen.

Und natürlich wechseln in der Regel die manischen Phasen mit depressiven; beide zusammen bilden die bipolare manisch-depressive Erkrankung. Daß Manien und Depressionen zusammenhängen, wurde zum ersten Mal vor eintausendachthundert Jahren beobachtet. Die an der bipolaren Erkrankung leidenden Patienten sind nicht andauernd anomal, sondern verhalten sich in den Perioden zwischen ihren manischen und depressiven Phasen recht funktional – sie können dann eine ganze Menge Aufgaben bewältigen. Doch findet sich im Zusammenhang mit der manisch-depressiven Erkrankung auch viel Alkoholismus und Drogenmißbrauch.

Häufiger jedoch kommt es ohne diese Indikationen zu einer Depression. Depressive Menschen schlafen schlecht (oder zu viel) und fühlen

sich erschöpft; ihren täglichen Aktivitäten gewinnen sie wenig Freude
ab, sie leiden an Konzentrationsstörungen und fühlen sich oft wertlos
oder schuldig. Eine depressive Stimmung kann beispielsweise nach dem
Tod eines geliebten Angehörigen ein angemessener Gemütszustand sein,
als Reaktion auf den einzigen Sonnentag eines verregneten Monats in
Seattle aber ist sie das nicht.

Eine Depression kann ein sehr schwerer Krankheitszustand sein, der
den Patienten von jeglicher Aktivität abhält und ein erhebliches Selbst-
mordrisiko in sich birgt. Die Wahrscheinlichkeit, daß jemand im Lauf
seines Lebens Selbstmord begeht, beträgt für Menschen ohne geistige
Störungen ein Prozent, für Depressive liegt sie bei achtzehn Prozent,
und bei Manisch-Depressiven schnellt sie auf vierundzwanzig Prozent
hoch. Siebzig bis neunzig Prozent aller Selbstmorde scheinen von Menschen mit Gemütskrankheiten begangen zu werden.

»Depression ist doch das, was man früher Melancholie nannte?«

Diesen Namen hat Hippokrates der Krankheit vor zweieinhalbtausend
Jahren gegeben, und Aristoteles glaubte, daß alle Menschen, die es in
Philosophie, Politik, Poesie und den anderen Künsten weit gebracht
haben, der Melancholie zugeneigt sind. Gemütskrankheiten lassen sich
aber über zehntausend Jahre zurückverfolgen, bis zu König Saul im
Buch Samuel des Alten Testaments. Saul durchlebte Perioden schwerer
Depressionen, litt an Schuldgefühlen und war unfähig zu handeln; später
entwickelte er einen Verfolgungswahn und versuchte, seinen Sohn Jonathan sowie David, den Bezwinger Goliaths, zu töten.

»Hamlet?«

Es gibt noch viel mehr Beispiele: der heilige Augustinus, John Keats,
William James, Leo Tolstoi, Ernest Hemingway, Sylvia Plath, John Ber-
ryman, Ann Sexton, Winston Churchill – und noch eine ganze Reihe
weiterer Politiker. Unter den Dichtern aber scheint der Anteil der
Gemütskranken und Selbstmordkandidaten am höchsten zu sein. Die
Psychiaterin Nancy Andreasen, die ursprünglich Professorin für englische Literatur gewesen war, hat mittels moderner psychiatrischer Kriterien für Schizophrenie das Werk berühmter Schriftsteller untersucht und
herausgefunden, daß die Rate der Gemütskrankheiten bei Schriftstellern
dreimal so hoch liegt wie beim Bevölkerungsdurchschnitt – keiner aber
litt an Schizophrenie; auch bei den Eltern und Nachkommen der Poeten
ergab sich dieselbe Rate von Gemütskrankheiten. Anderen Untersuchungen zufolge liegt bei Künstlern, Dichtern und Schriftstellern der

Anteil schwer Depressiver acht- bis zehnmal höher als bei der allgemeinen Bevölkerung, und der Anteil der Manisch-Depressiven einschließlich glimpflicherer Verlaufsformen liegt zehn- bis vierzigmal höher. Aristoteles hatte also vielleicht recht.

»Gibt es wirklich mehr depressive Frauen als Männer?«

Ungefähr doppelt so viel, wenn man die rein Depressiven betrachtet. Bei manisch-depressiven Erkrankungen ist der Anteil beider Geschlechter aber gleich hoch.

Gemütskrankheiten und Schizophrenie sind relativ weit verbreitet. Ungefähr vier Prozent der Bevölkerung leiden ständig an Depressionen, wobei etwa zehn bis zwanzig Prozent der Gesamtbevölkerung irgendwann in ihrem Leben einmal eine depressive Phase durchlaufen. Auf die gesamte Lebenszeit bezogen, kommt Schizophrenie bei ein bis zwei Prozent vor, wobei etwa ein Zehntel aller Schizophrenen auf Dauer in einer Klinik bleiben müssen und viele weitere keiner Beschäftigung nachgehen können – eine kostspielige Krankheit, die allein in den Vereinigten Staaten jährlich um die dreiundsiebzig Milliarden Dollar verschlingt.

Die Vererbung spielt sowohl bei Schizophrenie wie bei den Gemütskrankheiten eine Rolle. Will man zwischen Umwelteinflüssen und biologischen Faktoren trennen, bedient man sich häufig der Untersuchung von Zwillingen, die bei Geburt getrennt wurden und nach Adoption in verschiedenen Familien aufwuchsen. Wenn ein eineiiger Zwilling an Schizophrenie leidet, besteht eine Wahrscheinlichkeit von fünfzig Prozent, daß der andere Zwilling – sofern man ihn findet – ebenfalls schizophren sein wird. Bei zweieiigen Zwillingen liegt die Wahrscheinlichkeit nur so hoch wie bei Säuglingen im allgemeinen – ungefähr eins zu sechs. Das Vorkommen von Schizophrenien bei den Adoptiveltern hat nur wenig Einfluß auf diese Zahlen. Für Gemütskrankheiten sind die Daten ähnlich, wenn auch nicht ganz so eindeutig.

Eine genetische Prädisposition scheint jedoch nicht der einzige Faktor zu sein, der für diese Art Störungen verantwortlich ist. Selbst bei der identischen genetischen Ausstattung eineiiger Zwillinge kommt es bei rund der Hälfte der Zwillingsgeschwister von Schizophrenen niemals zum Ausbruch der Krankheit. Also müssen es die Umweltbedingungen sein – unglückliche Umstände der Erziehung oder Virusinfektionen –, die den Unterschied zwischen einer bloßen genetischen Prädisposition und dem tatsächlichen Ausbruch der Krankheit bewirken.

Daß in diesem Zusammenhang ein Umweltfaktor von Bedeutung ist, wird bei den Gemütskrankheiten besonders offensichtlich, denn irgend etwas scheint sich seit etwa 1940 geändert zu haben. Der größte Teil der Menschen, die eine manisch-depressive Erkrankung ausbilden, werden sie bis zum dreißigsten Lebensjahr entwickelt haben, wenn sie nach 1940 geboren wurden. Bei Menschen, die vor 1940 geboren wurden, dauerte es einige Jahrzehnte länger, bis die Krankheit zum Ausbruch kam. Auch ist die Wahrscheinlichkeit, daß Verwandte der Gemütskranken ebenfalls die Krankheit bekommen, für nach 1940 geborene Patienten höher als für die vor diesem Datum geborenen.

Der Umweltfaktor ist unbekannt. Man kann diese Krankheiten so betrachten, daß sie die Art und Weise verändern, in der das Gehirn auf neue Umweltbedingungen reagiert, und deshalb in stabilen Umweltverhältnissen weniger leicht manifest werden.

»Und unsere heutigen Zeitläufe sind ja nun alles andere als stabil«, fügte Neil hinzu.

Sowohl bei Geistes- wie bei Gemütskrankheiten kommt es oft in der Jugend zu einem ersten klinischen Ausbruch der Krankheit. Ausgelöst von einem anscheinend damit nicht zusammenhängenden Ereignis kann die Krankheit ganz plötzlich auftauchen. Sowohl Geistes- wie Gemütskrankheiten kommen und gehen im Lauf des Lebens, wobei die Episo-

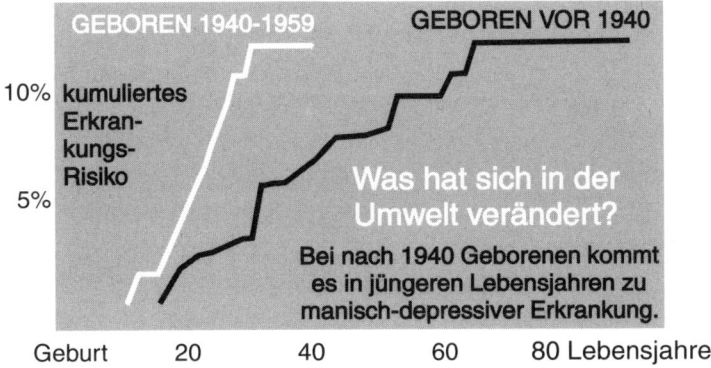

Adaptiert nach Gershon und Rieder, 1992

den häufiger werden, je älter der Patient wird. Schizophrene erholen sich in der Regel zwischen den Episoden nicht mehr vollständig, während Manisch-Depressive in den Intervallen zwischen den Ausbrüchen sich oft völlig normal verhalten. Dennoch ist es nicht ausgeschlossen, daß sowohl die einen wie die anderen ein produktives Leben führen.

Irgendwann einmal werden wir beide Störungen für organisch bedingte psychiatrische Krankheiten halten, doch trotz umfassender Forschungsanstrengungen sind die Gehirnanomalien für diese Arten von Störungen noch nicht vollständig bekannt. In beiden Fällen scheint es Anomalien in mehreren Gehirnbereichen zugleich zu geben, was den Schluß nahelegt, daß die Ursache nicht in einem bestimmten anatomischen Bereich zu suchen ist, sondern in einem der auf breiter Basis arbeitenden Gehirnsysteme – etwa jenen Rasensprenger-Systemen, die Serotonin und Norepinephrin aus dem Hirnstamm verteilen. Darüber hinaus scheinen in beiden Fällen diejenigen Medikamente am wirksamsten zu sein, die an neuralen Systemen ansetzen, welche spezielle Transmitter benutzen. Bei den Gemütskrankheiten handelt es sich um Neuronen, die Norepinephrin, Dopamin und Serotonin (zusammenfassend auch als Monoamine bezeichnet) als Neurotransmitter verwenden. Im Fall von Schizophrenie setzen die wirksamen Medikamente bei Neuronen an, die Dopamin und Glutamat benutzen.

Vielleicht ist die Ursache des Problems aber auch bei Neuronen weiter stromab zu suchen. Für jeden der genannten Neurotransmitter gibt es sehr viele verschiedene postsynaptische Rezeptortypen wie zum Beispiel die gewöhnlichen und die NMDA-Rezeptoren für Glutamat. Mit anderen Worten, derselbe Schlüssel paßt in mehrere Schlösser. Und nur einige der Rezeptortypen scheinen mit der jeweiligen Krankheit etwas zu tun zu haben. Bei Gemütskrankheiten verändern die wirksamen medikamentösen Therapien anscheinend eine Klasse von Rezeptoren, die mit einer bestimmten Substanz im Adenosinmonophosphat-Zyklus der Zelle etwas zu tun haben, wobei die Gesamtmenge dieses intrazellulären »zweiten Botenstoffs« vermindert wird. Bei Schizophrenie ist vielleicht das Gleichgewicht zwischen den Nervenzellen, die Dopamin als Transmitter verwenden, und jenen, die Glutamat benutzen, der entscheidende Faktor, wobei das Problem wahrscheinlich in einem zu hohen Dopaminspiegel oder einem nicht ausreichenden Glutamatspiegel zu sehen ist.

Bei all diesen Systemen von Nervenzellen, die spezifische Transmitter benutzen, wirken sich Anomalien im gesamten Gehirn aus; dennoch scheinen je nach Typ der Störung verschiedene Teile davon stärker betroffen zu sein. Temporallappen-Anomalien sind anscheinend für Schizophrenie besonders charakteristisch. Mehr Patienten leiden sowohl an Schizophrenie wie auch an Temporallappen-Epilepsie, als man bei einer rein zufälligen Verteilung erwarten sollte, obwohl die meisten Patienten mit Temporallappen-Epilepsie ansonsten völlig normal sind.

»Also könnt ihr mit einer Operation am Temporallappen Schizophrenie genauso heilen wie meine Art Epilepsie?«

Leider nicht. Befreit man solche Patienten von ihrer Epilepsie, ändert das gar nichts an schizophrenen Symptomen, die zuvor schon vorhanden waren, und es verhindert auch nicht, daß vielleicht später welche in Erscheinung treten. Ein Forscher berichtete jedoch, daß Epilepsie-Patienten mit einer »Hamartom« genannten anatomischen Veränderung des Temporallappens mit größerer Wahrscheinlichkeit an Schizophrenie erkranken. Bei diesen Hamartomen handelt es sich um kleine Taschen von Nervenzellen tief in der weißen Substanz, wo sie nicht hingehören, wobei es sich ganz offensichtlich um eine Fehlentwicklung im Fötus-Stadium handelt. Dieser Befund konnte noch nicht bestätigt werden, aber MRI-Untersuchungen von Patienten, die ausschließlich an Schizophrenie leiden, haben Veränderungen im Temporallappen erkennen lassen – beispielsweise einen zwanzigprozentigen Verlust an grauer Substanz und eine Rückbildung des Hippocampus.

Die Halluzinationen, die mit kleinen Anfällen im Temporallappen in Verbindung stehen, zeigen manchmal Charakteristika, die auf schizophrene Krankheitsformen, vor allem Paranoia, schließen lassen könnten. George erzählte mir von einem solchen Patienten, der eine paranoide Wahrnehmung hatte, während die Oberfläche seines Temporallappens stimuliert wurde.

»Ich dachte, eine Paranoia wird nicht operativ behandelt?«

Darum ging es auch gar nicht, der Mann hatte einen Gehirntumor. Er war an einen Psychiater überwiesen worden, weil er in den zurückliegenden Monaten zunehmend seltsame Gedanken entwickelt und ein immer größeres Mißtrauen an den Tag gelegt hatte. Gelegentlich hörte er sogar Stimmen, die über ihn sprachen. Der Psychiater meinte, es würde »organisch aussehen«, und ordnete eine MRI-Untersuchung an. Sie ergab einen Tumor im Frontallappen, der an einer sehr prekären Stelle saß: dicht am motorischen Streifen und an den Bereichen für die Sprache.

Folglich mußte bei jener Operation das Gehirn des wachen Patienten mittels Stimulation kartiert werden, ähnlich wie man das auch während einer Epilepsie-Operation macht. Diese Tumor-Operation kam gut voran. Der Patient hatte bei allen Tests voll und ganz kooperiert, und George hatte sowohl den für das Gesicht zuständigen Teil des motorischen Streifens wie auch das frontale Sprachzentrum (das Broca-Zentrum) identifiziert. Der Tumor lag genau zwischen den beiden. Dann leitete George den Stimulationsstrom auf den Temporallappen gerade unterhalb des motorischen Streifens und des Sprachzentrums.

Unerwarteterweise sagte der Patient: »Ich höre Leute draußen über mich sprechen.« George unterhielt sich einen Moment mit dem Patienten und setzte erst einmal die Untersuchung am Frontallappen fort. Der Patient machte bei den Tests ohne weiteren Kommentar mit – bis ohne Vorwarnung wieder die Stelle am Temporallappen stimuliert wurde. Sofort fragte der Patient: »Ist das Radio an? Ich höre etwas über mich im Radio!« Später wurde die temporale Stelle noch ein drittes Mal stimuliert, und wieder sagte der Patient von sich aus, daß er Stimmen höre, die Dinge über ihn sagten.

»Ich erinnere mich an etwas, das du mir einmal über Penfields Patienten erzählt hast: daß sie nämlich oft berichteten, sie hörten nicht zu identifizierende Stimmen im Hintergrund. Wenn das die häufigste Art von Wahrnehmungsreaktion ist, sollte man dann nicht vermuten, daß bei Paranoia der Temporallappen der Schauplatz des Geschehens ist?«

Das ist noch nicht klar. Bei Untersuchungen antizipatorischer Angstreaktionen zeigte sich keine verstärkte Durchblutung der Temporallappen-Spitze. In der Regel verlieren Epileptiker, denen man eine Temporalspitze entfernt, nicht ihre Angst – wenn es jedoch zu einer konsistenten Persönlichkeitsveränderung nach der Operation kommt, geht sie meist in die Richtung, daß der Patient weniger ängstlich wird.

Im Gegensatz zu einer weitverbreiteten Annahme gehörten Halluzinationen ursprünglich nicht zur Definition von Schizophrenie. Eugen Bleuler, ein Schweizer Psychiater und Zeitgenosse Freuds, prägte diesen Begriff. Doch weil Halluzinationen so oft bei manisch-depressivem Irresein zu beobachten waren, betrachtete er sie als für Schizophrenie sekundär und nahm sie nicht in seinen Katalog der »vier As« auf, der Generationen von Psychiatern als Hauptpfeiler des schizophrenen Krankheitsbilds beigebracht wurde: Assoziationsstörungen, Affektionsstörungen, Autismus, Ambivalenz (womit er Unentschlossenheit meinte). Heutzutage jedoch gelten Halluzinationen und bizarre Wahnvorstellungen in besonderem Maße als Kriterien für Schizophrenie.

Im Gegensatz zu Wahrnehmungsstörungen kann man Wahnvorstellungen ebenfalls zu den Geisteskrankheiten rechnen. Zusammengefaßt bezeichnet man Halluzinationen und Wahnvorstellungen als psychotische Symptome.

»Und die psychotischen Symptome findet man am häufigsten bei Schizophrenen?«

Man beobachtet sie zwar bei allen Schizophrenen, in Wirklichkeit sind es jedoch die Gemütskranken, die mehr psychotische Symptome haben. Deshalb ist es so wichtig, daß man zwischen den psychiatrisch genau zu diagnostizierenden Psychosen – beispielsweise dem manisch-depressiven Irresein – und den psychotischen *Symptomen* einen Unterschied macht.

Nur bei der Hälfte aller Manien und bei einem Fünftel aller Depressionen kommt es zu psychotischen Symptomen – allerdings sind Patienten mit Gemütskrankheiten viel häufiger in der Bevölkerung vertreten als solche mit Schizophrenien. Es versteht sich von selbst, daß dies bei der Diagnose verwirrend sein kann. Doch wenn jemand an einer Psychose leidet, wird sie auf jeden Fall mit größerer Wahrscheinlichkeit von einer Gemütskrankheit herrühren als von einer Geisteskrankheit.

Es gibt auch Menschen, die primär an Wahnvorstellungen leiden, dabei aber keine der funktionalen Beeinträchtigungen und bizarren Wahnerlebnisse aufweisen, wie sie für Schizophrenie charakteristisch sind, und auch nicht die Stimmungsumschwünge, die ein Hauptmerkmal der anderen wichtigen Quelle von Wahnvorstellungen sind. Solche Patienten leiden in erster Linie zwar an Wahnvorstellungen – allerdings gelegentlich auch an Halluzinationen. *Nicht* hingegen zeigt sich bei ihnen der allmähliche Verfall, wie man ihn bei Schizophrenie beobachtet und der dieser Krankheit eine so verheerende Wirkung gibt.

Wahnvorstellungen haben, obwohl die Patienten felsenfest von ihnen überzeugt sind, keinerlei Entsprechung in der Wirklichkeit; *zugleich* stehen sie im Widerspruch zu allen gängigen Erklärungsmustern, welche die jeweilige Kultur des Patienten bereithält. Folglich könnte magisches Denken bei einem Collegeschüler aus einem weißen Vorort wahnhaft sein, während dasselbe bei einem schwarzen Kind aus dem Ghetto, dessen Eltern aus Haiti stammen, nur kulturbedingt wäre.

Die häufigsten Patienten mit Wahnvorstellungen sind die paranoiden: krankhaft Eifersüchtige, Menschen mit grandiosen Wahnideen über ihre besondere Beziehung zu Berühmtheiten wie John Lennon, Menschen, die glauben, sie seien des Teufels und müßten in der Hölle schmoren. Einige haben auch somatische Wahnempfindungen – sie können etwa felsenfest davon überzeugt sein, daß ein Teil ihres Körpers im Lauf der Zeit schrumpft.

Menschen mit Wahnvorstellungen sind jedoch nicht so desorganisiert, wie das Schizophrene meist werden. Sie können gut ihre Persönlichkeitsstruktur wahren und haben ihre Symptome so weit rationalisiert, daß sie für alles Widrige, was ihnen widerfährt, eine Erklärung parat haben. Selten bedürfen sie ständiger stationärer Behandlung, und meist können sie weiterhin ihrer Arbeit nachgehen.

»Genau. Wie der Führer des Dritten Reichs. Oder der Chef der Davidianer-Sekte.«

Tja, Hitler, David Koresh: Die hatten Führungsqualitäten und konnten sich gut verkaufen – wie zugleich auch ihre Wahnvorstellungen. Wahnkranke können sich ihrer selbst so sicher sein, so überzeugt davon, daß sie etwas Besonderes sind, daß sie eine Anhängerschaft um sich scharen, die so gut wie alles für sie tun würde. Und dank ihrer gelegentlichen Halluzinationen haben die Wahnkranken sogar von ein paar interessanten Visionen zu berichten – die sie natürlich geschickt mit ihren bestens rationalisierten Geschichten von schwelenden Verschwörungen und kommenden Offenbarungen verknüpfen.

»Was definiert nun einen Schizophrenen? Sind seine Halluzinationen und Wahnvorstellungen einfach nur bizarrer?«

Die Wahnvorstellungen sind tatsächlich bizarrer, als würden die Gedanken wie Fernsehen von außen in die Köpfe gesendet oder von Marsmenschen gesteuert. Doch wie jede psychiatrische Erkrankung ist auch Schizophrenie nicht durch ein einzelnes Symptom definiert, sondern durch eine *Kombination* von Symptomen und ihre jeweilige Dauer.

Bei ungenügender Vertrautheit mit diesen Zusammenhängen kann es ziemlich in Verwirrung stürzen, wenn man sich auf ein einziges Symptom konzentriert, es vielleicht bei sich selbst beobachtet und dann anfängt, sich Sorgen zu machen. Denk' nur an all jene Menschen mittleren Alters, die sich den Kopf darüber zerbrechen, ob ihre »Gedächtnisprobleme« vielleicht geradewegs in die Alzheimer-Demenz führen – ohne zu bedenken, daß es quicklebendige und hellwache Zweiundneunzigjährige gibt, die sich auch schon darüber beklagt haben, daß es ihnen manchmal schwer fällt, sich an einen Namen aus den letzten vierzig Jahren zu erinnern.

Zu den Symptomen, die in Kombination die diagnostischen Kriterien für Schizophrenie darstellen, zählen markante Halluzinationen und bizarre Wahnvorstellungen von einiger zeitlicher Dauer, welche nicht als Folge von Drogen auftreten. Die Diagnose muß zuvor eine Gemütserkrankung ausgeschlossen haben. Ein besonders wichtiges Kriterium ist auch der funktionale Verfall – bei der Arbeit, in den Sozialbeziehungen, im Besorgtsein um sich selbst –, den man bei anderen Geistesstörungen nicht beobachtet. Sowohl bei Schizophrenie wie bei Gemütserkrankungen lassen sich Anzeichen für eine verminderte Frontallappen-Aktivität sowie Anomalien im System für die selektive Aufmerksamkeit erkennen. Gemütserkrankungen zeigen zusätzlich funktionale Anomalien im Hypothalamus, besonders bei der Regulierung der Hormone, die mit den Streßreaktionen zu tun haben.

Dank der Medikamente, mit denen die Transmitterspiegel verändert werden, können viele Patienten mit solchen Krankheitsbildern heute ein normales oder fast normales Leben führen. Einige wenige Patienten sprechen jedoch nicht auf die medikamentöse Therapie an. In den zwanziger Jahren hatten Ärzte beobachtet, daß es Patienten, die zugleich an Geistesstörungen wie auch an Epilepsie litten, paradoxerweise nach einem Grand-mal-Anfall besser ging, vor allem hinsichtlich ihrer Gemütslage. Dies war der Ausgangspunkt für die Elektroschock-Therapie, die für jene depressiven Patienten von Wert war, welche auf die Medikamente nicht ansprachen; diese Behandlung schien genauso wie die zahlreichen wirksamen Medikamente ebenfalls einige Veränderungen an den Neurotransmitter-Rezeptoren zu bewirken. Unglücklicherweise gibt es aber immer noch eine kleine Zahl von Patienten mit schweren Depressionen, deren Symptome sich weder mit Medikamenten noch mit Elektroschock-Therapie bessern lassen.

»Was macht man mit denen? Operieren?«

Das wäre eine Möglichkeit. Die Psychochirurgie ist auch nach fünfzig Jahren noch eine quicklebendige Disziplin, obwohl man der öffentlichen Meinung – und der einiger Psychologen, die es besser wissen müßten – zufolge denken sollte, daß es sich dabei um die Ausgeburt eines dunklen

Zeitalters gehandelt hatte, in dem verrückte Wissenschaftler abscheuliche Verstümmelungen vornahmen. Mitte der siebziger Jahre konnten Psychochirurgie-Kritiker den Kongreß der Vereinigten Staaten überreden, eine National Commission for the Protection of Human Subjects of Biomedical and Behavioral Research einzurichten (Kommission für den Schutz von Menschen vor biomedizinischer und Verhaltensforschung). Diese Kommission wurde unter anderem damit beauftragt, eine kritische Bewertung der Psychochirurgie zu erstellen.

Es versteht sich von selbst, daß prominente Kritiker der Psychochirurgie vor der Kommission ihren Auftritt hatten. Doch als die Kommission 1976 schließlich ihren Bericht vorlegte, war er im Ergebnis überraschend positiv und kam zu dem Schluß, daß Operationen in ausgewählten Fällen sinnvoll seien, vorausgesetzt, der Patient ist in der Lage, seine ausdrückliche Zustimmung zu geben. Der Bericht schloß mit der Feststellung, daß gesetzliche Maßnahmen überflüssig wären und man es den professionellen Vertretern der Disziplin überlassen könnte, entsprechende Regelungen zu treffen. Was zeigt, daß die Leute sich ihre medizinischen Informationen nicht von Romanschriftstellern besorgen sollten, die dramatische Geschichten über Orwellsche Krankenschwestern schreiben, welche sich um Querköpfe kümmern.

»Also gibt es bei schwerer Depression noch immer diese Möglichkeit?«

Wenigstens bei der Art von Depression, die nicht auf Medikamente oder künstlich herbeigeführte Konvulsionen anspricht. Mit modernen psychochirurgischen Methoden kann man sogar bei Obsessionen und Phobien helfen, und auch in einigen Fällen von Schizophrenie scheint es zu Besserungen gekommen zu sein. Wie jedoch der typische Psychochirurgie-Patient aussieht und wie die typische Gehirnläsion, die dabei künstlich geschaffen wird, läßt sich am besten an Hand von jemanden wie Edmund zeigen.

Edmund war ein Musterschüler, der im Begriff stand, die letzten beiden Jahre der Highschool mit Auszeichnung abzuschließen. Bis zu dem Tag, da er sich umzubringen versuchte, war niemanden etwas aufgefallen – außer Edmund selbst natürlich, der schon vor Monaten bemerkt hatte, daß irgend etwas nicht stimmte. Hausaufgaben zu machen war sinnlos, Tennisspielen machte keinen Spaß mehr – mit einer angeblichen Knieverletzung als Entschuldigung verabschiedete er sich davon. Zu rein gar nichts mehr hatte er noch die nötige Energie. Für seine Freundin, meinte er, sei er »nicht gut genug«; er sah sie immer seltener. Als er schließlich all die Schlaftabletten schluckte, war er sicher, daß das Leben nicht lebenswert sei.

Sobald sich Edmund von der Überdosis erholt hatte, setzte ihn sein Psychiater auf eines der neueren Antidepressiva. Das half in den meisten Fällen, nicht jedoch bei Edmund – er fühlte sich nur noch müder. Man veranstaltete Therapiesitzungen mit seinen Eltern, mit seinem Bruder und seiner Schwester, aber Edmund empfand noch immer, daß er ihrer »nicht wert« sei.

Schließlich hatte man ohne Erfolg jedes mögliche Medikament an ihm ausprobiert; die Psychiater empfahlen eine Reihe von Elektroschock-Behandlungen, um künstlich Anfälle auszulösen. Auch das hilft in der Regel, aber Edmund war wieder einmal die Ausnahme – er fühlte sich noch immer so, daß er im Tod den einzigen Ausweg sah, jenes schreck-liche schwarze Loch loszuwerden, den Schmerz, die Wertlosigkeit. Als er im Garten der Anstalt spazieren geführt wurde, brannte er durch und warf sich vor ein heranrasendes Auto. Glücklicherweise kam er mit einem gebrochenen Bein davon, und als es heilte, gab es noch mehr The-rapiesitzungen, noch mehr Medikamente, noch mehr Elektroschocks. Nichts half. Noch immer fühlte er sich in seinem Inneren leer, zu nichts nutze, wollte er sterben.

Hätte Edmund in Großbritannien gelebt, wäre er als nächstes wohl an eine Spezialklinik für Psychochirurgie überwiesen worden. Mehrere bri-tische Einrichtungen haben ausführliche Berichte über ihre Erfahrungen mit Operationen veröffentlicht, bei denen ein kleines Gebiet an der Innenseite des Frontallappens zerstört wird. Bei der Hälfte aller Pa-tienten wie Edmund führt diese Behandlung zu einer vollständigen Erholung von der Depression; bei einem weiteren Drittel der Patienten verbessert sich immerhin ihr Zustand, obwohl sie sich nicht völlig erho-len. Den britischen Erfahrungen zufolge halten die Besserungen fünf Jahre oder mehr vor, wobei es nur in zwei Prozent aller Fälle zu uner-wünschten Nebenwirkungen kommt.

»Haben irgendwelche Medikamente bessere Erfolgsquoten?« fragte Neil.

Nein. Für jene kleine Zahl von schwer depressiven Patienten wie Edmund, die aus unbekannten Gründen weder auf Medikamente noch auf Elektroschocks ansprechen, stellt die moderne Psychochirurgie mit Sicherheit eine wirksame Behandlungsmethode dar. Trotz der positiven britischen Erfahrungen damit würde man an Edmund in den Vereinigten Staaten wahrscheinlich eine solche Operation nicht vornehmen – selbst wenn es keine andere Möglichkeit mehr gibt, als trotz ständiger Selbstmordgefahr abzuwarten.

»Aber warum operiert man sie nicht?«

Weil es immer noch zu viele Leute gibt, die die Einschätzung der beteiligten Kliniker bezweifeln und behaupten, daß »jeder weiß«, wie »schlecht« Psychochirurgie sei. Trotz allem wird die Operation auch in den Vereinigten Staaten durchgeführt, selbst wenn es noch viele Nischen gibt, in denen die mit ebenso viel Ahnungslosigkeit wie Überzeugungskraft vorgetragene Ablehnung weiterlebt.

Die Geschichte der präfrontalen Lobektomie ist eng mit der politischen Kontroverse über moderne psychochirurgische Operationen an sich verknüpft. Auch in ihrer ursprünglichen Form war diese Operation seinerzeit sehr umstritten, obwohl sie ebenfalls einen erheblichen Fortschritt bei der Behandlung von Geisteskranken bedeutete und die Selbstmordrate reduzieren half. Wenn man die durch die weiße Substanz verlaufenden Verbindungen zwischen der Vorderseite des Frontallappens (»präfrontal«) und dem Rest des Schimpansengehirns durchtrennte, wirkten die Tiere anschließend gelassener und fügsamer, berichtete der amerikanische Neurophysiologe John Fulton 1935 auf einem internationalen Physiologenkongreß und erregte damit die Aufmerksamkeit eines erfinderischen portugiesischen Neurologen, Egas Moniz. Dieser probierte dasselbe Verfahren bei Menschen aus.

Diese Innovation hatte mancherlei Folgen. Die Monizsche Operationstechnik wurde zunächst durch antipsychochirurgische Proteste unterbunden. Dennoch stand jetzt zum ersten Mal eine Behandlungsmethode zur Verfügung, dank derer schwer Geistesgestörte die Heime verlassen und in die Gesellschaft zurückkehren konnten. Bei Patienten mit Depressionen, Phobien und Obsessionen war die Operation am erfolgreichsten, Patienten mit Schizophrenien half sie nicht so zuverlässig. In der Tat wurde die präfrontale Lobektomie so hoch eingeschätzt, daß 1949 Moniz (aber nicht Fulton) der Nobelpreis für Physiologie und Medizin verliehen wurde.

Den Medizinern war bald klar, daß diese Behandlungsmethode verbesserungsbedürftig war. Obwohl die Patienten nicht mehr der Anstaltsunterbringung bedurften, zeigten sich bei ihnen doch oft Persönlichkeitsveränderungen. Wie Georges Patient, bei dem ein großer Tumor auf die Innenseite beider Frontallappen drückte, interessierten sich lobektomierte Patienten nicht mehr für ihre Umgebung und kümmerten sich auch nicht mehr darum, wie sich ihr Verhalten auf andere auswirkte.

Ungefähr zu dieser Zeit machte ein französischer Marinearzt namens Laborit eine wichtige Entdeckung; als er Matrosen, die an Wurminfektionen litten, mit Chlorpromazin behandelte, fiel ihm auf, daß einige der Matrosen, die schizophren waren, nicht nur ihre Würmer verloren, sondern daß das Medikament noch einen Nebeneffekt hatte: Es beruhigte die mental verwirrten Matrosen. Jetzt gab es eine Alternative zur Psychochirurgie, und in der Folge wurden viele weitere Medikamente ausprobiert, die auf Dopamin-Rezeptoren einwirkten. Durch Tierversuche fand man heraus, daß ein Medikament bei Schizophrenie therapeutisch um so wirksamer war, je besser es sich an die D2-Version der postsynaptischen Dopamin-Rezeptoren band. Mit der Anbindung an den D1-Rezeptortyp hatte die Wirksamkeit hingegen nichts zu tun.

Doch Schizophrenien waren ohnehin nicht das Hauptbetätigungsfeld der Psychochirurgen. Und es warteten immer noch schwere Fälle von Depression, Obsession und Phobie – also wurden die psychochirurgischen Operationstechniken verfeinert. Grundsätzlich funktionieren wesentlich kleinere Läsionen genauso gut wie die früheren großen, sie haben nur wesentlich weniger Nebenwirkungen. Bei einer modernen Operation werden mit einer dünnen Sonde, die durch ein kleines Loch eingeführt wird, nur ganz bestimmte Bereiche zerstört, ganz ähnlich wie man es bei der Thalamotomie im Falle von Parkinsonismus macht – nur an einer anderen Stelle. Die zerstörten Bereiche liegen an der Innenseite des Frontallappens, in der Regel sowohl auf der linken wie auf der rechten Seite. Bei einem Operationsverfahren namens Cingulotomie wird ein Stück Kortex gerade oberhalb des vorderen Endes des Corpus callosum zerstört. Bei einer anderen, genauso wirksamen Operation zerstört man statt dessen etwas weiße Substanz an der Basis der Frontallappen.

Bei diesen modernen Operationstechniken kommt es nicht dazu, daß sich die Persönlichkeit zu einer gewissen »Interessenlosigkeit« hin verändert. Aber genau wie bei der ursprünglichen Operation verbessern sich die Symptome von Depressionen, Phobien und Obsessionen erheblich, während Schizophrenen nicht so gut damit geholfen ist. Zu solchen Verhaltensverbesserungen kommt es nur, wenn genau die richtige Stelle zerstört wird, nicht jedoch bei einer Läsion in der Nähe. Hinsichtlich solcher Geistesstörungen, besonders hinsichtlich der Depressionen, schei-

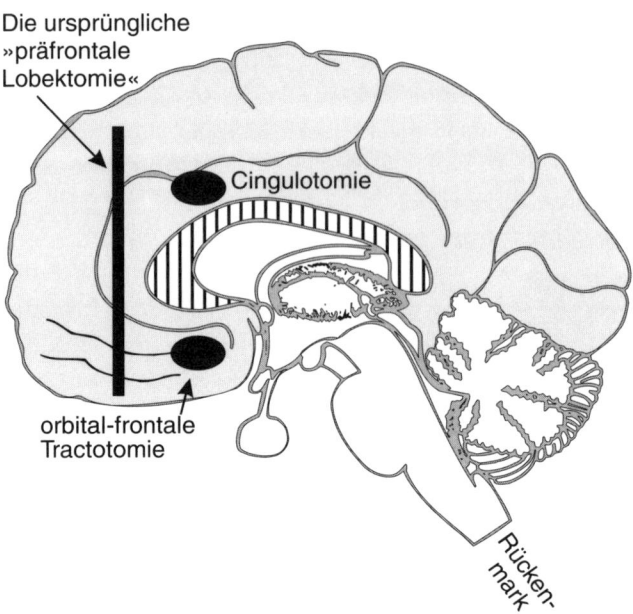

Die ursprüngliche
»präfrontale
Lobektomie«

Cingulotomie

orbital-frontale
Tractotomie

Rücken-
mark

Moderne Psychochirurgie: Die beiden Stellen, an denen Läsionen von Depressionen, Obsessionen und Phobien befreien

nen diese Stellen des Gehirns von ganz entscheidender Bedeutung zu sein, woraus man schließen kann, daß bei der ursprünglichen Operation viel mehr Gehirngewebe zerstört wurde, als nötig gewesen wäre, um die gewünschte Besserung herbeizuführen. Diese Spezifizität ist von äußerster Wichtigkeit, denn ein Teil der Debatte über die Frontallobektomie drehte sich darum, wie spezifisch diese Behandlung war.

»Spezifisch? Was meint das?«

Sowohl eine Beinamputation wie eine Insulinspritze sind Diabetes-Behandlungen, aber nur die letztere ist für den Krankheitsverlauf spezifisch. Die Ärzte hatten sich, nicht ohne Grund, Sorgen gemacht, daß die Psychochirurgie nicht spezifisch genug war.

»Warum also all das Hin und Her wegen der Lobektomie? Hatte sie nur eine schlechte Presse?«

Die Debatte über die Psychochirurgie wurde dadurch erschwert, daß ihre Kritiker keinen Unterschied machten zwischen den modernen Verfahren mit ihren viel spezifischeren Operationskriterien im Einzelfall sowie ihren viel selteneren Nebenwirkungen hinsichtlich der Persönlichkeit und der ursprünglichen Moniz-Operation, bei der ein großer Schnitt durch die weiße Substanz gelegt wurde und es zu verhängnisvollen Nebenwirkungen kam. Das wäre, als würde man einen modernen Jumbo-Jet an Hand der Unfallbilanzen von Flugzeugen des Baujahrs 1936 kritisieren.

Natürlich ist mit der Entwicklung immer besserer medikamentöser Behandlungsverfahren auch die Anzahl der Patienten mit resistenten Krankheitssymptomen soweit zurückgegangen, daß heute nur sehr gelegentlich eine psychochirurgische Operation durchgeführt wird, vielleicht bei ein paar Depressiven unter tausend. Doch einem dieser seltenen Patienten wie Edmund kann die Operation das Leben retten. Bei therapie-resistenten schweren Depressionen liegt die Sterblichkeitsrate ungefähr so hoch wie bei Krebs.

Das Verhältnis von Ursache und Wirkung ist bei Geistesstörungen nicht gerade ein einfaches. Zu fragen, *warum* jemand depressiv ist, kann beispielsweise wichtig sein, wenn man es mit einer Depression zu tun hat, die Folge einer posttraumatischen Streßreaktion ist, weil es hilft, einen entsprechenden Behandlungsplan zu entwickeln. Was jedoch einer Episode manisch-depressiver Erkrankung vorausging, kann völlig irrelevant sein: Der Grund ist ganz woanders zu suchen, auf einer anderen Ebene der Gehirnorganisation.

»Ich war schon etwas bekümmert, weil wir nur über organische psychiatrische Probleme gesprochen haben. Dabei hatte ich dich doch fragen wollen, was in der Psychiatrie denn *nicht* organisch ist...«

Eine Störung muß nicht organisch sein, um dennoch real sein zu können. *Organisch* bedeutet bloß, daß man mit den heutigen neuroanatomischen Techniken einen Schaden im Gehirn feststellen kann. Wahrscheinlich sind mehr als die Hälfte aller psychiatrischen Probleme nicht organisch, wenigstens nicht zu Anfang.

Nehmen wir zum Beispiel ein Ehepaar, das wegen eines Problems zur Therapie kommt. Beide, Mann wie Frau, sind gegenüber einer bestimmten Entscheidung – etwa ob sie ein Haus kaufen oder ein Kind bekommen sollen – unentschlossen und irgendwie ambivalent. Um die Dinge voranzubringen, gibt einer der Partner indirekt zu erkennen: »Komm, laß uns das machen.« Dem anderen aber paßt es nicht, jetzt schon eine Entscheidung zu treffen, und so wird er, um eine bessere Verteidigungsposition zu haben, den entgegengesetzten Standpunkt einnehmen, statt die Dinge einfach weiter treiben zu lassen.

So wird ein künstlicher Gegensatz geschaffen, wo beide eigentlich doch nur ambivalent waren; und während der Streit weiterschwelt und die Positionen sich verhärten, geraten die beiden in alle möglichen Probleme. Von einer unentschiedenen Mittelposition aus könnten das Für und Wider ausdiskutiert werden. Extrempositionen einzunehmen, bringt jedoch ein gewisses Maß an Stabilität, welche das Festhalten an der Mittelposition nicht zu bieten hat. Und so kann es schwer werden, die Extrempositionen wieder zu verlassen, wenn man sie erst einmal eingenommen hat.

Ein normales Gehirn reicht völlig aus, um in diese Falle zu gehen. Doch der schwelende Streit kann durchaus *Auswirkungen* auf das Gehirn haben, genauso wie er andere Teile des Körpers in Mitleidenschaft ziehen kann. Streßreaktionen sind schlecht für den Magen, wo sie zu Geschwüren führen können. Und weil dabei so viel Nebennieren-Streßhormone hochgespült werden, sind sie auf lange Sicht auch schlecht fürs Gehirn. Streß kann Neuronen im Hippocampus schädigen und dazu führen, daß man später Gedächtnisstörungen bekommt – und so wird aus einem unscheinbaren psychischen Problem ein ganz anderes organisches.

Beide Probleme sind »real« – und genauso verhält es sich mit den dazwischenliegenden Krankheitsbildern, die zu etikettieren wir so große Schwierigkeiten haben, weil sie wie neurologische »Hardware«-Probleme aussehen, wir aber noch keine neuroanatomischen Veränderungen ausmachen können. Doch man muß sich gar nicht in die Feinheiten der Nomenklatur vertiefen, um zu sehen, daß eine psychotherapeutische Behandlung ernsthaftere und kostspieligere Probleme verhindern kann – beispielsweise eine gescheiterte Ehe.

Viele der Angstpatienten, welche die Psychiater behandeln, stecken wahrscheinlich auf ähnliche Weise in eingefahrenen Gleisen fest. Aber nicht alle. An Hand einer erst kürzlich entdeckten Krankheit läßt sich zeigen, wie inmitten des psychiatrischen Sumpfes sich gelegentlich etwas Neues bemerkbar macht.

Wenn ein Psychiater sich an epileptische Anfälle oder an Tourettes Verhaltensticks erinnert, wird er sich fragen, ob es eine Untergruppe von Angstpatienten gibt, die sich von den anderen unterscheiden – jene Patienten, die sagen, sie litten an Kurzatmigkeit, bekämen Schweißausbrüche, zitterten. Vielleicht leiden sie auch an Hitzewallungen und

Schüttelfrost, gefolgt von Schwindelanfällen. Und das alles passiert ganz plötzlich einfach so, ohne jeden ersichtlichen Anlaß.

Der Zustand hält wenigstens fünf Minuten an, selten aber länger als eine halbe Stunde – es ist also keine fluktuierende Störung wie die meisten Angstschübe und die meisten Arten von Kopfschmerz. Es ist wirklich ein episodisches Geschehen wie Anfälle und Ticks, nur daß die Symptome auf das autonome Nervensystem verweisen.

Und dann fällt dem Psychiater ein, daß dies Dinge sind, die möglicherweise von der Basis des Frontallappens reguliert werden. Also fragt er sich: Könnte es sich bei diesen »Panikattacken« um mittelgroße epileptische Anfälle in diesem Teil des Gehirns handeln? Oder um Petitmal-Anfälle der weiter innen liegenden Teile des Thalamus? Oder um Ticks, bloß ohne den Rest der Tourettes-Symptome?

»Sind sie das denn?«

Frag' mich nächstes Jahr noch einmal. Das ist wieder so eins von deinen unvollendeten Kreuzworträtseln. Bestimmt haben zehn Prozent der Bevölkerung schon wenigstens einmal eine Panikattacke erlebt. Zwei bis drei Prozent aller Frauen und vielleicht ein halbes Prozent aller Männer leiden an wiederholten Panikattacken – im Normalfall besuchen sie mindestens zehn Ärzte, bevor die richtige Diagnose gestellt wird. Ende zwanzig ist das übliche Alter, in dem sich diese Störung entwickelt. Sie tritt gehäuft in Familien auf und läßt sich bei zwanzig Prozent der Verwandten ersten Grades der Patienten beobachten.

Antidepressiva helfen solchen Patienten manchmal, obwohl sie in der Regel nicht depressiv sind. Und wie sich jetzt herausstellt, neigen eben diese Patienten dazu, auch vor bestimmten sozialen Situationen Angst zu haben. Ungefähr ein Dritter aller Opfer von Panikattacken leidet unter einer seltsamen Mischung von Klaustro- und Agoraphobie.

»Ich wette, sie wollen nur nicht von anderen gesehen werden, wenn sie eine Panikattacke haben. Ich laß mir bestimmt auch nicht gerne dabei zusehen, wenn ich einen Anfall habe.«

Ich denke, du hast recht. Sie haben sich vermutlich einmal selbst im Spiegel gesehen, wenn sie eine Panikattacke hatten, und wissen, wie sie dabei aussehen. Wenn sie eine Versammlung oder ein Konzert besuchen, setzen sie sich nahe an einen Ausgang, damit sie sich schnell in eine Toilette flüchten können, wo sie für sich allein die Attacke aussitzen können. Sie mögen keine Situationen, die ihre Beweglichkeit einschränken, und nehmen beispielsweise ungern in einer Reihe Aufstellung; auch lassen sie sich wenn möglich nicht auf feste, unaufschiebbare Termine ein – besonders nicht beim Friseur, wo sie in aller Öffentlichkeit an einen Stuhl gefesselt sind, während jemand an ihnen herumhantiert. Wenn man das Problem der Panikattacken erst einmal richtig verstanden hat, ergibt diese besondere Phobie durchaus einen Sinn.

Wir kennen natürlich auch Patienten mit Agoraphobie, die nicht an Panikattacken leiden, aber auch bei einigen aus dieser Gruppe hat das Leiden sicherlich organische Ursachen: Möglicherweise hatten sie einen kleinen Schlaganfall im rechten Parietallappen, der ihre Fähigkeiten zur räumlichen Orientierung in Mitleidenschaft gezogen hat, und daher fühlen sie sich orientierungslos, wenn sie ihre vertraute Umgebung verlassen, machen sich Sorgen, daß sie den Weg nach Hause vielleicht nicht wiederfinden. Also weigern sie sich, ohne eine Begleitperson zu verreisen, und erkunden ungern neue Örtlichkeiten. Unter dem Aspekt einer Parietallappen-Schädigung betrachtet, ist das alles sehr vernünftig. Die Unterschiede zur Panikattacken-Variante der Agoraphobie sind deutlich. Mit einer MRI-Untersuchung kann ein Psychiater oft genau die Stelle ausmachen, an der graue Substanz fehlt.

»Was ist denn mit den Leuten, die sehr schüchtern sind?« fragte Neil. »Es gibt doch Kinder, die von Geburt an äußerst scheu sind, während andere sich derart dreist verhalten, daß sich ihre Eltern deswegen Sorgen machen.«

Vielleicht fünfzehn Prozent aller Kinder verhalten sich auf so extreme Weise schüchtern oder unerschrocken; bis ins Erwachsenenalter sinkt dieser Anteil aber auf wenige Prozent. Und natürlich werden manche Menschen auch durch irgendwelche traumatischen Erfahrungen dazu gebracht, Zurückhaltung gegenüber der Welt an den Tag zu legen. Überrascht hat die Psychiater, daß diese Persönlichkeitsstörungen – die auf herkömmliche Weise nur schwer zu behandeln sind – auf einige neuere Medikamente ansprechen, die selektiv die Wiederaufnahme des Serotonins unterbinden. Man hat lange gedacht, daß jene Rasensprenger-Systeme für die Monoamine vielleicht die Ursache dafür darstellen, daß ein Mensch glücklich oder traurig, unerschrocken oder schüchtern und so weiter wird. Doch waren entsprechende Theorien dadurch zu Fall gekommen, daß die früheren Antidepressiva zwar sowohl Norepinephrin wie Serotonin beeinflußten – sich aber dennoch nicht auf die sogenannten »Persönlichkeitsmerkmale« auswirkten. Die Wirkungsweise von einigen dieser neuen Antidepressiva besteht nicht einfach darin, die

Leute weniger schüchtern zu machen. Wir versuchen immer noch, die Zusammenhänge herauszufinden.

Beim Psychiater landen die meisten der hoffnungslosen Fälle, die andere Spezialisten nicht mehr diagnostizieren oder behandeln können; folglich müssen Psychiater gegenüber Mehrdeutigkeiten und Unsicherheiten eine erhebliche Toleranz an den Tag legen und auch über ein umfassendes medizinisches Wissen verfügen. Doch sie bilden zugleich die Vorhut – gelegentlich erkennen sie inmitten all der individuellen Variabilität eine gewisse Regelhaftigkeit und entdecken so eine neue »neurologische« Störung.

11.
Weniger ist manchmal mehr

Neil hatte das Geäst seiner Apfelbäume ausgedünnt, um (so sagte er wenigstens) mit ein bißchen harter Arbeit seine Frustrationen loszuwerden. Zwar war die Entscheidung für eine Operation gefallen, der Operationsplan aber war auf Monate hinaus ausgebucht. Doch da Neil in der Nähe lebte, bestand für ihn noch immer die Chance, kurzfristig einen Termin zu bekommen, wenn die Operation eines anderen Patienten ausfallen würde. Immerhin genügt schon eine schwere Erkältung, um einen neurochirurgischen Einfgriff verschieben zu müssen.

Ausgedünnt wird auch im Gehirn, erklärte ich. Wenn Neil verstehen will, wie das Gehirn sich der realen Welt gegenüber verhält, muß er die beiden Prinzipien des Erkundens und des Ausdünnens begreifen. Von ihnen hängt ab, welche Erinnerungen gespeichert und welche Entscheidungen getroffen werden.

Wir erkunden unsere Welt, indem wir uns Sinnesreizen aussetzen. Einige erreichen uns ungebeten, etwa Licht und Schall von Blitz und Donner. Andere suchen wir uns, indem wir etwas berühren, kosten oder beschnüffeln, und genauso lauschen wir auf ein schwaches Geräusch oder drehen Kopf und Augen, um etwas genauer zu sehen.

»Freut mich zu hören, daß es normal ist, immer auf der Suche nach ein bißchen Nervenkitzel zu sein«, sagte Neil.

Wir wollen die Bewegungen für eine Weile ignorieren und nur über Sinnesreize und Gehirn-»Input« sprechen, obwohl die Bewegung in Wirklichkeit integraler Bestandteil der Wahrnehmung ist. Wenn man das zu lang vergißt, wird man leicht zu einer übermäßig abstrakten Vorstellung eines kleinen »Männchens im Kopf« verleitet, das den Input erhält und über den Output entscheidet. In Wirklichkeit wird bei einer ganzen Reihe von Analyseschritten Output produziert. Doch trotz aller Risiken wollen wir eine Weile beim Input-Pfad bleiben, der passiven Wahrnehmung der Dinge.

Der Input-Pfad besteht immer aus einer Reihe von Schritten. Die Schnittstelle mit der äußeren Umgebung ist ein Sensor, der irgendeine Art von Energie in die elektrischen Signale umformt, die das Nervensystem für seine Vergleiche braucht. Wir vergleichen andauernd. Tief in unseren Muskeln und Gelenken haben wir Sensoren, die uns mitteilen, wo sich unser Arm gegenwärtig befindet. Auch wenn ein einziges Härchen am Handgelenk gekrümmt wird, kommt es zu einer Empfindung. Haare werden aber nur selten einzeln gekrümmt. Der Vergleich mit benachbarten Härchen erst versetzt uns in die Lage zu erkennen, ob die Empfindung von einer Brise, einer Bleistiftspitze, einer Ärmelmanschette oder einem Uhrarmband hervorgerufen wird.

Für unsere Hautempfindungen wird dieser Vergleich nicht in der Haut selbst angestellt. Vielmehr leiten die Axonen der sensorischen Neuronen Impulse ans Rückenmark. Dort stellen andere Neuronen die Vergleiche an. Oder sie fangen zumindest an zu vergleichen – sie stehen an zweiter Stelle einer Analysekette, die zu einem dritten Neuron im Thalamus weiterführt, einem vierten im sensorischen Streifen des zerebralen Kortex und noch zu weiteren in anderen Bereichen des sogenannten »Assoziationskortex«. Natürlich handelt es sich dabei nicht um eine regelrechte Kette, sondern eher um ein Netz von Neuronen.

»Assoziationskortex? Werden denn nicht überall im Kortex Assoziationen gemacht?«

Das ist richtig, im gesamten Gehirn und Rückenmark. Es ist nur eine alte Bezeichnung für alle neokortikalen Bereiche mit Ausnahme des primären sensorischen Kortex und des motorischen Streifens. Das war seinerzeit noch alles Terra incognita.

»Wie wird denn der Vergleich angestellt? Größer kontra kleiner?«

Mittels Inhibition wird ein Input von einem anderen subtrahiert. Wenn man in so ein Rückenmarks-Neuron hineinlauschen könnte, würde man entdecken, daß es von einer kleinen Hautstelle erregt wird, aber von einem etwas größeren Hautflecken, der den kleinen erregenden umgibt, inhibiert wird. Aus der Sicht dieses einen Neurons besteht die Welt aus zwei Hautflecken, die einander widersprechen. Im Fachjargon werden die beiden Hautflecken gemeinsam als »rezeptives Feld« bezeichnet.

»Ist das so ähnlich wie bei einem Wassereinzugsgebiet oben in den Bergen, das eine Stadt versorgt?«

Ich nickte zustimmend. Nur besteht für das Neuron im Rückenmark oder im Gehirn das Wassereinzugsgebiet aus zwei gegensätzlichen Re-

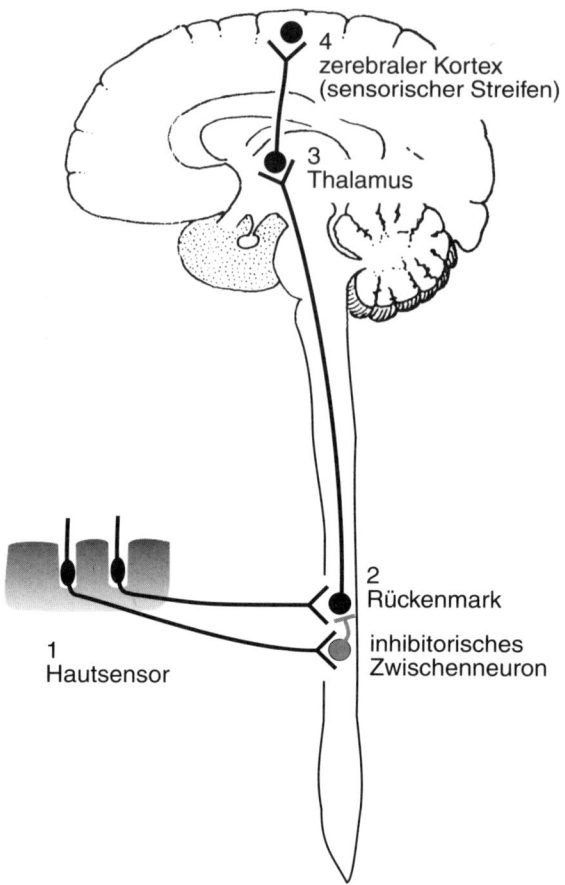

Die Nervenbahn von der Haut zum sensorischen Streifen

gionen, von denen die eine heißes, die andere kaltes Wasser schickt; im Neuron gemischt, ergibt sich daraus, wie heiß es agiert. Jedes einzelne Neuron hat also nur ein begrenztes Wissen darüber, was dort draußen auf der Haut passiert, gemeinsam kann aber eine Anzahl solcher Neuronen ein Komitee bilden, das aufgrund der zeitlichen und räumlichen Charakteristika ihrer Aktivitäten »Uhrarmband« meldet.

Sensorische Neuronen verhalten sich in der Regel an all ihren Axonenden exzitatorisch – einige davon enden jedoch an inhibitorischen Neuronen, die wiederum mit demjenigen Neuron verbunden sind, daß die Vergleiche anstellt (wodurch es ein Neuron zweiter und zugleich dritter Ordnung wird; es besteht aber eine Übereinkunft, sie nach dem kürzestmöglichen Weg zwischen ihnen und den Sensoren zu benennen). Jedes einzelne von der Haut ausgehende sensorische Axon hat – mindestens – Zehntausende von Axonenden.

Weil bei einem Neuron ein Schwellenwert überschritten sein muß, ehe es einen Impuls erzeugt, verhält es sich ziemlich ruhig, solange nicht der exzitatorische Input deutlich den inhibitorischen Input zu übertreffen beginnt. Wenn es ausschließlich inhibitorische Signale empfängt, weil die exzitatorische Stelle auf der Haut nicht stimuliert wird, leitet das Neuron keine Information weiter.

»Also kann der gleichförmige Druck eines Uhrarmbands von vielen Neuronen im Rückenmark einfach ignoriert werden, weil die inhibitorischen und die exzitatorischen Flecken sich gegenseitig aufheben?«

Nicht bei allen. Eine stumpfe Bleistiftspitze jedoch versetzt eine Menge von ihnen in Aktivität und führt schließlich dazu, daß eine Wahrnehmung an die höheren Gehirnzentren übermittelt wird und vielleicht zuletzt eine Ebene erreicht, auf der darüber gesprochen werden kann.

Eine Entscheidung, darauf zu reagieren, kann aber auch im Rückenmark fallen, noch ehe das Gehirn irgend etwas davon weiß. Die Neuronen dort unten können als Reaktion auf die sensorische Information von sich aus einigen Muskeln Befehle geben, ohne auf Kommentare der »höheren Zentren« warten zu müssen. Ein rasches Zurückzucken vor einem bedrohlichen Stimulus – wenn man etwa auf eine Reißzwecke tritt – ist schon längst befohlen, ehe das Gehirn etwas davon weiß. Und die vielen Modifikationen von routinemäßigen Körperbewegungen beim Gehen oder Aufrechtstehen werden vom Rückenmark vorgenommen, ohne daß die höheren Zentren sich sonderlich darum kümmern müssen.

In ähnlicher Weise kann das zweite Neuron des Ohr-Input-Pfads – es sitzt im Hirnstamm – Schutzreflexe vor lauten Geräuschen befehlen, ohne auf ein Eingreifen des Kortex zu warten. Doch bei jedem Reflex muß die Information einen Weg bis zum Rückenmark oder Gehirn und wieder zurück durchlaufen.

»Du meinst, ein lokaler Sensor kann einem Muskel nicht direkt befehlen, sich zusammenzuziehen? Warum das? Das schiene mir doch noch schneller zu sein.«

Schneller vielleicht, aber viel problematischer. Manche wirbellose Tiere haben an ihrer Peripherie solche lokalen Schaltkreise, doch für viele Bewegungen müssen die Rückmeldungen aus mehreren Teilen des

Körpers integriert werden. Selbst wenn man in eine Reißzwecke tritt, wird man nicht in jedem Fall das Bein wegziehen wollen.

»Warum denn nicht?«

Nehmen wir an, daß andere Bein steht im selben Moment gerade nicht auf dem Boden. Würde man in solch einer Situation das erste Bein anziehen, würde man umfallen – und sogar in die Quelle des Schmerzes hinein. Lokal den Sensoren und Muskeln ihre eigene Entscheidungsautonomie zuzubilligen, könnte mithin gefährlich sein. Also macht der sogenannte Reflexbogen in den meisten Fällen lieber einen Umweg, bei dem die entscheidenden Instanzen im Zentralnervensystem konzentriert sind (ein Sammelbegriff für Gehirn samt Rückenmark). Aber es ist richtig, daß die Reaktionszeit dadurch natürlich etwas verlangsamt wird.

Betrachten wir ein paar hochentwickelte sensorische Fähigkeiten. Sehen und Hören sind die vielgestaltigsten unserer Wahrnehmungen. Die Sprache, eine Erfindung der letzten paar Millionen Jahre, baut auf einigen wirklich phantastischen Fähigkeiten zur Kategorisierung von Tönen auf.

Vergleichbare visuelle Fähigkeiten sind aber seit noch viel längerer Zeit für uns wichtig. Die visuellen Verarbeitungswege im Gehirn haben sich offensichtlich auf eine Art und Weise immer weiter verbessert und verfeinert, zu der es im Gehörsinn nichts vergleichbares gibt. Vor vierzig Millionen Jahren mußten unsere Primaten-Vorfahren zwar noch nicht lesen können, aber sie mußten hoch in den Wipfel eines Baums schauen, der vom Wind geschüttelt wurde, so daß helle Himmelsflecke hin und her flackerten, und trotz allem mußten sie zwischen den dunklen Blättern die kleinen Stellen erkennen können, die Obst bedeuteten.

Und wenn sie die Form der Frucht identifiziert hatten, mußten sie über einen Farbensinn verfügen, der ihnen einschätzen half, ob die Frucht reif genug wäre, um einen Ausflug in den Baumwipfel zu rechtfertigen.

»Als Kind bin ich bestimmt ein paar Mal hoch in einen Apfelbaum geklettert, nur um festzustellen, daß man die Äpfel dort oben noch nicht essen konnte. Heute warte ich einfach, bis sie garantiert reif sind.«

Bei dir gibt es vermutlich aber keine anderen Primaten, die deine Apfelbäume plündern. Affen brauchen ein sehr gutes Farbempfinden, damit sie die fast reifen Früchte erkennen können. Wenn ein Affe wartet, bis die Frucht durch und durch reif ist, werden ihm ein paar andere Affen in der Zwischenzeit den ganzen Baum abernten.

Dem Leben in den Bäumen verdanken wir es auch, daß wir uns heute mittels Fahrzeugen fortbewegen können. Wenn man sich durch die Bäume schwingt, rast ein Strom visueller Eindrücke links und rechts am Kopf vorbei. Und genauso ist es beim Fahrradfahren, wenn man auf die vielen in den Weg ragenden Äste achten muß. Einige Objekte bewegen sich noch schneller als der Rest des visuellen Stroms und werden folglich als näher eingeschätzt – oder vielleicht als Objekte, die sich selbst bewegen, etwa andere Affen in den Bäumen.

Unsere ausgezeichneten visuellen Fähigkeiten, mit denen wir Formen, Farben, Entfernungen und Geschwindigkeiten abschätzen, verdanken wir den Affen in grauer Vorzeit. Wann immer wir ein Auto fahren, ein Buch lesen oder einen Sonnenuntergang bewundern, bedienen wir uns eines neuronalen Apparats, der fein auf die schwierige Aufgabe abge-

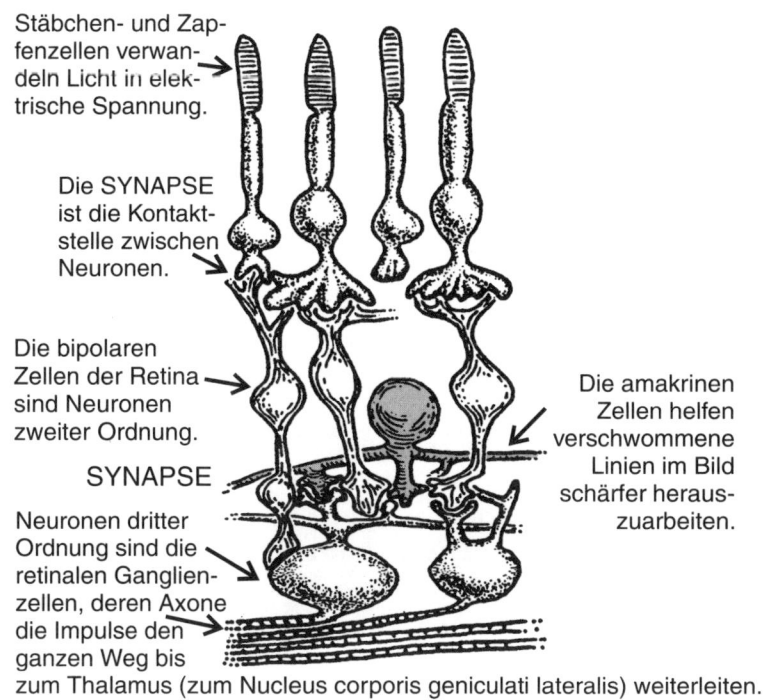

Stäbchen- und Zapfenzellen verwandeln Licht in elektrische Spannung.

Die SYNAPSE ist die Kontaktstelle zwischen Neuronen.

Die bipolaren Zellen der Retina sind Neuronen zweiter Ordnung.

SYNAPSE

Neuronen dritter Ordnung sind die retinalen Ganglienzellen, deren Axone die Impulse den ganzen Weg bis zum Thalamus (zum Nucleus corporis geniculati lateralis) weiterleiten.

Die amakrinen Zellen helfen verschwommene Linien im Bild schärfer herauszuarbeiten.

Modifiziert nach Dowling und Boycott, 1966

Trichtereffekt: Viele Stäbchen und Zapfen speisen jede bipolare Zelle; viele bipolare speisen jede Ganglienzelle; einige sind jedoch inhibitorisch.

stimmt ist, in einem wüsten Durcheinander reife Früchte zu finden. Und doch ist diese neuronale Informationsverarbeitung nicht perfekt: Manchmal sehen wir Dinge, die nicht da sind, manchmal sehen wir Dinge nicht, die in Wirklichkeit da sind, und oft sehen wir Dinge verzerrt. Unser visuelles System ist keine Videokamera.

»Obwohl auf den ersten Blick das Auge doch ziemlich wie eine Kamera gebaut ist.«

Ja, in dem Sinn, daß die Linse ein auf dem Kopf stehendes Bild der Welt auf die Rückseite des Auges wirft. Anstelle der vielen kleinen Silberkörnchen eines Films, die schwarz werden, wenn Licht auf sie fällt, besitzt unsere Retina ein großes Mosaik von einhundert Millionen Photorezeptoren, die bei Lichteinfall ihre Spannung ändern, ähnlich wie bei einer hochauflösenden Fernsehkamera. Aber damit enden die Analogien auch schon. Aufgabe unseres visuellen Systems ist es, das Bild zu zerlegen, nicht es zu bewahren, damit irgendein kleiner Zuschauer im Innern des Kopfes es sich betrachten kann.

Im Gegensatz zu den meisten anderen Sinnen beginnt beim visuellen System der Vergleich mit den Nachbarn unmittelbar hinter der Sensorschicht.

»Ich dachte, du hättest gesagt, die Vergleiche würden immer im Zentralnervensystem angestellt.«

Ganz richtig. Das Auge ist hier eine Ausnahme, denn die Retina selbst gehört, wie das Rückenmark, zum Zentralnervensystem. Während der fötalen Entwicklung wächst das Gehirn regelrecht ins Auge hinaus. Der optische Nerv ist ein ganz besonderer Vertreter seiner Gattung – genauer gesagt, er ist ein Teil jener internen Stränge, aus denen sich die weiße Substanz des Gehirns zusammensetzt.

In der Retina gibt es Neuronen dritter Ordnung, deren Axone den optischen »Nerv« bilden; jedes von ihnen erhält seinen Input von Tausenden von Photorezeptoren, allerdings niemals direkt, sondern nur über Zwischenzellen, die man als bipolare und amakrine Zellen bezeichnet. Das funktioniert wie bei einem Trichter, der Regentropfen aus einem weiten Bereich einsammelt und sie zu einem schmalen Wasserstrahl konzentriert. Auf irgendeine Weise muß hier zusammengefaßt werden, denn auf jedes Axon, das ins Gehirn führt, kommen ungefähr hundert Photorezeptoren.

»Das hört sich an, als hätte das visuelle System etwas herausgefunden, was bei Computerbauern Präprozessor genannt wird. So etwas ist praktisch, um eine große Menge Information zu reduzieren, die über eine weite Entfernung übertragen werden muß. Also macht man eine Vorab-Analyse und schickt nur die Ergebnisse auf den Weg.«

Der Trichter ist als Analogie eigentlich nicht ganz zutreffend. Es ist nicht so, daß einfach nur hundert Photorezeptoren mit jeder Ganglienzelle verbunden sind. Botschaften von Tausenden Photorezeptoren werden jeder einzelnen Ganglienzelle eingetrichtert, wobei allerdings einige die Meldungen der anderen auslöschen. Das liegt daran, daß jeder Photorezeptor wiederum Hunderte von Ganglienzellen beliefert – es wird auch ausgeteilt, und nicht nur eingetrichtert. Jeder Photorezeptor beliefert jeweils einhundert Trichter.

Der Weg vom Auge ins Gehirn führt durch den Thalamus, in dem sich eine trickreich geschichtete Struktur namens Nucleus corporis geniculati lateralis befindet. Ganz bestimmt, glaubten alle, muß etwas Phantastisches in diesen sechs Schichten passieren, von denen jede Axonen zum visuellen Kortex schickt. Drei Schichten erhalten Input von dem einen Auge, und drei Schichten von dem anderen.

»Warum?«

Das ist noch nicht bekannt. Aber laß mich eine Frage stellen, die Augenchirurgen gern an ihre Medizinstudenten richten: Was ist der wichtigste Grund dafür, ein geschädigtes Auge zu retten?

»Vermutlich, weil man mit zwei Augen ein größeres Gesichtsfeld hat?«

Das ist nun bestimmt nicht der wichtigste Grund, weil wir ja auch mit einem verbundenen Auge ganz gut zurechtkommen. Jedes Auges erfaßt zwar einen zusätzlichen, halbmondförmigen Bereich, den das andere Auge nicht sieht; fällt ein Auge aus, müssen wir jedoch nur den Kopf oder das andere Auge ein wenig in die Richtung drehen, um ihn zu sehen.

»Wegen des Entfernungsmesser-Effekts? Ich meine, damit man weiterhin die Bilder von beiden Augen miteinander vergleichen und dadurch abschätzen kann, wie weit entfernt etwas ist?«

Obwohl wir zweifellos dank des stereoskopischen Sehens eine bessere Tiefenwahrnehmung haben, kann auch der Entfernungsmesser-Effekt dadurch nachgeahmt werden, daß wir den Kopf schnell seitwärts bewegen, als würden wir das Gewicht von einem Fuß auf den anderen verlagern. Auch dadurch erhalten wir zwei Bilder, die wir miteinander vergleichen können. Zusätzlich gibt es noch eine ganze Reihe anderer Merkmale, anhand derer wir die Entfernung eines Objekts abschätzen können – zum Beispiel, wieviel Oberflächendetails noch auszumachen sind. Keine Fähigkeit verlieren wir wirklich ganz, wenn wir ein Auge verlieren.

Hier ist die Anwort auf die sokratische Frage, warum man ein verletztes Auge retten soll: *Für den Fall, daß das andere Auge irgendwann in der Zukunft verletzt wird.* Blindheit ist eine wirklich schlimme Sache. Jede Gefährdung der Sehkraft eines Auges ist wesentlich ernster zu nehmen als alle unmittelbar virulenten Probleme. Und manchmal ist es gar nicht eine offensichtliche Verletzung, die ein Auge bedroht, sondern bloß ein Mangel an Erfahrung.

Bei einer unserer medizinischen Lehrveranstaltungen sah ich beispielsweise einen Jungen namens Ross. Ein hübscher Sechsjähriger, der stark schielt. Mittlerweile ist er auf dem rechten Auge beinahe blind. Das Auge selbst ist nicht geschädigt – es liegt bloß daran, daß sein Gehirn alles ignoriert, was vom rechten Auge kommt, und sich statt dessen einzig und allein auf das linke Auge verläßt.

»Aber warum?«

Das ist unbekannt. Unglücklicherweise ist es jetzt zu spät, um an dieser »Amblyopie« noch etwas auszurichten. Wenn man mit einem schielenden Baby früh genug den Arzt aufsucht, wird dieser es zum Augenchirurgen schicken, denn Ärzte wissen, daß das Kind sehr wahrscheinlich auf dem einen oder dem anderen Auge funktional blind werden wird. Korrigiert man die Schiefstellung (was gewöhnlich im ersten Lebensjahr passiert), verhindert man, daß eines der beiden Augen die Sehkraft verliert.

Ein Mangel an ärztlichen Kontrolluntersuchungen war nicht der einzige Grund, warum Ross heute auf einem Auge blind ist. Seine Mutter glaubte auch, daß es eher eine kosmetische Überlegung wäre, das Schielen zu korrigieren – so etwas wie die Schönheitsoperation einer krummen Nase. Eine verständliche, vernünftig erscheinende Einschätzung – aber falsch. In der Entwicklung des Gehirns gibt es sogenannte sensible Phasen, in denen es die richtigen Erfahrungen braucht, sonst werden die falschen Dinge aufgebaut – und so zementiert, wie sie sind.

»Und dazu zählt auch die Tiefenwahrnehmung?«

Die Verbindungen vom Auge zum visuellen Kortex, von oben gesehen

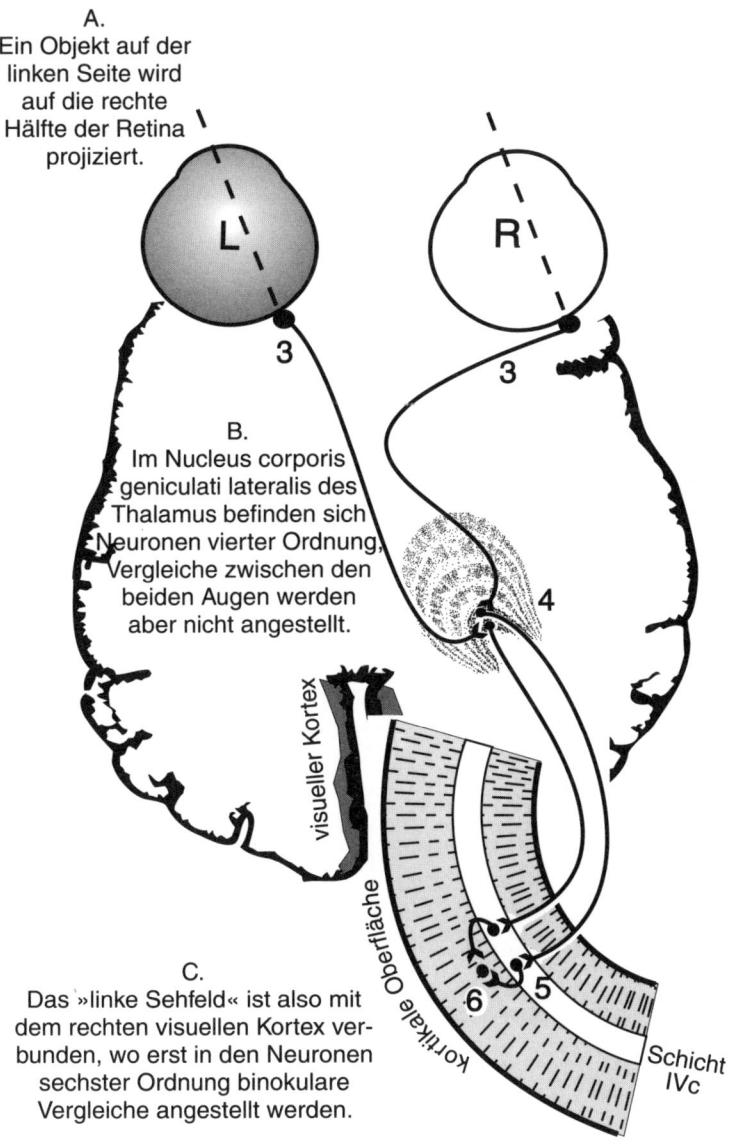

A.
Ein Objekt auf der linken Seite wird auf die rechte Hälfte der Retina projiziert.

B.
Im Nucleus corporis geniculati lateralis des Thalamus befinden sich Neuronen vierter Ordnung, Vergleiche zwischen den beiden Augen werden aber nicht angestellt.

C.
Das »linke Sehfeld« ist also mit dem rechten visuellen Kortex verbunden, wo erst in den Neuronen sechster Ordnung binokulare Vergleiche angestellt werden.

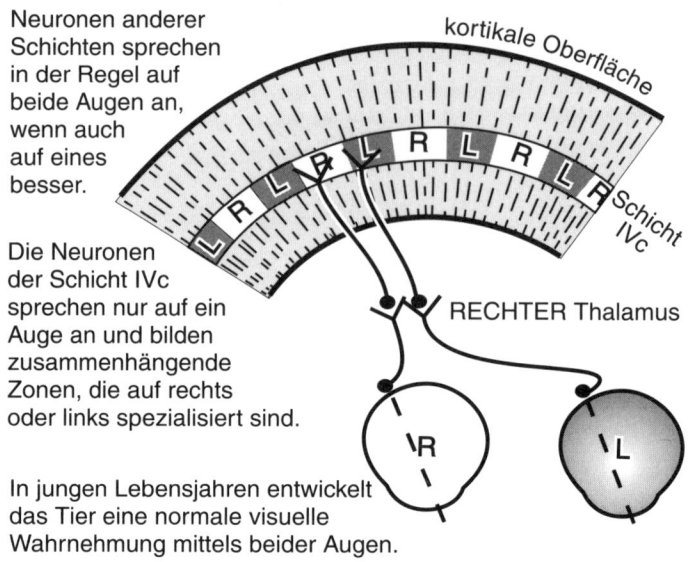

RECHTER VISUELLER KORTEX

Neuronen anderer Schichten sprechen in der Regel auf beide Augen an, wenn auch auf eines besser.

kortikale Oberfläche

Schicht IVc

Die Neuronen der Schicht IVc sprechen nur auf ein Auge an und bilden zusammenhängende Zonen, die auf rechts oder links spezialisiert sind.

RECHTER Thalamus

In jungen Lebensjahren entwickelt das Tier eine normale visuelle Wahrnehmung mittels beider Augen.

Normale visuelle Wahrnehmung

Nun, vielleicht nicht die Tiefenwahrnehmung, die sich beider Augen bedient – vielleicht kommt es bloß darauf an, daß sich beide Augen daran gewöhnen, als Tandem zusammenzuarbeiten, damit man die beiden Bilder zusammenbringen kann.

Bis in die sechziger Jahre wußten die Mediziner nur empirisch, daß man mit der Behandlung schielender Babies nicht zu lange warten oder ein Auge nicht zu lange bandagieren sollte, während gleichzeitig bekannt war, daß nichts Schlimmes passiert, wenn man das Auge eines Erwachsenen eine gleich lange Zeit mit einer Klappe abdeckt. »Empirisch« bedeutet in solchen Fällen: Wir wissen nicht warum, aber dieses und jenes passiert dann. Am kindlichen Sehen war also irgend etwas anders. Schließlich machten Forschungen an neugeborenen Kätzchen und Äffchen so viel Fortschritte, daß wir einige der Gründe jetzt kennen.

Die beiden Augen müssen offensichtlich zeitig genug die Erfahrung des Zusammenarbeitens machen. Nun muß man wissen, auf welcher Ebene des visuellen Verarbeitungspfades die Neuronen beginnen, die leicht unterschiedlichen Bilder miteinander zu vergleichen. Das ist erst bei den Neuronen sechster Ordnung der Fall. Die Neuronen der fünften Ordnung – diejenigen in der kortikalen Schicht IVc, die den Input vom

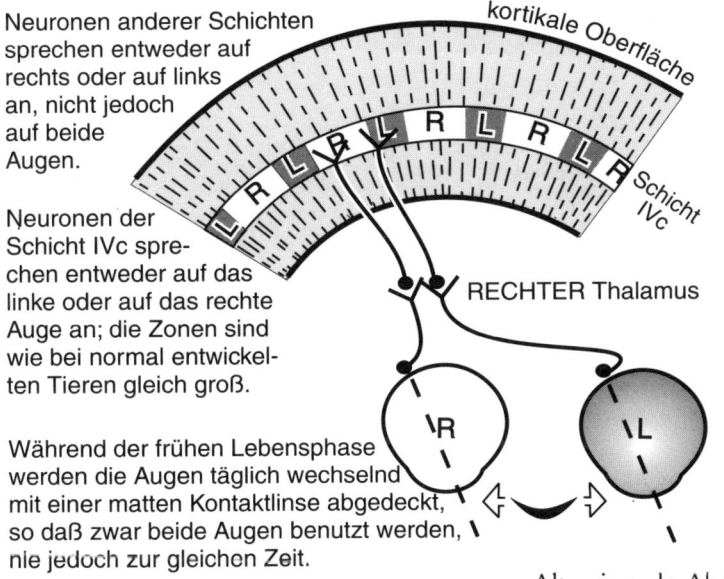

Neuronen anderer Schichten sprechen entweder auf rechts oder auf links an, nicht jedoch auf beide Augen.

kortikale Oberfläche

Schicht IVc

Neuronen der Schicht IVc sprechen entweder auf das linke oder auf das rechte Auge an; die Zonen sind wie bei normal entwickelten Tieren gleich groß.

RECHTER Thalamus

Während der frühen Lebensphase werden die Augen täglich wechselnd mit einer matten Kontaktlinse abgedeckt, so daß zwar beide Augen benutzt werden, nie jedoch zur gleichen Zeit.

Alternierende Abdeckung

Nucleus corporis geniculati lateralis erhalten – sind noch »monokular«, genau wie alle anderen Neuronen in jenem davorgeschalteten Bereich: Wenn ein Neuron auf das rechte Auge anspricht, wird es nicht auf das linke reagieren. Betrachtet man jedoch die Neuronen sechster Ordnung in den Schichten ober- und unterhalb der vierten Schicht, finden sich viele Neuronen, die auf beide Augen ansprechen. In der Regel ist das rezeptive Feld für das linke Auge dem für das rechte ähnlich, aber die Reaktion auf das eine Auge ist für gewöhnlich stärker als auf das andere. Für einige Neuronen sechster Ordnung ist das rechte Auge das »stärkere«, auf andere hat das linke mehr Einfluß. Nur wenige sind so stark auf nur ein Auge ausgerichtet, daß sie das andere regelrecht ignorieren.

Das ändert sich jedoch, wenn man Affen im Säuglingsalter eine undurchsichtige Kontaktlinse tragen läßt. Die undurchsichtige Kontaktlinse wird täglich von dem einen Auge in das andere gewechselt, so daß während des ersten Lebensjahres beide Augen visuelle Erfahrungen machen – aber niemals gemeinsam. Macht man Aufzeichnungen von den Gehirnen dieser Tiere, unterscheiden sie sich sehr von den normalen. Jetzt haben die Neuronen ganz eindeutige Vorlieben für das linke oder für das rechte Auge, wobei nur sehr wenige Neuronen ihre Aufmerksamkeit auf beide Augen richten. Und sogar wenn die Kontaktlinse dann viele Monate lang weggelassen wird, so daß beide Augen Gelegenheit haben, zusammenzuarbeiten, kehrt sich diese Prägung nicht mehr um: Nur wenige dieser einseitig ausgerichteten Neuronen bringen es dahin, die beiden Ansichten miteinander zu vergleichen.

»Also wurde das ›schlechte‹ Auge abgekoppelt?«

Das wäre vermutlich zu stark ausgedrückt, denn mit Medikamenten, welche die inhibitorischen Synapsen blockieren, kann man vorübergehend einige tieferliegende Verbindungen zu beiden Augen erkennen. In jeder praktischen Hinsicht aber scheinen sich die *Funktionen* des visuellen Systems permanent durch diese anomale frühe Erfahrung verändert zu haben.

»Wie kommt es denn zu solch einer sensiblen Phase?«

Vermutlich, weil dann viele Verbindungen unterbrochen werden. Auch bei normalen Menschen kommt es im Lauf der Zeit überall im zerebralen Kortex zu einer Reduktion der synaptischen Verbindungen – es sieht so aus, daß zu Beginn ziemlich unterschiedslos alles irgendwie mit allem verknüpft ist und dann zunehmend ein Verfeinerungsprozeß eintritt. Die meisten Synapsen pro Neuron hat man im Alter von acht Monaten. Von diesem Zeitpunkt an geht es bergab – man verliert ein Drittel bis die Hälfte aller kortikalen Synapsen während der Kindheit.

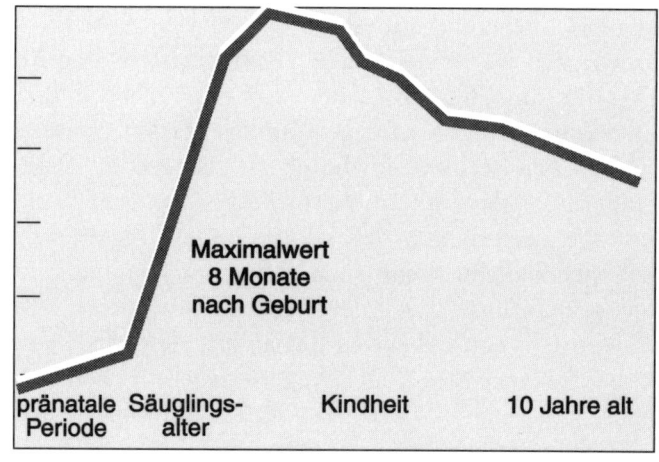

Maximalwert
8 Monate
nach Geburt

pränatale Säuglings-   Kindheit   10 Jahre alt
Periode   alter

Angaben nach Huttenlocher, 1984

Synapsendichte im menschlichen visuellen Kortex

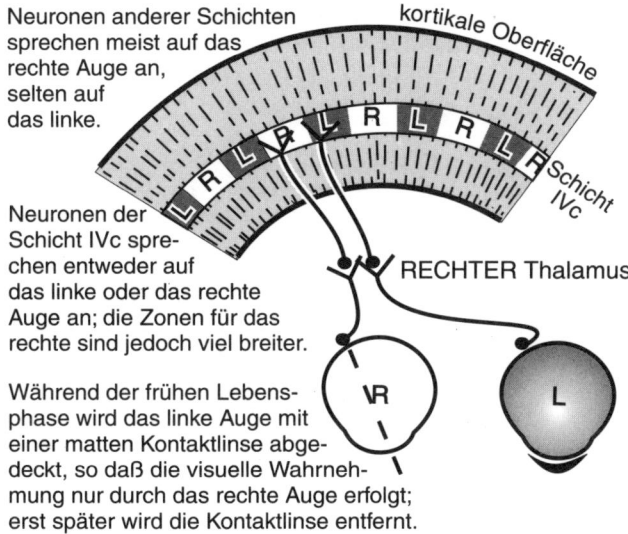

RECHTER VISUELLER KORTEX

Neuronen anderer Schichten sprechen meist auf das rechte Auge an, selten auf das linke.

kortikale Oberfläche

Schicht IVc

Neuronen der Schicht IVc sprechen entweder auf das linke oder das rechte Auge an; die Zonen für das rechte sind jedoch viel breiter.

RECHTER Thalamus

Während der frühen Lebensphase wird das linke Auge mit einer matten Kontaktlinse abgedeckt, so daß die visuelle Wahrnehmung nur durch das rechte Auge erfolgt; erst später wird die Kontaktlinse entfernt.

Einseitige Abdeckung

»Das ist erstaunlich. Wir *verlieren* Verbindungen, während wir neue Worte lernen, mehr und mehr Erinnerungen speichern?«

Ja – wenigstens im Durchschnitt. Zusätzlich zur Abkoppelung von Synapsen kommt es in einigen kortikalen Bereichen auch durch das Absterben von Neuronen zu einer Reduktion von Verbindungen. Der motorische Kortex eines Affen verliert während Kindheit und Jugend ein Drittel seiner Neuronen.

»Die Ungeschickten werden eliminiert?«

Das wäre ein gutes Ausdünnungsprinzip. Jedenfalls gehen, wenn das Erwachsenenalter einmal erreicht ist, nur noch relativ wenige kortikale Neuronen verloren. Gegenwärtig stellen wir uns das mit dem Ausdünnungsprinzip so vor, daß es während der sensiblen Phasen zu einer Eliminierung der weniger aktiven Verbindungen kommt. Das man also diejenigen Synapsen behält, die man fleißig gebraucht.

Ein gutes Beispiel für dieses aktivitätsabhängige Ausdünnungsprinzip findet sich in Schicht IVc, wo der Input vom Nucleus corporis geniculati lateralis ankommt. Normalerweise gibt es dort eine ungefähr einen halben Millimeter breite Zone, die für das linke Auge reserviert ist und von zwei Zonen für das rechte Auge flankiert wird, die ebenfalls einen halben Millimeter breit sind. Wenn nun die undurchsichtige Kontaktlinse immer auf dem linken Auge verbleibt und nicht zwischen beiden Augen täglich hin- und hergewechselt wird, hat das zur Folge, daß nur das rechte Auge des Versuchstiers die Welt normal sehen wird.

Das führt dazu, daß in der Schicht IVc des visuellen Kortex die Zonen für das rechte Auge sich auf Kosten der Zonen für das nicht benutzte linke Auge *ausweiten*. Und wiederum läßt sich dies nicht einfach dadurch umkehren, daß man die undurchsichtige Kontaktlinse wegläßt, wenn die sensible Phase erst einmal vorüber ist.

»Sieht so aus, als hätten die durchtrainierten Neuronen den Sieg davongetragen.«

Ja, das »Überleben der Aktivsten« ist immer noch unsere beste Theorie dafür, was während der entscheidenden Entwicklungsphasen geschieht, warum Kinder wie Ross auch dann auf einem Auge nicht sehen können, wenn ihr Schielen mit einiger Verspätung korrigiert wird.

Neil fand die Vorstellung, daß Synapsen ausgedünnt werden, sehr interessant, obwohl er vermutlich beim Beschneiden seiner Apfelbäume nach etwas weniger ausgefeilten Prinzipien ausdünnte.

»Werden denn Synapsen die ganze Zeit auf- und wieder abgebaut?« fragte er.

Vermutlich, obwohl es mit Sicherheit auch einen Kernbestand ziemlich stabiler Synapsen gibt. Erinnerst du dich noch an jene Experimente mit den Ratten, die in einer sehr vielfältigen Umgebung lebten? Die Anzahl der Synapsen pro kortikalem Neuron erhöhte sich bei ihnen um achtzig Prozent. Das zeigt, daß die Anzahl der neugeschaffenen Synapsen die der vernichteten manchmal weit übertrifft.

Doch daß nach den ersten acht Monaten die Anzahl der Synapsen mit dem Älterwerden ständig zurückgeht, zeigt, daß der Vernichtungsprozeß auf lange Sicht die Überhand gewinnt. Wir wissen aber nicht, ob, sagen wir, zehn Prozent jede Woche oder jedes Jahr umgeschichtet werden. Solange wir keine besseren Forschungsmethoden haben, kennen wir das Ergebnis nur in Form der Differenz zwischen den Zahlen neugebildeter und vernichteter Synapsen.

»Das hört sich alles sehr nach ökonomischen Theorien an, findest du nicht? Und da wir gerade vom Bäumebeschneiden sprechen: Der Wirtschaftswissenschaftler Joseph Schumpeter hat vor einem halben Jahrhundert erklärt, daß jede Gesellschaft eine ›kreative Vernichtung‹ auf kontinuierlicher Basis brauche.«

Sicherlich sind unsere Erinnerungen formbar genug, um vermuten zu lassen, daß tatsächliche Begebenheiten mit falschen überschrieben werden können, wie bei jenen Augenzeugen, die man glauben machte, sie hätten ein Vorfahrt-achten-Schild gesehen und kein Stoppschild. Jahr für Jahr häufen wir neue Erinnerungen auf die schon eingeprägten alten – unsere Gehirne sind aber nicht wie Aktenkeller, die immer voller werden und gelegentlich ausgemistet werden müssen. Sie haben vielmehr ein ganz anderes Gedächtnissystem, das über die alten Ritzungen ein neues Muster einschnitzt. Gelegentlich sind dabei die alten Muster kaum noch zu erkennen.

»Das ist wie bei einem Bildhauer, der zu detailversessen ist. Wenn er lange genug schnitzt, bleibt überhaupt nichts übrig!«, meinte Neil mit einem Lächeln.

Doch dann runzelte er die Stirn: »Bedeutet das, daß es eine Obergrenze dafür gibt, wieviel unser Gehirn speichern kann? Wenn wir zu lange leben, geht uns dann das Gehirn aus, in das wir noch Neues schnitzen könnten?«

Gehirne sind kein lebloses Rohmaterial wie Holz oder Stein. Sie erneuern sich selbst, indem sie neue Synapsen bilden. Und es ist das Muster jener synaptischen Stärken, welches das Langzeitgedächtnis aufzuzeichnen scheint. Die Frage ist eher, ob man weiterhin in der Lage sein wird, einige der selten benutzten Aufzeichnungen wiederzufinden, oder ob sie so gründlich überschrieben wurden, daß das Wiederfinden zu lange dauert, um noch sinnvoll zu sein.

Die vielleicht aufregendste Möglichkeit... ist die Ausdehnung dieser Art Forschungsarbeit auf andere Systeme über das Sensorische hinaus. Experimentalpsychologen wie Psychiater betonen die Bedeutung frühkindlicher Erfahrungen für nachfolgende Verhaltensmuster – könnte es sein, daß eine Verarmung an sozialen Kontakten oder die Existenz anderer anomaler emotionaler Situationen in jungen Lebensjahren zu einer Entartung oder Verzerrung von Verbindungen in einigen noch unerforschten Teilen des Gehirns führt?

DER NEUROPHYSIOLOGE DAVID HUBEL, 1967

12.
Sprechen lernen und wieder zur Sprache kommen

Die normale gesprochene Sprache besteht größtenteils aus Fragmenten, falschen Anfängen, Verschleifungen und anderen Verzerrungen der zugrundeliegenden idealisierten Formen. Dennoch... lernt das Kind die zugrundeliegende [idealisierte Form]. Das ist eine bemerkenswerte Tatsache. Wir müssen dabei auch bedenken, daß das Kind diese [idealisierte Form] ohne ausdrückliche Anweisung konstruiert, daß es sein Wissen zu einer Zeit erwirbt, wenn es auf vielen anderen Gebieten noch nicht zu komplexen intellektuellen Leistungen fähig ist, und daß diese Leistung von der Intelligenz relativ unabhängig ist...

DER LINGUIST NOAM CHOMSKY, 1969

Noch immer gab es keine Anzeichen, daß sich in Georges Operations-Terminplan eine Lücke auftun könnte, also vertrieb sich Neil die Wartezeit mit Lesen und genoß das schöne Wetter, solange es noch ging.

Eines Tages lud er mich auf sein Boot ein; am Kanal hinter der Medizinischen Fakultät wollte er mich abholen. Ich wartete draußen am Ende des seeseitigen Piers und schwang mich an Bord, als Neil mit seinem Segelboot in das Dock einlief. Im Wind schlagende Segel und ein gelegentliches »Bäng« bildeten folglich die Hintergrundmusik unserer Unterhaltung über die Sprache.

»Wenn man genau hinhört, klingt dieser Aluminiummast im Wind wie ein ganzes Glockenspiel«, bemerkte Neil.

Alles, was *ich* hörte, war ein gedämpfter Gong – immer derselbe monotone Klang, keine unterschiedlichen Töne. Zweifellos, erklärte ich Neil, war dies ein Phänomen der kategorialen Wahrnehmung – er konnte einfach mehr Kategorien hören als ich. Kannst du dich erinnern, fragte ich ihn, ob du deiner Fremdsprachenlehrerin, wenn sie deine Aussprache korrigierte, einmal sagtest, daß du das Wort doch genauso ausgesprochen hättest wie sie?

»Bestimmt Dutzende von Malen.«

Die Lehrerin konnte Unterschiede hören, die du nicht wahrnahmst. Sie klassifizierte Klänge in Kategorien, die dir nicht zur Verfügung standen. Neugeborene hören ebenfalls subtilere Unterschiede als Erwachsene. Ganz wie die Sprachlehrerin können sie die winzigen Differenzen zwischen bestimmten Sprechlauten ausmachen, von denen Erwachsene behaupten, sie seien identisch.

Die Babys können zwar nicht sagen, welches die richtige Aussprache ist, aber sie hören, ob sich ein Laut von einem zum andern Mal verändert hat.

»Woher weiß man das? Schließlich können die Babys noch nicht sprechen.«

Die Kinderpsychologen haben sich da etwas Schlaues einfallen lassen: Babys langweilen sich, wenn sie denselben Laut immer wieder hören, werden aber munter, wenn man eine kleine Neuerung einbringt; belohnt man sie damit, daß man ihnen einen kurzen Blick auf einen tanzenden Bären gewährt, entwickeln sie ein erhebliches Geschick, subtile Veränderungen an einer ständig wiederholten Silbe zu entdecken. Wenn sie hören, daß der Klang sich verändert, wenden sie den Blick dorthin, wo der Bär für einen kurzen Moment erscheinen wird – und daher weiß man, daß sie die Lautveränderung gehört haben. Also läßt man einen Sprachsynthesizer eine bestimmte Klangfolge ein wenig variieren, beispielsweise im Bereich von [pa] bis [ba]. Neugeborene bemerken die Lautveränderung anscheinend – mit anderen Worten, sie richten sich auf und schauen erwartungsfroh, ob der Bär auftaucht –, während ältere Kinder oder Erwachsene behaupten, daß sich nichts verändert habe.

Wir Erwachsenen hören etwa in der Mitte der graduellen Lautveränderung den Ton plötzlich von [pa] nach [ba] wechseln – anders ausgedrückt, wir erzeugen eine Dichotomie, wo an sich keine existiert. Solche kategorialen Wahrnehmungen sind meist von Erfahrungen geprägt, und Neugeborene haben noch nicht viel Erfahrung.

»Hören sie nicht schon im Mutterleib Töne?«

Ja, aber nur tiefe Frequenzen – die höheren Frequenzen werden genauso herausgefiltert wie aus dem Klang einer Stereoanlage in der Nachbarwohnung. Die Wände lassen nur die tiefen Töne durch, das Bumm-Bumm. Daneben hört der Fötus noch das Pulsieren des Mutterherzens oder das Gurgeln in ihren Eigenweiden; all das stört die von draußen hereindringenden Geräusche.

Unsere Lautkategorien bilden wir, indem wir Eltern, Geschwistern, Fernsehen und Radio hören. Ein Baby stimmt sich im Wortsinn auf die Besonderheiten der Sprache ein, die es hört. Vor allem lernt es, mit den Varianten umzugehen, die verschiedene Sprecher bei der Aussprache der Laute machen, indem es umfassendere Kategorien bildet. Im Verlauf dieses Lernprozesses verliert das Baby die Fähigkeit, die subtilen Unterschiede bei den einzelnen Sprechlauten (»Phoneme«) zu entdecken, die es früher noch wahrnehmen konnte. Es bildet mentale Modelle für die Phoneme aus und ignoriert kleinere Abweichungen.

»Können deshalb Japaner nur so schwer ein ›r‹ richtig aussprechen?«

Die eigenen Lautkategorien können einem Probleme bereiten, wenn man eine Sprache hört, mit der man nicht aufgewachsen ist. In Japan lernen die Babys zum Beispiel ein Phonem, das etwa in der Mitte zwischen [r] und [l] liegt. Indem sie dafür eine Kategorie ausbilden, lernen sie, Abweichungen um dieses Phonem herum zu ignorieren. Wenn man sie dann mit einem englischen [r] oder [l] konfrontiert, geht bei Japanern die Tendenz dahin, das dazwischenliegende japanische Phonem zu hören.

»Sie glauben also, daß die beiden englischen Phoneme ein und dasselbe sind.«

Immerhin fallen beide in dieselbe mentale Kategorie. Aufgrund unserer Erziehung können wir ja meistens auch nicht ähnliche Laute in, sagen wir, Hindi oder Portugiesisch unterscheiden. Wenn wir den Unterschied nicht hören, können wir auch unsere eigene Aussprache nicht korrigieren. Und so geraten wir als Sprachschüler in die Defensive und beschweren uns bei unserem Lehrer, weil wir eine Lautdifferenz nicht hören können, die wir als neugeborenes Baby sehr wohl bemerkt hätten.

Nach dieser kindlichen Einstimmungsphase in die Laute der Muttersprache werden verschiedene andere Aspekte der Sprache entwickelt.

»Etwa wenn sie zu lallen beginnen, was meine Jüngste gerade macht.«

Bald wird sie dann einen Grundwortschatz aufbauen und in ihrem zweiten Lebensjahr zu Sätzen aus zwei bis drei Wörtern übergehen. Im dritten Jahr wird sie die Syntax beherrschen lernen und kompliziertere Sätze bilden. Sie wird von Geschichten und anderen Abfolgen fasziniert sein, schließlich wird sie lesen lernen.

»Der Sprachkortex organisiert sich also um die natürlichen Kategorien des Gehörten herum? Organisiert er sich nach einer Schädigung auf dieselbe Weise neu?«

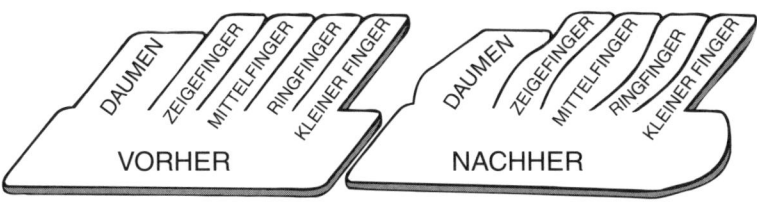

VORHER	NACHHER
Die kortikale Karte der Hand ist niemals so wohlgeordnet.	Wird nur der Mittelfinger trainiert, vergrößert sich sein Anteil, aber auch die Bereiche für Handfläche, Handgelenk und die anderen Finger werden umarrangiert.

In einigen Fällen kann sich der Kortex natürlich nicht mehr in der richtigen Weise reorganisieren, zum Beispiel wenn jene sensible Phase vorüber ist, in der man das Sehen mit beiden Augen zugleich lernt. Aber bestimmte kortikale Bereiche können sich, sogar noch bei Erwachsenen, sehr gut reorganisieren. Für das Hören oder Sprechen liegen uns nicht viele Untersuchungen vor, aber über den sensorischen Streifen gibt es ein paar wundervolle Reorganisations-Geschichten.

Die Karte für die Hand ist auf dem sensorischen Streifen nicht unveränderlich fixiert, sondern kann in erheblichem Maß umarrangiert werden. In einem Zeitraum von Tagen bis zu Wochen können sich die Grenzen zwischen den Finger-Repräsentationen im Kortex um Millimeter verschieben – und das bei einem durchschnittlichen erwachsenen Affen, bei dem bloß ein Teil eines Fingers einige Wochen lang mittels einer höckerigen Oberfläche etwas trainiert wird.

»Etwa wie ein Blinder Blindenschrift ›liest‹?«

Genau. Man hat sogar schon den sensorischen Streifen von Blinden kartiert und festgestellt, daß ihre Finger-Bereiche größer sind als im Durchschnitt. Bei Affen kann man feststellen, wie das zustande kommt.

Auch ohne solch ein spezielles Training verschiebt sich bei Affen im Verlauf mehrerer Wochen die Grenze zwischen Daumen und Gesicht um ungefähr einen Millimeter. Ein paar Neuronen, die für ein Stück Haut im Gesicht zuständig waren, werden sich darum nicht mehr kümmern – aber statt dessen auf Hautreize am Daumen zu reagieren beginnen. Dieses Hin und Her, das aus keinem ersichtlichen Grund erfolgt, läßt den Schluß zu, daß es im Lauf des Affenlebens zu einer kontinuierlichen dynamischen Neuanpassung kommt.

»Das erinnert mich an Grenzstreitigkeiten: Das Elsaß etwa hat seit 1871 vier Mal die Staatszugehörigkeit zwischen Deutschland und Frankreich gewechselt.«

Und so ist es von gemischtem Charakter, gerade wie jene Neuronen, die in der einen Woche den Daumen repräsentieren, in der nächsten das Gesicht.

Hierbei vom »Überleben der Aktivsten« zu sprechen, wäre übertrieben; aber solche Veränderungen im sensorischen Streifen von Erwachsenen lassen den Schluß zu, daß es im zerebralen Kortex mit Sicherheit jede Menge Wettbewerb gibt. Bevor man dies entdeckte, hatte man das erwachsene Primatengehirn für ziemlich unflexibel gehalten und geglaubt, nur junge Gehirne seien zu substantiellen Umverlagerungen von Funktionen fähig.

»Wie radikal kann eine solche Neuzuweisung sein?«

Das scheint ganz verschieden zu sein: in jungen Jahren mehr als im Erwachsenenalter, bei Tastempfindungen mehr als beim Sehen. Und es zeigen sich bestimmte Vorlieben: Wenn man einen Arm verliert, wird der dafür vorgesehene Platz im sensorischen Streifen anscheinend vollständig vom unteren Teil des Gesichts, meist von Kinn und Kiefer, übernommen. Die Repräsentation der Brust, die auf der anderen Seite des verwaisten Bereichs auf dem sensorischen Streifen liegt, dringt überhaupt nicht dorthin vor.

Hinsichtlich der Sprache sind solche detaillierten Forschungen, wie man sie mit Versuchstieren machen kann, natürlich nicht möglich; aber die Art und Weise, wie kleine Kinder schwere Hirnschäden kompensieren, hat uns vielerlei Hinweise gegeben. Im normalen Verlauf der Entwicklung kann manches schiefgehen, und einiges davon läßt uns erkennen, wie sich die kindliche Gehirnorganisation für Sprache verändert.

Die sicherlich dramatischsten Indizien liefert uns eine seltene angeborene Mißbildung namens Sturge-Weber-Krankheit, bei der sich während der fötalen Entwicklung an einer Seite des Gehirns anomale Blutgefäße bilden. Bei solchen arteriovenösen Mißbildungen wird ein Großteil des arteriellen, sauerstoffreichen Bluts direkt in die Venen geleitet, ohne daß es bis in die Kapillargefäße vordringen könnte. Folglich werden die Neuronen nicht richtig mit Nährstoffen versorgt. Im Bereich dieser mißgebildeten Blutgefäße kommt es im Gehirn zu schweren Anfällen, sein

Wachstum ist gehemmt, und die betroffenen Teile werden im Grunde nutzlos.

Das allein ist schlimm genug. Doch die Anfälle greifen auch auf die andere Seite des Gehirns über und behindern wiederum deren Weiterentwicklung. Die mißgebildeten Blutgefäße der einen Seite setzen letztlich beide Hälften des Gehirns außer Gefecht. Seit Jahrzehnten schon werden Babys mit dieser Mißbildung neurochirurgisch behandelt: Man entfernt ihnen die anomalen Blutgefäße und den dazugehörigen Teil des zerebralen Kortex, wobei die subkortikalen Strukturen, die von anderen Adern mit Blut versorgt werden, intakt bleiben.

»Und diese armen Kinder müssen mit nur einer Gehirnhälfte zurechtkommen? Ich hab' das seinerzeit beim Wada-Test nicht geschafft.«

Nun, das Baby behält mehr als eine Gehirnhälfte, denn der zerebrale Kortex ist ja nicht das gesamte Gehirn. Diese Kinder haben lediglich halb so viel zerebralen Kortex wie ein normales Kind. Überraschenderweise wachsen sie auf, ohne daß eine Hälfte ihres Körpers gelähmt oder, wie man vermuten sollte, sie auf einer Seite ihrer visuellen Welt blind wären. Offensichtlich kann die verbleibende Gehirnhälfte nicht nur, wie üblich, die entgegengesetzte Körperhälfte, sondern auch dieselbe Seite des Körpers steuern. Manchmal liegt die Mißbildung auf der rechten Seite des Gehirns, so daß das Baby mit lediglich dem linken zerebralen Kortex weiterlebt.

»Es wird also normal sprechen können?«

Ja. Manchmal muß jedoch der linke zerebrale Kortex entfernt werden, so daß dem Baby jene Hirnstrukturen fehlen, die der Sprache zugrundeliegen sollen. Wenn die Sprachentwicklung nun vollständig von Nervenverbindungen im linken Gehirn abhängig wäre, müßten folglich Kinder, denen nur die rechte Gehirnhälfte zur Verfügung steht, keine Sprache entwickeln können.

Und dennoch tun sie es. Wenn man Kinder, denen die linke Hemisphäre entfernt wurde, Jahre nach ihrer Operation untersucht, zeigt sich, daß ihre Sprache durchaus den üblichen Ansprüchen genügt, auch wenn sie eher als stille Kinder gelten. Offensichtlich kann auch die rechte Gehirnhälfte mit Sprache umgehen, selbst wenn sie das normalerweise nicht tut.

Dennoch ist die Sprache in diesem Fall nicht völlig normal. Die Psychologen Bruno Kohn und Maureen Dennis haben solche Kinder im Alter von zehn Jahren untersucht und herausgefunden, daß Kinder mit linksseitiger Entfernung des Kortex viel mehr Probleme mit grammatisch komplexen Satzkonstruktionen haben als Kinder mit rechtsseitigem Verlust des Kortex, obwohl beide Gruppen von vergleichbarer Intelligenz zu sein schienen.

»Wie äußerte sich das?«

Die Kinder, denen Teile des linken Gehirns entfernt worden waren, sprachen eher im Präsens und fanden den Gebrauch des Futurs etwas schwierig. Es scheint in der linken Gehirnhälfte irgendwelche festverdrahteten Mechanismen zu geben, dank derer die Sprache erst in vollem Umfang zum Ausdruck kommt, und das rechte Gehirn kann diese Mechanismen nicht vollständig ersetzen. Der Linguist Noam Chomsky hat die These aufgestellt, daß es eine biologische Grundlage für Syntax und Grammatik geben müsse, weil alle realen menschlichen Sprachen sich nur einer begrenzten Zahl von Konstruktionsregeln bedienen, obwohl theoretisch unendlich viele vorstellbar sind. Das Sturge-Weber-Kindern verbleibende Sprachvermögen läßt vermuten, daß nur das linke Gehirn im vollen Umfang die neuronalen Strukturen aufweist, die für die Sprache gebraucht werden.

Zwar kann in früher Kindheit die rechte Gehirnhälfte einen Verlust der linksseitigen Sprachmechanismen weitgehend kompensieren, bei Erwachsenen ist das aber nicht der Fall. Bei einem großen linksseitigen Schlaganfall gehen in der Regel die meisten Sprachfunktionen auf Dauer verloren; so war es bei dem Patienten von Broca, der nur »Tan-tan« sagen konnte. Irgendwann im Vorschulalter scheinen uns die kompensatorischen Fähigkeiten der rechten Gehirnhälfte größtenteils verlorenzugehen.

Wenn Kinder eine größere linksseitige Hirnschädigung erleiden, ehe sie zwei Jahre alt sind, können sie anscheinend dennoch eine brauchbare Sprache entwickeln. Dauerhafte Sprachverluste beginnen sich zu zeigen, wenn es zu solchen Schädigungen im Alter von sechs oder sieben Jahren kommt. Dazwischen, im Alter von vier bis sechs Jahren, führen solche Schädigungen zu schweren Beeinträchtigungen beim Lernen neuer Worte, obwohl solche Kinder den größten Teil ihrer vorher erworbenen Sprachfähigkeiten behalten.

»Kann George denn überhaupt Kinder im Operationssaal untersuchen?«

Normalerweise nicht. Manchmal leiden zwar auch Kinder an einer Epilepsie, die anders nicht zu behandeln ist, doch die bei Erwachsenen

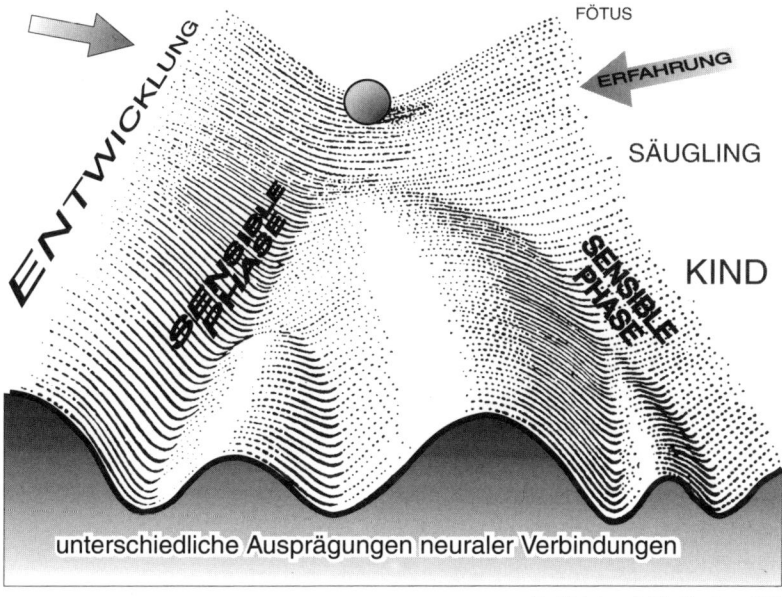

Die abschüssige epigenetische Landschaft und die »Erfahrungswinde«, die während der sensiblen Phasen die Ausprägungen beeinflussen

angewandte neurochirurgische Vorgehensweise des Messens und Kartierens im Operationssaal erfordert einen wachen, mitarbeitenden Patienten, der während der Operation längere Zeit nur örtlich betäubt ist. Das wäre von Kindern oder geistig zurückgebliebenen Erwachsenen etwas viel verlangt. Bei ihnen wendet man daher eine andere Technik an, obwohl sie erheblich teurer und auch ein wenig riskanter als das Verfahren bei Erwachsenen ist. Unter Vollnarkose wird ihnen ein Elektrodennetz – »Gitter« genannt – so eingepflanzt, daß es auf der kortikalen Oberfläche ruht und die Drähte durch eine Öffnung in der Haut herausgeführt werden. In der darauffolgenden Woche werden dann bei diesen Kindern die Messungen und Kartierungen vorgenommen.

»George meinte, das hätte er auch mit mir machen müssen, wenn das Vierundzwanzig-Stunden-EEG nicht die Frontal-oder-temporal-Frage geklärt hätte.«

Diese Gitter sind etwas Wunderbares, denn man kann damit die Sprachorganisation erforschen, wenn das Kind während der kurzen Testsitzungen an den Tagen nach der Implantation wach und kooperativ ist. Vier Jahre alt war das jüngste Kind, das man mittels eines solchen Gitters einer Stimulations-Kartierung während eines Benennungs-Tests unterzogen hat. Die Benennungs-Stellen waren fast zwei Zentimeter groß, ganz ähnlich wie bei Erwachsenen. Mehrfache Benennungs-Stellen im selben Lappen wurden bei Kindern unter acht Jahren nicht festgestellt.

Zwar liegen uns von Kindern nicht viele Daten vor, doch sie werfen ein paar recht interessante Fragen auf: Könnte die Ausbildung von lokalisierten Benennungs-Stellen damit korrespondieren, daß die Sprache »einzementiert« wird; könnte sie ein Anzeichen dafür sein, daß die Fähigkeit, die Sprache auf die andere Hemisphäre zu übertragen, verlorengegangen ist?

Wie Kinder sprechen lernen ist ein Lieblingsthema vieler Eltern und Lehrer. Zahlreiche »Stufen« der Sprachentwicklung (die sich allerdings überlappen) sind sowohl von Linguisten wie von Entwicklungspsychologen angenommen worden.

»Meine Tochter lallt noch. Aber wir versuchen schon, ihr ›Mama‹ und ›Papa‹ beizubringen.«

Eltern wie Lehrer gehen davon aus, daß Kinder ohne ihre ständige Hilfe niemals sprechen lernen würden. Gerechterweise muß jedoch gesagt werden, daß Sprechen weniger gelehrt als vielmehr nolens volens erworben wird, daß Kinder also auch ohne Anleitung und Korrektur sprechen lernen würden.

»Das dürfte viele Eltern überraschen.«

Sicherlich würden Kinder ohne Hilfestellung langsamer sprechen lernen, die meisten würden jedoch die Bedeutung der Worte während des Vorschulalters von ganz allein entdecken. Wichtig ist nur, daß sie die Sätze *hören*, daß sie sehen, was Menschen als Reaktion daraufhin tun, und dann lernen, die Menschen um sich herum selbst durch solche Wortfolgen zu beeinflussen.

Im Gegensatz zu den Affen, die sich einen brauchbaren Wortschatz von wenigen hundert Worten erworben haben, sind Kinder im Vorschulalter hinsichtlich neuer Worte unglaublich wißbegierig; ein halbes Dutzend neuer Ausdrücke fügen sie täglich ihrem wachsenden Wortschatz hinzu. Manche davon erlernen sie einfach, indem sie andere Menschen beobachten, und nicht, indem jemand auf etwas zeigt und die

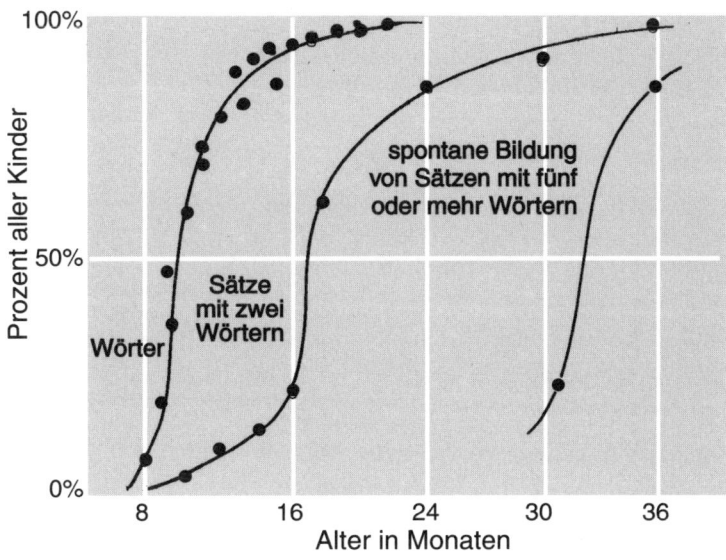

100% — Prozent aller Kinder

spontane Bildung
von Sätzen mit fünf
oder mehr Wörtern

50%

Sätze
mit zwei
Wörtern

Wörter

0%

8   16   24   30   36

Alter in Monaten

Angaben nach Lenneberg, 1967

Sache dann benennt; Eltern staunen manchmal, welche Worte ihr Kind während der Monate aufgeschnappt hat, ehe es zu sprechen begonnen hat.

Was jedoch vor allem durch Beobachtung, Versuch und Irrtum erworben wird, ist die Syntax beziehungsweise die Grammatik – die Regeln, nach denen die Wortfolgen gebaut und interpretiert werden. Hast du deinen älteren Kindern jemals Syntax beigebracht?

»Machst du Witze? Ich kenne ja selbst kaum die Regeln. Wie hätte ich sie ihnen da beibringen können? Ich merke nur, wenn etwas falsch ist, und versuche sie dann darauf hinzuweisen, wie es richtig heißen muß.«

Du kennst die Regeln doch – das beweist du mit jedem Satz, den du sprichst. Du kannst die Regeln nur nicht formulieren. Sogar Linguisten haben manchmal Probleme, sie zu erklären. Und dennoch erwerben wir alle unsere syntaktischen Fähigkeiten – aber wie?

Die Regeln der Satzkonstruktion erlernen Kinder allein durch Beobachtung. Im Alter von achtzehn bis sechsunddreißig Monaten scheinen Kinder besonders empfänglich für die strukturellen Regeln zu sein, die den in ihrer Umgebung gesprochenen Sätzen zugrunde liegen. Die einzelnen Bestandteile der gesprochenen Sprache oder das Diagramm eines Satzes können sie genausowenig beschreiben wie ihre Eltern – aber sie verhalten sich, als würde solch ein Wissen zunehmend ihren Gehirnen eingebettet.

Diese biologisch festgelegte Tendenz ist so stark, daß Kinder sogar eine neue eigene Sprache erfinden können. Von tauben Spielkameraden weiß man, daß sie ihre eigene, »hausgemachte« Zeichensprache erfinden. Der Linguist Derek Bickerton hat nachgewiesen, daß Kinder an Hand der Pidgin-Protosprachen, die sie ihre Eltern sprechen hören, neue Sprachen erfinden können. Bei Pidgin handelt es sich um einen gemeinsamen Wortschatz, den Händler, Touristen und »Gastarbeiter« (sowie in früheren Zeiten Sklaven) benutzen – in der Regel werden die Worte von vielerlei Gesten begleitet, ganz ähnlich, wie ich mein Touristen-Griechisch anwende. Wegen all der Umschreibungen, die man gebrauchen muß, dauert es ziemlich lange, bis man ein klein wenig gesagt hat. Mit einer richtigen, vollausgebildeten Sprache hingegen kann man jede Menge Bedeutung in einen kurzen Satz packen.

Die kreolischen Sprachen sind solche richtigen Sprachen mit eigener Syntax; mit ihnen kann ein Modell von »Wer hat wem was womit getan« rasch von einem Sprecher an einen anderen übermittelt werden. Kinder von Pidgin-Sprechern nehmen anscheinend das allen gemeinsame Vokabular, das sie hören, und erschaffen dafür eine Syntax, bei der es sich nicht notwendigerweise um die Syntax derjenigen Sprache handeln muß, die ihre Eltern als Muttersprache sprechen. Nolens volens erfinden sie eine richtige Sprache. Das ist der beste Beweis dafür, daß das Gehirn des Kindes wirklich für Syntax prädisponiert ist.

Im Vergleich zum Pidgin kann eine richtige Sprache mit relativ wenigen Worten recht komplizierte Vorstellungen vermitteln, weil es für sie elaborierte Regeln gibt, nach denen die Worte so zueinander in Beziehung gesetzt werden, daß sie zusätzliche Bedeutungsfacetten annehmen.

»Wenn ich es recht verstehe, ist die Syntax also das, was eine echte Sprache von einer Protosprache unterscheidet. Dank ihrer kann man mehr verstehen als nur die Bedeutung der einzelnen Worte für sich allein genommen?«

Das reicht noch nicht ganz. Bei der Sprache besteht die eigentliche Nagelprobe darin, einen Satz mit Hilfe dieser Regeln zu *konstruieren*, nicht nur, ihn zu verstehen. Die komplizierte Satzkonstruktion eines anderen zu verstehen, ist viel leichter, und zwar aus dem einfachen

Grund, weil man so gut raten kann. Als ich Gastprofessor in Jerusalem war, konnte ich kaum Hebräisch – vielleicht ein paar Hundert Worte, die zum Einkaufen zu gebrauchen waren; während einer Party an der Fakultät kam es zu einer langen, hitzigen Diskussion, die ausschließlich in Hebräisch geführt wurde. Eine Frau bemerkte, daß ich mich auf die Diskussion konzentrierte, und fragte mich plötzlich – glücklicherweise auf englisch –, ob ich verstünde, was da gesagt wurde. Schlagartig endete die Diskussion, und alle wandten sich mir zu. Ich antwortete, ein bißchen was verstünde ich schon davon. Daraufhin bat sie mich – vor all diesen Leuten – wiederzugeben, worüber gesprochen worden war.

»Da stecktest du wohl ganz schön in der Klemme. Wie ging's weiter?«

Ich antwortete kurz, daß sie über die Friedensverhandlungen mit Ägypten diskutiert hätten, über die Auflösung der Siedlungen im GazaStreifen, über den Verlust der Flugstützpunkte auf dem Sinai, über die politischen Probleme der Umsiedlung von Menschen. Obwohl ich mit meinen wenigen hundert Worten Hebräisch bestenfalls Sätze aus drei Worten bilden konnte, hatte ich die Bedeutung der komplizierten Sätze doch so gut erraten, daß ich dem Thema im allgemeinen folgen konnte.

Selber einen neuartigen Satz nach den syntaktischen Regeln zu bilden, das ist das Schwierige. Kindern jedoch fällt es leicht, sich neue Regeln anzueignen – ohne Mühe sprechen sie auch eine zweite Sprache, wenn sie eine erst einmal erlernt haben. Im Gegensatz zu ihren Eltern.

Natürlich lernen einige Kinder noch nicht einmal die Syntax der ersten Sprache.

»Wie das? Du sagtest doch, sie eigneten sie sich einfach an, auch wenn niemand sie ihnen beibringt.«

Wenn sie taub sind, können sie weder die Worte noch die Regeln durch Zuhören lernen.

Eins von tausend Kindern ist taub oder beinahe taub; die sensiblen Phasen der Sprachentwicklung sind für diese Kinder ein ernsthaftes Problem – jedenfalls solange sie nicht in konventioneller Zeichen- oder Gebärdensprache unterrichtet werden. Normal hörende Kinder sprechen im Alter von zwölf Monaten einzelne Worte, zwischen achtzehn und vierundzwanzig Monaten einfache Sätze aus zwei Worten, und zwischen dreißig und zweiundvierzig Monaten beginnen sie die Wortendungen für

Vergangenheit, Gegenwart, Zukunft sowie für Singular und Plural zu verwenden.

Tauben Kindern normal hörender Eltern gelingt das kaum. In den Vereinigten Staaten werden sie im Durchschnitt überhaupt erst mit drei Jahren als gehörlos erkannt. Was zugleich heißt, daß das Problem bei vielen sogar erst noch viel später entdeckt wird.

»Wie ist das möglich? Die Eltern müssen doch merken, daß da etwas nicht stimmt.«

Natürlich machen sie sich wahrscheinlich Sorgen, daß ihr Kind nur so langsam Fortschritte macht. Aber sie kommen nie auf die Idee, hinter dem Baby, so daß es sie nicht sehen kann, ein lautes Geräusch zu machen, vor dem es erschrecken müßte – wenn es normal hören könnte. Viele Eltern bringen ihre Kinder nicht zu den regelmäßigen Routineuntersuchungen. Dabei gibt es heute preiswerte und zuverlässige Tests, die man schon kurz nach der Geburt durchführen und mit denen man Gehörlosigkeit erkennen kann, noch ehe das Neugeborene aus der Klinik nach Hause kommt. Doch diese Tests werden längst nicht so häufig angewandt, wie es nötig wäre – unentdeckte Taubheit führt aufgrund der sensiblen Phasen, in denen Kinder sich die Regeln für den Satzbau aneignen müssen, zu sehr großen Problemen.

Vielleicht sollte ich zunächst erwähnen, daß die meisten gehörlosen Kinder mit gleichfalls tauben Eltern wirklich genauso problemlos eine Sprache erlernen wie alle anderen Kinder auch und daß sie, wenn sie in die Schule kommen, ohne weiteres auch eine Nicht-Zeichensprache erlernen. Solche gehörlosen Kinder haben vielleicht soziale Probleme im Umgang mit anderen, die nicht ihre Sprache sprechen, aber sie haben kein Sprachproblem als solches.

Angeborene Gehörlosigkeit ist aus ganz anderen Gründen ernstzunehmen als eine Taubheit, die erst im Erwachsenenalter einsetzt und bei der sich die Betroffenen in erster Linie wegen ihrer Hörprobleme Sorgen machen oder wegen der paranoiden Folgeerscheinungen, die sich aus ihrer sozialen Isolation entwickeln können.

Wenn die Eltern die Zeichen- oder Gebärdensprache nicht fließend beherrschen, ist das gehörlose Kind nicht in der Lage, durch Beobachten und Nachahmen sich eine Syntax anzueignen. Und das beeinträchtigt die Sprachfähigkeiten für den Rest seines Lebens: Es läßt sich niemals mehr »nachholen«. Ein taubes Kind, das im frühen Vorschulalter nicht mit fließend beherrschter Gebärdensprache konfrontiert ist, wird letzten

Endes nur über einen rudimentären Wortschatz verfügen, komplizierte Sätze nur schwer verstehen oder konstruieren können und nicht über die Fähigkeit verfügen, Pläne für morgen zu schmieden oder vor dem Handeln darüber nachzudenken, ob seine Vorhaben vielleicht anderen Kummer bereiten könnten.

Es ist uns heute klar, daß ein Kind sich mehr aneignen muß als nur Worte (beziehungsweise Zeichen), mehr als nur Sätze aus zwei oder drei Worten: Ein Kind muß in seiner alltäglichen Umgebung eine Syntax entdecken. Und es muß diese Erfahrung in seinem dritten Lebensjahr machen, nicht erst später in der Schule. Im Alter von achtzehn bis sechsunddreißig Monaten die Syntax von wenigstens einer Sprache zu erlernen, ist eine wichtige Voraussetzung, um später noch eine andere Sprache zu erlernen, etwa eine von den Lippen abgelesene gesprochene Sprache. Die heute standardisierten Gebärden- und Zeichensprachen bedienen sich entweder einer eigenen Syntax oder folgen der Syntax einer natürlichen gesprochenen Sprache.

»Doch bei der Hälfte dieser Kinder, sagtest du, wird die Taubheit erst entdeckt, wenn sie schon älter als sechsunddreißig Monate sind.«

Folglich sind sie schon spät dran und brauchen dringend einen Schnellkursus. Den können ihre Eltern ihnen jedoch meistens nicht geben, auch dann nicht, wenn die Gehörlosigkeit schon früher entdeckt wird. Eltern meinen meistens, sie könnten dem Kind beim Erlernen der Worte in der Gebärdensprache »voraus« sein – bedenken dabei aber nicht, daß die Syntax das eigentliche Problem darstellt. Solange die Eltern nicht selbst in einer Gemeinschaft von Gehörlosen aufgewachsen sind, werden sie nur selten die Gebärdensprache gut genug beherrschen, um auch die Gebärden-*Syntax* anzuwenden und so dem Kind Gelegenheit zu geben, daß es sich diese Syntax durch Beobachtung aneignet.

»Solche tauben Kinder müssen also wirklich in eine Gehörlosen-Vorschule gehen, wo um sie herum alle fließend Gebärdensprache beherrschen.«

Genauso ist es. Doch ein paar Stunden in solch einer Gehörlosen-Vorschule sind so gut wie nichts im Vergleich zu dem, was die Babys tauber Eltern erleben, die von Geburt an den ganzen Tag lang mit fließend beherrschter Gebärdensprache konfrontiert sind. Das ist aber nur bei zehn Prozent aller gehörlosen Kinder der Fall.

»Was also sollten Eltern tun?«

Ich habe eine Expertin befragt, was sie selbst tun würde, wenn sie ein gehörloses Kind hätte. Sie antwortete, daß nicht nur ihre gesamte Familie so schnell wie möglich Gebärdensprache lernen müßte, sondern daß sie zusätzlich zur Gehörlosen-Vorschule für den Rest des Tages einen tauben Babysitter engagieren würde. Das wäre wohl eine optimale Strategie für normalhörende Eltern mit einem tauben Kind; und entscheidende Bedeutung käme einer solchen Strategie vielleicht zu, wenn die Gehörlosigkeit des Kindes erst zu einem Zeitpunkt entdeckt wird, da ein Großteil der normalen Phase des Spracherwerbs schon vorüber ist.

Wenn die Gehörlosigkeit erst einmal entdeckt ist, bleibt nur noch wenig Zeit, und so schaffen es viele Eltern nicht, alle notwendigen Maßnahmen ins Laufen zu bekommen, ehe es zu spät ist. In vielen Ländern schalten öffentliche Stellen sich erst ein, wenn das Alter der Schulreife erreicht ist. So werden Kinder um das wichtigste menschliche Erbe gebracht, die Sprache, weil vielerorts nicht versucht wird, solche Probleme mit den entsprechenden Routineuntersuchungen und Vorsorgemaßnahmen rechtzeitig zu erkennen.

»Wenigstens sind die Gehörlosen noch besser dran als jene ›Wolfskinder‹, die angeblich von wilden Tieren großgezogen wurden.«

Das ist ein besonders eklatantes Beispiel für ein nicht normales Heranwachsen; solche Kinder haben in der Regel zusätzlich eine ganze Reihe medizinischer und sozialer Probleme, die eine Analyse ihrer Sprachdefizite unmöglich machen. Im Vergleich zu ihnen sind taube Kinder normal hörender Eltern fast normal, da ihnen außer der Erfahrung, daß um sie herum gesprochen wird, nichts anderes fehlt.

Wir kennen auch Fälle, die gewissermaßen zwischen diesen Extremen liegen, zum Beispiel Genie. Genie war ein Mädchen, das von einem geistig behinderten Vater aufgezogen wurde, der sie in ihrem Zimmer eingeschlossen hielt, bis sie im Alter von dreizehn Jahren schließlich entdeckt wurde; die einzigen menschlichen Stimmen, die sie seit ihrem achtzehnten Lebensmonat je gehört hatte, waren durch die Wände ihres Zimmers gedrungen. Zwar ist Genie angeblich normal intelligent, doch sie hat niemals normal sprechen gelernt, obwohl ihr nach ihrer Entdeckung und Befreiung aus dem Geheimversteck intensive Therapien zuteil wurden. Da die frühkindliche Phase des Spracherwerbs an ihr vorüberging, ohne ohne von ihr genutzt werden zu können, ist sie auf einer Ebene des Sprechens steckengeblieben, die durch Sätze gekennzeichnet ist wie: »Apfelbrei kaufen Laden.«

Die meisten sensorischen Systeme entwickeln sich nicht richtig, wenn es auf einer bestimmten Entwicklungsstufe nicht zu einer Konfrontation mit entsprechenden Wahrnehmungsreizen kommt; wir sprechen daher auch von den »kritischen« oder »sensiblen« Phasen. Genie, gehörlose Kinder, die heranwachsen, ohne eine Syntax entdecken zu können, sowie die Kinder mit den Hirnschäden – all diese Fälle lassen den Schluß zu, daß es im Vorschulalter eine für die Sprachentwicklung entscheidende sensible Phase gibt. Können Kinder nicht die notwendigen Erfahrungen machen, werden sie niemals eine vollausgebildete menschliche Sprache entwickeln, sondern, wie Genie, auf der Ebene einer Protosprache steckenbleiben. Bei ihnen hat sich das für den Spracherwerb geeignete »Fenster« wieder geschlossen, und wir können nur noch zu verhindern versuchen, daß andere Kinder dasselbe Schicksal erleiden.

Das soll nicht heißen, daß ein intensiver Sprachunterricht nicht den vielen Kindern helfen könnte, die im Vorschulalter nicht vollständig von der Sprache ihrer Umgebung isoliert waren. Gehörlosigkeit kann sich bei Kindern auch nach und nach entwickeln, so daß sie einiges an Syntax mitbekommen, ehe sie ganz taub werden. Entwicklungsanomalien, die zu einem eingeschränkten Sozialverhalten führen – wie beispielsweise bei autistischen Kindern, die sehr wenig sprechen – können den Anschein erwecken, daß ein Kind nicht sprechen kann; und dennoch kann solch ein Kind zum Spracherwerb ausreichende Hörerfahrungen während der sensiblen Phase gemacht haben, so daß ihm mit einer Sprachtherapie später geholfen werden kann.

»Wie war das denn bei den Schimpansen, die Zeichensprache gelernt haben, mit der sensiblen Phase? Ist das vielleicht der Grund, warum einige Schimpansen keine Syntax lernen konnten?«

Ihnen wurde keine Gebärdensprache beigebracht, wie sie Gehörlose benutzen, obwohl man das anfangs tatsächlich versucht hat. Doch Affen eine Gebärdensprache beizubringen, ist so schwierig, daß sie in der zur Verfügung stehenden Zeit nicht genug Worte lernen können. Bei diesen Experimenten verwendet man daher Tafeln mit Hunderten willkürlich gewählter Symbole, wie sie auch bei der Therapie zurückgebliebener oder autistischer Kinder zur Anwendung kommen. Beim Sprechen zeigen die Lehrer auf die Symbole, und die Affen – die so gut wie keine Sprechlaute hervorbringen können – lernen, welche Symbole welchen Objekten, Nahrungsmitteln, Handlungen, Leuten entsprechen. Und so zeigen sie selbst auf eine Reihe von Symbolen, um ihre eigenen Sätze zu konstruieren.

Dieses Verfahren ist im gewissen Sinn natürlicher, denn es entspricht weitgehend der Art und Weise, wie Kinder Worte lernen: beobachten, den Sinn des Symbols erlernen und dann es selbst gebrauchen. Affen eine Gebärdensprache beizubringen, ist deswegen so schwierig, weil es eine Menge Arbeit macht zu lernen, wie man auch nur eine einzige Gebärde produziert; und dies muß geschafft sein, noch ehe die Affen lernen, wozu die Gebärde gut sein soll – was nicht gerade eine motivierende Reihenfolge ist, schon gar nicht bei Affen. Mit der Symboltafel versucht man die Art und Weise zu imitieren, wie Babys einen Weg in die Welt der Sprache finden: erst verstehen, später selbst gebrauchen.

Im Moment sieht es so aus, als gäbe es sogar bei Bonobos eine sensible Phase für diese Art von Protosprache – auch für den Aufbau des Wortschatzes. Zwei Bonobos, die man erst im Alter von mehr als drei Jahren mit der Symboltafel-Sprache konfrontierte – die Mutter zweier besonders gelehriger Bonobos und deren Halbschwester –, haben trotz vielerlei Anstrengungen seitens ihrer Lehrer keine Worte lernen und kein syntaktisches Verständnis entwickeln können. Bei den beiden anderen Kindern derselben Mutter – Kanzi und Panbanesha – hat man mit dem Sprachunterricht begonnen, noch ehe sie drei Jahre alt waren, und die zwei haben erstaunlich viele Worte gelernt.

»Kanzi habe ich im Fernsehen gesehen; komplizierten Anweisungen konnte sie etwa so gut Folge leisten wie ein zweijähriges Kind. Also muß man sie packen, solange sie jung genug sind?«

Richtig: Affen wie Menschen. Es mag einige Aspekte von Sprache geben, die angeboren sind. Aber zu behaupten: »Sprache ist angeboren«, würde über die Tatsache hinwegtäuschen, daß die Sprachfähigkeit während einer sensiblen Phase in der frühen Kindheit entwickelt werden muß.

Die Sprache wiederzuerlangen, wenn man sie verloren hat, ist natürlich das große Problem von Schlaganfallpatienten. Erwachsene mit ausgedehnten Schädigungen der linken Gehirnhälfte leiden meist an einem permanenten Verlust von Sprachfähigkeiten; sind jedoch nur kleinere Gebiete betroffen, können sie sich möglicherweise davon wieder erholen. Anfänglich haben sie vielleicht ebenfalls schwere Defizite, im Verlauf von Monaten bis Jahren können sie aber einige oder sogar alle Sprachfunktionen wiedererlangen.

»Mit einer Sprachtherapie kann man Schlaganfallopfern also helfen?«

Obwohl es Anzeichen dafür gibt, daß eine Sprachtherapie die Genesung beschleunigt, kann es auch ohne irgendeine therapeutische Hilfe dazu kommen. *Wie* die Sprache wiedergewonnen wird, ist eine wichtige Frage, denn die Antwort könnte uns eine gewisse Vorstellung davon geben, wie groß die Anpassungsfähigkeit eines erwachsenen Gehirns ist. Und vielleicht kann uns das helfen, eine wirklich wirksame Sprachtherapie für Aphasiker zu entwickeln.

»Springt denn die rechte Gehirnhälfte ein, wenn die Sprachbereiche der linken Seite durch einen Schlaganfall geschädigt werden?«

Gelegentlich. Bei einigen wenigen Patienten scheint die rechte Gehirnhälfte über einen Grundwortschatz zu verfügen, was sich daran zeigt, daß die Patienten auf Objekte zeigen können, deren Namen sie gehört haben. Am deutlichsten hat sich das bei einigen Epileptikern gezeigt, denen der Hirnbalken, das Corpus callosum, durchtrennt wurde. Dieses dicke Bündel von Nervenfasern stellt die Hauptverbindung dar, über die der zerebrale Kortex der linken Gehirnhälfte mit dem zerebralen Kortex der rechten zusammengeschaltet ist. Durchtrennt man es, kann man verhindern, daß ein linksseitiger Anfall sich auch auf die rechte Gehirnhälfte ausdehnt. Bei einigen (aber längst nicht bei allen) dieser Patienten mit »gespaltenem Gehirn« scheint die isolierte rechte, nicht-dominante Hemisphäre in gewissem Umfang die Bedeutung einfacher Hauptworte zu verstehen.

Das Problem dabei ist, daß es sich bei diesem Grundwortschatz der rechten Gehirnhälfte möglicherweise nur um einen Umverteilungseffekt handelt und nicht um sprachliche Fähigkeiten, die der rechten Hälfte tatsächlich zu eigen sind; so ist es ja auch bei den Sturge-Weber-Kindern mit linksseitigen Anfällen, bei denen einige Sprachfunktionen der linken Hälfte in die rechte überwechselten, bevor die Operation die Verbindungen kappte. Die meisten der berühmten Patienten mit durchtrenntem Corpus callosum hatten ebenfalls seit früher Kindheit Anfälle. Auf jeden Fall liegen die sprachlichen Fähigkeiten der menschlichen rechten Gehirnhälfte im unteren Bereich des Sprachvermögens von Schimpansen und Bonobos – so lange die Sprache nicht in jungen Jahren vollständig aus der linken Gehirnhälfte vertrieben wurde.

»Wie sieht es denn nach einem Schlaganfall mit einer Umverlagerung innerhalb des linken Gehirns selbst aus? Funktioniert das so ähnlich wie beim sensorischen Streifen der Affen?«

Obwohl man bis heute erst wenige Fälle daraufhin untersucht hat, sieht es nicht danach aus, als gliche dies dem Umarrangieren der Finger-Kartierungen – das legen wenigstens die OP-Untersuchungstechniken nahe. Wenn man bei genesenen Schlaganfallpatienten aus irgendeinem Grund – in der Regel während einer Operation, mit der man die vom Schlaganfall verursachten epileptischen Anfälle beseitigen will – das elektrische Stimulationsverfahren anwendet, lassen sich ihre Benennungs-Stellen an den Rändern des vom Schlaganfall geschädigten Bereichs lokalisieren. Doch liegen diese Stellen noch innerhalb des Gebiets, in dem man auch bei Gesunden Benennungs-Stellen findet. Käme es zu einer grundsätzlichen Umverteilung, sollte man solche Stellen in ganz unüblichen Bereichen erwarten. So etwas ist aber noch nicht festgestellt worden.

Aber vielleicht würden sich Umverteilungen besser beobachten lassen, während sie im Gange sind, statt später, wenn sie sich stabilisiert haben. Bei einigen wenigen Patienten mit Hirntumoren nahe den Sprachzentren ist die Sprache mehrere Male im Verlauf der Tumorvergrößerung kartiert worden. Wie die Epilepsie-Patienten haben auch die Tumor-Patienten mehrfache, eindeutig zu lokalisierende Benennungs-Stellen, wenn sie zum ersten Mal kartiert werden – zu einem Zeitpunkt also, da ihre Sprache noch normal erscheint. Wenn der Tumor weiter fortschreitet und die Sprache zu schwinden beginnt, muß sich so ein Patient vielleicht einer zweiten Operation unterziehen, bei der wiederum Tumorgewebe entfernt wird; bei diesem Eingriff kann die erneute Kartierung beispielsweise ergeben, daß eine dieser Benennungs-Stellen sich verändert hat.

Die zunächst eindeutig auszumachenden Abgrenzungen der Stelle scheinen durch einen diffuseren Bereich ersetzt, in dem es während der Stimulation nur noch gelegentlich zu Fehlern kommt. Die anderen Benennungs-Stellen wirken dagegen unverändert. Wenn der Patient später noch größere Schwierigkeiten mit der Sprache hat, zeigt die abermalige Kartierung einen Verlust weiterer Benennungs-Stellen. In völlig unüblichen Bereichen sind sie aber auch bei solchen Patienten noch nicht beobachtet worden.

Wenn es im Sprachkortex von Erwachsenen zu größeren Umverteilungen kommen könnte, sollte man eigentlich andere Befunde erwarten. Die umfassenden Umschichtungen in der sensorischen Karte für Hand und Gesicht bei Affen hatte Hoffnung keimen lassen, daß es ein größeres Potential für Umverteilungen im Erwachsenenalter gibt und der visuelle

Kortex nur eine »festverdrahtete« Ausnahme darstellt. Doch läßt nichts von dem, was über die Benennungs-Stellen herausgefunden wurde, den Schluß zu, daß sich in unüblichen kortikalen Bereichen neue Stellen bilden können, obwohl man dabei bedenken muß, daß man mit der Stimulations-Kartierung, die im Zentimeterbereich arbeitet, kaum subtilere Umverteilungen im Millimeterbereich ausschließen kann, wie man sie im sensorischen Streifen erwachsener Affen mit ganz gezielten Lauschangriffen auf einzelne Neuronen festgestellt hat.

»Dennoch gibt es doch«, warf Neil ein, »mehrere Benennungs-Stellen. Dabei handelt es sich um eine Redundanz, nicht wahr?«

Eigentlich nicht. Eine erhebliche Anzahl von Benennungs-Stellen muß zerstört werden, ehe die Sprache vollständig ausfällt. Doch scheint es schon bei einem allmählichen Verlust auch nur einer Stelle, etwa bei einem langsam sich vergrößernden Tumor, zu kleineren Sprachproblemen zu kommen. Ein plötzlicher Verlust einer Stelle, etwa durch einen Schlaganfall, führt oft zu ernsthafteren Sprachstörungen, die zumindest Monate anhalten. Also handelt es sich nicht um eine Redundanz im technischen Sinn des Worts – wie bei den zwei Sicherheitssystemen zum Ausfahren des Flugzeugfahrwerks, die für den Fall vorgesehen sind, daß die Primärhydraulik ausfällt.

»Ich habe aber gehört, daß wir an jedem Tag unseres Lebens Neuronen verlieren. Also muß es Redundanz geben, oder wir würden alle schwachsinnig werden.«

Ja, mit dem Älterwerden kommt es in vielen Teilen des Gehirns zu einem langsamen, »normalen« Verlust von Neuronen. Und während das passiert, nimmt die Leistung allmählich ab. Es dauert länger, etwas zu erledigen, und mehr Fehler werden gemacht.

Allgemeine Aussagen jedoch über die Zahl der täglich verlorenen Neuronen verstellen den Blick für die wirklich interessanten Unterschiede, welche die einzelnen Gehirnbereiche hinsichtlich ihrer Verlustrate aufweisen. Die Substantia nigra in den Tiefen des Gehirns hat im Normalfall schon die Hälfte ihrer Neuronen verloren, wenn der Mensch sein fünfundsiebzigstes Lebensjahr erreicht, ein Alter, in dem die benachbarten Regionen des Hirnstamms noch immer achtundneunzig Prozent ihrer Neuronen haben. Ein Teil des Hippocampus (eines der evolutionsgeschichtlich ältesten kortikalen Gebilde) verliert bis zum fünfundsiebzigsten Lebensjahr ein Viertel seiner Neuronen. Doch im Neokortex passiert, den Krankheitsfall ausgenommen, nichts so Dramatisches.

Auch wenn sich nur wenige (wenn überhaupt) neue Neuronen im Lauf des Lebens ausbilden, können wir viele Schaltkreise neu einstellen, so daß sie mit immer weniger Neuronen funktionieren. Wie ich früher schon einmal angemerkt habe, wird oft behauptet, daß rund achtzig Prozent eines jeden Gehirnsystems zerstört werden können, bevor sich Symptome zeigen, solange sich dieser Prozeß sehr langsam vollzieht (wie bei einem Tumor) und nicht rasch (wie bei einem Schlaganfall, der die Blutversorgung unterbricht).

»Also kann man mit einem erheblichen Neuronensterben im Gehirn zurechtkommen, sofern es langsam genug geschieht?«

So denken wir uns das. Die Frage ist, bis zu welchem Minimum die Zahl der Neuronen abnehmen darf, um noch kompensiert werden zu können. Bei Parkinson-Patienten fehlen ungefähr siebzig bis achtzig Prozent der Neuronen in der Substantia nigra; dieses Maß würde normalerweise erst in einem Alter jenseits der Hundert erreicht. Man vermutet, daß eine frühere Viruserkrankung einige Neuronen dort zerstörte, sich Symptome aber erst dann zeigen, wenn der altersbedingte Rückgang den Gesamtverlust an Neuronen in die Größenordnung von siebzig bis achtzig Prozent gebracht hat.

Schneller ablaufende Inaktivierungen neuronaler Schaltkreise, bei denen das System nicht die Zeit hat, Funktionen umzuverteilen und neu anzupassen, können zu manifesten Problemen führen, wenn auch nur, sagen wir, dreißig Prozent der Neuronen eines Systems nicht mehr richtig arbeiten. Mithin liegt hier eigentlich keine Redundanz im technischen Sinn vor, sondern eher eine Form verteilter Funktionalität.

»Was passiert denn, wenn man sich dem Grenzwert nähert, jenseits dessen es zu Problemen kommt? Gibt es da so etwas wie eine Vorwarnung?«

Zunächst kommt es zu vorübergehenden, nur hin und wieder auftretenden Störungen, die schwierig zu identifizieren sind. Doch zu bestimmten Tageszeiten werden sie sich eher einstellen als zu anderen. Liegt die Anzahl funktionierender Neuronen in einem Gehirnsystem nahe dem Grenzwert, machen sich Leistungsschwankungen dann bemerkbar, wenn der Patient im Verlauf eines langen Tages ermüdet; oder sie zeigen sich als Reaktion auf eine Krankheit wie etwa eine Erkältung, die damit an sich nichts zu tun hat: Vielleicht werden die Arme schwach, ein Fuß wird nachgezogen, man sieht Dinge nur verschwommen, Reflexe werden anomal, sich an einen Namen zu erinnern, fällt schwerer als gewöhnlich – alles hängt natürlich davon ab, welches System an seine Grenzen gerät.

Solche Erscheinungen sind typisch für Patienten, die sich von einer Kopfverletzung oder einem Schlaganfall erholen; die neurologischen Defizite machen sich bemerkbar, solange sie morgens nach dem Erwachen noch etwas benommen sind. Bis zum späten Vormittag sind die Symptome dann verschwunden. Wenn der Patient jedoch am Abend wieder müde wird, kehren die Symptome zurück. Während das System sich von der Verletzung erholt oder Funktionen mit Erfolg auf unverletzte Hirnregionen umverteilt werden, erreichen die Funktionsschwankungen immer seltener den Grenzwert – und so verschwinden die Symptome ganz.

»Das erinnert mich an Automechaniker, die mir einmal erklärten, am schwierigsten seien diejenigen Probleme zu diagnostizieren, die nur vorübergehend auftreten. Manchmal kann man ihnen dadurch auf die Spur kommen, daß man dem Motor alles abverlangt, etwa indem man einen steilen Berg hinauffährt. Und manchmal muß man einfach warten, bis irgendein Teil voll und ganz ausfällt, wenn man das Problem ausfindig machen will.«

Bei Gehirnen ist das oft ganz genauso. Deshalb müssen Patienten mit vorübergehenden neurologischen Störungen in vielen Fällen an verschiedene Spezialisten überwiesen werden, die ein bißchen besser darauf getrimmt sind, die mentalen Äquivalente des steilen Bergs ausfindig zu machen – etwa indem sie den Patienten eine Zeitlang ermüden, damit sich die Art und Weise des Defizits um so deutlicher zeigt. So können sie vielleicht die richtige Diagnose stellen, auf der sie dann ihre Prognose und Therapie aufbauen.

»Automechaniker haben aber gegenüber Ärzten in einer Hinsicht einen Vorteil. Sie können einfach ein Bauteil nach dem anderen auszuwechseln versuchen, bis das Auto aufhört, immer mal wieder stehenzubleiben.«

Oder – je nachdem, welcher Fall eher eintritt – bis das Scheckbuch des Kunden aufgebraucht ist.

13.
Das Bild wird zerlegt

Unsere Netzhaut (und ebenso die der Hühner) wird jeden Augenblick von einer Unzahl tanzender, vibrierender Lichtpunkte getroffen, die die lichtempfindlichen Stäbchen und Zapfen reizen, so daß diese dann ihrerseits das Gehirn mit ihren vielfältigen Signalen bombardieren. Und doch ist die Welt, die wir sehen, im großen und ganzen eine beständige, stabile Welt. Es ist durchaus nicht leicht, sich klarzumachen, wie ungeheuer groß der Unterschied ist, der zwischen unseren optischen Sinnesempfindungen und unserem visuellen Erleben besteht, und man benötigt dazu eigentlich ziemlich komplizierte Versuchsanlagen... Die Verschlüsselung... beginnt... schon auf dem Weg von der Netzhaut zu unserem Bewußtsein.

DER KUNSTHISTORIKER ERNST H. GOMBRICH, 1959

Neil hatte gerade die gute Nachricht erhalten, daß bei einem anderen Patienten der Termin verschoben werden mußte. Also stand er jetzt für übermorgen auf dem OP-Plan.

Heute genoß er seinen für eine ganze Weile letzten Tag in Freiheit, doch er schien gelassen und hatte keine Eile, unser übliches Gespräch am Tisch hinter der Espresso-Theke zu beenden.

»Mir geht es ja nicht wie den Dialyse-Patienten, die auf eine Spenderniere warten«, sagte er. »Die tragen ständig einen Piepser mit sich und müssen bereit sein, alles stehen und liegen zu lassen und sich binnen Stunden in der Klinik einzufinden. Ich hab' zwei Tage Zeit.«

Ja, antwortete ich, und die Nierenpatienten müssen sogar monatelang so leben.

»Ich muß mein Leben auch nicht so durchorganisieren wie sie – auch nicht darauf warten, daß ein anderer einen fatalen Fehler begeht. Wahrscheinlich einer, der mal wieder seinen Sicherheitsgurt anzulegen vergißt.«

Bei uns gibt es noch eine andere Bezeichnung für Leute, die ihren Sicherheitsgurt nicht anlegen: *multiple Organspender.*

Weil Neil jene Anzeichen geistiger Verwirrung zeigte, die sonst für

Neurobiologie-Studenten typisch sind, waren wir schließlich bei einem Gespräch über grundlegende Aspekte der Wahrnehmung gelandet. Im besonderen, wie ein Neuron ein Input-*Muster* erkennt, statt einfach nur zu melden, »Ja, *irgendwas* ist da.« Das kann man nur verstehen, erklärte ich, wenn man es aus der Sicht des einzelnen Neurons betrachtet.

Für ein Neuron der Retina besteht die sichtbare Welt aus zwei antagonistischen Bereichen. Es sieht einen kleinen, runden Fleck, der zugleich von einem Ring umgeben ist. Wie bei den Neuronen im Rückenmark, die Hautempfindungen miteinander vergleichen, kann das Zentrum exzitatorisch und der umgebende Ring inhibitorisch sein. Wenn eine Linie oder Kante das Zentrum des rezeptiven Feldes passiert (aber ohne dabei viel von der antagonistischen Umgebung abzudecken), tendiert das Neuron dahin, eine Botschaft weiterzuleiten, die etwa besagt: »Hell-dunkel-Grenze in dieser Gegend.«

Wie im Falle der Hautempfindungen zeigen die angrenzenden Bereiche die Tendenz, einander zu widersprechen, so daß nur kleine, scharfbegrenzte Lichtflecken besondere Wirkung zeigen – beispielsweise ein weißer Fleck vor einem dunkleren Hintergrund. Größere Flecken, die beide antagonistische Bereiche abdecken, werden vielleicht ignoriert, weil die beiden Botschaften sich gegenseitig aufheben. Einige Retina-Neuronen haben ein rezeptives Feld mit einem inhibitorischen Zentrum und einer exzitatorischen Umgebung, was ungefähr an einen umgedrehten Mexikanerhut erinnert, so daß sie am besten auf einen schwarzen Fleck vor einem hellen Hintergrund reagieren.

»Was passiert, wenn Licht auf beide Bereiche zugleich fällt?«

Bereiche des Sehfelds ohne Hell-dunkel-Grenzen kann das Neuron vollkommen ignorieren. Wie das Uhrarmband auf der Haut kann diffuses Licht auf der Retina viel zu gleichförmig sein, um noch einen effektiven Stimulus für Neuronen zweiter Ordnung abzugeben.

Die antagonistischen Wechselwirkungen lassen ansonsten verschwommene Grenzen deutlicher hervortreten, weil sie dazu dienen, die Unterschiede zu betonen. Wenn die Grenzen schon von Anfang an sehr scharf gezogen sind, kann diese Überbetonung sogar zusätzliche Linien erzeugen, wo in Wirklichkeit keine sind.

»Wie funktioniert denn das?«

Ich hielt meine Hand hoch in Richtung der Deckenlampen und preßte meine Finger fest zusammen; dann versuchte ich durch den schmalen Schlitz zwischen den Fingern zu spähen. Neil tat dasselbe.

Die meisten Menschen sehen dabei ein paar dünne schwarze Linien in der Mitte des Spalts. Sie sind nicht real.

»Das sind keine Brechungsmuster?«

Sie sind nichts als eine visuelle Illusion, bloß eine Folge jener antagonistischen Wechselwirkungen in der Retina und weiter hinten in den visuellen Nervenbahnen, welche dazu dienen, die Übergänge zwischen verschiedenen Grauschattierungen zu verstärken. Wir nennen sie »Mach-Streifen«.

Noch auf einer weiteren Verarbeitungsebene werden in der Retina Vergleiche angestellt, ehe die Impulse schließlich auf ihre Reise über den Sehnerv ins eigentliche Gehirn geschickt werden. Die Neuronen dritter Ordnung (die retinalen Ganglienzellen, deren Axonen den Sehnerv bilden) vergleichen das Zentrum mit der Umgebung.

»Nochmals? Haben das nicht bereits die Neuronen zweiter Ordnung erledigt?«

Ja, aber das Prinzip wird im gesamten System immer wieder angewandt. Eine Folge davon ist, daß immer weniger Neuronen auf diffuses

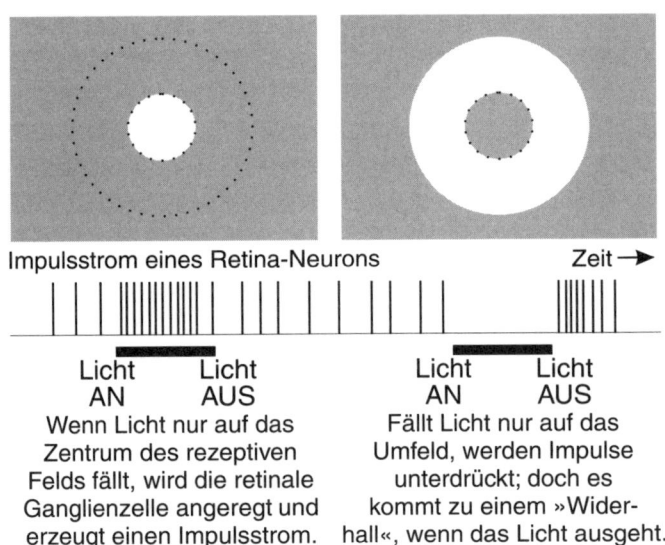

Das »rezeptive Feld« ist derjenige Bereich der sichtbaren Welt, für den ein bestimmtes Neuron insofern sensibel ist, als es entweder exzitatorisch oder inhibitorisch darauf reagiert. Der Inhibition folgt oft ein Widerhall, die »AUS-Reaktion«. Hier ist ein kreisförmiges rezeptives Feld in ein exzitatorisches Zentrum und ein inhibitorisches Umfeld unterteilt.

Impulsstrom eines Retina-Neurons   Zeit ➤

Licht   Licht   Licht   Licht
AN   AUS   AN   AUS
Wenn Licht nur auf das   Fällt Licht nur auf das
Zentrum des rezeptiven   Umfeld, werden Impulse
Felds fällt, wird die retinale   unterdrückt; doch es
Ganglienzelle angeregt und   kommt zu einem »Wider-
erzeugt einen Impulsstrom.   hall«, wenn das Licht ausgeht.

Licht reagieren. Wenn ein kleiner Fleck auf den exzitatorischen Bereich allein beschränkt ist, werden ein paar Impulse ausgelöst und den Sehnerv hinuntergeschickt (»Hier ist Licht an«).

Die inhibitorischen Bereiche des rezeptiven Feldes widersprechen der exzitatorischen Reaktion, wenn ein größerer Lichtfleck aufleuchtet; zusätzlich aber melden sie meist, wenn ein Lichtfleck den inhibitorischen Bereich verläßt. Dann gibt es einen kurzen Impulsausbruch, der im Grunde besagt: »Licht aus«.

»Mithin kann ein Impulsausbruch dieses Neurons entweder anzeigen, daß ein Licht angegangen ist, oder, daß eines ausgegangen ist?«

Richtig. Im Grunde stellt das Neuron dritter Ordnung zusätzlich zum räumlichen einen zeitlichen Vergleich an. Den Lichtfleck zu bewegen, kann ein ansonsten stilles Neuron dazu bringen, munter zu werden und das Licht zu bemerken.

Während die Neuronen zweiter Ordnung dahin tendieren, daß An- und Ausgehen von Lichtern hervorzuheben, verstärken die Neuronen dritter Ordnung zeitliche Veränderungen der Verhältnisse. Viel von diesen Erkenntnissen verdanken wir dem Neurophysiologen Stephen Kuffler, der in den fünfziger Jahren die Retina der Katze erforschte, wobei er sich auf vorangegangene Arbeiten von H. Keffer Hartline über die Retina des Frosches stützte.

Das An- und Ausgehen von Lichtern ist deswegen so wichtig, weil das visuelle Bild kaum je stillsteht – ständig zittert es in der Größenordnung von ein paar Photorezeptoren herum. Selbst wenn nichts im Sehfeld sich bewegt, ist auf der Retina dennoch alles in Bewegung – sogar wenn man versucht, den Blick fest auf einen bestimmten Punkt zu richten. Das visuelle Bild wird in scharf voneinander abgegrenzte Bereiche fast gleichförmiger Helligkeit unterteilt. Die Grenzen sind es, die so viele Neuronen aktiv werden lassen. Wenn man das Bild auf der Retina mit einem trickreichen System stabilisiert, welches das Zittern unterbindet, beginnen Teile des Bildes zu verblassen.

»Wirklich? Du meinst, daß der Anblick der Nase von irgend jemanden verblaßt, weil sie sich nicht bewegt, sein Haar jedoch sichtbar bleibt, weil es gerade vom Wind zerzaust wird?«

Ja, ein bißchen Bewegung ist sehr wichtig, damit das Gehirn an etwas interessiert bleibt. Folglich produziert das System aus sich heraus ein bißchen Bewegung, selbst wenn sich in der externen Welt nichts bewegt. Dank dieses sogenannten Mikronystagmus »sehen« die Neuronen dritter

○ ◯ schwache bzw. heftige Reaktion auf Licht, das ANgeht

● ⬤ schwache bzw. heftige Reaktion auf Licht, das AUSgeht
(plus Inhibition, während das Licht AN ist)

↕1º

Die Kartierung zeigt, wie retinale
Ganglienzellen auf kleine Lichtflecken
auf einem Bildschirm reagieren

Modifiziert nach Rodieck, 1973

Ordnung in einer Grenzzone zwischen unterschiedlichen Grauschattierungen flackernde Lichter – jedenfalls aus ihrer Sicht, und darauf kommt es hier an. Sogar reichlich unscharfe Grenzen werden von diesem System entdeckt, weswegen Linien sogar schärfer aussehen können, als sie in Wirklichkeit sind. So kann man sogar schon in der Retina die beiden Hauptbausteine der visuellen Wahrnehmung erkennen: zeitliche Kontraste und räumliche Kontraste.

Neuronen vierter Ordnung gibt es auch hinten im Hirnstamm, die Hauptverbindung zum Kortex verläuft jedoch durch den Thalamus, nämlich durch seinen Nucleus corporis geniculati lateralis. Dort verhalten sich die Neuronen vierter Ordnung recht ähnlich wie ihr Input dritter Ordnung von der Retina – wenigstens wenn man sie mit schwarzweißen Stimuli testet und nicht mit Farben. Bei ihren rezeptiven Feldern handelt es sich um dieselben Kringel von Zentrum und Umgebung wie bei den retinalen Neuronen.

»Ich dachte, man wäre davon ausgegangen, daß dort etwas ganz anderes passiert?«

Ja, es war ziemlich überraschend, als in den frühen sechziger Jahren David Hubel und Torsten Wiesel herausfanden, daß die Geniculati-Neuronen den retinalen so ähnlich sind. Eigentlich hatte man hier umfassendere Verarbeitungsprozesse erwartet, aber die Verhältnisse erwiesen sich doch als komplizierter.

Der am deutlichsten auszumachende Unterschied zwischen den beiden besteht darin, daß diffuses weißes Licht für die Geniculati-Neuronen einen noch schwächeren Stimulus darstellt als für die retinalen weiter vorn. Während gleichförmig beleuchtete retinale Neuronen sich in der Summe noch oft exzitatorisch verhalten, heben sich Exzitation und Inhibition in den Geniculati-Zellen meist vollständig auf.

Doch das gilt nur für Stimulierungen mit weißem Licht oder Grauschattierungen. Probiert man es mit farbigem Licht, passiert etwas Neues, das man in der Retina noch nicht beobachten kann. Das Neuron kann beispielsweise auf rotes Licht in einem weiten Bereich exzitatorisch reagieren, von grünem Licht im selben weiten Bereich aber inhibiert werden.

»Nichts mehr mit Zentrum und Kringel drumherum?«

Bei einigen Geniculati-Neuronen verschwindet die Aufteilung in Zentrum und Umgebung einfach. Neben dieser Neuerung zeigen sich hier jetzt Unterschiede zwischen den Neuronen in den beiden unteren und jenen in den vier oberen Schichten. Die vier oberen haben kleine Zellen (»parvozellular«) und die unteren beiden deutlich größere (»magnozellular«). Die magnozellularen Schichten werden vorzugsweise von den größeren Neuronen dritter Ordnung in der Retina beliefert.

»Sie sind sozusagen die Überholspur.«

Nicht nur das; diese Neuronen der magnozellularen Schichten schicken ihre Axonen in kortikale Bereiche, die sich vor allem um kleine Veränderungen im räumlichen Kontrast und um kleine Bewegungen kümmern. Schnell entdecken sie Veränderungen des visuellen Bildes und tendieren dahin, diese zu übersteigern.

Wenigstens tun sie das im größeren Umfang als die Neuronen der vier parvozellularen Schichten, die vorzugsweise von den kleineren Neuronen dritter Ordnung in der Retina beliefert werden und ihre Axonen in Kortex-Bereiche schicken, die sich eher um Farben und offensichtlichere Kontrastunterschiede kümmern.

»Solche Details nachzutragen darf ein bißchen länger dauern?«

Möglicherweise. Besonders interessant ist für uns, daß bei Kindern mit Dyslexie die parvozellularen Schichten normal aussehen, die magnozellularen aber desorganisiert wirken – ihre Zellen sehen wie geschrumpft aus, als sei bei der neuronalen Entwicklung etwas schiefgegangen.

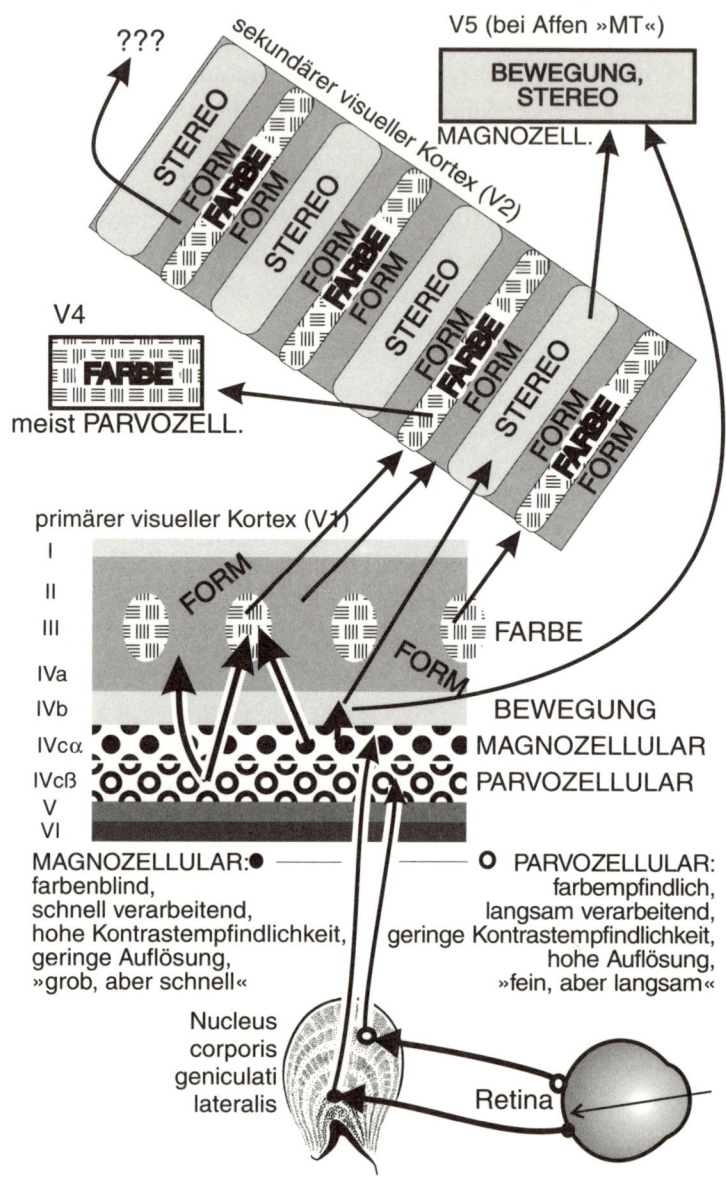

???

sekundärer visueller Kortex (V2)

V5 (bei Affen »MT«)

BEWEGUNG, STEREO

MAGNOZELL.

STEREO
FORM
FARBE
FORM

STEREO
FORM
FARBE
FORM

STEREO
FORM
FARBE
FORM

STEREO
FORM
FARBE
FORM

V4

FARBE

meist PARVOZELL.

primärer visueller Kortex (V1)

I
II
III

FORM

FARBE

FORM

IVa
IVb
IVcα
IVcß
V
VI

BEWEGUNG
MAGNOZELLULAR
PARVOZELLULAR

MAGNOZELLULAR:● farbenblind, schnell verarbeitend, hohe Kontrastempfindlichkeit, geringe Auflösung, »grob, aber schnell«

○ PARVOZELLULAR: farbempfindlich, langsam verarbeitend, geringe Kontrastempfindlichkeit, hohe Auflösung, »fein, aber langsam«

Nucleus corporis geniculati lateralis

Retina

Nach Livingstone und Hubel, 1988

Schnelle und langsame Bahnen

Noch ein Stück weiter erreicht die visuelle Information den zerebralen Kortex. Hier werden die Dinge wirklich umarrangiert, wobei neue Prinzipien sichtbar werden. Beispielsweise schenkt der Kortex größeren Objekten viel mehr Aufmerksamkeit als einzelnen Lichtflecken.

Beim Kortex handelt es sich nicht einfach um eine Relais-Station zum Pferdewechseln, wie man das ursprünglich vom Geniculati-Nucleus angenommen hatte.

»Was hat ein Relais mit Pferdewechseln zu tun?«

In der guten alten Zeit der Postkutschen und des Pony-Express bezeichnete man die Stationen, wo die Pferde gewechselt beziehungsweise die Post einem neuen Reiter übergeben wurde, mit dem französischen Wort *Relais*; der Inhalt der Postsendungen wurde dort aber nicht transformiert oder analysiert. Auf den ersten Blick ist der Geniculati-Nucleus etwas von dieser Art. Im Kortex jedoch werden die Botschaften zu wirklich neuen Mustern umarrangiert.

Der Kortex empfängt Inputs, die nach jenem Muster von Zentrum und Umgebung arrangiert sind, aber so auf ein kortikales Neuron geschaltet werden, daß ein längliches rezeptives Feld geschaffen wird. Der optimale Stimulus für retinale und Geniculati-Zellen ist ein weißer Fleck vor dunklem Hintergrund (oder, beim anderen Zelltyp, ein schwarzer Fleck vor hellem Hintergrund) – immer aber ein runder Fleck, obwohl seine optimale Größe je nach Zelle variieren kann. Runde Flecken können zwar auch in kortikalen Neuronen eine Reaktion hervorrufen, die optimalen Stimuli für sie sind aber Linien und längliche Kanten.

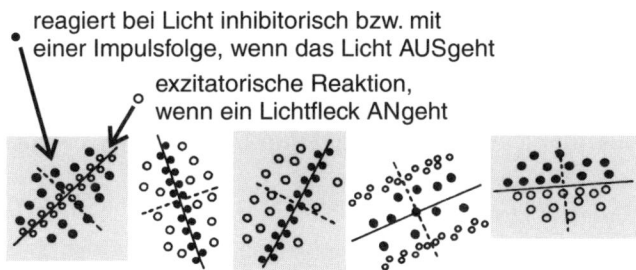

Modifiziert nach Hubel und Wiesel, 1962

Kartierungen von fünf Neuronen im visuellen Kortex zeigen, wie sie dem Projektionsschirm zugeordnet sind

TEST EINES RETINALEN NEURONS vom Typ Zentrum + Umfeld		TEST EINES KORTIKALEN NEURONS vom einfachen Typ	
	KEINE REAKTION DES NEURONS: »Hier passiert nichts. Versuchen wir es mit dem Lichtfleck woanders.«		**KEINE REAKTION DES NEURONS:** »Wir müssen wohl noch etwas weitersuchen.«
	HEFTIGE REAKTION: »Aha, diese Stelle scheint das Neuron zu mögen. Wir markieren sie mit einem Kreuz.«		**GUTE REAKTION** »Das scheint das Zentrum des sensiblen Bereichs zu sein. Markieren.«
	SCHWACHE REAKTION: »Ein größerer Fleck scheint zur Inhibition des Neurons zu führen.«		**HEFTIGE REAKTION:** »Dieses Neuron mag anscheinend lange weiße Linien.«
	SEHR GUTE REAKTION: »Ein Lichtbalken scheint fast so gut zu funktionieren wie der optimale Fleck.«		**SCHWACHE REAKTION:** »Aber es scheint sehr empfindlich für die Ausrichtung des Lichtbalkens zu sein.«
	SEHR GUTE REAKTION: »Dieses Neuron ist auch gegenüber der Ausrichtung des Lichtbalkens recht gleichgültig.«		**SCHWACHE REAKTION:** »Selbst in optimaler Ausrichtung kommt es bei diesem Neuron noch darauf an, wie breit der Balken ist.«

»Also gibt es richtige Linien-Spezialisten. Das Froschauge hat sich vielleicht auf schwarze Flecken wie Fliegen spezialisiert, aber unser visueller Kortex mag eher Linien?«

Mit der Betonung der optimalen Stimuli kann man es auch übertreiben. Wenn es sich beim Stimulus um eine Linie oder Kante handelt, feuern die *Input-Zellen*, die den Kortex beliefern, natürlich nicht mit optimaler Stärke – dazu kommt es nur bei einem runden Fleck, der für *sie* gerade die richtige Größe hat. Auf eine Linie reagieren sie also nur halbherzig. Ein kortikales Neuron findet jedoch den Input von weniger als optimal stimulierten Neuronen für sich selbst optimal. Also sind wir ein bißchen zurückhaltend damit, die kortikalen Zellen als »optimal für gerade Linien« zu charakterisieren, wenn sie zugleich auch ziemlich gut auf Augenbrauen reagieren.

Jene Axonen vierter Ordnung, die zum Kortex führen, scheinen so arrangiert zu sein, daß die kortikalen Neuronen die Aktivitäten vieler Input-Zellen zusammenfassen, deren rezeptive Zentren nicht alle an derselben Stelle sondern nebeneinander entlang einer Linie lagen. Und daher stellt eine weiße Linie vor dunklerem Hintergrund die beste Möglichkeit dar, die Exzitation zu maximieren und zugleich die Inhibition zu minimieren. Eine Kante (oder eine sehr breite Linie) kann auch gute Wirkung zeigen, weil dabei nur die Hälfte der inhibitorischen Seitenbereiche stimuliert wird. Diffuses weißes Licht jedoch, welches das gesamte rezeptive Feld gleichförmig ausleuchtet, wird wahrscheinlich zu einem inhibitorischen Effekt führen, der alles Exzitatorische, das noch durchdringt, auslöscht, weil sogar schon die Neuronen vierter Ordnung im Thalamus in den meisten Fällen die Information nicht mehr weiterleiten werden (solange es sich nicht um eine einheitliche Farbe handelt).

Einige kortikale Neuronen haben horizontale weiße Linien am liebsten, andere reagieren am besten auf vertikale; und für die Winkel dazwischen gibt es ebenfalls Spezialisten. Verändert man den Neigungswinkel einer Linie, die ein kortikales Neuron optimal stimuliert, wird die Reaktion abnehmen und bei einer Abweichung von fünf bis zehn Grad vom optimalen Winkel verschwinden. Natürlich wird an diesem Punkt eine andere Gruppe kortikaler Neuronen aktiv.

»Ich vermute, daß bestimmte Neuronen dünne schwarze Linien vor weißem Hintergrund am liebsten haben.«

Ja, denn sie erhalten ihren Input von jenen retinalen und Geniculati-Neuronen mit einem rezeptiven Feld in Gestalt eines umgekehrten Mexikanerhuts, für die ein schwarzer Fleck vor weißem Hintergrund den optimalen Stimulus darstellt. Wieder andere kortikale Neuronen scheinen scharfe Kanten am liebsten zu haben, beispielsweise die Horizontlinie zwischen Himmel und Meer.

Bei kortikalen Neuronen gibt es jede Menge Varianten, aber ganz beliebig sind sie nicht. Benachbarte Zellen tendieren zu denselben Vorlieben für Neigungswinkel, bis man schließlich an einen Nachbarn kommt, der sich für einen ziemlich anderen Winkel interessiert. Es scheint so zu sein, daß es im Kortex Säulen von ungefähr hundert Neuronen gibt, die alle in ähnlicher Weise organisiert sind – jedenfalls was ihre Orientierungs-Vorlieben angeht. Ein Stück weiter scheint es angren-

TEST EINES KORTIKALEN NEURONS vom komplexen Typ

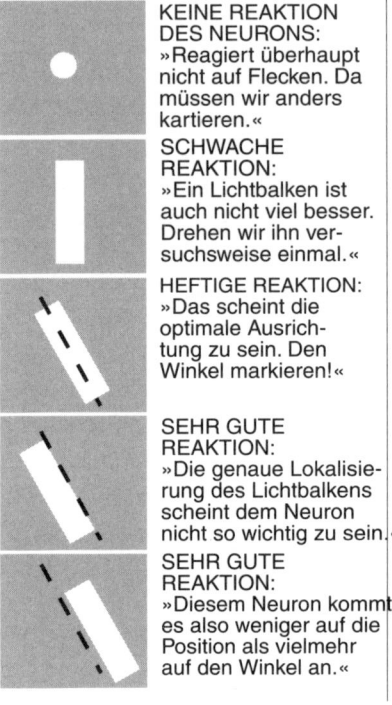

KEINE REAKTION DES NEURONS: »Reagiert überhaupt nicht auf Flecken. Da müssen wir anders kartieren.«

SCHWACHE REAKTION: »Ein Lichtbalken ist auch nicht viel besser. Drehen wir ihn versuchsweise einmal.«

HEFTIGE REAKTION: »Das scheint die optimale Ausrichtung zu sein. Den Winkel markieren!«

SEHR GUTE REAKTION: »Die genaue Lokalisierung des Lichtbalkens scheint dem Neuron nicht so wichtig zu sein.«

SEHR GUTE REAKTION: »Diesem Neuron kommt es also weniger auf die Position als vielmehr auf den Winkel an.«

TEST EINES KORTIKALEN NEURONS vom »Linie-hört-auf«-Typ

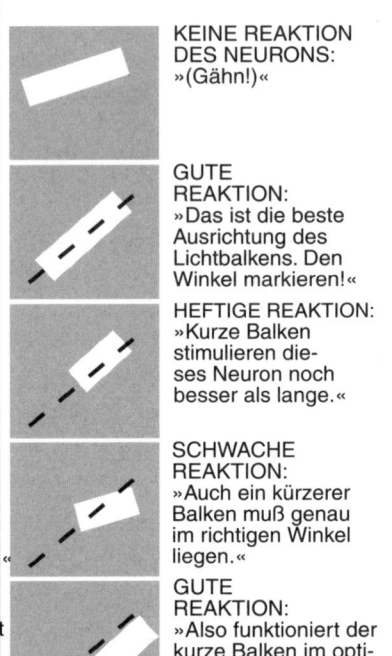

KEINE REAKTION DES NEURONS: »(Gähn!)«

GUTE REAKTION: »Das ist die beste Ausrichtung des Lichtbalkens. Den Winkel markieren!«

HEFTIGE REAKTION: »Kurze Balken stimulieren dieses Neuron noch besser als lange.«

SCHWACHE REAKTION: »Auch ein kürzerer Balken muß genau im richtigen Winkel liegen.«

GUTE REAKTION: »Also funktioniert der kurze Balken im optimalen Winkel an unterschiedlichen Positionen.«

zende Säulen zu geben, die sich für andere Orientierungen interessieren (wobei es sich oft um »angrenzende« Winkel handelt, manchmal jedoch springen sie auch zu einer völlig anderen Ausrichtung). Als das bekannt wurde, begannen Neurologen bald von den »Orientierungs-Kolumnen« im Kortex zu sprechen und ihnen die entscheidende Rolle in dem Prozeß zuzuweisen, mittels dessen das visuelle Bild in seine wichtigen Komponenten zerlegt wird.

Dann gab es eine noch größere Überraschung: Einige kortikale Neuronen reagierten auch dann auf optimal ausgerichtete Linien, wenn diese seitwärts verschoben wurden. Bei vielen Neuronen niederer Ordnung würde solch ein Manöver zu einer Inhibition führen, weil der Stimulus sich aus dem Zentrum des rezeptiven Feldes in einen Bereich der antagonistischen Peripherie verschiebt. Es gab einen Bereich von ungefähr zehn bis fünfzehn Grad Breite, in dem solch ein Neuron noch immer auf die Linie reagierte. Aber nur, wenn die Linie ihre optimale Ausrichtung beibehielt: Drehte man die Linie versuchsweise aus der bevorzugten Ausrichtung weg, wurde das Neuron nicht mehr stimuliert.

»Das Neuron reagiert empfindlich auf die Orientierung – aber unabhängig davon, wo sich die Linie befindet? Das ist nun wirklich sonderbar.«

Hubel und Wiesel nannten diese Neuronen »komplexe Zellen«, um sie von den »einfachen Zellen« zu unterscheiden, die sowohl auf die Orientierung wie auf die Stelle reagieren.

»Die komplexen Zellen reagieren also ganz allgemein auf das Konzept *Linie im Neigungswinkel von fünfundvierzig Grad*?«

Die Psychologen haben darüber diskutiert, ob das Verallgemeinern als Unterscheidungsmerkmal zwischen niederen und höheren Tierarten gelten könne. Einige Arten können lernen, ein aufrecht stehendes und ein umgedrehtes Dreieck als »dasselbe« zu betrachten. Andere Arten werden jedoch beide Dreiecke immer als etwas Verschiedenes sehen, sie können sich keinen »allgemeinen Begriff von einem Dreieck« machen. Komplexe Zellen sind Generalisten, nicht gerade in Bezug auf Dreiecke, aber in Bezug auf deren Teile: Linien in bestimmten Neigungswinkeln.

»Das ist ja alles sehr interessant«, sagte Neil, nachdem er seine Limo ausgetrunken hatte, »aber es wird mir ein bißchen abstrakt. Kennst du denn irgendwelche Patienten, die Probleme mit solchen Mustern haben?«

Alle paar Jahren wieder berichtet ein Kollege von einem Epileptiker, dessen Anfälle von Lichtmustern ausgelöst werden, erzählte ich ihm.

»Flackernde Lichter wie jene Stroboskope, die man in Diskotheken verwendet?«

Manchmal ja, manche Patienten kommen aber auch bei räumlichen Mustern in Schwierigkeiten – beispielsweise wenn sie ein Fliegengitter vor einem Fenster anschauen oder ein Fischgrätmuster auf einem Stoff. Es gab einmal zwei Brüder, die beide an Anfällen litten, welche von räumlichen Mustern ausgelöst wurden. Ihre Mutter fand sie manchmal wie zu Stein erstarrt in Betrachtung einer Gittertür versunken. Als man sie an die EEG-Maschine hängte, um ihre Hirnwellen aufzuzeichnen, fanden sich natürlich feine, wiederholte Muster, welche jene Wellenform wieder aufgriffen, die den Anfällen vorangegangen war. Aber nur, wenn die Linien des Gitters in einem ganz bestimmten Winkel standen. Es sah ganz danach aus, als würde ihr ganzes Gehirn mitgerissen, wenn ein bestimmter Typ von rezeptivem Feld aktiviert wurde.

Im visuellen Kortex gab es nun zumindest zwei neue Bausteine: »ausgerichtete Linie an einer bestimmten Stelle« und »ausgerichtete Linie an beliebiger Stelle«. Und bald tauchte noch ein dritter Typ auf, »Linie hört auf«, bei dem Neuronen eines rezeptiven Feldes sich zwar ebenfalls für Linien interessierten, aber nur dann, wenn sie an einem Ende eine bestimmte Länge nicht überschritten. Gibt es im Gehirn vielleicht Nervenzellen noch höherer Ordnung, die sich für ganze Dreiecke interessieren – unabhängig von ihrer Größe oder Ausrichtung, unabhängig davon, ob sie schwarz auf weiß oder weiß auf schwarz stehen, unabhängig davon, ob sie ausgefüllt sind oder nur als Umriß existieren? Bislang haben wir keine entdeckt.

Das visuell empfangene Bild wird nicht allein im primären visuellen Bereich des Kortex zerlegt. Der Prozeß setzt sich nebenan im sekundären fort, wo spezialisierte Unterbereiche Form, Farbe und Entfernung hervorheben. Bis heute kennen wir schon fast drei Dutzend sekundäre visuelle Bereiche – und das bei Affen. Niemand weiß, wie viele es bei Menschen gibt, deren zerebraler Kortex um Größenordnungen umfangreicher ist als derjenige von Affen.

Wenn wir davon ausgehen, daß die Größe des primären visuellen Bereichs bei Menschen bis zum Dreifachen variieren kann, müßte es in den visuellen Bereichen höherer Ordnung genausogut jede Menge individuelle Unterschiede geben: Sowohl angeborene Unterschiede wie all die Variationen, die auf unterschiedliche frühe Erfahrungen mit der visuellen Welt zurückzuführen sind.

»Dreieck-Detektoren gibt es aber nicht?« stichelte Neil. »Und ich dachte, jetzt würdest du mir etwas von dem Neuron erzählen, das auf das Gesicht meiner Großmutter spezialisiert ist. Wie soll man es denn jemals schaffen, mit den Eigennamen verschiedener Leute richtig umzugehen, wenn es noch nicht einmal Zellen gibt, die allgemeine Kategorien wie Dreiecke repräsentieren?«

Das hochspezialisierte Neuron, das nur auf den Anblick deiner Groß-mutter reagiert, ist leider ein fiktives Ungeheuer, das in der zerebralen Mythologie eng mit dem Boß im Chefzimmer verwandt ist. Wir freuen uns zwar über die Neuronen im visuellen Kortex, die all diese spezifischen Merkmale extrahieren – aber wir bezweifeln zugleich, daß solch eine extreme Überspezialisierung immer vonnöten ist. Wenn ein Komitee von drei Generalisten ausreicht, zwischen sämtlichen Farben des gesamten Spektrums zu unterscheiden, dann reicht doch vielleicht ein Komitee von ein paar Dutzend auch für alle Gesichter, die man kennt.

Das Prinzip des »trichromatischen Systems« wurde erstmals 1802 von Thomas Young entdeckt, einem britischen Arzt, der sich nebenbei auch für Ägyptologie interessierte. 1860 baute dann der deutsche Physiologe und Physiker Hermann von Helmholtz das Youngsche Prinzip zur »Dreikomponententheorie« aus, und um 1960 herum konnten Biophysiker diese Theorie schließlich mit Befunden untermauern, weil ihnen jetzt die Techniken zur Verfügung standen, die von Young und Helmholtz vorausgesagten drei Typen von Sehzapfen in der Netzhaut nachzuweisen.

Adaptiert nach Partridge und Partridge, 1993

Jedes auf Dreiecke spezialisierte neurale System muß mit vielen verschiedenen Varianten umgehen können

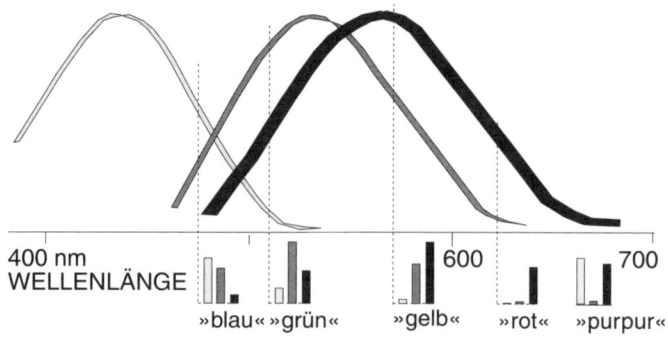

Wie die Reaktionen der drei Photorezeptor-Typen zusammen zur Farbbeurteilung führen

»Mit ›trichromatischem System‹ meinst du, daß man mit der richtigen Mischung von Rot, Grün und Blau jede Farbe erzeugen kann, die man haben will?« fragte Neil. »Genauso wie das in meinem Farbfernseher funktioniert?«

Richtig. Der eine Typ von Photorezeptoren reagiert vor allem auf das langwellige Ende des Spektrums – tatsächlich erreicht er seinen Spitzenwert im gelb-grünen, nicht im roten Bereich. Ein zweiter Typ hat seine größte Empfindlichkeit bei mittleren Wellenlängen nahe Grün, deckt an den Rändern aber auch das Spektrum von Blau bis Gelb ab. Der dritte Typ reagiert besonders auf die kurzen Wellenlängen und erreicht seinen Spitzenwert im Violetten, obwohl er auch auf Gelbtöne ein wenig anspricht.

Mit nur einem Rezeptortyp wüßte man nicht, ob seine Reaktion auf ein hellgelbes oder ein dunkelviolettes Licht zurückzuführen ist. Mit drei Rezeptortypen kann man diese Mehrdeutigkeit ausschließen. Hat man, wie bei einer weitverbreiteten Art von Farbenblindheit, nur zwei Rezeptortypen, wird man Farben in bestimmten Situationen nicht auseinanderhalten können. Mit den drei Typen von Zapfenzellen erhält man jedoch ein Komitee, dessen Abstimmungsergebnis recht zuverlässig ist.

»Was ist denn, wenn eine Farbe wie Purpur ins Spiel kommt? Purpur kommt im Regenbogen-Spektrum nicht vor.«

Purpur sieht man, wenn die Photorezeptoren für die langen und jene für die kurzen Wellenlängen zugleich ansprechen, während die Photorezeptoren mittlerer Wellenlänge nicht viel vermelden. Würden die mitt-

256

leren gleich stark ansprechen, sähe man Weiß statt Purpur. Wären das langwellige Signal stark und die anderen beiden sehr schwach, würde man die Farbe Rot nennen.

Bemerkenswert daran ist, daß wir von Rot sprechen, obwohl der einzig aktive Photorezeptortyp derjenige ist, der seinen Spitzenwert in Wirklichkeit im Gelb-grün-Bereich hat. »Rot« ist die Folge eines bestimmten Abstimmungsverhältnisses des Komitees, nicht die Reaktion eines einzelnen Photorezeptor-Typs. Deshalb zögern wir, die optimale Stimulationsform für die Neuronen der visuellen Verarbeitung überzubewerten. Wenn uns das Farbensehen etwas lehrt, ist es die Erkenntnis, daß die Spitzenempfindlichkeit nicht von so großer Bedeutung ist wie die Empfindlichkeitsverteilung und die Kombination der Aktivitäten.

Das zeigen uns die Farbenmischungen, und ständig lernen wir mehr von dieser Art. Beim Schmecken funktioniert es genauso. Bei den Geschmacksknospen auf der Zunge gibt es ebenfalls keine eigentlichen Spezialisten, sondern nur vier grob eingestellte Sensortypen, die alle ein bißchen verschieden sind.

»Das erinnert mich an das, was der Gourmet-Koch immer im Fernsehen sagt: Wohlgeschmack sei eine Frage der richtigen Mischung von Zutaten. Ich wünschte mir, daß die Cafeteria-Köche hier sich ein wenig Wissen über die interessanten Süß-sauer-Kombinationen aneigneten, etwa Erdbeeren mit Rhabarber«, sagte Neil.

»Ich sitze in einem Planungskomitee«, fuhr er fort, »und einigen dieser Leute begegne ich auch, wenn ich zu einer Sitzung des Finanzausschusses gehe. Glaubst du, daß ein Neuron, so wie ich, gleichzeitig Mitglied vieler verschiedener Komitees ist? Und daß Kategorien von Komitees gebildet werden, nicht von einem spezialisierten Neuron?«

Einen Hebbschen Zellverband stellen wir uns so vor: Wenn du dir ein Wort wie *Erdnüsse* ins Gedächtnis rufst, reaktivierst du dafür ein bestimmtes Komitee von Neuronen. Wie der Strichcode auf einer Tüte Erdnüsse im Supermarkt sieht dieses Komitee überhaupt nicht nach Erdnüssen aus, aber es repräsentiert den zerebralen Code für Erdnüsse. Für einen Eigennamen brauchst du wahrscheinlich ein etwas größeres Komitee, etwa um deine Großmutter von allen anderen Frauen zu unterscheiden, die du kennst.

»Also braucht man vielleicht ein Dutzend Neuronen für die Kategorie, aber ein weiteres Dutzend, um sie näher zu spezifizieren und bis auf ein bestimmtes Individuum einzugrenzen?«

So stellen wir uns das vor, obwohl es gut auch Hunderte anstelle von Dutzenden sein können. Bei einem Schlaganfall-Patienten, der das Gesicht seiner Frau nicht mehr erkennen kann, obwohl er Gesichter an sich voneinander zu unterscheiden vermag, ist in der Regel ein ziemlich großer Bereich an der Unterseite der Temporallappen geschädigt. Zugleich hat solch ein Patient auch ziemliche Schwierigkeiten, das Foto seines eigenen Autos aus einer Reihe von Fotos ähnlicher Wagen herauszusuchen. Es ist, als könne er die Sachen nicht weiter eingrenzen, vom Allgemeinen zum Besonderen fortschreiten.

»Aber bestimmt ist es doch wichtig, auch die Grundelemente zu kennen«, sagte Neil. »Eine Farbmischung kann man viel besser herausfinden, wenn man die drei Grundtypen kennt. Ohne sie kann man mit Purpur nicht viel anfangen. Und wie der Fernsehkoch sagt, muß man seine Grundzutaten kennen, wenn man interessante neue Kombinationen daraus zusammenstellen will.«

Ja, und je mehr wir über die Formen und Farben und Bewegungen herausfinden, für die sich die individuellen Neuronen interessieren, desto besser verstehen wir, wie wir Gesichter erkennen und warum wir die Fehler machen, die für uns so typisch sind.

»Fehler wie den, den ich vor fünfzehn Jahren beging, als ich den Sicherheitsgurt nicht anlegte?«

Tut mir leid, woher solches Fehlverhalten rührt, wissen wir noch nicht. Doch die kleineren Fehler, etwa das falsche Wort zu verwenden, *die* beginnen wir zu verstehen. Morgen abend, vor der Operation, werden wir dir vorab schon mal die Dias zeigen, die du im Operationssaal sehen wirst.

»Bei dem Test mach ich bestimmt jede Menge Fehler. George sagte, das könne er so gut wie garantieren.«

Oh ja, das kann er.

14.
Wie das Gehirn die Sprache unterteilt

»Esto es un elefante«, sagt Neil unter seinem sterilen Zelt im OP. Der Diaprojektor schaltet ein Bild weiter. »Esto es una manzana«, fährt Neil fort.

Da Neil von Kindheit an zweisprachig ist, versucht George, die Stellen für spanische Namen zu lokalisieren, um zu sehen, ob sie von den englischen abweichen. Der Neuropsychologe hat das Diamagazin im Projektor gewechselt, und Neil ist gebeten worden, die Elefanten, Äpfel und andere Objekte, die er zu sehen bekommt, dieses Mal auf spanisch zu benennen. Die Stimulationssonde wird wieder auf dieselben Gehirnbereiche aufgesetzt, um herauszufinden, ob hier irgendwelche Stellen für die Namensnennung in seiner zweiten Sprache wichtig sind.

Im Verlauf der Kartierung von Neils Spanisch-Bereichen wird klar, daß eine Stimulation der früheren Namens-Stellen nicht in jedem Fall die Benennung auf spanisch blockiert. Und an ein paar Stellen, an denen die Namensnennung auf englisch nicht blockiert wurde, wird die Benennung auf spanisch gestört.

Nachdem Neil gestern nachmittag sein Zimmer in der Klinik bezogen hatte, begleitete ich George dorthin, der die Details der Operation mit Neil besprechen wollte.

George referierte noch einmal, warum die Operation durchgeführt werden sollte, welche Wahrscheinlichkeit bestand, damit Neils epileptische Anfälle unter Kontrolle zu bekommen (»Auch Operationen helfen nicht immer«), die Risiken (»Gering, aber nicht gleich Null«) und die ganzen technischen Details des Lokalisierens, Messens und so weiter.

»Morgens werden wir während der Stimulationen ein paar zusätzliche Tests mit dir machen«, sagte George. Weil du dein Spanisch ja geschäftlich brauchst, müssen wir uns darum kümmern, wo es lokalisiert ist. Und weil du, wie ich höre, eine unersättliche Leseratte bist, werden wir

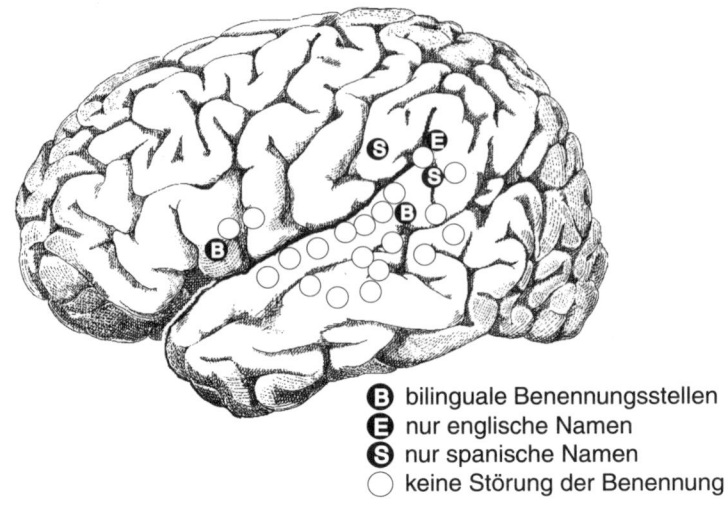

B bilinguale Benennungsstellen
E nur englische Namen
S nur spanische Namen
○ keine Störung der Benennung

Objekte in zwei Sprachen benennen

wohl besser auch deine Lesefähigkeit mit ein paar gesonderten Tests zu lokalisieren versuchen.«

»Ich hoffe, ihr gebt mir im OP etwas Leichteres zu lesen als diese verschlungenen Sätze, welche die Nervenbahnen des Gehirns beschreiben«, sagte Neil.

»Die Texte dafür klauen wir in der Regel aus Lesebüchern für die Grundschule«, sagte George. »Die Bereiche für das Lesen liegen oft dicht an den epileptischen Zentren, aber nicht immer an denselben Orten wie die Benennungs-Stellen für englisch.«

»Ich habe schon immer den Verdacht gehabt, daß Lesen und Sprechen sich nicht derselben Hirnbereiche bedienen«, kommentierte Neil. »Einen Vortrag von mir, der sich ziemlich gut angehört hatte, habe ich anschließend einmal niedergeschrieben. In schriftlicher Form war er einfach furchtbar. Und umgekehrt ist es genauso – all diese schriftlich fixierten Vorträge, die auf dem Papier gut aussehen, klingen niemals überzeugend, wenn sie vom Podium herab verlesen werden. Beides folgt einfach verschiedenen Regeln. Aber verschiedene Bereiche für Englisch und Spanisch?«

»Ja«, fuhr George fort, »bei zweisprachigen Patienten führen Schlaganfälle oft dazu, daß sie mit der einen ihrer beiden Sprachen mehr Schwierigkeiten haben als mit der anderen.«

»Wie kommt das?«

»Manchmal liegt das wahrscheinlich einfach daran, daß die eine Sprache häufiger benutzt wurde als die andere. Wenn die weniger benutzte Sprache gestört ist, dürfte das kaum überraschen. Vielleicht ist auch die Muttersprache des Patienten »besser aufgezeichnet«, weil sie während der Kindheit auf eine »Tabula rasa« geschrieben wurde. Vielleicht ist auch die verbleibende Sprache diejenige, die in jüngster Zeit, vor dem Schlaganfall, am häufigsten benutzt wurde. Gelegentlich aber begegnen Neurologen einem Patienten, bei dem die verbleibenden Sprachfähigkeiten nicht einfach aus einem dieser einleuchtenden Aspekte heraus erklärt werden können.«

Neil nickte, und George fuhr fort: »Beispielsweise kann eine Patientin nach einem Schlaganfall *nur noch* eine Sprache sprechen, die sie als Austauschschülerin gelernt hat. Obwohl sie die Sprache vielleicht gar nicht mehr benutzt hat, seit sie ein Teenager war, ist sie die einzige, die sie jetzt noch sprechen kann.«

In solchen Fällen, warf ich ein, sind die nächsten Angehörigen oft höchst beunruhigt, weil niemand von ihnen diese Sprache kennt. Dann kommt es zu einer hektischen Suche nach jemandem, der herausbekommen kann, um was für eine Sprache es sich handelt.

»Solche Fälle haben Sprachtheoretiker auf die Überlegung gebracht, ob Fremdsprachen möglicherweise woanders angesiedelt sind, nicht an derselben Stelle im Gehirn wie die Muttersprache. Und ich glaube, heute wissen wir, warum das so ist«, erklärte George. »Bei dem runden Dutzend von Patienten, bei denen eine Stimulations-Kartierung zweier Sprachen durchgeführt wurde, hat sich eine gewisse Abweichung zwischen den Benennungs-Stellen der beiden Sprachen als Regel herausgestellt, obwohl es auch gemeinsame Stellen für beide Sprachen gibt.«

»Sind die Benennungs-Stellen für die zweiten Sprachen kleiner?« fragte Neil, der auf seinem Stuhl am Fenster saß.

»Im Gegenteil, sie sind ein wenig größer als jene für die erste Sprache«, antwortete George. »Die erste Sprache kann von einer Stelle blockiert werden, die deutlich kleiner ist als die für die zweite Sprache. Vielleicht ist etwas dran am »Früh übt sich, was ein Meister werden will«; auf jeden Fall könnte die erste Sprache irgendwie kompakter organisiert sein als später erlernte – ihre Benennungs-Stellen sind nicht so ausgedehnt.«

Es ist äußerst selten, daß eine zweite Sprache in der entgegengesetzten Hemisphäre zu finden ist – soweit man das aus den Wada-Tests oder den Auswirkungen von Schlaganfällen und Tumoren schließen kann, welche die zuverlässigsten Methoden zur Feststellung einer solchen Lateralisierung sind. Unabhängig davon, ob die Sprache geschrieben oder gesprochen wird, in Piktogrammen oder phonetisch kodiert ist, wird sie in der Regel auf Mechanismen der linken Gehirnhälfte beruhen.

»Sogar Zeichen- und Gebärdensprachen hängen genau wie Sprechen und Lesen von der linken Gehirnhälfte ab. Die Neuropsychologin Ursula Bellugi hat die Auswirkungen von Schlaganfällen bei tauben Patienten untersucht, die von Kindesbeinen an mittels einer gängigen Gebärdensprache kommuniziert haben. Sie fand heraus, daß linksseitige Schlaganfälle die Gebärdenzeichen stören, rechtsseitige hingegen nicht. Darüber hinaus kann man aufgrund der Lokalisierung des Schlaganfalls bei Gebärdensprachen-Benutzern genau wie bei hörenden und sprechenden Patienten meist vorhersagen, ob sie eher expressive oder mehr rezeptive Schwierigkeiten haben. Daran kannst du sehen, daß wir es hier mit einer kortikalen Spezialisierung für *Sprache* zu tun haben, nicht für Sprechen oder Hören.«

Bei einigen Patienten mit normalem Gehör, die wegen eines tauben Familienmitglieds Gebärdensprache gelernt hatten, konnten für die Gebärden- und für die gesprochene Sprache verschiedene Benennungs-Stellen festgestellt werden. Genau wie bei den – häufigeren – zweisprachigen Patienten zeigen die Kartierungen partielle Unterschiede in den Stellen, die das Zeigen oder Sprechen eines Namens für dasselbe vorgeführte Objekt blockieren.

Dann kam George auf unser Vorhaben zu sprechen. »Neil, jedes Mal, wenn wir während einer solchen Operation jemanden aufgeweckt haben, versuchen wir nebenbei auch ein bißchen mehr darüber zu erfahren, wie das Gehirn funktioniert. Dabei handelt es sich um Untersuchungen, die für die Behandlung deiner Anfälle keine besondere Bedeutung haben, also müssen wir sie nicht unbedingt machen. Doch stellen diese Operationen bei Bewußtsein eine einzigartige Möglichkeit dar, mehr über Gehirnfunktionen wie etwa Sprache herauszufinden, also über Dinge, die man nur am Menschen untersuchen kann.«

Neil nickte, und George fuhr fort. »Wenn du dich dazu bereit erklären könntest, würden wir morgen also gern eine spezielle Stimulations-Untersuchung durchführen – zusätzlich zu der, bei der wir deine beiden Sprachen und das Lesevermögen lokalisieren, um die Operation sicher durchführen zu können. Der einzige größere Nachteil für dich besteht darin, daß die Untersuchung die Operation um etwa zwanzig bis dreißig Minuten verlängern wird und du diese zusätzliche Zeit wach bleiben mußt. Die Risiken der Operation werden durch diese zusätzliche Zeit wahrscheinlich nicht wesentlich erhöht, außer daß das Infektionsrisiko um ein kleines bißchen zunehmen könnte.«

»Was erforscht ihr denn gerade?«

»Nun, wir haben die Lokalisierung verschiedener *Kategorien* von Namen herauszufinden versucht. Wir haben ›Tiere‹ mit ›Werkzeugen‹ verglichen – und zwar, weil es ein paar Schlaganfall-Patients gibt, welche die eine dieser beiden Kategorien benennen können, aber nicht die andere, als seien bei ihnen die Namen für Tiere in einem Bereich des Kortex gespeichert, den der Schlaganfall zerstört hat. Auch haben wir untersucht, wie sich die Stimulation auf das Verständnis gesprochener Sprache auswirkt, und die Gesichts- und Zungenbewegungen studiert, die man machen muß, um Sprachlaute zu produzieren. In jüngster Zeit haben wir die Fähigkeit überprüft, zu Substantiven entsprechende Verben zu produzieren – ich sage beispielsweise ›Fahrrad‹, und du sagst ›fahren‹. Die Erforschung der Sprachfunktionen ist derzeit sehr in Mode.«

»Klingt nach Syntax.«

»Nein, es geht nur um die Bestandteile gesprochener Sprache und die daran beteiligten Partner. An Fehlern, die beim Lesen gemacht werden, scheint die Syntax des Satzes beteiligt zu sein. Solche Patienten machen

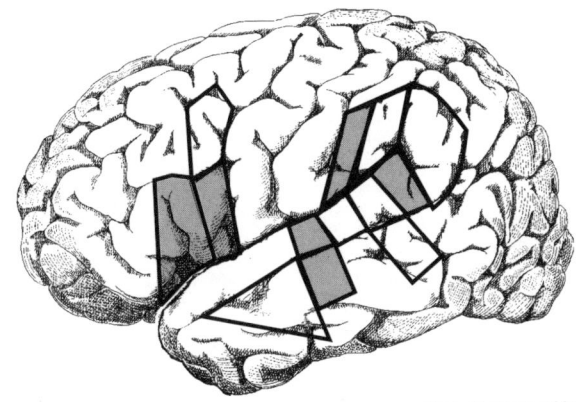

Nach Ojemann, 1991

Bereiche, in denen an über der Hälfte aller Stellen die Namensnennung unterbrochen wird

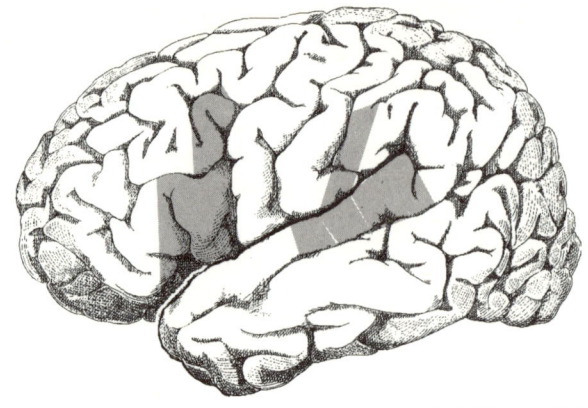

Nach Ojemann, 1991

Bereiche, in denen an über die Hälfte aller Stellen das Lesen unterbrochen wird

bei Verb-Endungen, Pronomen, Konjunktionen und Präpositionen Fehler – aber nicht bei Substantiven oder Verbstämmen.«

»Zum Beispiel?«

»Sie verwechseln ›sie‹ und ›wir‹ oder ›sie‹ und ›es‹. Aus ›Wenn mein Sohn zu spät zur Schule kommt‹ wird ›Wenn mein Sohn zu spät zur Schule gehen wird‹. Solche Dinge.«

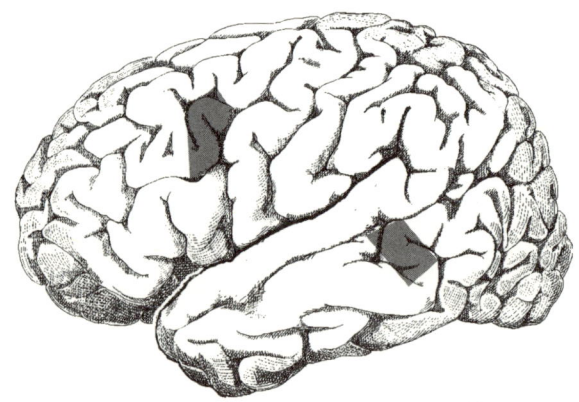

Nach Ojemann, 1991

Bereiche, in denen die Stimulation zu Syntax-Fehlern beim Lesen führt

»In der High-School hat mein Lehrer sicherlich gedacht, daß bei mir die Syntax-Stellen völlig fehlen.«

»Alles in allem«, fuhr George fort, »lassen diese Untersuchungen den Schluß zu, daß die Sprache vom Gehirn zerlegt wird, daß verschiedene Teile der Sprache in verschiedenen Bereichen verarbeitet werden, gerade wie das visuelle System mittels verschiedener, spezialisierter Kortexgebiete das visuelle Bild in Farben, Umrisse und Bewegungen zerlegt. Doch wir wissen noch nicht viel darüber, wie die Sprache auseinandergenommen wird. Einige Unterteilungen, die wir zu finden gehofft hatten, waren, wie sich herausstellte, physiologisch nicht gerade deutlich zu erkennen.«

Aus den verschiedenen Untersuchungen von Entwicklungsstörungen, Schlaganfällen und Stimulationsexperimenten ergibt sich unser Gesamteindruck, daß die Sprache auf der Ebene des Kortex in zahlreiche verschiedene Komponenten fragmentiert wird, die einzeln in einem jeweils eigenen Bereich weiterverarbeitet werden, als wären dort viele verschiedene Computer parallel geschaltet, von denen jedem ein kleiner Teil einer Aufgabenstellung zugewiesen wird. Dabei stellt sich natürlich vor allem die Frage, wie das alles zusammengebracht wird, damit man einen sinnvollen Satz sprechen kann. Vielleicht müssen wir aber zunächst die Stellen für Substantive und Verben herausfinden, für Adverbien und Adjektive, für Aussagesätze und Fragen, für Redewendungen und Metaphern.

Doch ist dabei Vorsicht angebracht. Substantive und Verben scheinen vernünftige Kategorien zu sein, doch die Geschichte unserer Wissenschaft ist voller vermuteter Kategorien, die sich als falsch herausgestellt haben (etwa die vier Säfte der Humorallehre oder die Kategorien der Phrenologie). Suchen wir überhaupt nach den richtigen Kategorien, wenn wir den Sprachkortex kartieren? Gibt es noch eine andere Möglichkeit, Sprache und Sprechen in Stücke zu zerteilen? Gibt es grundsätzlichere Fragen, die wir stellen sollten?

»Und was steht nun für morgen auf dem Plan?« fragte Neil.

»Wir wollen versuchen, noch etwas mehr über einen besonders seltsamen Befund herauszubekommen«, antwortete George. »Größtenteils finden wir bei unseren Sprachuntersuchungen verschiedene Stellen für verschiedene Dinge; es gibt aber zwei Funktionen, die in der Regel von ein und denselben Stellen verändert werden.«

»Und die wären?«

»Die Fähigkeit, Sprechlaute wie [ba] und [pa] zu verstehen – *und* die Fähigkeit, mit Gesicht und Zunge die Bewegungssequenzen zu vollziehen, die zum Sprechen nötig sind. Das wollen wir morgen näher untersuchen – bei einer ersten Aufgabe mußt du einfach nur zuhören, und bei einer zweiten mußt du selbst etwas tun. Nach dem Mittagessen wird mein Techniker zu dir kommen, um mit dir den Test zu üben, den wir morgen durchführen wollen.«

»Ich dachte, daß das Sprechen und das Verständnis gesprochener Sprache im Gehirn wirklich voneinander getrennt seien. Die Produktion vorn, das Verstehen hinten. Und jetzt sagst du mir, daß sie sich überlappen. Wie wäre es denn, wenn du mir ein paar Neuronen anzapfst? Ich habe mich mit ein paar von deinen Patienten unterhalten, die dieselbe Operation wie ich hatten, und einer sagte mir, daß bei ihm einzelne Neuronen untersucht worden seien. Und ein anderer berichtete von einer Hirnstromkurven-Untersuchung.«

»Ja«, antwortete George, »wir haben noch verschiedene andere Testreihen, mit denen wir die physiologischen Mechanismen zu unterscheiden versuchen, mittels derer gesprochene Sprache erzeugt wird. Wir können nicht bei jedem Patienten alle Tests durchführen, weil das zu lange dauern würde. Ich denke aber, wir werden genügend Zeit haben, um es auch bei dir mit ein bißchen Anzapfen zu versuchen, wenn du damit einverstanden bist.«

»Auf jeden Fall.« Neil stellte noch ein paar diesbezügliche Fragen, las sich das Formular durch, mit dem er sein Einverständnis zur Teilnahme an diesen Forschungsexperimenten gab, und unterschrieb es.

Mikroelektroden sind feine Drähte ungefähr von der Stärke eines Haares. Sie sind so dünn, daß man mit ihnen dicht an einzelne Neuronen herankommen und deren Impulse aufzeichnen kann. Dazu aber muß man die Mikroelektroden in den Kortex hineinstechen.

»Weil wir alles, was in deinem Gehirn für die Sprache wichtig ist, unversehrt lassen wollen«, erklärte George, »können wir Mikroelektroden-Untersuchungen nur an Gehirngewebe durchführen, das wir anschließend ohnehin entfernen werden, was also heißt, nur in Bereichen, die für die Sprache keine Bedeutung haben. Doch haben auch solche Untersuchungen schon zu sehr interessanten Ergebnissen geführt. Bei einer haben wir die Neuronenaktivität während laut ausgesprochener Benennungen mit jener während still gedachter Namensnennungen verglichen. Und dann beim Wiedererkennen eines räumlichen Musters auf ein und demselben Bild, beispielsweise des Winkels eines Farbstreifens, der über das Bild gelegt wurde, so daß man jedes Mal dasselbe Bild sah, aber auf unterschiedliche Dinge achtete.«

»Die räumliche Sache ist natürlich eine rechtsseitige Gehirnfunktion und die Benennung eine linksseitige. Nicht wahr?«

»Wenn wir den rechten Temporallappen von Patienten mit linksseitiger Sprachdominanz mittels jener Mikroelektroden untersuchen, finden wir Neuronen, deren Aktivität sich während der Benennungen verändert. Genau wie bei solchen Patienten wie dir, bei denen wir den linksseitigen Temporallappen untersuchen.«

»Es handelt sich also um Neuronen in kortikalen Bereichen, die nicht gerade nahe an Benennungs-Stellen liegen, aber dennoch ihre Aktivität während Namensnennungen verändern. Richtig?«

»Ungefähr ein Fünftel der Neuronen, die wir entweder im linken oder im rechten Temporallappen untersucht haben, wird während der Benennungen aktiv«, erklärte George. »Und dasselbe gilt auch für räumliche Aufgaben. Also kann man die besondere Rolle, welche die rechte Gehirnhälfte bei den räumlichen Funktionen spielt, nicht damit erklären, daß alle aktiven Neuronen auf jener Seite lägen.«

»Deutet bei solchen Untersuchungen denn irgend etwas auf die ›dominante‹ Seite hin?«

»Ja, bei der Sprache wechselt die Aktivität der Neuronen im linken Temporallappen früher«, fuhr George fort. »Und viel mehr Neuronen zeigen hier einen Rückgang von Aktivität – also Inhibition – als Neuronen auf der rechten Seite. Das genau umgekehrte Ergebnis zeigt sich bei der Neuronenaktivität während der räumlichen Messungen – frühere Aktivität und mehr Inhibition auf der rechten Seite.«

»Die Neuronen, welche die ersten sind, bestimmen also die Reaktion? Noch ein Überleben der Tüchtigsten bei der Neuronenaktivität?«

»Möglicherweise«, sagte George. »Wir glauben, daß die Inhibition Teil eines inhibitorischen Umfelds ist, das die neuronale Aktivität auf die dominante Hemisphäre zu konzentrieren hilft. Es ist interessant, daß nur wenige Neuronen, wenn überhaupt welche, *sowohl* während der räumlichen *als auch* während der Sprachmessungen aktiv zu sein scheinen.«

»Mithin gibt es für verschiedene Funktionen jeweils unterschiedliche Neuronen?«

»Bislang sieht es so aus. Obwohl einige wenige Neuronen sowohl beim lauten wie beim stillen Benennen Aktivität zeigten, waren auch hier die meisten Neuronen nur bei einer dieser Aufgaben aktiv. Wir haben lautes Lesen und stilles Lesen getestet. Und wir haben ein paar Neuronen während des Benennens derselben Bilder in zwei verschiedenen Sprachen untersucht. Die Ergebnisse sind immer dieselben: Nur bei *einer* Funktion verändern Neuronen ihre Aktivität.«

»Und ihre Nachbarn machen das gleiche?«

»Bislang nicht. Gelegentlich zeichnet die Mikroelektrode Aktivitäten von zwei oder drei Neuronen gleichzeitig auf. In der Regel reagiert jedes dieser benachbarten Neuronen auf etwas anderes. Das könnte eine ziemlich nützliche Anordnung sein, zum Beispiel um Assoziationen zu erleichtern. Etwa wenn die Neuronen für die Benennung nahe den Neuronen für das Lesen liegen.«

»Heißt deswegen dieser Teil des Gehirns Assoziationskortex?«

Nein, dieser Begriff wird schon seit hundert Jahren für den gesamten Neokortex mit Ausnahme der primären sensorischen und motorischen Bereiche benutzt. Statt ihn, wie die alten Kartographen es taten, als *Terra incognita* zu bezeichnen, gab man ihm den Namen Assoziationskortex. Was zum Teil ja richtig ist: Der Kortex ist dafür bekannt, daß er mit Assoziationen umgeht. Bei den subkortikalen Bereichen hingegen, welche die eher eingeschliffenen Fertigkeiten wie Fahrradfahren handhaben, hält man eine Arbeitsteilung für möglich.

Untersuchungen der Hirnstromkurven kann man natürlich überall an der freiliegenden Gehirnoberfläche, auch an den Bereichen für die Sprache, durchführen und nicht nur an jenen Stellen, die später entfernt werden. Dadurch erhält man ein umfassenderes Bild, das allerdings nicht ganz so viele Details aufweist. Man geht von einem »Aktivwerden« aus, wenn sich im EEG eines bestimmten Gebiets dahingehend Veränderungen zeigen, daß bei kleineren Ausschlägen die Frequenz zunimmt.

»Während der Namensnennung zeigt das für die Benennungs-Stellen charakteristische EEG Veränderungen, die wir Desynchronisation nennen«, fügte George hinzu, »und die wahrscheinlich die Aktivität des Systems für die selektive Aufmerksamkeit im Thalamus widerspiegeln. Jenes System wählt die kortikalen Bereiche aus, die der anstehenden Aufgabe entsprechen. Wenn ein neues Dia auf den Projektionsschirm erscheint, werden beispielsweise alle Benennungs-Stellen ungefähr zur gleichen Zeit aktiv – die des Frontallappens hinken nicht hinter jenen des Temporallappens her, wie wir es erwartet hatten.«

»Aufgrund der Theorie, daß es sich bei der Sprache um einen seriellen Prozeß handelt«, schlußfolgerte Neil, »bei dem zunächst im Temporallappen dekodiert und dann im Frontallappen etwas ausgedrückt wird?«

»Das war in der Tat unsere Vermutung«, sagte George. »Aber sie war falsch. Bei unseren Untersuchungen haben wir keine Anzeichen für serielle Hirnstromkurven-Veränderungen gefunden. Bei Eintritt eines sprachlichen Ereignisses schienen alle Stellen gleichzeitig eingeschaltet zu werden, und sie blieben es auch im Verlauf des gesamten Ereignisses. Auf diese Weise scheinen auch viele Funktionen im Kortex von Tieren organisiert zu sein – parallele Aktivierung verstreuter kortikaler Bereiche.«

»Und die Veränderungen sind über weite Bereiche verteilt«, fuhr George fort. »Eine Aktivierung der Sprachmotorik war sogar noch bei stiller Benennung festzustellen, so daß auch unser inneres Sprechen eine Aktivierung motorischer Systeme einschließt.«

»Uff! Mein Gehirn als Komitee all dieser disparaten Bereiche, das sitzt bei mir immer noch nicht richtig«, sagte Neil. »Und daß alle Komiteemitglieder gleichzeitig sprechen, macht die Sache auch nicht einfacher. Gibt es denn irgendeinen Mechanismus, der dafür sorgt, daß ein bestimmtes Komitee zusammenbleibt? Oder auch nicht zusammenbleibt, wenn das der Fall sein sollte?«

»Gegenwärtig forschen wir mit unseren neueren Hirnstromkurven-Untersuchungen nach so einem Mechanismus. Bei verschiedenen Tests mit Tieren zeigte sich in den EEGs unterschiedlicher, an derselben Aufgabe arbeitender Gehirnbereiche eine gewisse Kohärenz. Manchmal äußert sich das in einer wesentlich größeren Zahl von Zickzackkurven im höheren Frequenzbereich um fünfundzwanzig bis siebzig Hertz herum. Vielleicht verknüpft solch eine Frequenz auch die verschiedenen Bereiche für eine bestimmte Sprachfunktion. Das untersuchen wir gerade: Wir schauen in jenem Spektrum nach bestimmten Frequenzaktivitäten, die für die unterschiedlichen Sprachbereiche während einer entsprechenden sprachlichen Funktion synchron sind.«

»Bislang haben wir eine solche Frequenz mit Sicherheit noch nicht gefunden«, sagte George, »aber wir suchen danach. So ist es nun einmal in der Wissenschaft. Anhand früherer Befunde entwickelt man eine Vorstellung, wie bestimmte Dinge funktionieren könnten, und dann arbeitet man eine Möglichkeit aus, das zu überprüfen. Manchmal hat man richtig geraten, manchmal nicht.«

Zusätzlich zu dem wichtigen Bereich, der die Sylvius-Furche umgibt, beruht die Sprache auch noch auf mehreren anderen motorischen Feldern des Gehirns, erklärte ich Neil. Eines dieser Gebiete liegt oben, nahe der Mitte, im Frontallappen unmittelbar vor dem motorischen Kortex für das Bein. Man nennt es auch das zusätzliche motorische Feld: ein Hauptmerkmal der Bewegungsorganisation vieler Säugetiere. Vor allem bei den Affen, wie man sie in der Forschung verwendet, kommt diesem Feld, so glaubt man, eine wichtige Rolle bei der Initiierung, Planung und Programmierung komplexer Bewegungen zu.

Wird dieses Feld in der linken Gehirnhälfte von Menschen geschädigt, zeigt dies zunächst recht dramatische Folgen. Der Patient ist stumm, kann kein Wort sprechen. Und er kann auch die andere Seite seines Körpers nicht bewegen. Nach ein paar Tagen beginnt er sich zu erholen. Als erstes kehrt die Sprache wieder, aber auf eine seltsame Weise. Zumindest anfangs ist die Sprache des Patienten viel besser, wenn er nur beliebig daherredet, als wenn er zum Sprechen aufgefordert wird. Das Problem scheint darin zu bestehen, Bewegungen – Sprechbewegungen eingeschlossen – in Gang zu setzen. George hat es einmal mit einem Motor verglichen, dessen Anlasser kaputt ist.

In den folgenden Wochen bessert sich der Zustand des Patienten weiter, und im Normalfall kommt es zur vollständigen Genesung. In dieser Hinsicht unterscheiden sich kortikale Schädigungen des zusätzlichen motorischen Felds erheblich von Schädigungen um die Sylvius-Furche herum, deren Folgen sich oft als dauerhaft erweisen. Offensichtlich kann das zusätzliche motorische System auf der anderen Seite die »Anlasser«-Funktion übernehmen.

Das zusätzliche motorische Feld zeigt eine gesteigerte Aktivität, wenn neue Bewegungsfolgen erlernt werden. Zwischen ihm und dem Corpus callosum liegt ein kortikales Gebiet, der Gyrus cingulatus, das sich bei Blutfluß-Messungen aktiv zeigte, wenn normale Versuchspersonen Worte lasen. Stimulationen des zusätzlichen motorischen Felds im OP haben Bewegungen zur Folge, die für gewöhnlich komplex sind. In bestimmten Bereichen des zusätzlichen motorischen Felds blockiert die Stimulation das Sprechen. Bei Affen führen Stimulationen des zusätzlichen motorischen Felds sowie des Gyrus cingulatus zu Lautäußerungen. Und die Neuronen in diesem Gebiet verändern ihre Aktivität, wenn der Affe seinerseits Laute vernimmt – oft selektiv, indem sie nur auf Lautäußerungen der eigenen Art reagieren.

Neil wollte etwas über das Fluchen erfahren. Mit Sicherheit handelt es sich dabei um eine sprachliche Äußerung, aber um Sprache im eigentlichen Sinn? Oder wenigstens um eine Variante von Sprache oberhalb der Affen-Ebene?

Der Gehirnbereich unmittelbar unterhalb des zusätzlichen motorischen Felds, der Gyrus cingulatus, ist Teil des »emotionalen« limbischen Systems. Eine verführerische Hypothese besagt, daß die Aktivität in diesem Gebiet bei Affen wie bei Menschen etwas mit dem emotionalen Sprechen zu tun hat, besonders mit dem Fluchen. Daß die emotionale Sprache erhalten bleibt, ist für viele Aphasie-Patienten mit einem Schlaganfall in der Gegend um die Sylvius-Furche herum charakteristisch. Aphasiker sind in der Regel nicht stumm. Unabhängig davon, wie zurückhaltend oder zimperlich sie vor ihrem Schlaganfall gewesen sein mögen, wird ihr beschränktes Sprachvermögen manchmal von Flüchen dominiert. Eines der vielen ungelösten Rätsel hinsichtlich der Gehirnorganisation von Sprache ist, ob dieses emotionale Sprechen den Auswirkungen einer Hirnschädigung deshalb besser widersteht, weil es von einem anderen Gehirnbereich, etwa dem Gyrus cingulatus, abhängt oder weil es zwar auf denselben Gehirnbereichen wie andere Sprachfunktionen beruht, aber wegen seiner Einfachheit und seinen weitreichenden Assoziationen erhalten bleibt.

»Ist das auch der Grund, warum die Tourette-Leute so viel fluchen?«

Impulsive Lautäußerungen, meistens Grunzen, sind für das Tourette-Syndrom charakteristisch. Zu ungefähr dreißig Prozent bestehen diese größtenteils unfreiwilligen Äußerungen aus laut gerufenen Worten, manchmal Obszönitäten. Abgesehen davon, daß ihr Sprechen von Flüchen unterbrochen wird, wo wir anderen einfach nur eine Pause machen würden, ist bei diesen Patienten – im Verhältnis von drei zu eins sind es Männer – die Sprache ansonsten normal.

Solche Patienten zeigen auch motorische Ticks, etwa Blinzeln, Kopfzucken, Hervortreten der Zunge, Schniefen, sogar Hüpfen und Hinkauern. Mit den Ticks fängt es in der Regel früh in der Kindheit an, wozu sich Grunzen und Bellen gesellen. Die Obszönitäten werden am Ende der Grundschule oder zu Beginn der zweiten Schulstufe dem Repertoire hinzugefügt.

»Wie bei normalen Jungs auch«, bemerkte Neil.

Das Tourette-Syndrom ist in hohem Maße erblich, und in den betroffenen Familien sieht es so aus, als handele es sich dabei um die männliche Version von etwas, das sich bei Frauen statt dessen als eine obsessiv-zwanghafte Störung zeigt. Was wir gegenwärtig darüber wissen, deutet auf Funktionsstörungen in den motorischen Zentren tief in den zerebralen Hemisphären hin, was einen weiteren Anhaltspunkt dafür darstellt, daß das emotionale Sprechen und die sonstige Sprache von unterschiedlichen Gehirnbereichen abhängen.

Das zusätzliche motorische Feld ist die einzige Stelle, an der sich tierische und menschliche Lautäußerungen unmittelbar aufeinander beziehen lassen. Entweder ist dieses Gebiet Teil eines primitiveren Kommunikationssystems als die menschliche Sprache, oder es handelt sich um ein Beispiel für ein evolutionär älteres System, das für die Sprache mitbenutzt wird. Bislang hat noch niemand durch Stimulation des menschlichen Gehirns Flüche hervorgerufen, auch wurden noch keine Kartierungsversuche während des emotionalen Sprechens unternommen.

»Morgen werde ich also ein paar Neuronen in meinem linken Temporallappen verlieren«, bemerkte Neil. »Wahrscheinlich sogar Neuronen, die während Namensnennungen und anderer solcher sprachlicher Aufgaben aktiv sind – aber sie sind dafür nicht von grundsätzlicher Bedeutung. Richtig?«

»Deshalb bezeichnen wir die Benennungs-Stellen auch als essentielle Stellen«, antwortete George. »Die anderen Stellen sind die, bei denen die Namen trotz Stimulation weiter genannt werden können, auch wenn die Elektrizität sie gelegentlich durcheinanderbringt. Die Stellen, die während der Namensnennung bloß aktiv sind, scheinen nicht im selben Maß von essentieller Bedeutung zu sein, obwohl sie offensichtlich an diesem Prozeß teilhaben. Wir können sie mit Mikroelektroden-Messungen, Hirnstromkurven und Blutfluß-Aufzeichnungen als aktiv erkennen. Sie tun etwas, das wir noch nicht sehr gut verstehen. Wenn diese Bereiche bei Epileptikern gelegentlich Schwierigkeiten machen, meinen wir, daß wir viel davon entfernen können, ohne mehr Schaden als Nutzen anzurichten.«

15.
Warum können wir so gut lesen?

»Weißt du«, sagte Neil, »ich bin ja schon viel in der Welt herumgekommen. Aber so einen elektrischen Stecker habe ich noch nie gesehen. Den mußt du dir aus Afghanistan geholt haben.«

Ich ging gerade Georges Techniker zur Hand, der den Diaprojektor neben Neils Krankenbett aufbaute. Ich hatte versucht, das Stromkabel in die Steckdose zu stecken, dann aber gemerkt, daß es sich um eine jener alten, überdimensionierten, gegen Funkenschlag gesicherten Steckkupplungen handelte, die man vor langer Zeit in den Operationssälen benutzte, als man noch gasförmige Anästhetika verwandte.

Der Techniker grinste und deutete auf das Adapterkabel, das im unteren Fach des Gerätewagens lag. Also erklärte ich Neil all diese Zusammenhänge, während ich vorübergehend die altmodische Kupplung in einen ganz normalen dreipoligen Stecker verwandelte. Zu unserer Zufriedenheit nahm der Diaprojektor seinen Dienst auf. Während der Techniker die Rundmagazine mit den Dias sortierte und die Ausrüstung überprüfte, sprachen Neil und ich noch einmal über das Lesen. Neil dachte noch immer über mögliche Nebenwirkungen seiner Operation nach.

»George sagte, daß vielleicht Gewebe dicht bei den für das Lesen wichtigen Gebieten entfernt würde«, sagte er. »Er erzählte mir, daß nach der Operation das Lesen möglicherweise für eine Weile etwas langsam gehen werde, daß es sich nach einiger Zeit aber wieder normalisieren müßte.«

»Während des Essens«, fuhr er fort, »habe ich darüber nachgedacht, was du mir über das visuelle System erzählt hast: daß es sich während der Evolution größtenteils so ausgebildet hat, damit Affen Früchte hoch oben in den Bäumen zwischen all den vom Wind geschüttelten Blättern finden konnten. Wie wurden diesem System die Lesebereiche angefügt? Die Schrift ist erst vor fünftausend Jahren erfunden worden, und bis auf die letzten paar Jahrhunderte haben niemals sonderlich viele Menschen

Lesen und Schreiben können. Das bedeutet, daß irgendwelche Tendenzen, die für das Lesen nützlichen Gehirnbereiche durch Vererbung zu konservieren, nicht mehr als ein paar hundert Generationen lang gewirkt haben können. Was so gut wie nichts ist. Wie haben wir uns so schnell Bereiche für das Lesen zugelegt?«

Das Lesen ist höchst wahrscheinlich eine Sekundärfunktion kortikaler Bereiche, die primär anderen Zwecken dienen, erklärte ich ihm. Darwin sprach in solchen Fällen gern von einem Funktionswandel bei anatomischer Kontinuität.

Dennoch gibt es heute ohne Frage kortikale Bereiche, die für das Lesen unverzichtbar zu sein scheinen – wenigstens bei Menschen, die mit viel Lektüre aufgewachsen sind. Mein Vater hatte eines Tages arge Kopfschmerzen, die schlimmer waren als alle, die er je gehabt hatte. Am nächsten Morgen aber fühlte er sich schon etwas besser, machte sich Frühstück, ging dann hinaus, um die Zeitung aus dem Briefkasten zu holen. Als er sich an den Frühstückstisch setzte und die Zeitung entfaltete, entdeckte er zu seiner Verwunderung, daß er sie nicht lesen konnte. Die Worte waren wie verwischt. Er konnte die einzelnen Buchstaben benennen, aber nicht die Worte lesen.

Später in der Klinik bat man ihn, mit der Hand einen Absatz niederzuschreiben, der ihm laut vorgelesen wurde. Diesen Absatz schrieb er akkurat nieder, obwohl er dazu neigte, bis dicht an den rechten Rand zu schreiben, statt etwas Platz zu lassen.

Doch als man ihn dann bat, das von ihm mit eigener Hand Geschriebene vorzulesen, konnte er es nicht; nur bei ganz kurzen Worten mit zwei oder drei Buchstaben gelang es ihm. Er versuchte, längere Worte zusammenzustückeln, machte aber oft Fehler. Sprechen konnte er ganz normal. Er verstand alles, was man ihm sagte. Er hatte keine anomalen blinden Flecken, die ihm beim Lesen hätten stören können. Sein Farbensehen war normal. Er konnte lediglich einfach nicht mehr lesen.

Ein Jahr später hatte er seine Fähigkeiten soweit wiedergewonnen, daß er die Zeitung lesen konnte, aber noch immer ermüdete er bald und las nicht länger als zwanzig Minuten am Stück. Jetzt sah er sich öfter die Nachrichten im Fernsehen an.

»Erholen sich viele Leute auf diese Weise?« wollte Neil wissen.

Daß einige Funktionen wiedererlangt werden, ist für nicht so stark ausgeprägte Schlaganfälle typisch. Welche Funktion auch immer verlorenging – sei es das Lesen oder die Muskelsteuerung –, in den Wochen

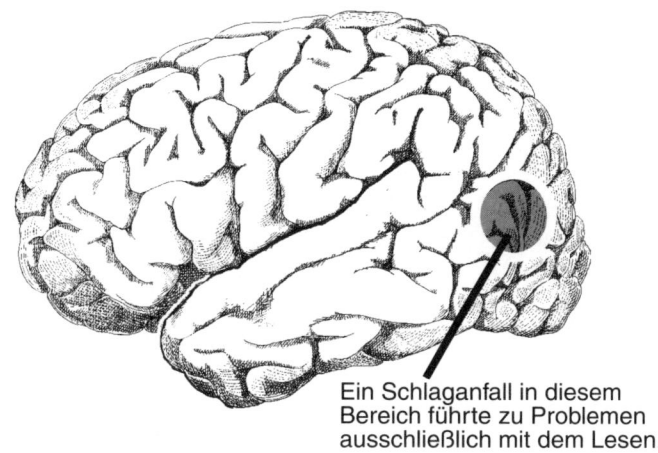

Ein Schlaganfall in diesem Bereich führte zu Problemen ausschließlich mit dem Lesen.

und Monaten nach dem Schlaganfall kehren einige der verlorenen Fähigkeiten wieder zurück. Zum Teil ist dies darauf zurückzuführen, daß einige Zellen nur verletzt wurden und sich davon erholen können, während andere Zellen für immer verloren sind.

Darüber hinaus macht es die Anpassungsfähigkeit des Gehirns möglich, daß andere Bereiche die Aufgabe der geschädigten übernehmen. Wie gut dieses Umtrainieren gelingt, hängt großenteils davon ab, wo der Schlaganfall lokalisiert und wie alt der Patient ist. Beispielsweise erlangen Soldaten, die im Alter von achtzehn Jahren Hirnverletzungen erleiden, mehr Funktionen wieder als Soldaten, die mit dreißig Jahren in ähnlicher Weise verletzt werden.

Um aber auf das Lesen zurückzukommen: Im Lauf der Jahre hat man im Gehirn viele Stellen identifizieren können, die mit Alexie zu tun haben. Mit diesem Begriff bezeichnen wir den Verlust vorher normaler Lesefähigkeiten ohne darüber hinausgehende Störungen. Analog den Abkoppelungs-Modellen für die Broca-Wernicke-Varianten wurde Alexie gewöhnlich einer Abkoppelung der Sprachbereiche von den visuellen Zentren zugeschrieben. In der Tat zeigten die Gehirnbilder meines Vaters, daß bei ihm der Schlaganfall ein Gebiet von der Größe eines halben Dollar direkt hinter und oberhalb seines linken Ohrs zerstört hatte. Es lag an der Rückseite des hinteren Sprachbereichs (»Wernicke-Zentrum«), aber noch vor den angestammten visuellen Bereichen des Gehirns: für eine Unterbrechung von Verbindungen zwischen dem visuellen Kortex und dem Sprachkortex perfekt positioniert.

»Mein Neffe leidet an Dyslexie«, sagte Neil. »Er ist schlau, aber er kann weder lesen noch buchstabieren. Hat sein Problem auch etwas mit diesen Teilen des Gehirns zu tun?«

Kinder mit Dyslexie gelten als ruhig und wortkarg; verglichen mit ihren sonstigen Fähigkeiten ist bei ihnen die Entwicklung des Lesens und Buchstabierens erheblich verzögert. Auch ihr Sprechen kann ein bißchen verlangsamt sein, aber oft sind sie anderweitig intelligent. Als Folge kommt es zu einem unglücklichen Zusammentreffen von verzögerter Leseentwicklung, ihren ansonsten normalen Fähigkeiten und einem Schulsystem, das von den Kindern Gleichschritt verlangt – zunehmend stützt es sich in den höheren Klassen auf die Schulbuchlektüre, mit welcher der Unterrichtsstoff vermittelt werden soll. Also bleiben diese Kinder, die einfach nicht die Informationen so schnell aufnehmen können wie alle anderen, sozusagen in einem Flaschenhals stecken – auch wenn sie klug genug sind.

»So geht es meinem Neffen, ganz genau.«

Die langfristigen Aussichten, daß er doch noch lesen lernt, sind aber eigentlich nicht schlecht. Nur wenige Dyslektiker bringen es so weit, daß sie am Lesen Freude haben, die meisten aber lernen es genug, um zurechtzukommen. Und da fällt mir auch noch die Geschichte von John Hunter ein, der, wie George erzählt, zur Zeit des Amerikanischen Unabhängigkeitskriegs die chirurgische Anatomie begründete. Hunter war das Kind einer wohlhabenden britischen Familie, die ihn von Privatlehrern ausbilden ließ. An der Aufgabe, ihm das Lesen beizubringen, verzweifelten sie. Er lernte es nicht, bis er beinahe zwanzig Jahre alt war. Seiner späteren akademischen Karriere schadete das allerdings nicht.

»Was ist dabei das Problem im Gehirn?«

Viele Fälle von Dyslexie werden mit einer anomalen Gehirnentwicklung in Verbindung gebracht. Bei einigen Dyslektikern scheinen die Probleme auf die Art und Weise zurückzuführen zu sein, wie sich die Struktur der Sprachbereiche entwickelt hat. Bei einigen wenigen Dyslektikern, die aus anderen Gründen starben, zeigte das Gehirn Fehlbildungen der kortikalen Entwicklung. Die entsprechende Schichtung fehlt, und Neuronen sind in Form sogenannter heterotopischer Bündel fehlplaziert.

Bei Dyslektikern scheint der Größenunterschied zwischen dem Planum temporale links und seinem Gegenstück rechts geringer zu sein – gewöhnlich ist das linke, der Temporallappen-Sprachbereich, größer.

Jedoch ist bei den meisten Dyslektikern die linke Gehirnhälfte genau wie bei uns die sprachdominante. Es gibt die Vermutung, daß bei einigen männlichen Dyslektikern die visuell-räumlichen Funktionen weniger stark lateralisiert sind als bei anderen Männern. Dies läßt es möglich erscheinen, daß die visuell-räumlichen Funktionen mit den sprachlichen um dieselben linksseitigen Gehirnbereiche konkurrieren, und so können Kinder mit Dyslexie keine der beiden Aufgaben richtig bewältigen, weder die sprachliche, noch die visuell-räumliche.

Dyslektiker haben auch Probleme, rasch sich ändernde Wahrnehmungen zu verarbeiten. Die magnozellularen Bahnen, welche die rasch wechselnden visuellen Eindrücke übermitteln, scheinen bei einigen Dyslektikern verlangsamt.

»Ist das eine Folge jener zwei magnozellularen Schichten im Geniculati-Nucleus? Sind sie durcheinandergerührt? Nicht mehr der schöne Schichtkuchen, von dem du mir vor einiger Zeit erzähltest?«

Richtig, in den beiden unteren Schichten herrscht ein ziemliches Durcheinander. Und in den magnozellularen Schichten finden sich auch siebenundzwanzig Prozent weniger Neuronen als normal, so als hätten sie eine Menge von ihnen verloren.

Was diese Anomalien verursacht, ist ziemlich unklar. In einigen Fällen könnten die mit Dyslexie in Zusammenhang gebrachten Gehirnveränderungen vielleicht von einem Ereignis herrühren, das sich während der frühkindlichen Entwicklung zutrug. Allgemein betrachtet, scheint es aber eher genetische Ursachen zu geben. Mehr Männer als Frauen sind von Dyslexie betroffen. Gehäuft tritt sie in Familien auf. Doch offensichtlich ist nicht ein einzelnes Gen der Schuldige, denn man hat zwar bei einer Familie die Dyslexie in einen engen Zusammenhang mit dem Chromosom 15 bringen können – bei anderen Dyslektikern hatte die Störung jedoch nichts mit diesem Chromosom zu tun. Wie beim Lesen insgesamt – darüber haben wir ja schon gesprochen – kann auch hier die natürliche Auslese noch nicht viele Varianten eliminiert haben, da das Lesen erst seit relativ kurzer Zeit für viele Menschen wichtig geworden ist.

Auch kann die natürliche Auslese oft nichts gegen solche Merkmale unternehmen, die mit anderen vererbten Merkmalen verknüpft sind. Der Neurologe Norman Geschwind bemerkte einen Zusammenhang zwischen Dyslexie und einer seltsamen Konstellation anderer Merkmale: außerordentlich gute mathematische Fähigkeiten, Linkshändigkeit, Allergien.

Nicht alles davon konnte in späteren Untersuchungen bestätigt werden, aber man sieht, daß die Dinge kompliziert werden, wenn sie in wechselseitigem Zusammenhang stehen.

Mehrere mögliche Erklärungen sind für Geschwinds Konstellation vorgeschlagen worden. Vielleicht hat die Mutter während der letzten Schwangerschaftsphasen einen ungewöhnlich hohen Testosteron-Spiegel gehabt. Vielleicht handelt es sich auch um die Manifestation einer Autoimmunkrankheit, bei der körpereigene Abwehrmechanismen sich gegen eigenes Gewebe richten. In beiden Fällen könnte es zu Defekten in der neuronalen Organisation des Kortex und der sensorischen Relais-Nuclei kommen. Die Autoimmun-Hypothese hat einen besonders vielversprechenden Ableger: Es gibt einen speziell gezüchteten Mäusestamm mit einer Autoimmunkrankheit; diese Mäuse zeigen neben einem desorganisierten Kortex auch mäusespezifische Lernstörungen, so daß sie möglicherweise ein Tiermodell für die Erforschung der Dyslexie darstellen.

»Warum macht denn gerade das Lesen so viel Schwierigkeiten?« fragte Neil. »Vor allem, da sich die Anomalien über alle Sprachbereiche verteilen. Warum sind keine anderen Aspekte der Sprache mitbetroffen?«

Nun, die meisten Kinder mit Dyslexie hatten früher auch Probleme mit dem Sprechen. Sie waren nur nicht so schlimm wie die mit dem Lesen. George hat festgestellt, daß viel mehr Neuronen beim Lesen von Worten ihre Aktivität verändern als beim Benennen von Objekten oder beim Wiederholen von Worten. Lesen ist vielleicht einfach von sich aus schwieriger, beansprucht mehr Neuronen. Wenn es an gut organisierten Neuronen mangelt, zeigt sich das beim Lesen deutlicher.

Auch fehlen geschriebener Sprache viele der redundanten Hinweise, die es beim Sprechen gibt. Wenn ich mit dir rede, hebt und senkt sich meine Stimme, mein Mienenspiel wechselt, ich wedele mit den Händen und zucke mit den Schultern. Das sind zusätzliche Informationen. Wenn man liest, ist das geschriebene Wort alles, was man hat.

Es scheint nicht ausgeschlossen, daß der Hauptdefekt ursprünglich nicht beim Lesen, sondern beim Hören gesprochener Sprache auftrat – beim Entdecken der feinen Frequenzunterschiede der Klangwellen, die ein [pa] anders klingen lassen als ein [ba] (schon zu Beginn des [ba] summt es ein wenig, weil die Stimmbänder beim [b] mitvibrieren, nicht jedoch beim [p]). Das sieht abermals nach einer magnozellularen Aufgabe aus. Doch könnte es eine Menge mit der Lesefähigkeit zu tun haben – das ganze Lesenlernen dreht sich ja schließlich darum, die

Sprechlaute den entsprechenden Buchstaben zuzuordnen, jedenfalls bei einer phonetischen Sprache wie der unsrigen.

Weil Georges Untersuchungen gezeigt haben, daß in vielen entscheidenden Teilen des Kortex zwischen Benennen und Lesen eine Trennung besteht, vermute ich, daß möglicherweise das spezifische System für das Lesen defekt ist. Doch niemand weiß im Fall von Dyslexie darüber wirklich etwas.

George hat auch einen eindeutigen Zusammenhang zwischen der Lokalisierung der Lese- und Benennungs-Stellen und dem verbalen IQ des betreffenden Patienten nachgewiesen. Vermutlich rührt das daher, daß mit dem verbalen IQ sowohl das Lesen als auch andere Teile der Sprachfähigkeit erfaßt werden. Bestimmte Verteilungsmuster dieser Funktionen im Gehirn sind günstiger als andere. George fand heraus, daß Patienten, deren Lese-Stellen im oberen Temporal-Gyrus und deren Benennungs-Stellen im mittleren Temporal-Gyrus lagen, einen hohen verbalen IQ aufwiesen. Und bei Patienten mit niedrigem verbalen IQ stellte er die entgegengesetzte Situation fest.

Neil schien verwirrt. »Ich kann nicht verstehen, was so gut daran sein soll, das Lesen oben und das Benennen unten zu haben«, sagte er.

Eine wirklich gute Erklärung dafür ist uns auch noch nicht eingefallen; Kollegen, die erforscht haben, *wie* wir lesen, betonen jedoch, daß gutes Lesen die Fähigkeit erfordert, schnell von Sprechlauten zur visuellen Repräsentation dieser Laute überzuwechseln. Und weil die auditive Verarbeitung größtenteils tief in der Sylvius-Furche verborgen liegt, könnte das der Grund sein, warum eine Lokalisierung des Lesens in der Nähe, im oberen Temporal-Gyrus, mit einer besseren Funktion in Zusammenhang steht.

»Wie wird denn während der Gehirnentwicklung das alles organisiert, wenn das Lesen nicht in den Genen spezifiziert ist?«

Nun, die Dinge beim Namen zu nennen, wird als erstes gelernt. Vielleicht arbeitet bei den unterdurchschnittlichen Leuten der Sprachkortex von Natur aus weniger effizient, so daß mehr Abschnitte gebraucht werden, um das Benennen zu bewältigen. Wenn ein paar Jahre später dann Lesen gelernt wird, ist der obere Temporal-Gyrus – Georges Theorie zufolge – überarbeitet. Und so muß sich das Lesen mit Stellen im mittleren Temporal-Gyrus »abfinden« – eine möglicherweise weniger günstige Lokalisierung, da sie von den kortikalen Bereichen, welche die Töne empfangen, weiter entfernt ist.

Wenn es also im Alter von fünf Jahren im oberen Temporal-Gyrus noch Platz für das Lesen gibt – weil das Benennen mittlerweile effizient woanders erledigt werden kann – wird hier die Fähigkeit, zwischen dem Klang gesprochener Wörter und ihren schriftlichen phonetischen Äquivalenten Verbindungen herzustellen, besser behaust sein. Und daraus resultiert ein höherer verbaler IQ.

Spekulationen wie diese sind insofern nützlich, als sie neue Fragen aufwerfen: Welche Beziehung besteht zwischen dem Erwerb des Wortschatzes im Alter von zwei bis vier Jahren, der Lesegeschwindigkeit des Kindes im Alter von sechs Jahren und dem verbalen IQ später im Leben? Kann man mittels funktionaler MRI-Bilder die für den niedrigen verbalen IQ typischen Muster früh genug ausmachen, um mit einer intensiven Lesetherapie noch gegensteuern zu können? Und was immer die Erklärung für die Kartierungs-Befunde sein mag: Es ist offensichtlich, daß die Lokalisierung des Lesens und des Benennens bedeutende Implikationen hat, die weit über jene hinausgehen, die man für die Planung einer Epilepsie-Operation berücksichtigen muß.

Nach dem Üben griffen Neil und ich unser Gespräch über Hirnforschung wieder auf und Neil wollte wissen, warum nicht intensiver geforscht wird – angesichts all dieser ungelösten Probleme. Meine Antwort darauf war ganz einfach: Vier von fünf Anträgen auf Förderung von Hirnforschung werden abgelehnt.

»Abgelehnt?«

Die mit Kollegen besetzten Beratergremien befürworten sie meist als wissenschaftlich sinnvoll, erzählte ich ihm, administrativ aber werden sie von den National Institutes of Health wegen nicht ausreichender Forschungsmittel abgelehnt.

»Ich vermute, der Kongreß kann nicht *alles* bezahlen.« Ja, aber allein in den Vereinigten Staaten belaufen sich die jährlichen Kosten lediglich für die wichtigsten Erkrankungen des Nervensystems schätzungsweise auf vierhundert Milliarden Dollar – mehr als der Verteidigungsetat der Vereinigten Staaten! Und noch eine viel größere Last für die Volkswirtschaft. In den meisten Fällen schließen diese Schätzungen noch nicht einmal die Folgekosten des Drogenmißbrauchs ein, die für Alkohol ziemlich hoch sind. Rund einhundertsieben Milliarden Dollar sind direkte Ausgaben für Krankenhausrechnungen und ähnliches, der Rest setzt sich aus Arbeitsunfähigkeitsrenten, Lohnausfällen und so weiter zusammen. Ungefähr ein Drittel der Gesamtsumme wird allein für die vier Millionen Menschen mit Alzheimer-Demenz benötigt, und deren Zahl nimmt sehr rasch zu.

»Wie groß ist die Gesamtzahl der Betroffenen?«

In den Vereinigten Staaten gibt es rund fünfzig Millionen Menschen, die an den verschiedenen neurologischen und psychiatrischen Krankheiten leiden.

»Also jeder Fünfte – im Durchschnitt einer pro Familie. Und die Gesamtkosten belaufen sich auf ein paar hundert Milliarden. Wie hoch sind die Forschungsausgaben – ein Zehntel davon?«

Wenn dem nur so wäre. Die von den National Institutes of Health und der National Science Foundation kanalisierten Bundesmittel für neurowissenschaftliche Forschung belaufen sich auf rund 1,2 Milliarden Dollar – für die Grundlagenforschung an Gehirnen plus die eher angewandte Forschung über psychiatrische und neurologische Störungen. Auch von Arzneimittelherstellern und privaten Stiftungen kommt etwas Geld – aber die finanziellen Aufwendungen, um mehr über das Gehirn und seine Störungen herauszufinden, belaufen sich insgesamt vermutlich auf weniger als ein Prozent der Gesamtkosten. Die Entwicklungskosten der Arzneimittelhersteller tragen noch eine kleine Summe bei. Das gilt für die Hirnforschung – bei den Ausgaben des Gesundheitssektors im allgemeinen entfielen einer Schätzung von 1990 zufolge 3,3 Prozent auf Forschung und Entwicklung, verglichen mit rund fünf Prozent in den sechziger Jahren.

»Anders gesagt, ein Tropfen auf dem heißen Stein. Selbst für vorsintflutliche Industrien wie die Strom- und Wasserversorgung ist das eine absurd niedrige Marge für Forschung und Entwicklung, ganz zu schweigen von den zehn bis zwanzig Prozent in rasch sich verändernden Branchen wie meiner. Und ich hatte gedacht, daß man in der Medizin wirklich etwas unternähme, um die Dinge zum Besseren zu wenden.«

Kurioserweise hat die Medizin keine große Kontrolle über ihre Forschungsausgaben. Die Arzneimittelhersteller sind da eine Ausnahme, sie betreiben aber größtenteils angewandte Forschung, keine Grundlagenforschung – also müßten die meisten ihrer Ausgaben korrekterweise Produktentwicklungskosten genannt werden. Um nur ein einziges neues Medikament in den Vereinigten Staaten zur Marktreife zu bringen, sind etwa zweihundertvierzig Millionen Dollar Entwicklungskosten erforderlich. Ihre Ideen für neue Produkte aber holen sich die Hersteller aus der Grundlagenforschung des öffentlichen Sektors, und hier kann das Problem der Unterfinanzierung dingfest gemacht werden. Weil die Forschungsaufwendungen in der Medizin so breitgestreut sind und weil es keine Zentralautorität gibt, besteht unglücklicherweise keine Möglichkeit, einen kleinen Teil der Gesundheitsaufwendungen in die Forschung für morgen zu reinvestieren.

Also wird sie, was ganz vernünftig ist, mit Steuermitteln des Bundes gefördert – die Regierung hat die Verantwortung dafür übernommen, hält aber an absurd niedrigen Förderbeträgen fest. Die Grundlagenforschung, die letzten Endes den Weg für neue Medikamente und neue Behandlungsmethoden freimacht, muß um die Dollars der Bundesregierung mit viel besser vorzeigbaren und viel leichter zu verstehenden Begehrlichkeiten konkurrieren.

»Konkurrieren muß sie also, anders gesagt«, warf Neil ein, »mit solch gigantischen Projekten wie Raumstationen, die in irgendeinem Bundesstaat Tausende von Arbeitsplätzen sichern.«

Die Förderung eines durchschnittlichen Hirnforschungs-Projekts sichert vermutlich im Durchschnitt zwei Arbeitsplätze. In den Vereinigten Staaten fallen jedoch siebzig Prozent aller Forschungs-und-Entwicklungs-Arbeitsplätze in den Verteidigungsbereich mit seinen Zulieferindustrien – in Japan sind es im Vergleich dazu nur fünf Prozent. Verglichen mit anderen Ländern haben wir sehr viele unserer besten Köpfe mit der Entwicklung von Waffen beschäftigt.

Grundlagenforschung gehört nicht zu den Dingen, die man im Krisenfall einfach so steigern kann, wie die Vereinigten Staaten während des Zweiten Weltkriegs eine Schiffsbau-Industrie hochgezogen haben. Wie gut wir einem Problem wie den Aids-Infektionen des Gehirns begegnen können – und wenn man *dagegen* nichts unternehmen kann, hat es auch nicht viel Zweck, gegen den Rest etwas zu tun –, hängt davon ab, wieviel für die Grundlagenforschung der vergangenen *Jahrzehnte* ausgegeben wurde. Im Lauf der Jahre haben sich die Forschungsaufwendungen mit Sicherheit nicht proportional zu den Gesamtkosten des Gesundheitssektors erhöht.

»Die Medizin«, sagte Neil, »braucht eine Regelung, wie wir sie für unser Autobahnnetz haben, bei der über die Benzinsteuer die Etats für Reparaturen und Neubauten der Straßenbenutzung proportional gehalten werden. So etwas wie eine Steuer auf Krankenversicherungs-Prämien sollte ausreichen, um eine adäquate Basis für Forschung und Entwicklung sicherzustellen. Und ein paar Prozent Steuer fallen doch nicht ins Gewicht – bestimmt nicht, wenn man sie mit den absurden Kosten für den Verwaltungsaufwand der Krankenversicherungen vergleicht, deren Papierkrieg mich verrückt macht. Fünfundzwanzig Prozent aller Kosten im Gesundheitssektor sollen auf den Verwaltungsaufwand entfallen. Wenn man nur daran denkt, daß eine kleine schleichende Teuerung im medizinischen Verwaltungssektor so viel kostet, daß man mit demselben Geld die Forschungsaufwendungen hätte verdoppeln können, kommt einem die Galle hoch.«

Später am Abend rief mich Neil noch einmal aus seinem Krankenzimmer an. Er hatte weiter über Kinder mit Dyslexie nachgedacht und wollte mit mir darüber sprechen, ehe er die Schlaftabletten nahm, welche die Krankenpflegerin ihm gebracht hatte.

»Gibt es eine sensible Phase, während der man Dyslexie verhindern könnte?« fragte er. »Ich denke an jene gestörten Schichten des Geniculati-Nucleus, die du vorhin erwähnt hast.«

Die magnozellularen Schichten am Grunde des Nucleus corporis geniculati lateralis, die im Falle von Dyslexie irgendwie geschrumpft und ein bißchen desorganisiert wirken – was ist mit ihnen?

»Vielleicht sind diese Neuronen deswegen ein bißchen in Unordnung, weil sie ihr Verhalten nicht zur rechten Zeit aufeinander abstimmen konnten. Und so werden sie während der Abstimmungs-Phase eliminiert. Kann man bei Kindern diese schnellen Bahnen nicht trainieren, damit sie im Verhältnis zu den anderen konkurrenzfähig bleiben?«

Ein Starthilfe-Programm für magnozellulare Schichten? Es gibt natürlich neurophysiologische Techniken, ganz ähnlich einem EEG, mit denen man bei Kindern überprüfen könnte, ob sie zu Dyslexie neigen. Die Verfahren ähneln der Messung der vom Hirnstamm evozierten Potentiale, mittels derer wir Gehörlosigkeit bei Neugeborenen entdecken; man könnte beide Tests gleichzeitig durchführen. Eigentlich müßte man nicht einmal so lange warten. Ist der Vater des Kindes Dyslektiker, kann man davon ausgehen, daß auch für das Kind ein hohes Risiko besteht – die Vererbbarkeit von Dyslexie ist ziemlich ausgeprägt.

Und natürlich kann man sich regelmäßige Übungen vorstellen, bei denen dem zu Dyslexie neigenden Kind täglich unterhaltsame Computer-Displays gezeigt werden, die abwechslungsreich und hektisch genug sind, um die magnozellularen Bahnen mehr zu trainieren als die parvozellularen. Vielleicht könnte ein solches kompensatorisches Training die Überlebenschancen für jene schnellen Nervenbahnen verbessern und dadurch verhindern, daß sie während der sensiblen Phase eliminiert werden. Vielleicht hätte dann das Kind ein paar Jahre später keine Schwierigkeiten mit dem Lesen. Eine Menge von »Vielleichts«, aber genau auf diese Weise werden aus Erkenntnissen der Grundlagenforschungen mögliche Strategien für die angewandte Forschung abgeleitet und auf die Lösung praktischer Probleme übertragen.

»Wo kommen denn praktische Ideen wie diese her?« fragte Neil. »Arbeiteten Leute gerade am Dyslexie-Problem – oder an etwas anderem –, als man diesen Unterschied zwischen schnellen und langsamen Bahnen entdeckte?«

An etwas anderem, wie üblich. Eine weniger deutlich ausgeprägte Variante dieser Schnell-langsam-Spezialisierung kannte man schon länger vom Rückenmark her, die markantere Version des visuellen Systems aber wurde erst 1966 in der Retina der Katze entdeckt, und zwar von der Neurophysiologin Christina Enroth-Cugell und ihrem Studenten John Robson, die beide am Institut für Elektrotechnik der Northwestern University arbeiteten. Niemand wußte, wozu dieser Unterschied zwischen schnell und langsam, vorübergehend und anhaltend gut sein sollte, aber dieses knifflige Problem reizte die Grundlagenforscher, und so blieben sie am Ball. Bald war klar, daß diese Unterscheidung zwischen schnell und langsam sich auch in den Schichten des Geniculati-Nucleus fand: Die beiden unteren Schichten waren »schnell«. Doch damit stand man vor einem neuen Rätsel, das noch lange ungelöst bleiben sollte – jene Ausdifferenzierung von sechs verschiedenen Schichten, für die keiner auch nur irgendeinen Grund sah.

Wie ein halbfertiges Kreuzworträtsel quälte diese Frage die Forscher. Doch erst ein Vierteljahrhundert – und Hunderte von Forschungsarbeiten – später wurde die Bedeutung dieser Schichten im Zusammenhang mit Dyslexie klar. Ich hege die Vermutung, daß sie sich auch für die Geschicklichkeit und die verbale Intelligenz als relevant erweisen werden. Auf jeden Fall aber kann man daran gut sehen, wie sich Grundlagenforschung von angewandter Forschung beziehungsweise Produktentwicklung unterscheidet.

»Das scheint mir eine fünfundzwanzigjährige Version meines Sonntags-Kreuzworträtsels zu sein! Nun, wir sehen uns morgen früh, in aller Frische.«

In der Medizin gibt es drei grundverschiedene technische Vorgehensweisen, die einander so unähnlich sind, daß sie völlig verschiedenen Arbeitsgebieten anzugehören scheinen... Die begleitenden Therapien... helfen Patienten lediglich über Krankheiten hinweg, die man im großen und ganzen noch nicht versteht. [Zweitens gibt es] jene Maßnahmen, die je nach Sachlage ergriffen werden müssen, um die Beeinträchtigungen solcher Krankheiten zu kompensieren, an deren Verlauf sich nicht viel ändern läßt. Diese Technik ist dazu da, mit einer Krankheit zurechtzukommen oder den Tod hinauszuzögern...

Es ist charakteristisch [für solche unvollkommenen medizinischen Techniken wie Epilepsie-Operationen oder Herzinfarkt-Nachsorge], daß sie enorm viel Geld kosten und immer aufwendigere Krankenhauseinrichtungen erfordern. An neuen, bestens ausgebildeten Spezialisten zur Bewältigung dieser Aufgaben besteht ein unstillbarer Bedarf. Beim gegenwärtigen Stand unseres Wissens ist hier keine Änderung in Sicht... Das einzige, was die Medizin von diesem technischen Niveau wegbringen könnte, wären neue Erkenntnisse, und die einzig vorstellbare Quelle für neue Erkenntnisse ist die Forschung.

Die dritte technische Vorgehensweise ist so erfolgreich, daß ihr die wenigste öffentliche Aufmerksamkeit zuteil wird; sie wird als selbstverständlich betrachtet. Sie ist die einzige wirklich bedeutende Technik der heutigen Medizin, und das beste Beispiel dafür bieten die modernen Methoden der Immunisierung..., der Gebrauch von Antibiotika und die Chemotherapie bakterieller Infektionen. Der entscheidende Punkt bei dieser Technik – der wahren Hochtechnologie der Medizin – ist die Tatsache, daß sie sich dem wirklichen Verstehen der Krankheitsmechanismen verdankt. Wann immer so eine Technik zur Verfügung steht, ist sie relativ preiswert und relativ leicht anzuwenden...

Immer wenn Ärzte mit unvollkommenen Techniken kämpfen, mit den zahllosen medizinischen Maßnahmen, die sie ergreifen müssen, obwohl ihnen die Krankheitsmechanismen nicht klar sind, werden die Mängel unseres Gesundheitssystems offensichtlich. Wenn ich ein Politiker wäre, der langfristig die Kosten des Gesundheitssektors senken wollte, würde ich es als äußerst vernünftige Maßnahme ansehen, der biologischen Grundlagenforschung höchste Priorität einzuräumen. Nur so läßt sich aus der Biologie herausholen, was sie der medizinischen Wissenschaft zu geben vermag – obwohl es (wie es früher hieß, als der Ausdruck noch einige Gültigkeit hatte) dem Griff nach den Sternen gleichkommt.

LEWIS THOMAS, *The Lives of a Cell*, 1974

16.
Wenn Dinge auf neue Weise verknüpft werden

»Neil, wir kommen jetzt zu den wissenschaftlichen Versuchen, von denen ich dir gestern nachmittag erzählt habe«, sagt George laut genug, daß Neil ihn unter seinem sterilen Zelt hören kann. Die Kartierungen des Lesens und seines Spanisch sind abgeschlossen. Georges Techniker legt eine neue Diafolge in den Projektor ein.

»Ja, gut, ich bin noch auf dem Posten. Ich habe zwar überlegt, zum Mittagessen zu gehen, werde es aber heute ausfallen lassen«.

»Du bist nicht der einzige, der Hunger hat«, antwortet George. »Und Dr. Calvin sieht auch schon so aus, als würde er seinen mittäglichen Espresso vermissen. Nun, denk' dran, beim folgenden mußt du nichts weiter tun, als genau aufzupassen, was das Modell auf dem Dia tut, und dann genau dieselben Dinge mit deinem Gesicht und deiner Zunge auszuführen. Mach einfach nach, was du auf dem Dia siehst. Wir nehmen alles auf Videoband auf.«

Neil beginnt nachzuahmen, was er auf den Dias sieht: Beim ersten Dia bläst er dreimal die Backen auf, beim nächsten streckt er dreimal die Zunge heraus.

Periodisch stimuliert George bestimmte Stellen von Neils Kortex. Während der Stimulationen bleibt Neil gelegentlich hängen – er kann die Bewegung auf dem Dia nicht mehr nachahmen. Die Stellen, an denen das passiert, liegen alle dicht beieinander: unmittelbar vor dem motorischen Bereich für das Gesicht. Im Grunde handelt es sich dabei um das Broca-Zentrum, das jene Bewegungen beider Gesichtshälften steuert, mittels derer alle Sprechlaute erzeugt werden.

Wieder wird das Diamagazin gewechselt. Jetzt muß Neil dieselben Bewegungen in Dreierkombinationen nachahmen: Backen aufblasen, Zunge herausstrecken, Zähne zusammenbeißen. Und so weiter, in immer neuen Kombinationen. Während mancher Dias stimuliert George, während anderer nicht.

Während der Stimulation bestimmter Stellen macht Neil falsche Bewegungen. Er fügt welche hinzu, die nicht auf dem Dia vorgegeben sind. Oder er produziert, bei anderen Dias, die richtigen Bewegungen, verwechselt aber die Reihenfolge. Jene Stellen, an denen die Bewegungs*sequenzen* gestört werden, sind über ein größeres Gebiet verteilt, das weiter vorn im Frontallappen liegt. Doch es gibt solche Stellen auch in dem an die Sylvius-Furche angrenzenden Teil des Temporallappens und wieder andere im Parietallappen rund um das hintere Ende der Sylvius-Furche. An diesen frontalen, temporalen und parietalen Stellen wirkt sich die Stimulation nicht auf einzelne, wiederholte Bewegungen aus: Zu Störungen kommt es nur, wenn *Sequenzen* verschiedener Bewegungen erzeugt werden müssen.

Bewegungen gelten als eine Funktion des Frontallappens, doch hier finden sich auf einmal auch Stellen im Temporal- und Parietallappen – alle nahe der Sylvius-Furche.

»Neil? Wir können jetzt mit der anderen Versuchsreihe anfangen«, verkündet George. »Das ist die, bei der du die komischen Worte hörst – akma, adma, atma – und mir dann sagen sollst, ob der Buchstabe, der sich geändert hat, k, d, t oder welcher auch immer war.«

»In Ordnung«, sagt Neil, »gestern abend war das ja kein Problem.«

Der Neuropsychologe startet ein Tonbandgerät. Die Stimme vom Band sagt »akma«. Neil sagt »k«. Dann »apma«, und Neil sagt »p«. So geht es weiter. George stimuliert nur, während Neil das Wort hört, nicht wenn er antwortet. Da der Stimulationseffekt anscheinend nicht nachklingt, wenn die Elektroden von der Gehirnoberfläche entfernt werden, wird die Antwort in keinem Fall davon beeinflußt. Folglich wirken

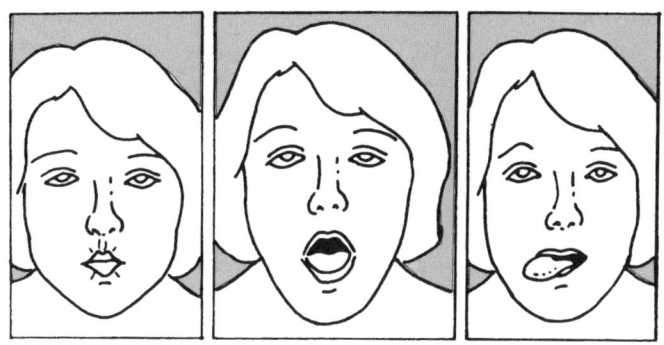

Drei Haltungen von Gesicht und Mund, die eine nach der anderen nachgeahmt werden sollen

sich die Stimulationseffekte vermutlich nur auf die Wahrnehmung der Sprechlaute aus.

Und wo sind nun solche Stellen zu finden, die Sequenzen von Sprechlauten stören? Wie sich herausstellt, handelt es sich um dieselben Stellen rund um die Sylvius-Furche, an denen die Stimulation auch die Nachahmung von Gesichtsbewegungen, sowohl einzelnen wie Bewegungssequenzen, störte. Für eine sensorische Sequenzierung scheinen dieselben Stellen von entscheidender Bedeutung zu sein wie für eine Sequenzierung von Bewegungen: sechsundachtzig Prozent überlappen sich.

Solche Versuchsreihen, wie sie mit Neil und anderen Patienten durchgeführt wurden, haben uns weitere Einblicke in die Organisation des Sprachkortex erlaubt. Der Bereich des Kortex, der mit den motorischen Sprechfunktionen zu tun hat, erweist sich als ziemlich groß; der größte Teil des Gehirns rund um die Sylvius-Furche gehört dazu. Dieser Befund unterscheidet sich von dem, was man in den meisten Lehrbüchern liest, in denen das Broca-Zentrum der einzige Bereich ist, der im Zusammenhang mit der Sprachmotorik erwähnt wird.

Diese Lehrbuch-Meinung ist natürlich immer ein wenig umstritten gewesen, weil im konkreten Fall von Brocas Patient – Leborgne – ein größerer Bereich rund um die Sylvius-Furche geschädigt war. Es ist niemals vollständig geklärt worden, warum Broca sich bloß auf den Frontallappen-Teil der Schädigung von Leborgnes Gehirn konzentriert hat. Neuere Untersuchungen weisen in der Tat darauf hin, daß es zu permanenten Defiziten motorischer Sprachfunktionen nur dann kommt, wenn ein Schlaganfall den gesamten Bereich rund um die Sylvius-Furche zerstört – also viel mehr als nur das Broca-Zentrum. Ein erheblicher Teil der Gehirnbereiche, die an der Sprache insgesamt beteiligt sind, hat zugleich etwas mit motorischen Aspekten der Sprache zu tun.

Der Bewegungsbereich rund um die Sylvius-Furche läßt sich noch zweifach unterteilen. Unmittelbar vor dem für das Gesicht zuständigen Teil des motorischen Streifens im Frontallappen liegt zunächst ein Gebiet, das all die Bewegungen der Zunge und des Gesichts steuert, die man zum Sprechen braucht. Außer daß es die Bewegungen beider Körperhälften von dieser, der linken Seite des Gehirns aus steuert, liegt das Gebiet ziemlich genau dort, wo ein motorischer Bereich der klassischen Vorstellung nach – und mit Brocas Namen etikettiert – lokalisiert sein sollte.

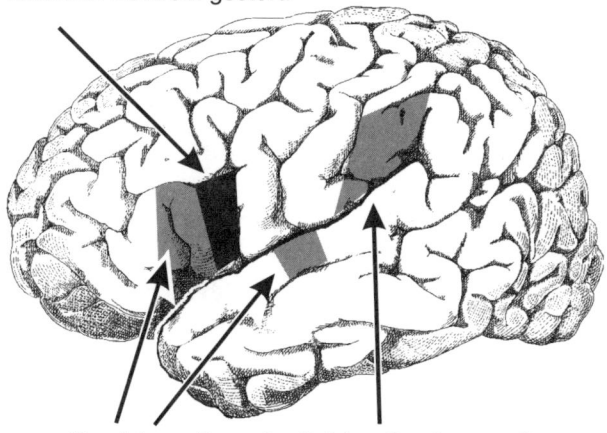

Sogar einzelne Mund- und
Gesichtsbewegungen werden
im Broca-Zentrum gestört.

Bereiche entlang der Sylvius-Furche, wo die
Stimulation sowohl rezeptive Phonemsequenzen
wie auch oral-faziale Ausdruckssequenzen unterbricht

Nach Ojemann, 1991

Das zweite Gebiet, das mit der Sequenzierung von Bewegungen zu tun hat, ist dasjenige, welches einen weit größeren Bereich umfaßt, darunter auch Stellen, denen klassischerweise keine motorische Rolle zukommen sollte. Die Fähigkeit, verschiedene Dinge miteinander verknüpfen zu können, scheint eine der großartigen Entwicklungen zu sein, auf denen bei unseren Vorfahren der Auftritt der Sprache auf der Bühne der Evolutionsgeschichte beruhte; folglich dürften wir es hier mit einem spezifisch »menschlichen« Bereich zu tun haben.

Evolutionsgeschichtlich läßt sich die Sprache natürlich unter zwei Hauptaspekten betrachten: dem der *Sprache* und dem der Sprachen. Es gibt eine Evolution der *Sprache* an sich (Syntax, Grammatik) und die Ausbildung spezifischer Sprachen (beispielsweise der indoeuropäischen Ursprünge des modernen Deutsch).

Letzteres ist nicht schwer nachzuvollziehen. Die sich verzweigenden Stammbäume des modernen Englisch oder Französisch beispielsweise können wir zunehmend genauer ausmachen und aus ihnen sogar Rückschlüsse auf die Wanderungsbewegung der Menschen in Asien und Europa ziehen. Geht man jedoch in der Geschichte weiter als ein paar tausend Jahre hinter die Entwicklung der Schrift zurück, wird die Sache schwierig.

Hinsichtlich der *Sprache* an sich ist bekannt, daß es seit unserem letzten mit den Schimpansen gemeinsamen Vorfahren zu ein paar bedeutenden Verbesserungen gekommen sein muß. Von diesem Entwicklungsgang wissen wir im Detail nicht viel, doch *eine* Neuorganisation zeichnet sich sehr deutlich ab: Wilde Schimpansen benutzen größtenteils sechsunddreißig unterschiedliche Laute; sie bedeuten sechsunddreißig verschiedene Dinge – die Laute *sind* der Wortschatz. Menschen verwenden ebenfalls rund drei Dutzend verschiedener Laute, die man Phoneme nennt. Und was bedeuten sie? Nichts.

Für sich allein genommen haben unsere Phoneme so gut wie keine Bedeutung. Nur in Kombination, miteinander verknüpft, können unsere Sprechlaute Bedeutung erlangen. Sequenzen von Phonemen ergeben Wörter, die Dinge bedeuten. (Mit Leichtigkeit läßt sich aus ihnen ein Wortschatz von 10 000 Begriffen bilden, bei einigen Menschen liegt sein Umfang über 100 000.) Sequenzen von Wörtern ergeben einfache Sätze, die eine zusätzliche Bedeutung tragen, in der beispielsweise die Beziehungen zwischen dem Handelnden, der Handlung und dem Behandelten zum Ausdruck kommen. Sequenzen einfacher Sätze (oft ineinander verschachtelt) ergeben schließlich die unendliche Vielfalt unserer Satzgefüge und -folgen.

Irgendwann während der letzten sechs Millionen Jahre haben unsere Ahnen offensichtlich ein System, das den einzelnen Lauten Bedeutung zuwies, minimiert – und darauf dieses neue System aufgebaut, bei dem sich die Bedeutung zunehmend aus Sequenzen ergibt. Wann und wie kam es zu dieser Umwandlung?

Das ist die große Frage, die Anthropologen und Linguisten sich stellen. Ein großer Teil der Entwicklung hat sich anscheinend in den letzten zweieinhalb Millionen Jahren abgespielt – während der Eiszeiten –, denn damals wandelte sich auch die Größe des Hominiden-Gehirns und die Auffaltung seiner Oberfläche. Veränderungen der Größe und der Faltungen waren wahrscheinlich für die Neuorganisation des Gehirns nicht erforderlich, doch genau wie es in einer Wachstumswirtschaft leichter zum Wandel kommt als in einer stagnierenden, konnte sich die Neuorganisation des Gehirns vermutlich leichter während der letzten zweieinhalb Millionen Jahre vollziehen als in der davorliegenden Epoche, während der das Hominiden-Gehirn noch nicht größer als das eines Affen war.

Auch wenn wir also nicht genau wissen, *wann* sich innerhalb jener langen Zeit unsere Sprachfähigkeit ausbildete, kennen wir doch mit Sicherheit einen bedeutenden Aspekt dessen, *was* sich dabei veränderte: Sequenzen wurden zu zusätzlichen bedeutungstragenden Einheiten. Die Kombination von Bündelung und schneller Übermittlung, dank derer so viel Bedeutung in das Kurzzeitgedächtnis gepackt werden kann, ist sicherlich ziemlich wichtig für das, was man gleichzeitig »im Kopf behalten« kann. Syntax jedoch erlaubt uns erst, ein mentales Modell davon zu bilden, »wer was wem getan hat«; ohne sie wäre unsere Sprache weit weniger mächtig. Wir fielen zurück auf die Ebene einer Protosprache mit nichts als den altbekannten Assoziationsregeln.

Dinge miteinander zu verknüpfen, ist also wahrscheinlich eine Hauptaufgabe des Sprachkortex. Und anhand der Untersuchungen, zu denen Neil seinen Teil beigetragen hat, erkennen wir, daß die Sequenz in der Tat ein Hauptorganisationsprinzip des Sprachkortex ist.

Während der Tests, bei denen Sprechlaute identifiziert werden müssen, stört die Stimulation der meisten Stellen, an denen das motorische Sequenzieren beeinträchtigt wird, zugleich die Identifizierung von Phonemen. Wenn man einen Sprechlaut hört und ihn dekodieren will, müssen diese Bereiche aktiv sein. Aber sie müssen gleichermaßen aktiv sein, wenn man die Bewegungssequenz vollführen will, die zur Produktion von Sprechlauten nötig ist.

Dieser Befund widerspricht der traditionellen Lehrmeinung, nach der die Gehirnbereiche zur Produktion von Sprache sich von jenen unterscheiden, die mit der Wahrnehmung gesprochener Sprache zu tun haben. Aufgrund dessen hatte man erwartet, daß Wahrnehmung und Produktion sich irgendwo im Gehirn an einer übergeordneten Stelle träfen, wo die eingehende Information analysiert und entschieden wird, welche Befehle ausgesandt werden sollen. Nur eine solche Stelle, wenn es sie überhaupt geben sollte, könnte sowohl sensorische wie motorische Aufgaben zugleich wahrnehmen.

Sich die Sache so vorzustellen, ist nicht ungewöhnlich, doch die meisten modernen Gehirnforscher teilen diese Ansicht nicht mehr. Der

Neurologe John Hughlings Jackson, der erstmals den motorischen Streifen kartierte, äußerte schon vor über einem Jahrhundert die Ansicht, daß die meisten kortikalen Bereiche sowohl sensorischer wie motorischer Natur sein müßten.

Auch abgesehen davon kamen die Befunde im OP nicht völlig überraschend, denn schon früher hatten psycholinguistische Forschungen vermuten lassen, daß es für die Wahrnehmung wie für die Produktion gesprochener Sprache einen gemeinsamen Mechanismus geben müsse. Dieser psycholinguistische Befund stützte sich auf Beobachtungen, wie wir Sprechlaute wahrnehmen.

Mit einem Synthesizer kann man Sprechlaute kontinuierlich variieren, beispielsweise stufenlos von [pa] bis [ba]. Bittet man jedoch eine Versuchsperson anzugeben, was sie aus den kontinuierlich variierten Lauten herausgehört hat, wird sie entweder von einem [pa] oder von einem [ba] berichten – und nicht von irgend etwas dazwischen. Dieses Phänomen bezeichnet man als kategoriale Wahrnehmung: Die Laute werden so gehört – oder zumindest so identifiziert –, als gehörten sie der jeweils nächstliegenden Kategorie an. Dazwischenliegende Nuancen werden entweder der einen oder der anderen angrenzenden Kategorie zugeordnet. Man fragt sich, was die griechischen Philosophen der Antike von diesen idealisierten Formen im Gehirn gehalten hätten.

Zur Erklärung dieses Klassifikations-Effekts hat der Psycholinguist Alvin Liberman die Hypothese vorgeschlagen, daß das Gehirn beim Dekodieren sich einer Repräsentation bedient, wie der Laut motorisch produziert wird; und weil es bei der motorischen Repräsentation keine Zwischenstufen gibt, wird der Laut entweder als [pa] oder als [ba] wahrgenommen. Libermans Idee wird auch als »motorische Theorie der Sprachwahrnehmung« bezeichnet. Unsere Versuche mit Neil haben gezeigt, daß sowohl die Dekodierung von Sprechlauten als auch die Organisation ihrer motorischen Produktion von denselben Gehirnbereichen abhängen. Eine mögliche Erklärung für die bei Neil gemachten Befunde würde also Libermans motorischer Theorie folgen, nach der das, was man sprechen kann, bestimmt, was man hören kann.

Eine zweite mögliche Erklärung beruht auf dem Erzeugen und Erkennen präziser Zeitintervalle. Sowohl die Produktion wie die Dekodierung gesprochener Sprache sind ungewöhnlich schnell ablaufende Prozesse. Präzises Timing ist bei beiden vonnöten, und wie wir bei unseren Überlegungen zur Dyslexie herausgefunden haben, kann ein Defekt in einem schnellen Verarbeitungssystem eine Sprachfunktion beeinträchtigen. Auch braucht man für ein präzises Timing eine Menge Gehirn, wenn man die Aufgabe bewältigen will, ohne ins Stolpern zu kommen. Also ist es genausogut möglich, daß die übergeordnete Funktion dieses kortikalen Bereiches im präzisen Timing, sei es von Bewegungen oder von Wahrnehmungen, besteht und nicht in der Verknüpfung verschiedener Dinge.

Ein dritter Kandidat für eine mögliche Erklärung lautet, daß es irgendeine Funktion gibt, die der Entschlüsselung von Sprechlauten wie der Erzeugung der entsprechenden Bewegungen gemeinsam ist, und daß diese Funktion von den betreffenden Gehirnbereichen abhängt. Wie wir gesehen haben, kommt ein kortikaler Mechanismus für bestimmte Sequenzen, seien es Bewegungen oder Laute, durchaus als Kandidat für eine solche gemeinsame Funktion in Frage: Routinesequenzen können zwar wahrscheinlich subkortikal gehandhabt werden, einmalige Sequenzen jedoch – mit denen Neil es im OP zu tun hatte – bedürfen vielleicht der kortikalen Meisterschaft.

Wie so oft in der Neurowissenschaft lassen weitere Untersuchungen zunehmende Komplexität erkennen. Bei ein paar anderen Patienten, die sich derselben Operation wie Neil unterzogen, hat George die für die Forschung bleibenden kostbaren Minuten darauf verwandt, beim Vermessen der Sprachwahrnehmung und -produktion die Aktivität einzelner Neuronen aufzuzeichnen. Aufgrund der Befunde von Stimulationsversuchen wie jenen an Neil hatte George die Entdeckung von Neuronen prognostiziert, die sowohl bei der Produktion wie bei der Wahrnehmung von Sprache reagieren, vermutlich beim gleichen Laut in derselben Weise.

Mit wissenschaftlichen Vorhersagen behält man nicht immer recht. Solche an beiden Aktivitäten teilhabenden Neuronen müssen sehr selten sein, zumindest in den Bereichen, an denen George seine Untersuchungen anstellte, denn er hat bis jetzt nur ein einziges Neuron gefunden, daß sich annähernd so verhielt, wie er es vorhergesagt hatte. Die meisten Neuronen veränderten ihre Aktivität entweder beim Sprechen oder bei der Wahrnehmung von Sprache – aber nicht bei beiden. Und wenn man sich anschaut, wie eine dieser Untersuchungen durchgeführt wurde, ist das wirklich reichlich seltsam: Der Patient hörte Worte, ohne zu sprechen, dann hörte er dieselben Worte abermals und wiederholte sie laut. Neuronen waren aktiv, wenn das von einem Tonband gesprochene Wort wahrgenommen wurde, aber dieselben Neuronen waren entweder inaktiv oder inhibiert, wenn der Patient dasselbe Wort aussprach – obwohl er doch, indem er es laut sprach, es zugleich hörte. Offensichtlich schalten wir also die Temporallappen-Neuronen, die Sprechlaute wahrnehmen, für eine kurze Zeit ab, wenn wir selbst Sprechlaute produzieren.

Folglich scheinen verschiedene Neuronen auf die Produktion und auf die Wahrnehmung gesprochener Sprache spezialisiert zu sein. Doch sie liegen oft so dicht beieinander, daß sich – zeichnet man die Aktivität mehrerer Neuronen zugleich auf – die Gesamtpopulation sowohl beim Sprechen wie beim Wahrnehmen von Sprache aktiv zeigt. Weil die Stimulation die Aktivität vieler Neuronen zugleich verändert, zeigt sich in diesem Fall der kombinierte Populations-Effekt und nicht der Beitrag einzelner Neuronen zum Sprechen und zum Wahrnehmen von Sprache.

Sicherlich ist es verlockend, diesen großen Bereich um die Sylvius-Furche herum nach dem Hauptmerkmal zu benennen, das sich bei beiden Tests in beinahe perfekter Übereinstimmung zeigte, kurz: »Sequenzierungs-Kortex«.

Untersuchungen haben ergeben, daß bei Aphasikern auch die Bewegungs-Sequenzierung Defizite aufweist, was ein weiteres Anzeichen dafür ist, wie wichtig das Sequenzieren für die Sprache ist. Die Neuropsychologinnen Doreen Kimura und Catherine Mateer haben bei Aphasikern Bewegungen der Hand und des Arms getestet, die miteinander verknüpft werden mußten und jenen ähnelten, mit denen wir tagtäglich einen Schlüssel in ein Schloß stecken, ihn umdrehen und die Tür öffnen. Die Forscherinnen wählten für ihre Tests jedoch Bewegungsabfolgen aus, die wahrscheinlich noch nicht zu derartigen Routinehandlungen geworden waren – und entdeckten, daß die aphasischen Patienten zwar jede Bewegung einzeln ausführen konnten, jedoch Schwierigkeiten hatten, sie miteinander zu verknüpfen. Das nennt man auch oft Apraxie.

Aphasie und Apraxie scheinen zusammenzugehören. Sequentielle Bewegungen von Hand und Arm haben anscheinend irgend etwas mit Sprache zu tun. Diese Erkenntnis bereitete den Boden für die Art von Forschungen, zu denen auch Neil seinen Beitrag geleistet hat: Catherine Mateer hat in der Folge jene Sequenzierungs-Aufgaben für Mund und Gesicht entwickelt, die im Rahmen der OP-Tests zu bewältigen sind.

Obwohl die Messungen an einzelnen Neuronen den Schluß nahelegen, daß der Zusammenhang zwischen der Dekodierung gesprochener Sprache und der Organisation von Bewegungssequenzen eine Eigenschaft benachbarter Netze ist – und nicht einzelner Neuronen, die bei beiden Funktionen aktiv sind –, folgt aus diesem Zusammenhang möglicherweise mancherlei für die Therapie von Sprachstörungen und für die Erziehung im allgemeinen. Denn es scheint nicht ausgeschlossen, daß das Einüben anderer sequentieller motorischer Aktivitäten auch der Sprache zugute kommen könnte.

Wenn Sequenzierungs-Fähigkeiten ein wichtiges den Sprachmechanismen zugrundeliegendes Merkmal sind, könnte es ebenfalls sein, daß man sie mit anderen Mitteln als Zuhören und Sprechen (oder Zuschauen und Zeichengeben) trainieren kann. Ein Spiel mit bestimmten, durch Regeln vorgeschriebenen Abläufen beispielsweise könnte ebenfalls diese neuronalen Mechanismen voraussetzen.

Die unterschiedliche kortikale und subkortikale Lokalisierung von neuartigen Assoziationen und routinemäßigen Fähigkeiten läßt jedoch den Schluß zu, daß das *Herausfinden* der Spielregeln für die Entwicklung kortikaler Sequenzierungs-Fähigkeiten wichtiger sein könnte als die Anwendung der Regeln. Viele neue Lieder zu lernen könnte besser sein, als ein Lied sehr gut singen zu lernen, jedenfalls für das Training des Sequenzierungs-Kortex. Wenn regelhafte Sequenzen nach und nach mit zunehmendem Erfolg herausgefunden werden können, wie es bei vielen Video-Spielen für Kinder der Fall ist, könnte sich diese Erfahrung auf das Entdecken der Syntax von gesprochener Sprache oder von Zeichensprachen übertragen – was von einiger Bedeutung für die tauben Kinder normal hörender Eltern wäre, die das Syntax-Spiel nicht auf die übliche Weise für sich entdecken können. Wenn Kinder im Vorschulalter Musikunterricht erhalten, bekommen sie wahrscheinlich die Chance geboten, einen zweiten Satz von »Syntax«-Regeln zu erkunden.

Sprache, Planung, Musik, Tanz und Spiele mit regelhaften Abfolgen – all dies beruht auf menschlichen Fähigkeiten serieller Art, die sich einer gemeinsamen neuronalen Maschinerie bedienen könnten. Hämmern, werfen, treten und mit einer Keule zuschlagen gehören auch auf diese Liste, weil bei solchen Tätigkeiten die Sequenz der Muskelkontraktionen vollständig im voraus geplant werden muß, ehe man mit der Bewegung beginnt – das Feedback wäre zu langsam, um die Bewegung noch korrigieren zu können, wenn sie erst einmal im Gang ist. In der Tat sind so

viele spezifisch menschliche Fähigkeiten sequentieller Natur, daß vorgeschlagen wurde, die Evolution des menschlichen Gehirns einzig als
Erweiterung der Sequenzierungs-Fähigkeiten des Affengehirns anzusehen.

Die Sequenzierungs-Geschichte erinnert uns auch daran, daß es
gefährlich sein kann, den Dingen ein Etikett anzuhängen, selbst wenn
die Spezialisierung so offensichtlich zu sein scheint wie im Fall der Sprache. Der »Sprachkortex« ist nichts anderes als ein Stück Kortex, der
neben anderen Funktionen offensichtlich auch Sprachfunktionen unterstützt. Wenn man seine Funktion durch das definiert, was ohne ihn
nicht mehr klappt, verwechselt man einen Zusammenhang mit einer
Ursache. Der Neurologe F.M.R. Walshe hat schon 1947 betont, daß es
wahrscheinlich zu einer Fehlidentifikation kommt, wenn man die Funktion eines Gehirnbereichs anhand der Symptome definiert, die nach einer
Schädigung des Bereichs auftreten. Er illustrierte das mit dem Beispiel
eines weggebrochenen Zahns in einem Autogetriebe, was sich etwa in
dem Symptom äußert, daß man bei jeder Umdrehung ein »Klack« hört.

Die Funktion des Zahns bestand nicht darin, »Klacks« zu verhindern,
und die Funktion des kortikalen Gebiets um die Sylvius-Furche herum
besteht nicht darin, Aphasie zu verhindern. Sprachdefizite sind nur
ein Hinweis auf die Funktionen dieses Gebiets, Schlaganfälle, die Bewegungsabfolgen der Hand beeinträchtigen, sind ein zweiter, und die
Stimulations-Kartierungen von sensorischen und motorischen Sequenzie-
rungen bieten eine dritte Möglichkeit, auf die Funktionen zurückzu-
schließen, die dieser wichtige kortikale Bereich unterstützt. Ihn »Sequenzierungs-Kortex« zu nennen würde die bislang vorliegenden Ergebnisse
gut zusammenzufassen.

17.
Tief im Temporallappen, gegenüber dem Hirnstamm

Während des zweiten wissenschaftlichen Versuchs, der Mikroelektroden-messung, ist es still im OP. Die Sequenzierungs-Testreihe ging schnell vonstatten, also bauen wir den Apparat auf, mit dem eine Mikroelek-trode in ganz kleinen Schritten bewegt werden kann. Zwar hatten wir das Knistern der Neuronen schon gehört; ihr Feuern hört sich wie Regen auf dem Dach an. Ein unregelmäßiges Impuls-Muster ist bei einem kortikalen Neuron der Normalzustand – wenn man erst einmal eines gefunden hat. Aber ein Neuron mit einer Mikroelektrode zu fin-den, ist ein Geduldsspiel wie das Angeln, und im Moment wollen die Fische überhaupt nicht beißen.

Zum allerersten Mal an diesem langen Arbeitstag sitzt George auf einem Stuhl. Mir tut der Rücken weh, aber ich bin schließlich in diesen Dingen nicht so geübt. Seit Stunden schon mache ich von dem zweiten Stuhl Gebrauch. Die Assistenzärztin ist noch nicht zurückgekehrt.

»Neil?« fragt George mit lauter Stimme. »Wie geht es dir?«

»Mir geht's gut; ich frage mich bloß, warum alles so still ist.«

»Wir suchen immer noch nach ein paar weiteren einzelnen Neuro-nen«, antwortet George. »Manchmal zieht sich das ein wenig in die Länge.«

»Was habt ihr denn bei all den vorangegangenen Tests herausgefun-den?« fragt Neil, der jetzt viel wacher wirkt als vor einer Stunde.

»Wir haben die Sprache und das Gedächtnis lokalisiert. Darüber bin ich recht froh. Und die Messungen der Gehirnoberfläche heute morgen bestätigten, daß an den Anfällen größtenteils die tiefer liegenden Teile des Temporallappens beteiligt sind.«

»Werdet ihr den gesamten epileptischen Bereich entfernen können?«

»Vielleicht. Bestimmt das meiste davon. Aber auch das müßte reichen. Das ist ja nicht wie bei einem Tumor, bei dem man auch noch den aller-letzten Rest loswerden will. Wir wollen deine Anfälle ausschalten, aber keinesfalls würde ich Gehirn entfernen wollen, das dichter als einen

Fingerbreit an den Sprach- und Gedächtnis-Stellen liegt.« George dreht die Mikrometerschraube weiter vor, während er spricht, und versucht einzelne Neuronen zu erwischen, indem er auf das bestimmte Knistern achtet, das sie in dem von der Mikroelektrode gespeisten Lautsprecher machen.

Stille kehrt wieder ein. Kein Glück. George blickt auf die Uhr, erhebt sich und beginnt, den Apparat von Neils Kopf zu entfernen.

»Neil, wir sind mit den Messungen fertig. Es wird Zeit, daß wir anfangen, das besagte Stück deines Temporallappens zu entfernen. Wir werden dich jetzt wieder schlafen schicken. In ungefähr einer Stunde wecken wir dich nochmals; dann wollen wir noch mit ein paar weiteren Messungen herausfinden, in welchem Umfang die tieferen Hirnstrukturen dort zu deinen Anfällen beitragen. Arbeiten mußt du dann aber nichts mehr. Eigentlich wirst du nur so kurz wach sein, daß du dich vermutlich nicht einmal daran erinnern wirst. Ich besuche dich heute abend, wenn du wieder zurück auf deinem Zimmer bist.«

»Geht in Ordnung«, sagt Neil. »Bis später.«

Ich sehe den Anästhesisten eine Spritze mit dem kurzzeitig wirkenden Anästhetikum füllen und sie in die kleine Infusionspumpe einführen, die das Mittel langsam in eine Vene injiziert. Kurz darauf schläft Neil wieder. Wenn man die Pumpe abstellt, wird Neil ungefähr zehn Minuten später erwachen, weil sein Körper dieses Anästhetikum sehr rasch abbaut.

Sofort erwacht der OP wieder zum Leben. Statt uns beim Neuronenfischen zuzuschauen, hat plötzlich jeder irgend etwas zu tun. Die Springer-Schwester taucht mit dem seltsamen Kopfgestell auf, das sie auf einem Handtuch trägt. Fast, so muß ich denken, wie eine Juwelenkrone auf einem Samtkissen.

Die instrumentierende OP-Schwester hält George ein frisches Paar Handschuhe hin. Er zieht sie über seine anderen Handschuhe. Dann nimmt er der Springer-Schwester das Kopfgestell ab, positioniert es auf seinem Kopf und justiert das Spannband selbst. Er klappt den kleinen Scheinwerfer herab, so daß er in die richtige Richtung zeigt. Als nächstes schwenkt er die Vergrößerungslupen herunter, die wie ein Miniatur-Fernglas von ein paar Zentimetern Länge aussehen und die er vor seinen normalen Brillengläsern trägt. Der Durchmesser der Okulare ist so klein, daß er daran vorbeisehen und sich normal im OP bewegen kann. Wenn er jedoch geradeaus blickt, sieht er in einer Entfernung von Armeslänge alles vergrößert. Der Scheinwerfer wie das Vergrößerungs-Binokular dienen dazu, in tiefe, dunkle Löcher zu schauen, und ein solches soll jetzt in Neils Temporallappen geschaffen werden.

Nachdem George das Kopfgestell fertig justiert hat, streift er die jetzt möglicherweise kontaminierten Handschuhe ab, so daß er nur mehr die immer noch sterilen ursprünglichen Handschuhe trägt. Mit einem feuchten Handtuch, das die OP-Schwester ihm reicht, wischt er die Handschuhe für den Fall ab, daß noch irgendwelches Puder aus den anderen Handschuhen daran haften sollte. Die Springer-Schwester nimmt das Glasfaserkabel des Scheinwerfers und verbindet es mit der Lichtquelle. Sofort erscheint ein gleichmäßig heller Fleck auf der sterilen Zeltbahn vor George.

Eine halbe Stunde später ist die Spitze von Neils Temporallappen verschwunden. George hat sie entfernt, aber nicht mit einem Messer, sondern ganz sanft mit der Spitze eines Ultraschall-Vibrators. Alle Zellen, die er damit berührt, zerfallen zu einer Flüssigkeit, die dann zusammen mit eventuellem Blut aufgesaugt wird. Bei diesem langsamen Abtragen des Temporallappens wird das Gewebe entfernt, das bei früheren Messungen anfallsauslösende Aktivitäten zeigte; doch George hält ausreichenden Abstand zu den kleinen Zettelchen auf der Gehirnoberfläche, welche die Stellen für Sprache und Gedächtnis markieren.

Indem George sich langsam in die Tiefen von Neils Temporallappen vorarbeitete, hat er schließlich ein Loch geschaffen, das sich in einen der natürlichen Hohlräume des Gehirns öffnet; es führt in die Spitze des Seitenventrikels, der eines der Reservoire für die Hirn-Rückenmarksflüssigkeit ist. Ein bißchen von dieser wasserklaren Flüssigkeit ist ausgetreten.

»Ruft die EEG-Leute wieder her«, sagt George. Ich sehe die Springer-Schwester zum Telefon gehen und den Kurzwahl-Knopf drücken, der automatisch die Piepser der EEG-Mannschaft anwählt, die sich in ihren Büros bereithält oder vielleicht in der Cafeteria gerade einen Imbiß nimmt. Mein Magen erinnert mich daran, daß die Mittagszeit schon lange vorbei ist.

In Erwartung des nächsten Schritts plaziert die OP-Schwester die kleine rote Schachtel mit den Streifenelektroden an der Vorderkante

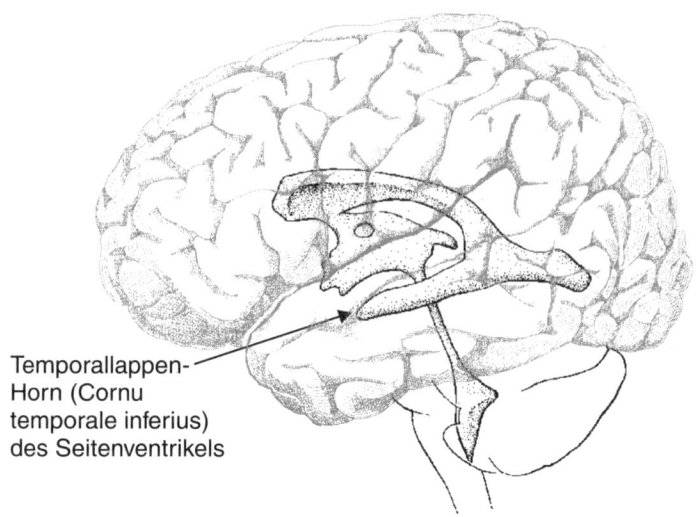

Temporallappen-
Horn (Cornu
temporale inferius)
des Seitenventrikels

Die mit Flüssigkeit gefüllten Kammern der linken Gehirnhälfte

ihres großen Tabletts, so daß George an sie herankommen kann. Der
Anästhesist greift nach der Infusionspumpe, und nach einem kurzen
zustimmenden Nicken von George schaltet er sie ab, so daß Neil bald
wieder aufwachen wird. George nimmt sich eine Streifenelektrode. Sie
besteht aus einem flexiblen Stück durchscheinenden Materials von ungefähr der Größe einer Büroklammer mit einer langen Litze dünnen
Drahts, an deren einem Ende ein kleiner Stecker sitzt. Auf der einen
Seite des Streifens sind vier kleine Silberkontakte angebracht, mittels
derer die Spannungen an der Oberfläche des Gehirns gemessen werden
können.

Diese Streifenelektrode soll an die *innere* Oberfläche des Gehirns plaziert werden, das heißt an jene, die zum Seitenventrikel hin liegt und
jetzt durch das von George geschaffene Loch zu sehen ist. Unter dieser
Oberfläche liegt der Hippocampus, der Koordinator des Gedächtnisses.
Er ist auch der typische Schrittmacher für die Art von Anfällen, unter
denen Neil leidet. Bei dem Vierundzwanzig-Stunden-EEG vor einigen
Wochen konnten die Messungen nicht aus so großer Nähe gemacht werden, sondern mußten von der Kopfhaut aus erfolgen. Jetzt haben wir
hier buchstäblich ein Fenster, das uns Gelegenheit gibt, ganz direkt
nachzuschauen, ob auch der Hippocampus am Frühstadium von Neils
Anfällen beteiligt ist.

George steckt den kleinen Streifen durch dieses Fenster. Millimeterarbeit – ich selbst kann gar nichts sehen. Aber George richtet sich schließlich wieder auf und verbindet die kleine Drahtlitze mit einem Kabel, das zur EEG-Maschine auf der Galerie führt. Ich schaue hinaus, und, tatsächlich, die EEG-Truppe ist schon wieder da und prüft bereits die Spannungsaufzeichnungen, die von Neils Hippocampus stammen. Der Monitor im OP zeigt uns genau, was sie sehen.

Die elektrische Aktivität ist ganz anders als jene, die wir heute morgen an der Oberfläche des Temporallappens beobachteten. Über die Gegensprechanlage wird viel von den kleinen Ausbrüchen spitzer, positiver Wellenzacken geredet, die in der Zeit zwischen den Anfällen Kennzeichen eines epileptischen Prozesses sind. Sie sind es, so glauben wir, die gelegentlich das umgebende Gehirn in eine Anfallsaktivität treiben.

Jemand meint, das meiste davon käme vom hinteren Ende der Streifenelektrode. Sofort beschließt George, die Streifenelektrode zu verrücken und sie noch tiefer im Ventrikel zu plazieren, so daß sie auf dem Hippocampus-Abschnitt weiter hinten im Gehirn zu liegen kommt. Wir lehnen uns zurück, um abermals die EEG-Aufzeichnungen zu beobachten.

Kein Zweifel. Jetzt zeigen die mittleren Kontakte der Streifenelektrode die kleinen positiven Wellenzacken. Das bedeutet, daß dieser Abschnitt des Hippocampus (dabei handelt es sich um ein sehr langes, röhrenförmiges Gebilde, welches das Gehirn von vorn nach hinten durchzieht) entfernt werden sollte – vorausgesetzt natürlich, daß dadurch nicht mehr Probleme geschaffen als beseitigt werden. Abermals muß das Für und Wider bedacht und eine Entscheidung getroffen werden.

Glücklicherweise stehen hinter Operationen wie dieser Erfahrungen fast eines halben Jahrhunderts, und zahlreiche Nachuntersuchungen sind mit solchen Patienten angestellt worden. Wenn man genügend Tests veranstaltet, stellt man tatsächlich kleinere Veränderungen der Gedächtnisfunktion fest. Je mehr Hippocampus entfernt wird, desto stärker ist das Gedächtnis beeinträchtigt. Die Patienten aber halten das nicht für ein großes Problem.

Angesichts des Umstands, daß sich Neils Anfälle im Lauf des vergangenen Jahres verschlimmert haben, fällt die Entscheidung nicht sonderlich schwer. George kündigt an, daß er den vorderen Teil des Hippocampus bis zu der Stelle, an der die epileptischen Entladungen festgestellt wurden, und auch den Uncus entfernen wird. Wie Portugal den westlichsten Teil

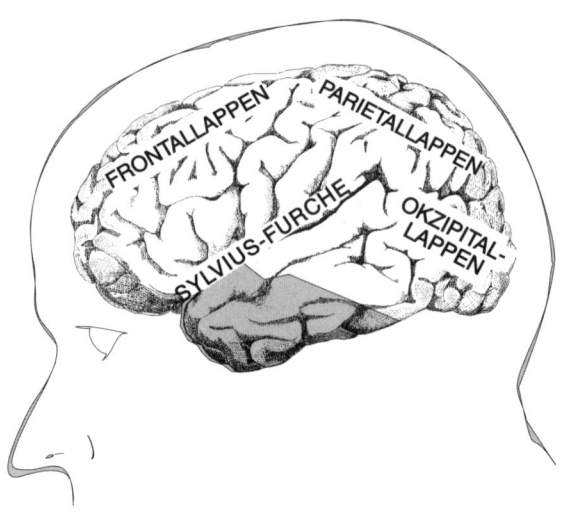

Eine typische Temporallobektomie bei einer Epilepsie-Operation

Kontinentaleuropas darstellt, so ist der Uncus derjenige Abschnitt des Temporallappens, der am weitesten zur Mitte hin liegt. Unglücklicherweise verursacht der Uncus oft Probleme.

Neil ist noch nicht richtig wach, und man hört nichts von ihm. In diesem Fall aber reicht es aus, daß er beinahe wach ist. Viele von Neils Anfällen ereignen sich beim Erwachen; das wurde erst mit dem Vierundzwanzig-Stunden-EEG festgestellt. Jetzt haben wir endlich einen pathophysiologischen Befund, mit dem wir dem Kern der Sache recht nahekommen. Der Anästhesist schaltet die Infusionspumpe wieder ein.

George entfernt ein Stückchen vom Hippocampus, damit die Neuroanatomen es untersuchen können; dann macht er weiter, indem er wieder vorsichtig Schicht um Schicht abträgt, um den Abschnitt vollständig zu entfernen.

Ein bißchen weiter hinten hält er noch einmal inne und entnimmt ein kleines, krümelgroßes Stück intakten Gehirngewebes, damit die Pathologen es untersuchen können. Mit einer Art Pinzette, die an den Spitzen kleine, halbkugelförmige Becherchen hat, zwickt er eine Gewebe-Halbinsel ab, die er beim Abtragen stehengelassen hat. In der Regel geht das leicht, manchmal aber auch nicht.

»Beschriften sie das als Hippocampus«, sagt er zu der OP-Schwester, während er ihr die Pinzette reicht, in deren Spitze noch die Gewebeprobe verborgen ist. Sie läßt die Probe in eine kleine Flasche fallen, welche die Springer-Schwester ihr hinhält.

»Hat sich weich angefühlt«, kommentiert er. Also ist, kurz gesagt, das Gewebe dort wahrscheinlich nicht vernarbt – der Pathologe wird jedoch vielleicht genaueres herausfinden.

Jetzt warten wir alle darauf, wie es mit der Gewebeprobe aus dem Uncus gehen wird. George nimmt wieder die Becher-Pinzette und beginnt, sie durch das Loch hindurchzumanövrieren. Der Uncus liegt sehr dicht am oberen Teil des Hirnstamms, nur durch eine flüssigkeitsgefüllte Spalte von ihm getrennt. Er gleicht einer vorspringenden Landspitze, die eine natürliche Hafeneinfahrt bildet. Und drüben auf der anderen Seite des Spalts befindet sich eines der Bewußtseinszentren unterer Ebene, das man vorsichtig umgehen muß. Dazwischen liegen auch noch mehrere Blutgefäße. George wird vermutlich sehr genau hinsehen, ehe er die Becherchen der Pinzette um irgend etwas herum schließt.

George taucht wieder auf, die Pinzette fest um ein Stückchen Uncus geschlossen. Etwa in dem Moment, da er sie der OP-Schwester reicht, beginnt Neils Kopf hin und her zu zucken. Der Anästhesist verkündet, daß Neil einen Anfall hat. Aber das Zucken hält nicht an, es hat nicht einmal so lang gedauert, wie der Anästhesist für seinen Kommentar gebraucht hat.

»Wahrscheinlich ist's der Uncus, der die Anfälle auslöst«, sagt George. »Es hat sich fest angefühlt, als ich ein Stück abzwickte.« Haben wir endlich den Ursprung der Anfälle?

Ursache und Wirkung sind mittlerweile natürlich nicht mehr zu trennen. Selbst wenn einst ein vereinzeltes, anatomisch pathologisches Gewebestück wie etwa ein vernarbter Uncus der Schuldige war, haben sich mittlerweile jede Menge gut trainierte Nachfolger herausgebildet, die von sich aus Schwierigkeiten machen können. Aus diesem Grund entfernen Neurochirurgen auch ganze Bereiche des zerebralen Kortex, des Hippocampus oder des Mandelkörpers. Entfernte man nur kleine Gewebeanteile, würde das anstehende Problem nicht beseitigt – denn das Problem sind die Anfälle, nicht das vernarbte Gewebe. Niemand würde einen Patienten einer zweiten oder dritten Operation unterziehen und dabei immer mehr Gewebe entfernen wollen, nur weil beim ersten Mal zu wenig entnommen wurde.

Dennoch ist es gut zu wissen, von wo das Problem vor Jahrzehnten seinen Ausgang nahm. Es sieht so aus, als sei es der Uncus gewesen, wenigstens bei Neil. Und das ist ein gar nicht unüblicher pathologischer Befund.

Wenn man so viel Gehirngewebe entfernt, bleibt natürlich wiederum eine Narbe zurück. Doch die chirurgische Technik ist so ausgefeilt, daß sie nur minimal sein wird, gerade wie bei einer Schönheitsoperation eine große, häßliche Narbe durch eine ganz feine ersetzt wird, die kaum zu sehen ist.

Der Uncus wird besonders leicht verletzt, wenn es zu einer Hirnschwellung kommt. Im Gegensatz zu anderen Bereichen ist die Dura in diesem Gebiet straff gespannt – und sie endet in einer Kante. Von allen Strukturen des Gehirns kommt dieser Rand am ehesten einer scharfen Kante gleich. Das benachbarte Gewebe kann sich leicht daran reiben, wenn sich das Gehirn im Inneren des Schädels bewegt.

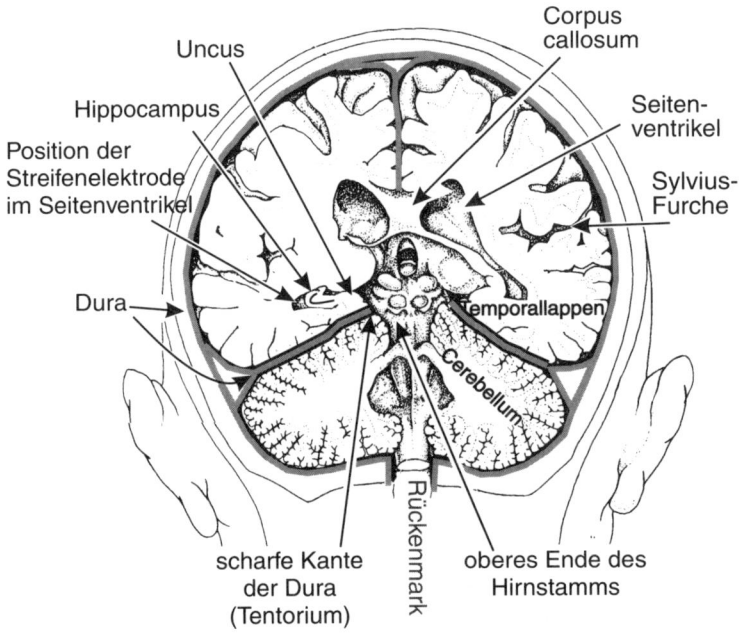

Adaptiert nach J. Nolte, The Human Brain

Die scharfe Dura-Kante ist häufig die Ursache für eine Temporallappen-Epilepsie

Es sind in der Hauptsache drei Vorgänge, die zu einer Schädigung des Uncus führen können. Alle drei ereignen sich weit vor dem Zeitpunkt, zu dem es zu ersten Anfällen kommt. Eine Schädigung des Uncus scheint nur der erste Schritt einer Entwicklung zu sein, die letztlich zur Epilepsie führt.

Während des Geburtsvorgangs wird der Kopf des Kindes ein wenig zusammengepreßt, da er noch nicht so fest ist, wie er später wird. Wenn der Kopf in einem engen Geburtskanal stark komprimiert wird, kann das Gehirn ein wenig gequetscht und nach unten in Richtung Rückenmark gedrückt werden. Geschieht das, wird dabei leicht der Uncus verletzt. Möglicherweise wird er auf den Hirnstamm gedrückt, während er gleichzeitig um die scharfe Kante der Dura herumgebogen wird. Bei solch einer Abrasion bleibt dann de facto ein vernarbter Uncus zurück, und manchmal auch ein vernarbter Hippocampus.

Bei Fieberanfällen in der frühen Kindheit kann dasselbe passieren, wenn das Kind sehr hohes Fieber hat und das Gehirn genügend anschwillt. Doch bei den meisten Fieberanfällen – wie bei den meisten Geburten – passiert nichts von dieser Art; es handelt sich dabei um Extremfälle.

Auch Kopfverletzungen in diesem Bereich können wegen der Dura-Kante zu einem Trauma führen. Das Gehirn sitzt auf dem Hirnstamm wie der Kopf eines Pilzes auf seinem Stiel. Man sollte meinen, daß sich das Gehirn wegen der Schädeldecke nicht bewegen kann. Aber es kann dennoch komprimiert werden. Bei einem plötzlichen Stop, etwa wenn die linke Seite des Kopfes auf den Fensterrahmen einer Autotür trifft, drückt die rechte Gehirnhälfte auf die linke. Und so weicht das Gehirn in Richtung Hirnstamm aus, wobei es möglicherweise den Uncus oder den Hirnstamm selbst quetscht.

Diese Dura-Kante nahe des Hirnstamms ist nicht gerade eine gelungene Konstruktion. Die Gedächtnisprobleme, die Neil in den Wochen nach seinen Unfall hatte, lassen vermuten, daß sein Hippocampus geschädigt war (er scheint aber nicht vernarbt zu sein) oder die Blutversorgung dieses Bereichs eine Zeitlang unter dem Normalwert lag. Auch das wäre eine realistische Möglichkeit: Die Arterien, die den Hippocampus versorgen, verlaufen im Bereich zwischen dem Uncus und dem Hirnstamm, genau da, wo auch sie leicht verletzt werden können. Wenn Blutgefäße traumatisiert werden, ziehen sie sich in der Regel etwas zusammen und drosseln die Durchblutung.

Warum kommt es aber einige Zeit nach Schädigung des Uncus zu Anfällen? Unmittelbar nach einem Trauma entwickeln sich meist noch keine fortgesetzten Anfälle, sondern eher erst nach Monaten oder Jahren; nach einem Geburtstrauma oder nach Fieberanfällen in früher Kindheit dauert es durchschnittlich acht Jahre.

Wir wissen, welche Teile des Gehirns bei der Entstehung von epileptischen Anfällen eine Rolle spielen, weil wir mit modernen MRI-Scannern die lokale Schädigung deutlich erkennen können, besonders im Hippocampus. Doch können wir nur darüber spekulieren, *wie* all diese Teile daran beteiligt sind. Gegenwärtig ist die Theorie populär, daß es eine Art Schadens-Kaskade gibt. Geschädigte Neuronen haben die Eigenart, ganze Aktivitätsausbrüche zu entladen, statt – wie sie sollten – nur einen einzigen Impuls zu produzieren. Die Neuronen des Uncus stehen mit dem Hippocampus in direkter Verbindung. Im Hippocampus gibt es Neuronen mit NMDA-Rezeptoren, die dazu neigen, als Reaktion auf solche Ausbrüche lange Zeit offenzubleiben und eine Zeitlang Kalzium in die Zelle hineinzulassen.

Zu viel Kalzium im Inneren zu haben, ist Gift für Neuronen, und so erleiden die Neuronen des Hippocampus eine sekundäre Schädigung. Daraufhin beginnen auch sie – der Theorie zufolge – solche Ausbrüche zu produzieren. Dies läßt die völlig normalen Neuronen, mit denen sie in Verbindung stehen – oft liegen sie im vorderen Teil des Temporallappens einschließlich der äußeren Oberfläche –, ebenfalls in ein ausbruchartiges Feuern verfallen.

Wenn genügend viele normale Neuronen wiederholt in synchronisierten Ausbrüchen feuern, handelt es sich um einen fokalen Anfall. Der Hippocampus-Schaden ist – immer noch nach dieser Theorie – eine Folge der ursprünglichen Schädigung des Uncus. Und wenn der Schaden im Hippocampus ein genügend großes Ausmaß erreicht, ereignen sich Anfälle. Es gibt sogar Anzeichen dafür, daß Versuche des Hippocampus, sich selbst zu reparieren, die ganze Situation möglicherweise noch schlimmer machen und die Wahrscheinlichkeit weiter erhöhen, daß Hippocampus-Neuronen ausbruchsartig feuern. Kleinere Veränderungen im Hippocampus, welche die Folge einer länger anhaltenden reduzierten Blutversorgung sind, könnten ebenfalls zu Komplikationen führen.

Antikonvulsive Medikamente wirken vermutlich auf die nachgeschalteten Bereiche am besten, wo sie die Wahrscheinlichkeit reduzieren, daß sich die Ereignisse gelegentlich weiter ausbreiten und zu einem größeren

Anfall werden. Bei bis zu drei Vierteln aller Epilepsie-Patienten können die Anfälle mit Antikonvulsiva angemessen unter Kontrolle gehalten werden; das restliche Viertel ist dasjenige, bei denen eine Operation in Erwägung gezogen wird. Es ist wahrscheinlich, daß diejenigen Patienten, deren Anfälle sich nicht mit Medikamenten kontrollieren lassen, eine Untergruppe darstellen, bei der die Krankheit sich progressiv weiterentwickelt: Anfälle erzeugen neue Anfälle.

Diese Untergruppe ist gar nicht so klein. Epilepsie ist recht häufig, ungefähr 0,5 bis ein Prozent der Bevölkerung sind davon betroffen. Das bedeutet, daß die Untergruppe mit medikamentös schlecht zu kontrollierenden Anfällen allein in den Vereinigten Staaten rund 450 000 Patienten umfaßt. Neue Epilepsie-Medikamente sind in ständiger Erprobung, und trotz der schwerfälligen Genehmigungsverfahren haben mehrere neue Epilepsie-Mittel die Zulassung erhalten. Doch haben diese neuen Medikamente bis jetzt die Zahl der Patienten mit schwer zu kontrollierenden Anfällen nur um ein geringes reduziert.

Medikamente sind genauso wie Operationen eigentlich »unvollständige« Epilepsie-Therapien, ähnlich wie es die eiserne Lunge einmal für die Kinderlähmung war. Therapiert werden die Symptome, nicht die Ursachen. Was wir wirklich brauchen, ist ein besseres Verständnis der Ursachen, das hoffentlich zur Prävention und zu einer erheblichen Kostenreduktion führen wird – wie es mit dem Polio-Impfstoff bei der Kinderlähmung erzielt wurde. Das ist es, was Grundlagenforschung erreichen will.

Ein Schritt in Richtung Prävention wurde dadurch erreicht, daß Menschen mit Kopfverletzungen jetzt in der Regel sofort mit Antikonvulsiva behandelt werden – als Vorbeugemaßnahme, weil man hofft, damit die Schadens-Kaskade zu vermeiden, die einer Verletzung des Uncus folgt. Ein wirkliches Verständnis der Anfallsausbreitung und der Kalzium-Toxizität aber wird möglicherweise eines Tages dazu führen, daß die sekundären Schäden verhindert werden können, die zu den vielen Arten von Epilepsie führen.

Jetzt geht es ans Sauber- und Zumachen. Wie erfolgreich ist Neils Operation gewesen? Das wird sich erst im Lauf der Zeit zeigen; aber je mehr epileptisches Gewebe entfernt wurde, desto besser sind die Aussichten, daß die Anfälle unter Kontrolle sind. Neils abschließende

EEG-Messung, unmittelbar vor dem Zumachen, hat ergeben, daß er »sauber« ist.

Bei einer typischen Patientengruppe, die sich einer Operation wie dieser unterzieht, werden zwei Drittel vier bis fünf Jahre nach der Operation anfallsfrei sein. Bei den Patienten mit ungewöhnlich lokalisierten Temporallappen-Erkrankungen besteht sogar eine Wahrscheinlichkeit von achtzig Prozent, daß sie zu diesem Zeitpunkt anfallsfrei sind. Patienten mit Schäden an beiden Temporallappen, bei denen die Anfälle jedoch überwiegend von nur einer Seite ausgelöst werden, haben nur eine Chance von dreißig bis vierzig Prozent, anfallsfrei zu werden. Doch für diejenigen, die keine Anfälle mehr haben, verändert sich das Leben in erheblichem Maß. Sie können einen Führerschein bekommen. Wenn sie zum Zeitpunkt der Operation eine Beschäftigung hatten, werden sie ein paar Jahre später wahrscheinlich eine bessere Position erlangen können. Waren sie Studenten, werden sie mit größerer Wahrscheinlichkeit eine Anstellung bekommen als jene Epileptiker, die ohne Operation weiterhin Anfälle haben.

Patienten für die Epilepsie-Operation auszuwählen, ist schwierig, arbeitsintensiv und teuer. Und genauso verhält es sich mit den Operationen selbst. Für viele »unvollständige« Therapien trifft das zu: Herztransplantationen, Dialyseapparate, künstliche Hüftgelenke, Epilepsie-Operationen. Diese Fortschritte der medizinischen Technologie sind für ein Gutteil der rapide steigenden Gesundheitskosten verantwortlich; dieser Anstieg ist unabhängig vom jeweiligen Gesundheitssystem in allen hochentwickelten Ländern zu beobachten. Die Versicherungsgesellschaften beginnen schon zu zögern, solchen Verfahren die Zulassung zu erteilen oder in vollem Umfang für ihre Kosten aufzukommen. Bei weiterer Einschränkungen der Gesundheitskosten werden wahrscheinlich auch die Ressourcen, die man für diese Technologien braucht, beschränkt: spezielle Operationssäle, Intensivstation-Betten, Apparate zur Überwachung von Anfällen, Ausbildung von Spezialisten, die mit Problemen umzugehen wissen, die weit jenseits des Betätigungsfeldes eines Allgemeinmediziners liegen. All dies wird vermutlich die Verfügbarkeit solcher Technologien vermindern und dazu führen, daß die Wartelisten der Patienten länger werden.

Dennoch lassen die meisten Zahlen erkennen, daß der gegenwärtige Stand von Epilepsie-Operationen nur einem Bruchteil der Epileptiker zugute kommt, die einer Operation bedürften. Ihre Zahl schätzt man auf

50 000 bis 100 000 Menschen in den Vereinigten Staaten. Die Anzahl der bei uns jährlich durchgeführten Epilepsie-Operationen beträgt aber weniger als 5 000. Solche ressourcenintensiven Verfahren könnten gut die Hauptopfer einer Gesundheitsreform werden. Die wahren Verlierer aber wären Patienten wie Neil, die von ihnen nur profitieren können.

Irgendwie hat die Assistenzärztin gewußt, daß es an der Zeit ist wiederzukommen. Ich habe sie draußen am Waschbecken ihre Hände schrubben sehen, und jetzt werden ihr Kittel und Handschuhe verpaßt.

Wir haben gehört, daß sie im OP nebenan bei einer vertrackten Kopfverletzung mitgeholfen hat, zu der es bei einem Frontalunfall gekommen war. Erfolgreich beendet sie den Hindernislauf und gesellt sich zu uns bei Neils Kopf.

»Wir haben den Kerl gerade noch erwischt, als er zu hernieren begann«, berichtet die Assistenzärztin. Ich hebe die Augenbrauen, als mir klar wird, was damit gemeint ist. Sie beherrscht die Kunst der Untertreibung.

Diese Vokabel kann man mit den üblichen medizinischen Wörterbüchern nicht übersetzen. Das Verb *hernieren* ist in ihnen nicht zu finden; statt dessen beschreiben sie endlos verschiedene Formen von *Hernie*, von allen möglichen Dingen, die sich hier und da ausstülpen und manchmal repariert werden müssen. Meist ist eine Operation das Mittel der Wahl. Doch jeder Medizinstudent weiß, was »er herniert« bedeutet. Es bezieht sich auf die Herniation, einen Vorgang, bei dem das Gehirn eines Patienten im Verlauf einer halben Stunde schwer geschädigt wird und bei dem fatale Folgen drohen.

So sterben Menschen an epiduralen Hämatomen, wenn Blutungen aus einer lecken Arterie zu Blutansammlungen außerhalb der Dura führen, oder an einem Bruch eines Aneurysmas innerhalb des Gehirns: Das Blut sammelt sich an und drückt das Gehirn hinunter in Richtung Hirnstamm. Es handelt sich dabei um einen jener medizinischen Notfälle, die auf der Stelle behandelt werden müssen.

Und dieselbe Dura-Kante ist daran beteiligt, die vermutlich auch in Neils Gehirn zu einer Verletzung führte. Der Temporallappen wird um die Kante der Dura herum gedrückt. Das ist auf lange Sicht schon schlimm genug. Noch schlimmer aber ist der kurzfristige Effekt, daß dieser Teil des Temporallappens gegen den Hirnstamm gedrückt wird.

Der Hirnstamm neigt dazu, sofort die Arbeit einzustellen, wenn er derart gequetscht wird. Und dann hört der Patient auf zu atmen. Zwar kann man ihn eine Zeitlang künstlich beatmen, doch es kann zu allen möglichen Arten von irreversiblen neurologischen Schäden kommen – wenn man nicht ganz schnell eingreift, den Schädel öffnet und das angesammelte Blut ablaufen läßt. Offensichtlich haben sie und ihr Chef genau das gerade getan, was sie mit den schlichten Worten andeutete: »Wir haben den Kerl gerade noch erwischt.«

George jetzt dabei zu helfen, seine Sache zu Ende zu bringen, wird ihr nach jenem stundenlangen Kampf ziemlich harmlos vorkommen. George ist mit den abschließenden Ultraschall-Abtragungen um die Biopsie-Stellen herum bereits fertig und hat alle Blutungen gestillt. Er läßt sie kurz in die Tiefen des Gehirns blicken und zeigt ihr, wo der vernarbte Uncus gewesen ist. Dafür interessiert sie sich sehr, denn bei ihrem Unfallopfer hatte sie keine Gelegenheit, den Uncus zu sehen. Genau er war es, der den Hirnstamm bedrohte, was rasch zum Tod geführt hätte; die Operation bestand aber darin, die Blutungen nahe der Gehirnoberfläche zum Stillstand zu bringen und den Druck vom Uncus zu nehmen.

Sie und George haben jetzt zwanzig Minuten lang alle Hände voll zu tun; sie müssen die Dura-Klappe wieder an allen drei Seiten vernähen. Während sie vor sich hinsticheln, faßt George kurz zusammen, was im Lauf des Tages passiert ist, erklärt die Daten, die wir gewonnen haben, und auf welcher Grundlage er seine Entscheidung getroffen hat, was zu entfernen ist, vor allem wie die Resultate der Streifenelektroden-Messung am Hippocampus ihn seine Strategie ändern ließen. Während sie zunähen und sich dabei unterhalten, entschwindet Neils Gehirn langsam meinem Blick. Als sie fertig sind, sieht die Dura so straff gespannt aus, als wäre nichts geschehen. Wenn es jetzt außerhalb der Dura noch zu einer Blutung käme, hätte das Blut es schwer, durch diese Naht hindurchzudringen.

Die Assistentin plaziert einige spezielle Schwämmchen an den Stellen, wo es zu einer Nachblutung kommen könnte – sie sind von der Art, die dringelassen werden kann und nicht mehr entfernt werden muß – und bittet dann die OP-Schwester um den Bohrer. Jetzt ist die Zeit gekommen, das große Stück von Neils Schädeldecke wiedereinzusetzen. Sie bohrt ein kleines Loch, nicht größer als eine Bleistiftmine, nahe einer Ecke der Schädelöffnung, ein weiteres diagonal gegenüber, und ein drittes und viertes, so daß in jeder Ecke des Fensters im Knochen jetzt ein Loch ist.

George greift über sie hinweg und holt das Stück Schädeldecke aus seinem Refugium oben auf dem sterilen Zelt, wo es die vergangenen sieben Stunden lang geruht hat. Er richtet es entsprechend der Öffnung aus, so daß die Assistentin sehen kann, wo sie die passenden Löcher bohren muß. Während sie etwas abseits stehend die Bohrlöcher anbringt, fädelt George vier sehr dünne, aber kräftige Drähte durch die ersten vier Löcher und biegt sie zurück in die Form einer Haarnadel. Die Assistenzärztin hält das frisch perforierte Schädelstück wieder über die Öffnung. Paßt. Noch ein schneller Blick ins Innere von Neils Schädel: Alles ist stabil.

Also führen sie die Drähte durch die gerade gebohrten kleinen Löcher in dem Schädelstück und passen es wieder in die abgeschrägten Kanten der Öffnung in der Schädeldecke ein. Es sitzt perfekt. Wahrscheinlich dringt noch ein klein wenig Licht durch die Sägeschnitte und die Löcher in den Ecken hinein, aber ansonsten ruht Neils Gehirn jetzt wieder in seiner gewohnten Dunkelheit. Das Fenster ist geschlossen.

Die Drähte werden wie Blumendraht miteinander verdrillt, die überstehenden Enden abgeknipst. Als nächstes müssen die beiden sich um die fünf Löcher von der Größe eines Zehncentstücks kümmern, die heute früh gebohrt wurden, um einen Zugang für die Säge zu schaffen. Die OP-Schwester hat inzwischen etwas Acryl-Zement angerührt und ihn mit einem Spatel geschlagen, bis er die nötige Festigkeit bekam. Sie schöpft ein bißchen davon hoch, so daß George sehen kann, wie es langsam wieder in die Mischschale zurücktropft: gerade die richtige Konsistenz.

Die Assistenzärztin plaziert ein paar absorbierbare Schwämmchen unten in die Löcher, damit das Acryl nicht an die Dura kommt. Dann nimmt sie den Spatel und beginnt, die Löcher mit dem Acryl zu füllen, wobei sie die Oberfläche mit ihrem behandschuhten Daumen glättet, wie ein Tischler die Nagellöcher füllt, ehe er mit dem Anstrich beginnt. In nur wenigen Minuten wird das Acryl fest sein. In die Sägeschnitte wird jedoch kein Acryl gefüllt. Da der Spalt nur so schmal ist, gibt es dafür etwas Besseres. Die Sägeschnitte werden sich im Verlauf der nächsten Monate von selbst füllen, indem neuer Knochen in den Spalt wächst. Am Ende wird der Schädel wieder seine normale Stabilität haben, so daß die kleinen Drähtchen keine Rolle mehr spielen.

Jetzt kommt die Muskelarbeit. Der große fächerförmige Schläfenmuskel, der die linke Seite von Neils Kiefer bewegen hilft, muß in einem weiteren Nähvorgang wieder mit dem Schädel verbunden werden. Abermals dienen die Nähte nur dazu, alles an Ort und Stelle zu halten, bis es wieder festgewachsen ist. Dann wird die Kopfhaut-Klappe angenäht, allerdings nicht mit ganz so feinen Stichen wie bei der Dura-Klappe. Das sterile Zelt wird zum Teil abgebaut, und der Rest von Neil kommt in unser Blickfeld. Ein steriler chirurgischer Verband wird Neils Kopf angelegt. Fertig.

18.
Auf der Suche nach dem Ich-Erzähler

Neil entdeckte uns hinten in unserer üblichen ruhigen Ecke der Klinik-Cafeteria und kam mit seinem Tablett herüber. Mit Ausnahme der Base-ball-Mütze, die er trug, solange sein Haar nachwuchs – und auch, um die U-förmige Narbe zu verbergen –, sah Neil ganz genauso aus wie während unserer Gespräche in der Zeit vor der Operation. Einen Monat ist es jetzt her, daß die Spitze seines linken Temporallappens entfernt wurde.

»Nun, ich glaube, ihr habt mich um ein bißchen Verstand gebracht!« sagte Neil, während er sein Tablett ablud.

George und ich stöhnten so laut auf, daß mehrere Leute sich um-wandten und in unsere Richtung blickten.

»Aber so weit ich es einschätzen kann, fehlt mir keine Tasse im Schrank«, sagte er und sah uns grinsend an.

Nein, nur ein Stückchen Gehirn. Anatomie. Verstand ist das, was das Gehirn, seine Physiologie, tut. Der Geist gleicht eher dem, was der Computer hervorbringt, nicht dem Computer selbst.

Aber meine Computer-Analogie gefiel Neil nicht. »Wenn mein Gehirn ein Computer wäre«, bemerkte er, »würde es abstürzen, wenn man ein Teil herausnähme. Und niemals wieder könnte man ihn neu starten.«

Ja, aber geistige Vorgänge sind oft nicht so empfindlich gegenüber lädierter Hardware. Stell dir eine Computer-Software vor, die sich selbst rekonfigurieren kann, so daß sie auf verschiedenen Hardware-Kombi-nationen läuft, nachdem sie geprüft hat, welche Komponenten zur Ver-fügung stehen.

»Und das Bewußtsein ist dabei das Betriebssystem?« versuchte Neil mich wieder einmal zu foppen. »Die Originalbenutzer-Schnittstelle für das kleine Männchen im Kopf?«

Er inspizierte seinen Salat, dann fuhr er fort: »Ich glaube, die Analo-gie, die du brauchst, ist nicht der Computer, sondern eher ein Compu-ternetz«, sagte er. »So eins, bei dem man die anfallende Arbeit auf die unbeschäftigten Prozessoren verteilen kann. Du solltest herausfinden, wie das Gehirn sich selbst reorganisieren, irgendwie die Plätze neu zuweisen kann. ›Dynamische Reorganisation‹ könntest du das nennen. Und dann laß es dir schnell patentieren, bevor ein Computerkonstrukteur auf die Idee kommt!«

»Da gäbe es bloß noch das kleine Problem, daß wir noch nicht genug darüber wissen, wie das Gehirn arbeitet«, antwortete George. »Nicht im entferntesten genug, um ein funktionierendes Modell bauen zu können. Eines das gehen, sprechen, Cafeteria-Tabletts umhertragen, sich über die Zukunft Gedanken machen und schlechte Witze über Tassen im Schrank reißen könnte.«

Neil grinste. »Aber stell dir doch bloß vor, was für tolle Maschinen man mit neuronalen Prinzipien konstruieren könnte. Versuchen das nicht die Forscher, die mit neuronalen Netzen arbeiten?«

Sie versuchen Maschinen zu bauen – zumindest elektronische Schaltungen –, die von einem bestimmten Punkt an keinem vorgegebenen Plan mehr folgen, sondern statt dessen so abgestimmt beziehungsweise trainiert werden, daß sie spezielle Funktionen wie etwa Spracherkennung ausführen können. Wie üblich kommt es dann zu Übertreibungen wie der, die sogar die *New York Times* in einer Schlagzeile wiederholte, daß diese Maschinen nämlich im Prinzip »nach dem Vorbild des menschlichen Gehirns« funktionieren.

Und das ist wirklich weit überzogen. Die bei neuronalen Netzen verwendeten Schaltungsprinzipien, nach denen alles mit allem verbunden ist, finden sich sogar in den Nervensystemen von Quallen. Selbst wenn man sich nur auf die Komplexitätsebene des Nervensystems von Krebsen begibt, sind schon andere Prinzipien der Verschaltung neuronaler Bahnen darübergelegt worden – und neuronale Netze sind noch längst nicht so weit wie Krebse. Ich habe einen Leserbrief an die *New York Times* geschrieben und ausgehend vom Status quo eine eher zutreffende Schlagzeile vorgeschlagen, die lautete: »Nach dem Vorbild von Schneckennerven«.

»Versucht man in der Künstlichen-Intelligenz-Forschung nicht, sie auch für schwierigere Aufgaben einzusetzen«, argumentierte Neil, »wie beispielsweise Mustererkennung – Handschrift, Fingerabdrücke und solches Zeug?«

Ja, und vielleicht reichen auch die ganz einfachen Prinzipien aus, um solche komplizierteren Funktionen auszuführen, ohne gleich das Gehirn nachbauen zu müssen. Ich wünsche den Leuten viel Glück. Aber ich wette, sie müssen erst ein paar komplexere Prinzipien herausfinden, die sie sich vermutlich von der Neurophysiologie und der Evolutionsbiologie ausleihen werden.

George hatte es endlich geschafft, alle in Frage kommenden Zutaten auf seinen Hamburger zu stapeln. Sogar Salatmayonnaise. Er schaute zu Neil auf. »Weißt du, dein Problem ist, daß du hier mit zwei biologischen Chauvinisten sprichst, die glauben, daß echte Gehirne viel interessanter sind als alles, was man in nächster Zeit vielleicht in Silizium erfinden wird.«

»Ja, aber biologische Gehirne haben auch ein paar Nachteile«, insistierte Neil. »Hättet ihr nicht auch gern einen perfekten Verkehrspolizisten, der an jeder Kreuzung, die man auf dem Heimweg überquert, die Fahrzeuge leitet, ohne jemals bei seiner Aufgabe Langeweile zu empfinden oder vom Einatmen der Abgase verrückt zu werden? Niemals müßte man darauf warten, daß die Ampel umspringt, selbst wenn gar kein Verkehr ist. Und man würde mit einer raschen Linksdrehung durch eine Lücke im heranbrausenden Verkehr hindurchgewinkt, gerade wie es Verkehrspolizisten machen.«

George und ich ließen durchblicken, daß das vielleicht ganz nett wäre.

»Und das andere Problem ist, daß menschliche Gehirne sich offensichtlich mit zunehmendem Alter nach und nach selbst zerstören. Was haltet ihr von der Science-fiction-Idee, ein funktionierendes Silizium-Modell des Gehirns zu bauen, so daß der eigene Geist für immer weiterleben kann?«

Der entkörperlichte Geist? Das Gehirn ist immerhin ein unmittelbarer Bestandteil des Körpers, und diese Kombination hat sich so entwickelt, daß das eine nicht ohne das andere sein kann. Man könnte vielleicht eine Denkmaschine mit minimalen Sinnesorganen und Ausdrucksmitteln konstruieren, aber man kann sich kaum vorstellen, daß ein menschlicher Geist zurechtkäme, ohne mindestens einen Kopf und eine Hand zu haben. Denk' nur an all die sensorischen Isolations-Experimente, bei denen es nach kurzer Zeit zu Halluzinationen kam. Die äußere Realität ist es, die das Chaos im Zaum hält – im Gehirn tobt ein ständiger Kampf zwischen Stabilität und Flexibilität, und die Außenwelt ist dabei der oberste Schiedsrichter.

Ein reales Gehirn in Silizium zu replizieren klingt wie ein Rezept für eine immerwährende Psychose. Aber selbst das würde noch voraussetzen, daß all die in Silizium nachgebildeten Nervenbahnen auch noch so aufeinander abgestimmt sind, daß das Gesamtsystem weder stehenbleibt noch endlos oszilliert. Nein danke.

Das Gehirn von seinen Funktionen her nachzubauen wäre schon vielversprechender – man würde eine stabilere Maschine kreieren, bei der nur Teile sich am Rand des Chaos herumtreiben, um kreativ sein zu können. Und dann würde man diese Maschine wie ein Kind über viele Jahre hinweg ausbilden. Die Guten könnte man vielleicht klonieren, wenn man von Anfang an entsprechende Ausspeicherungs-Möglichkeiten vorsähe. Verschiedene Schulen könnten miteinander wetteifern, wessen Musterschüler kloniert wird, einschließlich Gedächtnis und allem anderen.

Neil schüttelte resigniert den Kopf. »Nun, auf jeden Fall habe ich für eure Suche nach dem Sitz der Seele noch eine wichtige Information beizusteuern.«

»Und die wäre?« antwortete George gedankenverloren.

»Das Bewußtsein sitzt nicht in der Spitze des linken Temporallappens – auch ohne sie kann ich immer noch denken!«

»Und wie!« bemerkte George. »Natürlich steckt dein Bewußtsein auch nicht in deinem Hirnstamm, solange du es jedenfalls nicht mit bloßem Wachsein gleichsetzt. Die Bahnen der selektiven Aufmerksamkeit im Thalamus und im Kortex haben schon mehr damit zu tun. Das Bewußtsein ist eher wie ein Suchscheinwerfer, der von einem Teil des zerebralen Kortex zu einem anderen sich hin und her bewegt.«

Es ist problematisch, wenn man denselben Begriff, *Bewußtsein*, dafür benutzt, so verschiedene Dinge wie Wachsein, gerichtete Aufmerksamkeit und den Dialog mit sich selbst zu bezeichnen. Wenn man die selektive Aufmerksamkeit zum Bewußtsein rechnet, dann hat ein drei Monate alter menschlicher Fötus noch keins, eine Katze aber sehr wohl. Alle Zellen, pflanzliche wie tierische, zeigen Erregbarkeit – also müßten sie, gemäß einigen allzu pauschalen Definitionen, »bewußt« sein.

»Ja, ich erinnere mich an unser erstes Gespräch über den Bewußtseinsbegriff«, sagte Neil. »Das war an dem Tag, als wir zum ersten Mal den Tisch hier in der Ecke entdeckten, an dem ich mein Koffeinquantum schon dadurch abbekomme, daß ich bloß atme.«

Wenn man die Bewußtseinsschwelle so hoch ansetzt, daß das Gespräch mit sich selbst dazugehört, fuhr ich fort, dann müßte man sagen, daß nur Menschen bewußt sind – solange man nicht die Comic-

Hefte ernstnimmt, in deren Sprechblasen Tiere zwar mit sich selbst, aber niemals laut reden.

»Wenn man natürlich«, fügte George hinzu, »Bewußtsein *so* hoch angesetzt definiert, läßt man wahrscheinlich ein paar wesentliche Überlegungen außer Acht. Beispielsweise die wechselnde Zielrichtung der selektiven Aufmerksamkeit – warum wir uns nach einiger Zeit langweilen, selbst wenn wir zufrieden sind.«

Die Hierarchie der mentalen Funktionen beginnt auf der untersten Ebene mit dem Zustand tiefer Bewußtlosigkeit, in dem nur wenig funktioniert; es folgt die Ebene des tiefen Schlafs – funktionell gleicht sie der Endphase von Anfällen, bei der langsame elektrische Oszillationen das Geschehen bestimmen.

Oberhalb dessen liegt die Funktionsebene, die dem Stupor und der Demenz gleichkommt, auf der die Dinge also nicht gerade gut funktionieren, aber wenigstens nicht in eng abgezirkelten Kreisläufen von Oszillationen gefangen sind. Sie treten jetzt ins Reich des Chaos ein, wenigstens im mathematischen Sinn des Worts.

Die Erwartungshaltung ist es, die unsere besseren mentalen Operationen kennzeichnet, sowohl die Wahrnehmung wie die Bewegungssteuerung in neurartigen Situationen.

Auf einer noch ein wenig höheren Ebene werden die Begriffe gebildet – all jene neuen Kategorien. Und darauf bauen wir mit der Sprache und der Intuition auf, wobei wir immer mit Neurartigem umgehen und versuchen, unsere Erinnerungsdetails dafür zu verwenden, neuartige Sequenzen von Worten und Taten zu generieren.

Und dann stellt sich natürlich die Frage, wo im Gehirn diese Prozesse stattfinden – denn sie könnten alle zugleich passieren, nur in verschiedenen Gebieten des Kortex.

»Dafür brauche ich ein paar Beispiele. Nehmen wir also meinen Gedankengang, den ich heute morgen während der Fahrt zur Klinik hatte«, schlug Neil vor. »Auf der Rückbank eines Taxis sitze ich immer in der Erwartung, eines Tages selbst wieder ans Steuer zu dürfen. Und als ich da so saß und darauf achtete, wann das rote Licht zu Grün wechseln würde, welcher Teil meines Gehirns arbeitete dann mehr als gewöhnlich? Der visuelle Kortex?«

»Nicht mehr, als hättest du dich nur ganz allgemein umgeschaut«, antwortete George. »Der rechte Frontal- sowie der rechte Parietalbereich kümmern sich im besonderen Maß um die Aufmerksamkeit.

Ihnen ist es zu verdanken, wenn der Fahrer hinter dir nicht hupen muß.«

»Ich erinnere mich, daß ich ungeduldig wurde und mit meinen Fingern trommelte«.

Das waren das linke zusätzliche motorische Feld und der motorische Kortex; sie haben zusammen einen kleinen, begrenzten Zyklus von Oszillationen produziert.

»Und natürlich dachte ich auch über den Ablauf des heutigen Tages nach. Wo passierte das?«

»Der mentale Terminkalender scheint in den Frontallappen geführt zu werden«, antwortete George. »Patienten mit Schädigungen des linken dorsolateralen Frontallappens haben Schwierigkeiten, das Abarbeiten eines mentalen Terminkalenders zu überwachen.«

»Dann sprang die Ampel um, und die Landschaft huschte wieder auf beiden Seiten des Autos vorbei. Was kümmerte sich darum?«

Die magnozellularen Verarbeitungswege des visuellen Systems, die bei den Leuten mit Dyslexie nicht richtig funktionieren. Sie machen vielleicht nur zehn Prozent des visuellen Systems aus, sind aber auf Bewegung und Tiefenwahrnehmung spezialisiert. Wahrscheinlich wurde in einem Bereich, den man V5 nennt, eine Menge Aktivität entfacht.

»Mir fiel ein Haus auf, das mich an ein ganz anderes Gebäude erinnerte, eines von denen, die Frank Lloyd Wright um einen kleinen Wasserfall herum gebaut hat. Wie habe ich diese imaginären Bilder aus dem Gedächtnis geholt?«

»Wahrscheinlich hast du ein paar Bereiche des Parietallappens aktiviert, die auf komplexe Formen spezialisiert sind«, antwortete George. »Und diese haben wiederum eine Menge visueller Bereiche höherer Ordnung reaktiviert, die daran beteiligt waren, das Haus zu analysieren, als du es zum ersten Mal betrachtet hast.«

»Der Taxifahrer wies mich auf einen italienischen Sportwagen hin, und so hielt ich die Augen offen, ob ich noch einen weiteren Maserati sehen würde. Wo passierte das?«

Im vorderen Bereich des Gyrus cingulatus, in der Mitte auf beiden Seiten des Gehirns. Zumindest sind das die Stellen, die Aktivität zeigen, wenn man seine Aufmerksamkeit auf eine bestimmte Klasse von Objekten richtet. Ich weiß nicht, wo deine Maserati-Erinnerungen gespeichert sind – vielleicht vorn in deinem Temporallappen.

»Aber bestimmt nicht in meinem linken Temporallappen!« grinste

318

Neil. »Der ist jetzt weg. Und Gott sei Dank sind wir ihn los! Hier muß es sein«, sagte er und tippte sich an seine rechte Schläfe.

Jetzt kam er richtig in Fahrt: »Dann sah ich ein Plakat an der Rückseite eines Busses und versuchte es zu lesen«.

Das müßte eine verstärkte Aktivität in den parvozellularen Teilen deiner visuellen Verarbeitungswege ausgelöst haben, in all jenen Bereichen hinten im Temporallappen, die mit dem Lesen zu tun haben.

»Das Plakat zeigte aber einen jener trickreichen Sätze, welche die Werbeagenturen sich so gern einfallen lassen«, berichtete er. »Absichtlich hatte man das Verb weggelassen, damit man gezwungen war, den Satz mehrere Male zu lesen um herauszufinden, was daran fehlte.«

»Das müßte mit Sicherheit deine ganze linke Hemisphäre in Aufruhr versetzt haben«, lachte George. »Sämtliche Sprachbereiche, und vor allem den linken Frontallappen unten nahe deiner Augenbraue. Dort zeigt sich jede Menge Aktivität, wenn man ein Verb ergänzen muß.«

»Dann gab es in der rechten Hemisphäre eine weitere Aktivitätsattacke, als wir wieder darauf warteten, daß eine Ampel umsprang«, fuhr Neil fort, »und uns den Weg freigab für unseren großen Auftritt auf der Schnellstraße. Doch kurz darauf krochen wir nur noch im Schneckentempo dahin. Also begann ich zu überlegen, ob wir die Schnellstraße nicht verlassen und eine andere Route versuchen sollten.«

Alternative Handlungsentwürfe sind eine Frontallappen-Funktion par excellence. Und bestimmt war angesichts all dieser räumlichen Aufgaben auch der rechte Parietallappen beschäftigt.

»Als nächstes begann ich mir Sorgen zu machen, daß ich bei diesem Tempo vielleicht zu spät käme, und schaute andauernd auf die Uhr. Hat denn der Temporallappen wirklich etwas mit der Zeit zu tun?«

Temporallappen heißt er von lateinisch *tempora*, Schläfen, weil er just dahinter liegt.

»Ist das derselbe Wortstamm wie für ›Tempo‹?«

Ja, das lateinische Wort *tempus* bedeutet sowohl »Zeit« wie »Schläfe«.

»Warum haben sie die Seiten der Stirn nach der ›Zeit‹ benannt?«

Weil da die Haare zeitig grau werden.

»Der Temporallappen hat also in Wirklichkeit nichts mit der Zeit zu tun.«

Nun, eigentlich doch. Er wurde allerdings nicht aus diesem Grund so genannt, denn die Rolle, die er für die zeitliche Abstimmung spielt, wurde erst in jüngster Zeit entdeckt. Wenn ein Neuropsychologe darum bittet, daß man so schnell wie möglich mit einem Finger klopft, will er untersuchen, wie gut die Spitzen der Temporallappen funktionieren. Störungen an dieser Stelle – oder im Frontallappen auf der anderen Seite der Sylvius-Furche – tendieren dazu, daß Fingerklopfen zu verlangsamen. Sehr schnell zu pochen braucht eine Menge Koordination.

Kategorien, Begriffe, Worte: Auch sie bedürfen einer Menge Koordination zwischen verschiedenen Bereichen des zerebralen Kortex. Auf vielseitige Weise muß man sich an Dinge erinnern, neue Kategorien erfinden, erahnen, was eine andere Person vielleicht darüber denken mag, manchmal kreativ Begriffe durcheinanderbringen. Wir mischen und makeln, um Metaphern zu melieren.

»Was ist mit jenen Menschen, die Kategorien für Tiere, Gemüse und Mineralien zu haben scheinen?« fragte Neil. »Zumindest habe ich das von den Zeitungsaufsätzen behalten, die berichteten, solche Leute hätten nach einem kleinen Schlaganfall all ihre Gemüsenamen verloren.«

»Das ist bei jedem Patient ein wenig anders«, erklärte George. »Einige können noch Werkzeuge benennen, aber keine Tiere mehr. Bei anderen fehlen die Pflanzen, Körperteile oder Verben oder Kombinationen von Essen, Obst und Gemüse – als wäre diese Kategorie in jenem Gehirnbereich gespeichert gewesen, der vom Schlaganfall zerstört wurde. In der Regel können sie das Wort erkennen und es auch niederschreiben – was bei ihnen fehlt, ist die visuelle Repräsentation jener Kategorie. Manchmal können sie ein Wort wie *krachen* noch als Verb, aber nicht mehr als Substantiv gebrauchen. Bei elektrischen Oberflächen-Stimulationen haben sich dieselben Effekte gezeigt wie bei Untersuchungen mit der Streifenelektrode. Wir wissen nicht, ob sich irgendwelche der so erkannten Kategorien von einem Patienten auf den anderen übertragen lassen – es könnte sich bei ihnen um charakteristische, nur für jeweils diesen einen Menschen geltende Eigenarten handeln, die damit zu tun haben, wie der Betreffende die Worte als Zweijähriger gelernt hat.«

»Haben andere Tiere denn Kategorien?« fragte Neil. Rundum glücklich biß er in sein Sandwich.

Vögel können mit Sicherheit Kategorien erlernen. Wenn man Tauben Bilder trauriger und glücklicher Menschen zeigt, können sie lernen, die traurigen herauszusuchen, sogar aus einem Stapel von Bildern, die sie niemals zuvor gesehen haben.

Wir Menschen können jedoch mit viel komplexeren Kategorien umgehen, beispielsweise den zahlreichen unterschiedlichen Konnotationen eines einzigen Worts. *Kamm* umfaßt so unterschiedliche Dinge wie das Aussehen eines Kamms, wie er sich in der Hand anfühlt, den Kamm eines Gebirges oder Hahns, die Schreibweise K-a-m-m, das Gefühl eines Kamms im Haar, die Klangfolge [kam] und so weiter. Ein Kamm hat sogar einen charakteristischen Geruch – bekommt man bei geschlossenen Augen einen unter die Nase gehalten, wird man ihn wahrscheinlich daran erkennen können.

Statt nun überall ein umfassendes Verzeichnis von *Kamm* zu haben, wird die visuelle Repräsentation eines Kamms, die in den zusätzlichen Schichten des visuellen Systems entwickelt wurde, anscheinend eben dort gespeichert. Die auditiven Assoziationsbereiche speichern, wie *Kamm* sich anhört – und wahrscheinlich zusätzlich auch das charakteristische Geräusch, das er macht, wenn man mit dem Fingernagel über die Zähne streicht. Andere Bereiche speichern vermutlich die Bewegungssequenzen, die man braucht, um einen Kamm zu benutzen oder das Wort auszusprechen.

»Wie aber ist das alles miteinander verknüpft, so daß das eine das andere evozieren kann? Mir scheint, wir sind wieder bei Pawlows Hunden angelangt, die mit Glockenklingeln Fressen assoziierten.«

»Das ist ein wichtiger Punkt«, sagte George. »Assoziationen zwischen unterschiedlichen Dingen scheinen das zu sein, was dem zerebralen Kortex besonders gut liegt. Gewohnheitsmäßige Verrichtungen und eingeübte Fähigkeiten bedienen sich hingegen, glauben wir, subkortikaler Strukturen wie etwa der Basalganglien.«

»Die Subroutinen werden im Subkortex erledigt?«

»Durchaus möglich, aber laß uns noch einen Moment bei den Kategorien und Komitees bleiben«, sagte George. »Nicht allein der Kortex bildet Komitees. Bei den Farben fängt das schon draußen in der Retina an. Eine Farbe ist etwas viel Einfacheres als ein Kamm – mit Rot ist kein Geräusch verbunden, kein Gefühl in der Hand, auch kein Geruch oder Geschmack.«

Von den Farben wissen wir, daß sie eine Komitee-Eigenschaft der drei Typen von Photorezeptoren sind, die ihre Spitzenwerte bei kurzen, mittleren und langen Lichtfrequenzen haben. Sprechen alle drei Typen gleich stark an, nennen wir das »weiß«. Werden nur lange Wellen gemeldet, sehen wir rot.

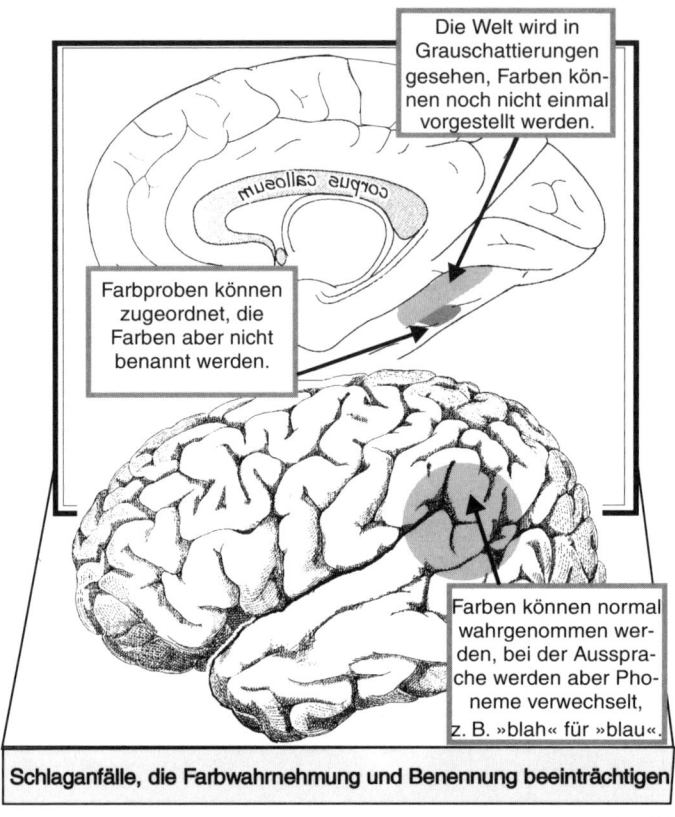

Die Welt wird in Grauschattierungen gesehen, Farben können noch nicht einmal vorgestellt werden.

Farbproben können zugeordnet, die Farben aber nicht benannt werden.

Farben können normal wahrgenommen werden, bei der Aussprache werden aber Phoneme verwechselt, z. B. »blah« für »blau«.

Schlaganfälle, die Farbwahrnehmung und Benennung beeinträchtigen

Nach Damasio und Damasio, 1992

Schlaganfälle, die Farbwahrnehmung und -benennung beeinträchtigen

»Ich erinnere mich an dein Purpur-Prinzip: Kurz und lang, aber nicht viel Aktivität dazwischen – und wir sagen ›purpur‹ dazu.«

»An der Unterseite des Temporal- und des Parietallappens gibt es visuelle Bereiche höherer Ordnung«, fuhr George fort, »die für die Weiterverwendung jener Aktivitätsmuster entscheidend zu sein scheinen. Patienten mit Schlaganfallschäden in diesen Bereichen können sich noch nicht einmal mehr Farben vorstellen, obwohl sie ansonsten ziemlich normal sind. Eine Farbprobe, die man ihnen zeigt, können sie nicht benennen. Bittet man sie, ähnliche Farbproben einander zuzuordnen, sind sie völlig hilflos. Jeglicher Begriff von Farbe ist bei ihnen verschwunden, ihre Welt ist in graues Zwielicht getaucht. Es muß so sein, als lebten sie in einer nur vom Vollmond erhellten Welt.«

Natürlich gibt es auch Patienten mit Schlaganfällen hinten in den lateralen Sprachbereichen, die Farben nicht mehr richtig benennen können, weil sie die Phoneme durcheinanderbringen – sie sagen beispielsweise »blah« statt »blau«; doch man kann sich vorstellen, daß sie in der Tat noch einen Begriff von Farben haben und ihn auch gebrauchen können.

»Dann gibt es auch noch seltene Fälle von Patienten«, erklärte George, »die zwar einen Begriff von Farbe haben, sie aber nicht mehr benennen können. Aus dem Gedächtnis können sie einwandfrei den richtigen Namen hervorholen, wenn man sie beispielsweise fragt, welche Farbe eine Banane hat. Sie können auch Farbproben korrekt einander zuordnen. Aber sie können eine Farbe, die man ihnen zeigt, nicht mehr benennen. Bei ihnen scheint die Assoziation zwischen dem Farbbegriff und dem Farbnamen zu fehlen. Die Schlaganfälle, die dazu führen, ereignen sich an der Unterseite des linken Temporallappens neben dem ›Farbbegriff-Bereich‹.«

»Es gibt noch zahllose andere Beispiele wie diese«, fuhr George fort, »Bereiche, in denen bestimmte Arten von Wissen auf spezielle Weise zusammenzukommen scheinen. Es gibt Patienten mit Temporallappen-Schäden, deren Benennungs-Probleme am schlimmsten sind, wenn man ihnen Bilder von Tieren zeigt, aber weit weniger gravierend, wenn sie unbelebte Objekte wie etwa Schraubenzieher zu benennen versuchen.«

»Wie ist es mit Handlungen anstelle von Objekten?«

»Mit Verben haben sie keine Probleme«, antwortete George. »Patienten mit Frontallappen-Schäden sind es, die Schwierigkeiten mit Verben haben. Begriffe und die entsprechenden Substantive scheinen aber etwas mit dem unteren Teil des Temporallappens zu tun zu haben; im hinteren Bereich beeinträchtigen Schlaganfälle mehr die allgemeinen Begriffe, weiter vorn im Temporallappen sind eher Eigennamen und einzigartige Episoden betroffen. Das ist jedenfalls die Vorstellung, die Tony Damasio von der Organisation des mittleren Temporallappens hat.«

»Vom Allgemeinen zum Besonderen«, formulierte Neil es um. »Wißt ihr, das ist wohl das erste Mal, daß ich euch von irgendeiner logischen Abfolge im Gehirnaufbau sprechen höre. Im Prinzip wenigstens.«

Ja, räumte ich ein. Es klingt eigentlich zu logisch – zu schön um wahr zu sein. Gehirne sind grundsätzlich irrational. Sie sind Stückwerk. Aber warten wir es ab – vielleicht hat Damasio ja recht.

Das Wort »Banane« auszusprechen, wenn man eine sieht: diese Entscheidung scheint recht einfach zu sein, solange es sich bei der Frucht um das einzige vorhandene Objekt handelt. Neil hatte sich zum Nachtisch eine Banane geholt, über die wir jetzt sprachen. Er schien keine Eile zu haben, sie aufzuessen.

»Also ist ›Banane‹ die Aktivität in einer Ansammlung von Merkmals-Detektoren«, spekulierte Neil, »ein Hebbscher Zellverband. Einige von ihnen mögen gelbe Dinge, andere mögen krumme Dinge, wieder andere mögen Obst und so weiter?«

Ja, es handelt sich wieder einmal um ein raumzeitliches Muster. Ein ziemlich ausgedehntes, das sich über viele Millimeter oder sogar Zentimeter des Gehirns erstreckt.

»Und ›Banane‹ auszusprechen, ist ein weiteres raumzeitliches Muster in den Bahnen der Bewegungssteuerung oben im Forntallappen«, bemerkte George, »die Mund und Zunge und Stimmbänder dirigieren.«

Aber es besteht keine Notwendigkeit, das raumzeitliche Muster einem einzelnen Kommando-Neuron für »Banane« einzurichten. Auch muß die Entscheidung nicht zu einem bestimmten Zeitpunkt getroffen werden. Vielleicht muß es de facto noch nicht einmal zwei verschiedene raumzeitliche Muster geben, vor allem in weniger spezialisierten Gehirnen als dem unseren – das sensorische könnte zugleich auch das Bewegungsmuster sein, weil so viele sensorische Neuronen höherer Ordnung zugleich mit Bewegungen assoziiert sind. Bei komplizierteren Gehirnen wie denen von Menschen gibt es vermutlich zwei oder mehr unterschiedliche raumzeitliche Muster im Zusammenhang mit »Banane« – aber sie müssen nicht zeitlich getrennt sein wie bei einem Wechselgesang, wo erst die eine, dann die andere Stimme singt. Sowohl die sensorischen raumzeitlichen Muster wie diejenigen für die Bewegungen können sich zeitlich überlappen – echte Parallelverarbeitung.

»Also bedarf es für diese Entscheidung weder eines Ortes noch eines bestimmten Zeitpunkts«, überlegte Neil. »Und das bedeutet: kein kleines Männchen im Kopf.«

Er dachte eine Minute nach und schälte dabei langsam seine Banane. »Wie ist das mit dem ›Verbindungs-Problem‹, über das ich gelesen habe – daß man nämlich eine Art synchroner Aktivität postuliert, die all diese Merkmals-Detektoren an den verschiedenen Stellen miteinander verknüpft? Warum müssen sie denn miteinander verbunden werden? Reicht es nicht aus, daß sie durch die Ausführung der Funktion miteinander verknüpft sind?«

Das sieht nach einem Rückschritt aus, nicht wahr? Als wären wir wieder bei dem angelangt, was Daniel Dennett spöttisch das »kartesianische Theater« genannt hat: eine Bühne irgendwo im Gehirn, auf der alles vorgespielt wird – und vor der ein impliziter Beobachter die Entscheidungen fällt.

Neil reckte beide Hände empor und grinste schadenfroh: »Das Bewußtsein als grafische Benutzerschnittstelle! Hab' ich es euch nicht gleich gesagt?«

Irgendeine Art von Verbindung ist jedoch ein ganz reales Erfordernis, wenn man sich um *verschiedene* Objekte zur gleichen Zeit zu kümmern beginnt, wie Hebbs Kollege Peter Milner 1974 herausgefunden hat. Zum Beispiel beim Autofahren. Dutzende von Objekten bewegen sich im Blickfeld, und ein jedes hat Form, Farbe und einen bestimmten Abstand. Über all die Spezialisierungen in den visuellen Bereichen höherer Ordnung wissen wir, daß jedes Objekt in einer Reihe von spezialisierten Bereichen Aktivitäten auslösen wird. Einige dieser Bereiche sind auf Bewegungen spezialisiert, andere auf Formen, wieder andere auf Entfernungen oder auf Farben.

Jedes Objekt tut das, und die positionsabhängige Information wird bei den Merkmals-Detektoren, die sich um Bewegung und Farbe kümmern, verschwommen – im Gegensatz zu den Neuronen der parvozellularen Bahnen registrieren sie die Position nur recht grob. Es besteht eine gewisse Gefahr, daß einem bewegten Objekt die falsche Farbe zugewiesen wird, nämlich die eines benachbarten Objekts.

»Wenn also die Verkehrsampel sich zu bewegen scheint – obwohl eigentlich ich es bin, der sich bewegt – könnte ich glauben, das oberste Licht sei grün, wenn ich es dank meines Gedächtnisses nicht besser wüßte?« kommentierte Neil.

Synchronisierung kann vor so einem Fehler bewahren, so behauptet die Theorie, der zufolge die Verbindung durch Synchronisierung hergestellt wird. Sie postuliert, daß alle von einem roten Ampellicht aktivierten Form-, Farb-, Entfernungs- und Bewegungs-Neuronen der Tendenz nach beinahe synchron feuern. Und auch beim Komitee für das grüne Licht müssen alle zusammen feuern, vermutlich zu einem etwas anderen Zeitpunkt eines Zyklus.

»Beispielsweise zeigen die Neuronen im motorischen Kortex«, sagte

George, »eine gewisse Tendenz zur Synchronizität, wenn der Affe sich auf eine besonders schwierige Aufgabe konzentriert, wie etwa hinter seinem Rücken nach Weintrauben zu tasten.«

»Sie klatschen im Takt, zweifellos um ihre Ungeduld zu signalisieren«. Wahrscheinlich nicht. Aber ich würde es nicht ausschließen. Da gibt es noch viel synchronisiertes Feuern, das einer Erklärung harrt – und es wird sich vermutlich als auf verschiedene Weise nützlich erweisen.

»Wie erzeugt man denn Kategorien, wenn jede Einzelheit in einem Hebbschen Zellverband kodiert ist?« dachte Neil laut nach. »Oder vielmehr – nach deiner erweiterten Fassung der Anzeigentafel-Analogie – in einem Muster, das unabhängig davon ist, wo im Gehirn es lokalisiert ist?«

Das Hebbsche Komitee kann ziemlich spärlich sein und vielleicht nur aus den Neuronen eines Dutzend aktiver Minikolumnen bestehen, während ein paar Hundert benachbarte Minikolumnen sich ansonsten ruhig verhalten. Das bedeutet, daß verschiedene zerebrale Codes, sagen wir, die für *Apfel* und *Apfelsine*, sich überlagern und so eine Kategorie wie *Obst* ergeben können. Wenn man auf einem Matrix-Drucker versuchte, mehrere Buchstaben einander zu überlagern, erhielte man ein schwarzes Durcheinander. Wenn die Matrix aber nur spärlich gefüllt ist, kann man vermutlich die einzelnen Beteiligten wieder herausfinden, weil jeder solch ein deutlich zu unterscheidendes raumzeitliches Muster produziert.

Welche Art von Gehirnorganisation ist vonnöten, damit jemand ein guter Mechaniker, guter Pianist oder guter Komponist wird? Neil und George tauschten ihre Ansichten über Opern aus, von denen ich noch nie gehört hatte.

»Wir wissen nicht, wie die optimale Gehirnorganisation für einen Musiker aussieht«, sagte George, »aber eines Tages müßten wir es mit unseren funktionalen Kartierungs-Techniken herausfinden.«

Sicherlich gibt es einige zeitweilige Wechselwirkungen zwischen Musik und Intelligenz, welche die Frage nach einem kurzzeitigen optimalen Arrangement aufwerfen. Jemand hat einmal Intelligenztests durchgeführt, nachdem die Versuchspersonen einer kompliziert strukturierten Klaviersonate von Mozart zugehört hatten, und eine Steigerung von acht bis neun Prozent festgestellt – selbst wenn die Versuchspersonen Mozart gar nicht mochten! Die Zunahme war jedoch nur vorübergehend, als sei die

Musik eine gute Lockerungsübung für die rasche Sprachverarbeitung und die schnellen Problemlösungen, die ein IQ-Test erfordert. Viele Forscher glauben, daß Musik der Sprache sehr ähnlich ist – nur eine Variation eines Grundthemas.

»Das Grundthema aber verstehe ich noch nicht – das langfristige Arrangement eines durchschnittlichen Gehirns«, beklagte sich Neil. »Ja, über die Unterabteilungen des Gehirns weiß ich recht viel. In der Tat erinnert es mich ziemlich an ein modernes Unternehmen.«

Wirklich? Eine Hierarchie ist es nicht gerade.

»Nein, nein. Du hast ein militärisches Organisationsmodell im Kopf, die meisten modernen Organisationen aber sind wirklich nicht mehr so aufgebaut.« Jetzt erteilte Neil Lektionen. »Alles in allem erinnern mich die ›Abteilungen‹ des Gehirns an eine Organisation von Fachleuten. Gleich denen, welche die Gemeinden bei der Lösung ihrer Müllprobleme beraten. Die Organisationen in diesem Gebäude scheinen Differentialdiagnose zu praktizieren. Und es gibt Beratungsfirmen, die einem sagen, wie man sich eine Solaranlage aufs Dach setzt, die alle Kostenberechnungen für einen durchführen, die Hürden des Genehmigungsverfahrens übernehmen und die örtliche Elektrizitätsgesellschaft zwingen, an den Wochenenden den Stromüberschuß abzunehmen. Das Gehirn gleicht eher einer solchen wissensbasierten Organisation – mehr der Informationsgesellschaft als der Industriegesellschaft.«

»Doch mit Sicherheit muß es irgendwo auch ein Management geben«, schlußfolgerte er und zeigte mit seiner Gabel nach oben. »Sogar eine moderne Organisation von Gleichgestellten, beispielsweise ein Orchester oder eine Beratungsfirma, hat ein paar Manager. Wenn keine Entscheidungen getroffen werden, wird nichts erledigt.«

»Die selektive Aufmerksamkeit könnte zumindest ein Kandidat für das mittlere Management sein«, sagte George grinsend. »Aber wenn wir dir einen stellvertretenden Geschäftsführer zugestehen, willst du wahrscheinlich gleich wissen, wo der Chef sein Büro hat.«

George zog Neil damit auf, daß er in der Geschäftsführung seines neuen Unternehmens das Rotationsprinzip eingeführt hatte. Als vor einem Jahr seine Anfälle schlimmer wurden, mußte Neil die Geschäftsführung abgeben, und nun warten seine Partner dringend darauf, daß er wieder voll einsatzfähig zurückkehrt und ihnen einen Teil ihrer Arbeitslast abnimmt.

»Nun, laß dir erklären, worin der große Unterschied zwischen einem Stellvertreter und dem Geschäftsführer liegt«, sagte Neil, der jetzt ganz in seinem Element war. »Das hat nämlich nichts mit der Größe des Büros oder der besseren Aussicht zu tun. Es ist noch nicht einmal in dem Sinn eine Frage der Führungsqualität, ob man die Leute dazu kriegt, daß sie einem folgen. Wie man das hinbekommt, wissen die jungen Leute alle, wenn sie erst einmal auf der Leiter ziemlich weit nach oben gekommen sind.«

Er spreizte seine Hände. »Was der Chef wirklich tun muß, ist die Richtung vorgeben. Es gibt keinen mehr, dem er folgen könnte. Man braucht eine Menge Phantasie, um Geschäftsführer sein zu können. All die verschiedenen möglichen Richtungen, welche die Firma einschlagen könnte, muß man sondieren und im voraus durchspielen, sich überlegen, wie die Firma in fünf oder zehn Jahren aussehen könnte, wenn man der einen oder anderen Richtung folgt. Und dann muß man entscheiden.«

»Natürlich frustriert das die stellvertretenden Geschäftsführer, die die Alternativen geplant hatten. Aus diesem Grund sind meine Partner und ich vor drei Jahren von Bord gegangen und haben unsere eigene Firma gegründet. Wir sahen Möglichkeiten für neue Produkte und eine Marktnische, die bestimmt bald jemand besetzen würde. Und wir haben einen schönen Vorsprung gehabt.«

Eine Vorstellung von der Zukunft zu haben ist vielleicht die am meisten spezialisierte Fähigkeit der höheren intellektuellen Funktionen. Stell dir vor, jemand – ein etwas aufgeweckteres autistisches Kind wäre ein gutes Beispiel – verfügt über die Grundlagen der Sprache, kann sich aber kein mentales Modell von der Sichtweise eines anderen machen. Und genauso interpretiert es auch alles sehr wörtlich – eine Metapher zu verstehen, liegt außerhalb seiner Fähigkeiten. Es kann sich nichts gut vorstellen, so daß es sogar dann, wenn es für sich allein spielt, nicht kreativ ist. Weil es sich die Reaktionen anderer Menschen nicht vorstellen kann, bereiten ihm Sozialbeziehungen alle möglichen Schwierigkeiten. Ein Topmanager wäre ein gutes Beispiel für das entgegengesetzte Ende dieses Spektrums.

»Ja, da stimme ich dir zu«, sagte Neil mit gespielter Bescheidenheit. »Aber wahrscheinlich machst du dir eine altmodische Vorstellung davon, wie ein Topmanagement arbeitet – es funktioniert wirklich eher wie ein Streichquartett oder eine Jazzcombo, bei der mal der eine, mal der andere führt und die Führungsqualität wenig mit dem Titel oder der Stellung in der Hierarchie zu tun hat. Deswegen bezeichnet man das

Topmanagement amerikanischer Firmen auch als ›President's Office‹, als den ›Vorstand‹ im deutschen.«

»Am ehesten aber geht es wirklich zu wie bei den Partnern in einem Tennisdoppel«, fuhr er fort. »Der eine Spieler hat vielleicht eine Lieblingsposition, dicht am Netz oder an der Grundlinie, aber sie decken das Feld gemeinsam ab. Und nicht nur je nach Situation, etwa wenn einer aus der Position gerät, sondern ihren relativen Stärken entsprechend. Ein guter Grundlinienspieler wird loslaufen, um die schwache Rückhand seines Partners am Netz abzusichern, noch ehe der Ball den gegnerischen Schläger auf der anderen Seite des Spielfelds verlassen hat.«

Vor einem halben Jahrhundert hat Kenneth Craik die Hypothese aufgestellt, daß das Gehirn sich in kleinem Maßstab ein funktionierendes Modell der äußeren Realität und der möglichen Verhaltensweisen mache: Daß das Gehirn folglich verschiedene Alternativen ausprobieren und die bestmögliche auswählen könne, indem es sich gespeichertes Wissen über in gewisser Weise analoge Ereignisse in der Vergangenheit zunutze macht. Wenn man sich vorher alternative Handlungsweisen vorstellt, kann man umfassender, sicherer und kompetenter auf die unvorhergesehenen Ereignisse reagieren, die einem begegnen. Und man kann sich sogar auf zukünftige Situationen einstellen, noch ehe sie sich zu entwickeln beginnen, indem man beispielsweise Geschäftspläne schmiedet, die schon die Reaktionen der Wettbewerber vorwegnehmen.

Die Fähigkeit des Gehirns, sich neu zu organisieren, beschränkt sich nicht nur darauf, den Verlust eines Stück Gehirngewebes auszugleichen. Es kann auch von Minute zu Minute Bereichen neue Aufgaben zuweisen und optimale Arrangaments aufbauen, wie es sich vielleicht beim Anhören der Mozart-Sonate ereignete. Es stellt die nötigen Ressourcen bereit, wenn man sich auf eine schwierige Aufgabe konzentriert; oder wenn man sich entspannt und all den unterbewußten Gedanken das Mäandrieren erlaubt – so daß gelegentlich eine wichtige alte Erinnerung im Bewußtseinsstrom auftaucht; oder wenn man eine neue Beziehung herausfindet zwischen etwas, das man vor wenigen Minuten sah, und etwas Altem, das tief in einer Nische des Gedächtnisses verborgen war, beispielsweise wenn man sich endlich an den Namen von jemanden erinnert.

»Ich mag den Vergleich – aber du verstehst nicht, worauf ich hinauswill«, reklamierte Neil. »Natürlich kann man etwas ohne zentrale Koordinierung reorganisieren. In einer dezentralen Ökonomie passiert das laufend. Aber für andere Aufgaben muß es eine Art Management geben, selbst wenn es keine Hierarchie gibt. Was verlagert meine Aufmerksamkeit von der Verkehrsampel zur Suche nach einem weiteren Masarati? Was schaltet sie von wichtigen Belangen in Bereichen außen am rechten Frontal- und Parietallappen um – so daß jetzt die Dinge betont werden, die auf beiden Seiten der Gyrus cingulatus oben vor dem Corpus callosum betreibt?«

Vielleicht machst du all diese Dinge gleichzeitig, parallel.

»Offensichtlich sieht es doch so aus, als würde ich meine Aufmerksamkeit von der einen Sache auf eine andere umschalten. Ich habe einen Bewußtseinsstrom, in dem momentan immer nur eine Sache passiert«, unterstrich er. Dann machte er eine Pause. Er wirkte verblüfft.

»Du willst mir sagen, daß mein Bewußtseinsstrom nur *scheinbar* eine Folge von Ereignissen ist – weil er nämlich den parallelen Aktivitäten vieler meiner Gehirnbereiche Stichproben entnimmt, immer eine nach der anderen?«

Es könnte etwas von der Art sein, wie in den Fernsehnachrichten Stichproben der Aktivitäten in verschiedenen Weltgegenden präsentiert werden. Der größte Teil der Welt aber wird die meiste Zeit ignoriert. Was immer berichtet wird, ist nur ein kleiner Teil dessen, was vor sich geht. Und schon gar nicht verursacht die Nachrichtensendung jene Aktivitäten; sie wirft nur ein Schlaglicht auf solche Ereignisse, auf die Reporter und Kameraleute durch andere Berichte aufmerksam wurden.

»Mithin ist das mentale Eins-nach-dem-anderen eine *Folge* und nicht eine Ursache?«

Zumindest in gewisser Hinsicht. Das Schlaglicht könnte natürlich ein Ergebnis beeinflussen, etwa indem eine Entscheidung dadurch rascher möglich wird. Die Berichterstattung der Medien zu dirigieren spielt heutzutage bei der politischen Konsensbildung eine bedeutende Rolle. Mit Sicherheit gibt es in solch einem System auch Fehlentwicklungen; so wird Kamerateams des Fernsehens manchmal vorgeworfen, erst durch ihre Gegenwart Unruhen zu provozieren – sie fungieren als Katalysator. Bewußte Aufmerksamkeit, die man auf ein Problem konzentriert, ist auch ein Katalysator.

Sicherlich arbeitet der Bewußtseinsstrom die meiste Zeit mit der selektiven Aufmerksamkeit Hand in Hand, aber die beiden müssen nicht miteinander identisch sein. Die selektive Aufmerksamkeit könnte ebenso die Aktivitäten des Unterbewußtseins beeinflussen. Obwohl Schizophrene versuchen, sich auf die äußere Welt zu konzentrieren, stürmen Gedanken oder Halluzinationen auf sie ein. Für die meisten Menschen entspricht der Gang ihrer Gedanken aber wohl dem, worüber man laut sprechen würde, wenn man wollte.

»Offensichtlich hat man den Bewußtseinsstrom auch, ohne laut zu sprechen«, unterstrich George. »Es scheint so zu sein, als könnten einige Menschen auch ohne viel ›Bewußtsein‹ sprechen – jene Frontallappen-Patienten beispielsweise und vor allem die Kinder mit Williams-Syndrom, die andauernd reden und reden, ohne daß diese Sätze viel Sinn machten.«

Vielleicht ist also das kleine Männchen im Kopf bloß der Strom des Bewußtseins: ein serieller Strom, der aus den parallelen Prozessen Stichproben auswählt. Er mag stark den verbalen Ereignissen zugeneigt sein und all die banaleren Dinge wie etwa den Blutdruck beiseite lassen.

»Wo bliebe bei all dem Julian Jaynes?« fragte Neil nach einer kurzen Pause. »Ich meine seine Theorie, daß das Sprechen zu sich selbst sich erst in jüngster Zeit entwickelt hat, ungefähr zwischen der Niederschrift der Ilias und jener der Odyssee? Vor dieser Zeit hätten wir Stimmen gehört, die uns sagten, was zu tun sei; danach hätten wir uns die Geschichte unseres Lebens selbst erzählt. Und unser mentales Leben sei dadurch wesentlich reicher geworden.«

Mit Sicherheit hat die Sprache, wann immer sie in der vormenschlichen Evolution aufgetaucht ist, das mentale Leben ungemein bereichert. Aber erst vor so kurzer Zeit? All die Beweise dafür stammen aus Stiluntersuchungen literarischer Quellen – die bekanntermaßen exzentrischen Moden folgen. In der Anthropologie gibt eine alte Faustregel, die besagt, daß das Fehlen von Beweisen kein Beweis für das Fehlen ist. Warum sollte man einen plötzlichen Entwicklungssprung annehmen, wenn dafür keine Not besteht?

»Ich vermute, es gibt einfach keine Antwort auf meine Frage, wie das *Management* des Wissens bewerkstelligt wird, *was* die Aufmerksamkeit konzentriert, *wie* die Gedanken ihren Wettstreit austragen?«

Nein, aber es gibt ein paar Theorien, die man überprüfen kann. Wenn du darauf bestehst, dann muß ich dir wohl, denke ich, von den Darwin-Maschinen erzählen.

Nicht nur neue Arten von Pflanzen und Tieren entwickeln sich aufgrund von Darwinschen Prozessen, sondern es bilden sich auf diese Weise auch neue Antikörper für das Immunsystem aus. Eine neue Tierart hervorzubringen, braucht vielleicht Jahrtausende, aber es bedarf nur einer oder zwei Wochen, damit sich ein neuer Antikörper darauf spezialisieren kann, ein eindringendes neuartiges Molekül zu zerstören. Die Aufmerksamkeit auf etwas anderes zu lenken oder einen neuen Gedanken zu entwickeln bedient sich möglicherweise eines ähnlichen Prozesses, der vielleicht nur Millisekunden bis Minuten in Anspruch nimmt, weil die elektrischen Vorgänge in einem Neuron viel schneller ablaufen.

»Alles passiert nur wegen des Überlebens der Tüchtigsten?« fragte Neil skeptisch.

Das ist der allseits bekannte Aspekt des Darwinismus, aber jeder Darwinsche Prozeß ist durch mindestens sechs Hauptmerkmale gekennzeichnet. Zuallererst braucht man irgendeine Art Muster.

»So etwas wie ein Gen? Eine Kette von DNA-Basen?«

Richtig, und im Fall des Gehirns sprechen wir wahrscheinlich von dem Hebbschen Zellverband, jenem raumzeitlichen Muster von Neuronenaktivitäten, das einen Apfel oder eine Apfelsine repräsentiert. Dieser zerebrale Code ist reichlich beliebig – etwa wie der Strichcode, ich sagte es bereits, der auf einer Obstkonserve Äpfel repräsentiert. Mit Blick auf den mentalen Darwinismus ist an diesem Muster nun so wichtig, daß man Kopien davon machen kann. Beispielsweise kannst du vermutlich den Code für *Kamm* über weite Entfernungen im Gehirn durch das Corpus callosum, den Hirnbalken, übertragen.

»Allerdings schickst du nicht buchstäblich eine Botschaft in der Weise, wie du etwas mit der Post versendest«, machte George klar. »Vielmehr machst du am anderen Ende eine Kopie, als würdest du ein Fax benutzen.«

Und genauso geht auch das ursprüngliche Muster beim Prozeß des »Sendens« nicht verloren. Wenn man also den Kamm in der linken Hand spürt, aber eine Botschaft von der sensorischen Handkarte der rechten Gehirnhälfte hinüber an die Sprachbereiche der linken Gehirnhälfte schicken muß, macht man in einiger Entfernung eine Kopie des raumzeitlichen Musters für »Kamm«. Solche Informationsübertragung ist ein Grund, warum Hebbsche Zellverbände kopiert werden müssen, aber es gibt auch noch andere.

»Mithin könnte es viele räumliche Muster neuronalen Feuerns im Gehirn geben – aber nur einige von ihnen sind in der Lage, irgendwie Kopien von sich selbst zu machen? Aus welchem anderen Grund aber sollte man ein solches Muster kopieren wollen?«

Um Variationen des Musters zu erzeugen. Absichtliche Fehler, wenn du so willst. Bei einer Übertragung über größere Entfernungen können Variationen wahrscheinlich mit einer Art von automatischer Fehlerkorrektur minimiert werden, und ich habe bereits eine Möglichkeit herausgefunden, wie das bewerkstelligt werden könnte. Manchmal aber wird man die automatische Fehlerkorrektur abschalten wollen.

»Ich nehme an, du willst aus demselben Grund Fehler bekommen, aus dem auch Mutationen manchmal nützlich sind?«

Kleine Fehler können ganz praktisch sein. Mit Sicherheit produziert auf diese Art und Weise das Immunsystem ein Antikörper-Molekül, das noch besser auf den Eindringling paßt. Wenn ein Antikörper einen Eindringling überwältigt, wird die Reproduktion angeregt. Doch entsteht dabei nicht einfach ein Klon des erfolgreichen Verteidigers: Ein ganzes Spektrum von Variationen entwickelt sich um das Muster des Siegreichen herum. Einige Varianten passen sogar noch besser zu den Eindringlingen, und so reproduzieren sie sich stärker. Und Varianten des neuen, besseren Muster, bringen wiederum einige Varianten hervor, die noch besser sind.

»Wenn schließlich alle Eindringlinge ausgelöscht sind«, erklärte George, »passen die Antikörper nahezu perfekt. Und dieser Typ wird sich noch jahrelang herumtreiben und bereit sein, eine neuerliche Invasion sofort niederzuschlagen.«

»Das wäre die Immunreaktion. Was ist aber das Entsprechende, das in den Bahnen des Gehirns passiert?«

Nehmen wir an, daß ein Hebbsches Muster unmittelbar nebenan eine Kopie von sich selbst gemacht hat und sich, genau wie ein Kristall wächst, ein ganzes Gebiet entwickelt, in dem sich jenes Grundmuster ständig wiederholt. Wie auf einer Tapete.

»Hunderte von Kopien des Hebbschen Musters. Aber warum? Wegen eines biologischen Imperativs? Weil da ein freies Gebiet ist, das darauf wartet, irgendwie organisiert zu werden?«

Das wäre in der Tat eine gute Möglichkeit. Die meisten physikalischen Systeme mit einem großen Energieumsatz neigen dazu, sich selbst in Mustern zu organisieren, warum sollte da die elektrische Aktivität des

Gehirns eine Ausnahme sein? Auch andere Muster könnten zur gleichen Zeit versuchen, dieses Territorium zu organisieren, so daß man einen gewissen Wettbewerb erwarten könnte.

»Etwa so, wie Quecken und Windhalme in meinem Garten miteinander wetteifern, vermute ich«, sagte Neil.

Ja, und in deinem Garten zeigt sich noch ein weiterer wesentlicher Aspekt eines Darwinschen Prozesses: Es muß irgendein Arbeitsgebiet geben, auf dem der Wettbewerb stattfinden kann.

»Was entscheidet aber darüber, wer gewinnt? Oder ob es zu einem Unentschieden kommt?«

In deinem Garten sind es die vielen Facetten der Umweltbedingungen. Regen oder eine andere Art Bewässerung sind wichtig und der Ernterhythmus – wie oft du also den Rasen mähst –, Sonnenschein und Schatten, Nährstoffe. Einige DNA-Muster von Gräsern reproduzieren sich bei einer bestimmten Kombination von Umweltfaktoren besser als bei anderen. Die Umwelt des Gehirns umfaßt die laufenden Inputs und die Erinnerungen, die in synaptischen Verbindungsmustern gespeichert sind, jenen Resonanzen.

Muster, Kopien, Variationen, Wettstreit um ein bestimmtes Gebiet und eine vielgestaltige Umwelt, die den Wettbewerb beeinflußt – das sind fünf der sechs Hauptmerkmale eines jeden Darwinschen Prozesses. Das sechste, das den Kreis schließt, sind die vielen Wiederholungen der Variations- und Ausleseschritte. Wie bei der Immunreaktion muß es eine »nächste Generation« geben, in der neue Varianten auf den erfolgreicheren Vertretern der vorangegangenen Generation aufbauen. Die meisten neuen Varianten werden schlechter als ihre »Eltern« abschneiden, einige aber besser – und das werden zum größten Teil diejenigen sein, die sich mit noch mehr Varianten reproduzieren.

»Aus diesen sechs Hauptmerkmalen besteht also auch der neuronale Darwinismus?«

Das habe ich damit gemeint, aber der Begriff »Darwinismus« wird in der Wissenschaft fast so fahrlässig gebraucht wie von Journalisten. In den meisten Fällen will man damit nur andeuten, daß zufällige Varianten durch selektives Überleben zu einem bedeutungsvollem Muster geformt werden – sagen wir, so wie die Synapsen im Gehirn eines Kindes von den Umwelterfahrungen geprägt werden. Das ist ein Modellierungsprozeß. Oft schließt sich aber der Kreis nicht, das sechste Hauptmerkmal fehlt. Oder es ist vorhanden, aber dafür mangelt es an Kopien der Muster.

Selektives Überleben ist in der Regel gemeint, wenn irgend jemand von Darwinismus spricht – und das ist für sich allein schon wichtig genug. Dennoch ist das eine ziemlich platte Betrachungsweise des Darwinismus – der in Wirklichkeit doch viel mehr Schritte umfaßt. Er ist ein sich wiederholender Prozeß, der dadurch zu immer komplexeren Ergebnissen führt, daß er sich einer Vielzahl von Generationen bedient, die immer wieder in Varianten solcher Eltern-Muster kopiert werden, die erfolgreich waren.

»Ein echter Fortschritts-Automat, wie sich das anhört. Das also ist eine Darwin-Maschine?«

Der Name bezieht sich auf eine ganze Klasse von informationsverarbeitenden Maschinen, die sich alle der sechs Hauptmerkmale eines Darwinschen Prozesses bedienen. Ich habe den Namen in Analogie zur Turing-Maschine gewählt. Der Begriff bezieht sich nicht auf eine spezielle Maschine oder Computersimulation, sondern auf eine ganze Klasse. Sogar biologische Mechanismen zählen dazu – die Immunreaktion ist ein besonders gutes Beispiel für eine Darwin-Maschine.

Wenn der zerebrale Kortex Kopien jener Hebbschen raumzeitlichen Muster machen und sie miteinander in einen Wettstreit treten lassen kann, der von Resonanzen mit Erinnerungen beeinflußt wird, dann könnten einige von unseren kognitiven Prozessen Produkte einer Darwin-Maschine in unserem Kopf sein.

»Ich glaube, das mußt du mir an einem Beispiel erklären«, sagte Neil kopfschüttelnd.

Nimm an, daß irgend etwas hier gerade an uns vorbeigezischt und dann unter dem Tisch verschwunden wäre, so daß du deinen ersten Eindruck nicht überprüfen konntest – daß es so etwas wie ein Tennisball war oder vielleicht ein Apfel oder eine Apfelsine. Wie kommst du auf solche Kandidaten, und wie entscheidest du schließlich, worum es sich gehandelt hat?

»Ich weiß es nicht, aber du wirst es mir bestimmt gleich sagen«, sagte Neil lächelnd.

Der Sinneseindruck erzeugt ein Signale feuerndes Komitee von Neuronen, die dafür zuständig sind, bestimmte Merkmale zu erkennen; ihr raumzeitliches Muster aber ist nicht wirklich in Resonanz mit einem gespeicherten Muster. Kopien werden von dem »Irgendetwas-Rundes«-

Muster gemacht, und bei diesem Prozeß kommt es zu Fehlern. Nimm an, durch einen dieser Fehler kommt das Muster in die Nähe des gespeicherten Musters für *Apfel.*

»Ich dachte, die gespeicherten Muster seien rein räumlich. Und die aktiven Muster wären raumzeitlich, eher wie eine Melodie?«

Die aktiven Muster geraten in eine Resonanz mit den gespeicherten, genau wie dein Auto mit den ausgefahrenen Querrinnen der Straße resoniert, bis dir auch noch die Zähne mitklappern. Dabei geschieht zweierlei: Die vollständigen Details des gespeicherten Musters werden herausgearbeitet, obwohl nur eine Annäherung angeboten wurde. Wenn die kortikalen Bahnen erst einmal begonnen haben, in der Nähe des chaotischen Attraktors zu oszillieren – eine etwas kompliziertere Ausdrucksweise für Resonanz –, erhältst du nach und nach ein vollständigeres raumzeitliches Muster, indem das gespeicherte Muster das anregende ersetzt.

»Auf diese Weise kann ich also die Details eines bestimmten Gesichts ergänzen, selbst wenn ich nur eine rasch hingeworfene Karikatur betrachte.«

Richtig, plötzlich treten die Details hervor. Zum zweiten macht die Resonanz auch das Kopieren leichter, so daß das resonierende Muster auch nebenan Kopien von sich macht. So weiten die aktiven *Apfel*-Muster ihr Territorium nach und nach auf Gegenden aus, in denen es keine Resonanz mit den synaptischen Langzeit-Mustern gibt. Alles Nachäffer.

Wenn irgendwo im Kortex einmal in anderer Weise kopiert wird, kommt es in dem »Irgendetwas-Rundes«-Muster vielleicht zu Fehlern, die in Richtung der gespeicherten Resonanz für Tennisbälle gehen. Jetzt hast du zwei Kandidaten für das unbekannte Objekt. Und vielleicht taucht noch ein dritter oder gar ein vierter auf.

»Hat man jetzt also mehrere Kandidaten, dann geht, vermute ich, wohl der Wettbewerb um das Arbeitsgebiet los. Genau wie Quecken und Windhalme um meinen Garten kämpfen. Und die beste Resonanz gewinnt?«

Nicht allein das gespeicherte Muster beeinflußt den Kopierprozeß, sondern auch die betreffende Situation. Wenn man in einer Cafeteria ist, wird man eher auf einen Apfel oder eine Apfelsine tippen als auf einen Tennisball. Die vielgestaltige Umgebung ist es, die den Wettbewerb in eine bestimmte Richtung drängt und auf die nächste Generation von Varianten Einfluß nimmt.

Daß *Apfel* sich mehr Territorium erobert, bedeutet nicht, daß dadurch der Wettbewerb beendet ist, genauso wenig wie du jemals alle Quecken in deinem Garten loswirst. Wenn eine kleine Veränderung in der Umwelt die Wettbewerbsbedingungen verändert – nimm an, jemand sagt, das irgendwie runde Objekt sei gesprungen –, verschiebt sich plötzlich die Gewichtung von *Apfel* und *Tennisball,* so daß der letztere bald dominant sein wird: Und damit zu derjenigen Annahme wird, die wohl am ehesten zutrifft, das Objekt also mit größter Wahrscheinlichkeit so benannt werden wird.

»Das ist also das Unterbewußtsein?« fragte Neil. »Die Alternativen, die im Hintergrund herumlungern? Wenn ich behaupte, ich hätte bewußt einen Tennisball gesehen, berichte ich nur, welches Muster gegenwärtig dominant ist?«

So würde ich es formulieren. Das, was wir bewußt erfahren, spiegelt den Sieger unter all den Gehirnbereichen wider, die miteinander um die Dominanz wetteifern.

»So wie bei der Basketball-Meisterschaft? Wo es Sieger regionaler Ausscheidungskämpfe gibt, dann ein Viertelfinale, das Halbfinale und schließlich das Meisterschaftsspiel?«

Ja, nur geht der Wettstreit ständig weiter, so daß der »Suchscheinwerfer« deiner »bewußten Wahrnehmung« ständig von einem Teil des Gehirns zu einem anderen umschwenkt, wie die Position des momentanen Siegers wechselt. Formuliert man es auf diese Weise, ist der Strom des Bewußtseins nur die Geschichte des herumschweifenden Schlaglichts. Aber es ist natürlich nicht wirklich ein Schlaglicht, das von einem anderen bedient wird – jeweils eine Gehirnregion leuchtet von selbst auf, weil sie vorübergehend die Dominanz über die anderen Gebiete errungen hat.

»Und deswegen gibt es kein Geschäftsleitungsbüro für das Bewußtsein?« brütete Neil. »Und deswegen kann auch kein Schlaganfall es auslöschen?«

»Ein Schlaganfall könnte einen vertrauten Begriff wie Farbe aus dem Strom des Bewußtseins eliminieren«, bemerkte George, »aber nur selten kann er das Hin- und Herschalten auslöschen, das den Strom produziert.«

Bestimmt gibt es ein mittleres Management im Gehirn, das solche Wettbewerbe regeln hilft, so wie klimatische Veränderungen dazu dienen, die

Evolution in allgemeiner Weise zu stimulieren. Und ich würde erwarten, daß es tatsächlich Schwankungen herbeiführt.

»Management als Äquivalent klimatischer Veränderungen, sagtest du?« Neil lächelte. »Das haben sie uns in Betriebswirtschaft nicht beigebracht. Diese Manager versuchen also, den Wettbewerb zu verschärfen?«

Ja. Und dadurch entstehen freie Nischen, in denen die lokale Bevölkerung ausgelöscht wird. So bekommt eine Variante, die zunächst nicht in der Lage gewesen wäre, ein Kopf-an-Kopf-Rennen zu gewinnen, eine einmalige Chance. Diese raumzeitlichen Muster sind recht kurzlebig; durch eine kleine Inhibition, die vorübergehend die Verhältnisse beruhigt, wird ihr Arbeitsgebiet leicht ausgelöscht. Die meisten von ihnen haben nicht lange genug Bestand, um synaptische Stärken permanent zu verändern und dadurch eine langfristig stabile Erinnerung zu erzeugen.

Das ist ein wichtiger Aspekt, ein anderer ist die Separierung. In der Biologie entwickeln sich neue Arten am schnellsten auf Inselgruppen wie den Hawaii-Inseln. Ein Management, das den Kortex vorübergehend unterteilt, um das Äquivalent vieler kleiner Inseln zu schaffen, würde ebenfalls eine gute Strategie verfolgen.

»Ein bißchen Wankelmut als gute Management-Taktik? Oder Etats, die sich unvorhersagbar verändern? Warte, wenn ich das meinen Kollegen erzähle!«

Im Gehirn müßte man lediglich das Hintergrundniveau der exzitatorischen und inhibitorischen Aktivitäten verändern, was mit jenen großräumig arbeitenden Mechanismen für Erregbarkeit und Aufmerksamkeit gut möglich sein müßte. Man müßte einfach nur ein bißchen Norepi oder Serotonin, Dopamin oder Acetylcholin versprühen.

Auf diese Weise könnte man Zyklen von klimatischen Veränderungen erzeugen, und damit Zyklen der Fraktionierung und Integration – genauso entwickelt sich eine Inselgruppe während einer Eiszeit, wenn der Meeresspiegel absinkt, zu einer einzigen großen Insel. Die verschiedenen Arten können während einer Periode der Isolation getrennte Wege gehen, dann folgt eine Periode des Wettbewerbs, aus der eine Art als Sieger hervorgeht und sich weiter ausbreitet. Wenn dann der Meeresspiegel beziehungsweise die Erregbarkeitsschwelle wieder ansteigt, wird dieser Sieger zum Ausgangspunkt einer neuen Fraktionierung.

»Das hört sich an, als seien da die Leute vom Kartellamt am Werk und würden die Telefongesellschaft aufspalten. Wie wäre es mit den Konjunkturzyklen? Passen die auch in dein Bild?«

Sie wären ein gutes Beispiel dafür, wie ganze Kontinente gleichzeitig in Mitleidenschaft gezogen werden können. Den Konjunkturzyklen analog wären die Stimmungslagen, etwa die manisch-depressiven Zyklen, die sich manchmal bei kreativen Menschen zeigen. Nimm aber an, die neuronalen Äquivalente klimatischer Veränderungen wären eher regionaler Natur wie die Regenfälle aus den Sturmsystemen des Pazifik, die sich ein paar Jahre lang verschieben, so daß Kalifornien mehr Regen bekommt als Oregon, sich dann aber wieder zurückverlagern. In neuronalen Zusammenhängen könnte das eine gute Management-Technik sein, denn zum einen erhalten die verschiedenen Gebiete so Gelegenheit, ihre Fähigkeiten zur Geltung zu bringen, zum anderen wird auch die Evolution neuer Ideen beschleunigt – denn sie setzen sich in den Kopierwettbewerben kleinerer Gebiete leichter durch.

»Langsam glaube ich, du meinst das alles ernst.«

Der wahre Prüfstein für solche eine Vorstellung sind jedoch Sequenzen, nicht das Erkennen oder Erinnern von Einzelheiten. Mittels Sequenzen führen wir über die Reihenfolge der wahrgenommenen Ereignisse Buch. Am wichtigsten ist jedoch, daß wir Repräsentationen *produzieren*, die in Sequenzen wie etwa Sätzen kodiert sind. Wir entwerfen uns Szenarien. Dank unserer Fähigkeit zum Sequenzieren erleben wir einen Bewußtseinsstrom, den wir als Sequenz erinnern können, über den wir noch eine Weile nachgrübeln und somit manchmal Probleme lösen können.

Der wirklich wichtige Bewußtseinsstrom aber ist der autobiographische – die Geschichte, die wir dadurch hervorbringen, daß wir uns unser eigenes Leben erzählen. Wir versuchen zu erklären, was mit uns geschehen ist, wie wir dorthin gelangt sind, wo wir sind. Wir stellen uns Erfolgsszenarien vor, wir sorgen uns um Szenarien des Versagens und der Bedrohung. Immer stehen wir vor der Wahl zwischen Alternativen für die Zukunft. Vierjährigen kann man zuhören, wie sie sich selbst Dinge laut erzählen, später aber legen die meisten von uns im stillen über ihr mentales Leben Bericht ab. Dank unserer Sequenzierungs-Fähigkeiten sind wir die Erzähler unseres eigenen inneren Erlebens.

»Du suchst also einen zerebralen Code, der sich gut für Sequenzen eignet. Ist eine Sequenz nicht nur eine kompliziertere Form von Kategorie?«

Das ist richtig, und die Chaostheorie kennt einige seltsame Attraktoren, die gut dafür geeignet scheinen, eine Zeitlang eine raumzeitliche Sequenz auszuführen und dann zu einer weiteren überzuwechseln. Der schmetterlingsförmige Lorenz-Attraktor ist dafür ein Beispiel.

Es gibt aber auch bestimmte Mittel und Wege, Sequenzen zerebralen Codes stabil zu halten: Sie werden in der richtigen Reihenfolge quer über ein Arbeitsgebiet des zerebralen Kortex aufgereiht, so daß sie wieder in der richtigen Reihenfolge abgetastet werden können. Das Bündelungs-Limit – jene sieben plus oder minus zwei Einzelheiten, die man im Arbeitsgedächtnis behalten kann – könnte die Entsprechung zu den Limits einer solchen Abtast-Kartierung darstellen. Und der Kortex um die Sylvius-Furche herum ist vielleicht besonders gut dafür geeignet, solche Sequenzen beizubehalten oder sie in der langfristig stabilen Form von Veränderungen synaptischer Verbindungen zu speichern.

»Ich glaube nicht, daß man das sonderlich gut mit einem Organigramm beschreiben könnte«, sagte Neil. »Nicht besser, als man damit sinnvollerweise die Funktionen eines Firmenvorstands oder eines Tennisdoppel-Teams abbilden könnte.«

»Bislang sicherlich noch nicht«, antwortete George. »Denk' daran, daß wir in der Geschichte der zerebralen Kartierung immer weitere, tiefer liegende Spezialisierungen entdeckt haben, daß der ›Assoziationskortex‹, wie sich herausgestellt hat, in seinem Inneren viele weitere Karten versteckt hält. Denk' auch daran, wie viele Spezialisierungen wir bislang beobachtet haben, Neuronen, die während der einen Aufgabe aktiv sind, aber nicht während einer anderen. Deine Darwin-Maschine läuft vielleicht im zerebralen Kortex, als wäre er einfach nur ein unspezifizierter Arbeitsraum, aber trotzdem kann es dort gut jede Menge Spezialisierungen geben.«

Richtig. Doch für die Flexibilität sprechen jene visuellen Neuronen höherer Ordnung, welche die Größe ihrer rezeptiven Felder ändern, je nachdem, ob die Aufgabe des Affen darin besteht, auf eine Farbe oder auf ein Form zu reagieren. Meiner Theorie zufolge gibt es wegen all diesem Kopieren noch mehr Flexibilität. Resonanzen für *Apfel* sind keineswegs überall zu finden, doch mittels Kopieren kann das raumzeitliche Muster *Apfel* auch ohne sie an vielen anderen Stellen eine Zeitlang aufrechterhalten werden.

»Und das genügt der anderen wichtigen Einschränkung, die aus der Physiologie folgt«, fuhr George fort. »Es gibt Stellen, die für Aufgaben wie Lesen oder Benennen von grundsätzlicher Bedeutung sind, und es gibt andere, die während dieser Aufgabe zwar aktiv sind – aber nicht in dem Sinn entscheidend zu sein scheinen, daß die Aufgabe weniger gut bewältigt würde, wenn sie vorübergehend durch den elektrischen Strom durcheinandergebracht werden.«

Was meine Art dynamischer Reorganisations-Theorie nahelegt, ist natürlich, daß das Gebiet des Kortex, welches auf Obst spezialisiert ist – wenn es ein solches gibt –, vermutlich 99 Prozent seiner Zeit damit verbringt, bei anderen Aufgaben mitzuhelfen, die mit Obst gar nichts zu tun haben. So etwa wie ein Neurochirurg, der die meiste Zeit als Allgemeinmediziner arbeitet.

»Schreckliche Vorstellung«, stöhnte George. »Ein Neurochirurg, der nur ein Prozent seiner Zeit operiert, wäre wohl überhaupt kein Neurochirurg!«

»Und hier sehen wir nun also«, bemerkte Neil mit der überschwenglichen Freundlichkeit eines Reiseleiters, »den traditionellen Konflikt der Wissenschaft. Den zwischen ›Kontext ist alles‹ auf der einen Seite und ›Spezialisierung ist entscheidend‹ auf der anderen mit – natürlich – dem üblichen Zusatz: ›Übung macht den Meister‹.«

Der experimentelle Neurophysiologe sucht Spezialisierungen, und er findet sie. Der theoretische Neurophysiologe aber sucht nach Schemata allgemeingültiger Prinzipien – dynamische Reorganisation und flexible Aufgabenverteilung.

»Seine Schemata dürfen aber nicht im Widerspruch zu all den bekannten Spezialisierungen stehen. Richtig?«

Wir ergänzen uns sehr gut. Jede Gehirntheorie – oder zumindest jene, welche der näheren Betrachtung wert sind – muß ein erhebliches Maß an Vielseitigkeit erklären können – *aber* zugleich auch die Spezifität vieler Funktionen. Auf unterer Ebene muß sie jene zerebralen Codes für Äpfel und Apfelsinen erklären, wie Hebbsche Zellverbände erschaffen und gespeichert werden – und wie während des Erinnerns oder Erkennens das vollausgebildete raumzeitliche Muster wiedererschaffen wird.

Auf einer mittleren Ebene muß sie erklären, wie Kategorien gebildet werden und wie Metaphern funktionieren könnten. Sie muß erklären, warum es eine gute Vorbereitung auf bestimmte Problemstellungen sein kann, sich vorher Musik von Mozart anzuhören.

Auf einer noch höher gelegenen Ebene muß sie schließlich das kreative Durcheinander erklären, die vielfachen Ebenen der Abstraktion, wie Modelle möglicher Entwicklungen geschaffen werden und wie komplizierte sequentielle Regeln wie Syntax und Logik angewandt werden. Das erinnert mich daran, daß ich dir irgendwann einmal noch von den Hexagonen erzählen wollte.

Zwar sehen wir keinen Grund, warum das Gehirn nicht ein paar Prozesse erfunden haben sollte, die trickreicher sind als der Darwinismus. Aber er ist so etwas wie ein Standardprozeß der Natur, einfach weil diese so gut kopieren kann. Auf irgendeiner Ebene – und vermutlich auf mehreren – wird das Gehirn nach Darwinschen Prinzipien funktionieren.

Geschichten für die eigene mentale Autobiographie und für den Karriereplan zu erzeugen, ist sicherlich einer der plausibleren Antwortkandidaten für die Frage: »Wo ist das wahre Ich?« Aber der Fluß der Gedanken, so strich Neil heraus, ehe er uns verließ, muß auch ständig gespeist werden.

»Ich gehe immer noch an meinen Bewußtseinsstrom angeln«, erklärte er. »Ich hatte einen Lehrer, der zu sagen pflegte, daß man den Bewußtseinsstrom mit einer Vielzahl neuer Fakten speisen, ihn ständig füttern müsse – wenn man will, daß ab und zu etwas Neues und Interessantes daraus auftaucht. Man muß immer weiter lesen, immer weiter Ideen daraufhin überprüfen, ob sie passen, muß sie umarrangieren, um etwas Besseres zu finden.«

Er rückte die Baseballmütze auf seinem Kopf zurecht. »Das war das einzige, weswegen ich mir bei dieser Operation Sorgen machte, daß mein Gedächtnis hinterher nicht gut genug sein würde, um es mit neuen Fakten zu füttern – oder zwischen den alten herumzufischen.«

»Doch so weit, so gut. Ich habe zwar noch Probleme mit dem Sonntags-Kreuzworträtsel, aber ich werde immer schneller«.

Nachwort

Viele Patienten sind in diesem Buch repräsentiert; in der Regel fanden sie dadurch Eingang, daß sie irgendeine Frage stellten oder eine Sorge zum Ausdruck brachten. Einige von ihnen mußten sich ähnlich Neil einer Operation unterziehen, so daß sie durch ihre Mitarbeit vieles zu unserem Wissen beigetragen haben. Ihnen allen möchten wir dafür danken, daß sie schwierige Fragen nach den Beziehungen zwischen dem Gehirn und dem Geist zu klären mitgeholfen haben; mit eben diesen Fragen befaßt sich auch dieses Buch.

Das Buch erhebt keinen Anspruch auf Vollständigkeit; daß es eine »persönliche Auswahl« ist, kommt der Wahrheit schon näher, und die Art und Weise der Auswahl war erheblich davon beeinflußt, daß wir eine für allgemein interessierte Leser verständliche Geschichte erzählen wollten. Unser Lektor, William Patrick, war uns eine große Hilfe, indem er uns auf die Art und Weise des Erzählens brachte, die wir schließlich anwandten. Wir müssen uns auch bei unseren Kollegen bedanken, die uns verschiedene Dinge klarstellen halfen: Katherine Graubard, Linda Moretti Ojemann, Sue Savage-Rumbaugh, Derek Bikkerton, Susan Goldin-Meadow, John Palka, Elizabeth Loftus, Merle Prim und Mark Sullivan. Ebenso sind wir unseren anderen, eher als Laien zu betrachtenden Erstlesern dankbar, die sich durch frühe Manuskripte quälten und uns auf Fallstricke und Untiefen hinwiesen: Zu jenen zählen Blanche Graubard, Agnes Calvin, David und Joan Ojemann, Daryl Hochman, Steven Ojemann, Ann-Elizabeth Ojemann, Eric K. Williams, Douglas W. VanDerhoof, Diane Brown, Linda Castellani (der wir den Titel des dritten Kapitels verdanken), Elaine Sweeney, Susan McCarthy, Betty Kamen, Albert Geiser, Randall Tinkerman, Patrizia DiLucchio, Richard Raucci, Lena M. Diethelm sowie eine ganze Reihe von Mitpassagieren auf Langstreckenflügen.

Eine Anmerkung für die Fachkollegen: Vielleicht haben Sie sich gefragt, wieso ein einziger Patient sich so vielen verschiedenen Tests unterziehen mußte oder wieso er zufällig alle dem klassischen Lehrbuch-Fall entsprechenden Merkmale komplex-partieller epileptischer Anfälle personifizieren konnte. Das liegt daran, daß »Neil« nicht nur ein Pseudonym ist, sondern ein Kompositum (weshalb der Name auch nicht im Sinn einer Fallbeschreibung zitiert werden sollte) und sich aus mehreren Temporallappen-Epileptikern zusammensetzt, die wir – wie üblich – aus Gründen der ärztlichen Schweigepflicht nicht weiter identifizieren können. Er ist ein wenig anders zusammengesetzt als der »Neil« unseres ersten Buchs *Inside the Brain*. Wir »rekonstruieren« oft Patienten, indem wir von den Befunden eines tatsächlichen Patienten Komplikationen weglassen und dafür typische Merkmale hinzufügen, die bei gerade diesem Patienten nicht zu finden waren. Der einzige unveränderte Fallbericht in diesem Buch wurde von Dr. C. beigesteuert: die Alexie, die sein verstorbener Vater, Fred H. Calvin, erlitt.

Die Chirurgen unter unseren Lesern haben möglicherweise noch eine weitere literarische Freiheit bemerkt, die wir uns erlaubten: die verschwindende Assistenzärztin. Dr. C. war tatsächlich bei Dutzenden solcher Anlässe das dritte Paar »steriler Hände«, aber es war ihm öfters aufgefallen, daß das zweite Paar ihm die Sicht auf das Gehirn verstellte. Die Assistenzärztin stand uns ebenfalls, gewissermaßen im literarischen Sinn, »im Weg«, als wir dieses Buch planten. Dramatiker schicken ja ständig einen Mitwirkenden mit irgendeinem Auftrag von der Bühne, damit nur noch zwei Personen übrigbleiben und der Dialog vereinfacht wird; in einer Erzählung wäre eine Unterhaltung zwischen drei Personen noch schwerer zu handhaben als auf der Bühne. Als uns schließlich aufging, daß Dr. C. als alleiniger Erzähler wirken und mit berichten sollte, was Dr. O. sagte, beschlossen wir, die Dialogprobleme zu umgehen, die eine Beteiligung der Assistenzärztin an den Gesprächen mit sich gebracht hätte – und zugleich dem Leser einen freien Blick und ein ungestörtes Zuhören zu ermöglichen. Also schickten wir die Assistenzärztin im ersten Akt mit einem Auftrag weg, nur um sie kurz vor Schluß nach Shakespeares Art wiederkommen zu lassen. Davon abgesehen liegen alle klinischen Fällen sowie die Details im OP innerhalb des Spektrums, das die zeitgenössische Neurochirurgie darstellt.

W.H.C.
G.A.O.

Allgemeine Literatur

William H. Calvin, *Die Symphonie des Denkens.* Wie aus Neuronen Bewußtsein entsteht (Hanser 1993).

Jean-Pierre Changeux, *L'Homme Neuronal* (Fayard 1983).

Richard L. Gregory, *The Oxford Companion to the* Mind (Oxford University Press 1987).

Michael I. Posner, Marcus E. Raichle, *Images of Mind* (Freeman 1994).

Scientific American (Sonderheft über das Gehirn, September 1979 u. September 1992).

Einführungsliteratur und Aufsatzsammlungen

John E. Dowling, *Neurons and Networks: An Introduction to Neuroscience* (Harvard University Press 1992).

Daniel Gardner (Hg.), *The Neurobiology of Neural Networks* (MIT Press 1993).

Eric R. Kandel, James H. Schwartz, Thomas M. Jessell, *Principles of Neural Science*, 3. Aufl. (Elsevier 1991).

Stephen M. Kosslyn, Richard A. Andersen (Hgg.), *Frontiers in Cognitive Neuroscience* (MIT Press 1992). Eine Sammlung von Aufsätzen über Sehen, Hören, das somatosensorische System, Aufmerksamkeit, Gedächtnis, Sprache und Vernunft.

John G. Nicholls, A. Robert Martin, Bruce G. Wallace, *From Neuron to Brain: A Cellular and Molecular Approach to the Function of the Nervous System*. 3. Aufl. (Sinauer, Sunderland MA, 1992).

Lloyd D. Partridge, L. Donald Partridge, *The Nervous System* (MIT Press 1993).

Robert F. Schmidt, Gerhard Thews, *Physiologie des Menschen* (Springer Verlag 1987).

Gordon M. Shepherd, *The Synaptic Organization of the Brain*, 3. Aufl. (Oxford University Press 1990).

Anmerkungen

Wir haben uns bemüht, statt erstmaliger Erwähnungen in der Forschungsliteratur neuere Aufsätze in Büchern und Zeitschriften zu zitieren, die man leicht in Schul- und öffentlichen Bibliotheken findet; dennoch werden sich die meisten der von uns zitierten Werke leider nur in medizinischen Fachbibliotheken finden lassen.

1. Ein Fenster zum Gehirn

Die Geschichte der Versuche, im menschlichen Gehirn Funktionen zu lokalisieren, kann zum Teil nachgelesen werden in Anne Harrington, »Beyond phrenology: localization theory in the modern era«, in *The Enchanted Loom: Chapters in the History of Neuroscience*, hg. v. Pietro Corsi, S. 208–239 (Oxford University Press 1991). Vgl. auch:

Stanley Finger, Origins of Neuroscience: A history of Exploration into Brain Function (Oxford University Press 1994).

A. R. Luria »The functional organization of the brain«, *Scientific American* (März 1970).

18 Die Abbildung des sensorischen Streifens wurde modifiziert nach Wilder Penfield, Theodore Rasmussen, *The Cerebral Cortex of Man* (Macmillan 1950).

24 Wilder Penfield, Herbert Jasper, *Epilepsy and the Functional Anatomy of the Human Brain* (Little, Brown 1954). Obwohl die meisten kortikalen Bewegungs- und Wahrnehmungsfunktionen sich auf die entgegengesetzte Seite des Körpers beziehen, gibt es auch Verbindungen zwischen dem primären motorischen beziehungsweise sensorischen Kortex und der gleichen Körperseite vor allem für das Gesicht und, in geringerem Maß, das Bein. Nur die feinen Fingerbewegungen scheinen vollkommen vom motorischen Kortex der entgegengesetzten Seite abzuhängen. Solche gleichseitigen Verbindungen sind vermutlich für die Genesung von Schäden in den primären motorischen und sensorischen Bereichen wichtig. Nur in sehr seltenen Fällen wird eine elektrische Stimulation des primären motorischen oder sensorischen Kortex Reaktionen auf der gleichen Körperseite hervorrufen. Doch wird sich die Stimulation einiger sekundärer motorischer beziehungsweise sensorischer Karten häufiger auf dieselbe Körperseite auswirken.

25 Der Neuroanatom Irving Diamond argumentiert, der »motorische Kortex« beschränke sich nicht auf den motorischen Streifen sondern stelle die fünfte Schicht des gesamten zerebralen Kortex dar. Dies ist insofern richtig, als die fünfte Schicht unabhängig von der jeweiligen Position Neuronen enthält, die ihre Massensendungen das Rückenmark hinunterschicken, wobei noch weitere Kopien an den Hirnstamm, die Basalganglien und den Hypothalamus gehen. Genauso plädiert Diamond dafür, daß im gesamten Gehirn die vierte Schicht den »sensorischen Kortex« sowie die zweite und dritte Schicht den »Assoziationskortex« darstellten. Vgl. »The subdivisions of neocortex: A proposal to revise the traditional view of sensory, motor and association areas«, in J. M. Sprague, A. N. Epstein (Hgg.), *Progress in Psychobiology and Physiological Psychology.* 8:1–43 (Academic Press 1979).

25 D. J. Fellman, David C. van Essen, »Distributed hierarchical processing in the primate cerebral cortex«, *Cerebral Cortex* 1:1–47 (1991).

2. Das Bewußtsein verlieren

Zum EEG im allgemeinen und zu seinen Beziehungen zur Chaostheorie siehe Walter J. Freeman, »The physiology of perception«, *Scientific American* 264(2):78–85 (Februar 1991).

Rodolfo R. Llinás D. Paré, »Of dreaming and wakefulness«, *Neuroscience* 44:521–535 (1991).

J. Allan Hobson, *Sleep* (Freeman 1989).

30 Marvin Minsky, zit. nach Clive Davidson, »I process therefore I am«, *New Scientist* 1866:22–26 (27. März 1993).

34 Neuronen sind nur einer der Zelltypen im Gehirn. Es gibt sogar noch weitere Astrozyten, die Gliazellen, die alle Oberflächen des Gehirns auskleiden und die nicht mit Myelin isolierten Teile der meisten Neuronen umgeben. Sie umkleiden auch die Blutgefäße und tragen zur sogenannten Blut-Hirn-Schranke bei, die es verhindert, daß viele Substanzen (zum Beispiel Antibiotika) weiter ins Gehirn eindringen. Die Myelin-Isolierung der Axone innerhalb des Zentralnervensystems verdankt sich den Oligodendrozyten (wie im peripheren Nervensystem den Schwann-Zellen).

35 Die Serotonin-Neuronen sind in den Raphekernen konzentriert, die ihren Namen von dem griechischen Wort *rhaphe* haben, das »Naht« bedeutet, was sich hier auf die Mittelfalte bezieht, die oben auf der Oberfläche des Hirnstamms zu sehen ist. Neben den diffusen Verteilungssystemen für Norepinephrin und Serotonin gibt es auch solche für Dopamin und Acetylcholin. Diese vier diffusen Systeme kann man sich wie eine Gruppe von vier unterirdischen Rasensprenger-Systemen vorstellen, die verschiedene Mischungen von kurzfristig wirkendem Dünger über weite Bereiche des Gehirns verteilen.

36 Die grafische Darstellung der Schlafphasen folgt Nancy C. Andreasen, *The Broken Brain* (Harper & Row 1984).

36 Adam N. Namelak, J. Allan Hobson, »Dream bizarreness as the cognitive correlate of altered neuronal behavior in REM sleep«, *Journal of Cognitive Neuroscience* 1:201–222 (Sommer 1989).

36 Jonathan Winson, »The meaning of dreams«, *Scientific American* 263(5):86–96 (November 1990).

38 René Descartes, *Mediationes de prima philosophia* (1641).

48 Suzanne Stensaas, D. Eddington, W. Dobelle, »The topography and variability of the primary visual cortex in man«, *Journal of Neurosurgery* 40:747 (1973).

49 Die Anteile kortikaler Oberfläche bei den verschiedenen Arten sind berechnet nach den Angaben in Jean-Pierre Changeux, *L'Homme Neuronal* (Fayard 1983).

49 Nancy C. Andreasen et al., »Intelligence and brain structure in normal individuals«, *American Journal of Psychiatry* 150:130–134 (Januar 1993).

50 Arthur R. Jensen, »Understanding in terms of information processing«, *Educational Psychology Review* 4:271–308 (1992).

3. Dem Gehirn beim Sprechen zusehen

Die Darstellungen der Blutfluß-Untersuchungen beim Sehen, Hören, Sprechen und Erzeugen von Worten entstammen dem Werk Marcus Raichles und seiner Mitarbeiter; die im Original farbigen Abbildungen finden sich in Gerald D. Fischbach »Mind and brain«, *Scientific American* 267(3):48–57 (September 1992). Für weitere Information über das Lesen und die PET-Methoden siehe Julie A. Fiez, Steven E. Petersen, »PET as part of an interdisciplinary approach to understanding processes involved in reading«, *Psychological Science* 4:287–293 (September 1993).

Wilder Penfield, Lamar Roberts, *Speech and Brain Mechanisms* (Princeton University Press 1959).

Albert M. Galaburda, »Asymmetries of cerebral neuroanatomy«, *Ciba Foundation Symposia* 162:219–226 (1991). Bei zwei Drittel aller menschlichen Gehirne ist das Planum temporale auf der linke Seite größer.

Antonio R. Damasio, Hanna Damasio, »Brain and language«, *Scientific American* 267(3):63–71 (September 1992).

Antonio R. Damasio, »Aphasia«, *New England Journal of Medicine* 326:531–539 (20. Februar 1992).

George Ojemann, »Cortical organization of language«, *Journal of Neuroscience* 11:2281–2287 (1991). Vgl. auch *Scientific American* (i. Vb.).

Alan S. Gevins, Judy Illes, »Neurocognitive networks of the human brain«, *Annals of the New York Academy of Sciences* 620:22–44 (1991). Über von der Kopfhaut abgenommene EEGs und die evozierten Potentiale.

52f. Es gibt eine faszinierende Untersuchung über Persönlichkeitsunterschiede bei Ratten, deren linke Gehirnhälfte größer als die rechte ist: Victor H. Dennenberg, »Hemispheric laterality in animals and the effects of early experience«, *Behavorial and Brain Sciences* 4(1):1–50 (März 1981).

53 Norman Geschwind, »Specializations of the human brain«, *Scientific American* (September 1979). *Achtung: Auf der vorletzten Abbildung dieses Artikels ist das Planum temporale falsch angegeben.* Die Asymmetrie des Planum temporale ist kürzlich mit der Begründung in Frage gestellt worden, daß die Einfaltung (innerhalb der Sylvius-Furche selbst) auf der rechten Seite größer sei, wodurch die Unterschiede im oberflächlichen Erscheinungsbild kompensiert würden; vgl. William C. Loftus, Mark Jude Tramo, Catherine E. Thomas, Ronald L. Green, Robert A. Nordgren, Michael S. Gazzaniga, »Three-dimensional quantitative analysis of hermispheric asymmetry in the human superior temporal region«, *Cerebral Cortex* 3:348–355 (Juli/August 1993).

54 Die Ausbildung der Asymmetrie des Planum temporale während der menschlichen Fötalentwicklung wird beschrieben in J. Wada R. Clarke, A. Hamm, »Cerebral hermispheric asymmetry in humans«, *Archives of Neurology* 32:239–246 (1975). Vgl. auch Albert M. Galaburda, »Anatomical asymmetries«, in *Cerebral Dominance*, hg. v. Norman Geschwind, Albert M. Galaburda, S. 11–25 (Harvard University Press 1984).

57 Harry Whitaker hat vor kurzem richtiggestellt, daß Wernicke nicht der erste war, der Aphasie bei einem Temporallappenschaden beschrieb. Eine frühere Fallbeschreibung von Theodor Meynert, einem österreichischen Neurologen, berichtet von einem Patienten mit einem Schlaganfall im linken Temporallappen, dessen sprachliche Beeinträchtigungen wir heute als »Wernicke-Aphasie« bezeichen würden; Wernicke selbst zitiert diesen Fall in seinem Buch.

61 E. Sue Savage-Rumbaugh, Jeannine Murphy, Rose A. Sevcik, Karen E. Brakke, Shelley L. Williams und Duane Rumbaugh *Language Comprehension in Ape and Child*. Monographs of the Society for Research on Child Development 58(3) (University of Chicago Press 1993).

62 Derek Bickerton, *Language and Species* (University of Chicago Press 1990).

65 Die Illustration zum mentalen Üben von Fingerbewegungen wurde adaptiert nach P. E. Roland, E. Skinhøj, N. A. Lassen, B. Larsen »Different cortical areas in man in organization of voluntary movements in extrapersonal space«, *Journal of Neurophysiology* 43:137–150 (1980).

66 Rodolfo Llinás, U. Ribary, »Coherent 40-Hz oscillation characterizes dream state in humans«, *Proceedings of the National Academy of Sciences* (U.S.A.) 90.2078–2081 (1. März 1993).

68 J. W. Belliveau, D. N. Kennedy, Jr., R. C. McKinstry, B. R. Buchbinder, R. M. Weisskoff, M. S. Cohen, J. M. Vevea, T. J. Brady, B. R. Rosen, »Functional mapping of the human visual cortex by magnetic resonance imaging«, *Science* 254:716–719 (1. November 1991).

68 Daß sich bei neuraler Aktivität das Reflexionsverhalten der Gehirnoberfläche verändert, mag zum Teil darauf zurückzuführen sein, daß die veränderte Durchblutung die durchschnittliche Farbe der Oberfläche verändert; doch weiß man schon seit den vierziger Jahren, daß sogar isolierte periphere Nerven ihr Reflexionsverhalten wechseln, wenn sie Impulse übermitteln. Ein verändertes Reflexionsverhalten zeigt sich sogar an Gewebeschnitten von Gehirnen, die in einem sauerstoffhaltigen Bad ohne Blutversorgung am Leben gehalten werden, so daß es wahrscheinlich ist, daß das veränderte Reflexionsverhalten wenigstens zum Teil aus einer Schwellung von Neuronen und Glia bei Aktivität herrührt. Der erste umfassende Bericht über ein verändertes Reflexionsverhalten des menschlichen Kortex während Sprach- und Bewegungsübungen ist Michael M. Haglund, George A. Ojemann, Daryl Hochman,

»Optical imaging of epileptiform and functional activity in human cerebral cortex«, *Nature* 358:668–671 (20. August 1992).

69 Eine detaillierte Analyse der Größe und Lokalisierungen von Stellen, an denen die Stimulation die Namensnennung bei 117 Patienten beeinflußte, findet sich in George Ojemann, Jeff Ojemann, Ettore Lettich, Mitchell Berger, »Critical language localization in left, dominant hemisphere«, *Journal of* Neurosurgery 71:316–326 (September 1989). In diesem Bericht finden sich auch Korrelationen zwischen der Lokalisierung der Benennungs-Stellen, dem Geschlecht des Patienten und seinem verbalen IQ. Weitere Belege dafür, daß eine Entfernung von Gehirngewebe, das auf Stellen übergreift, wo die Stimulation das Namensnennen beeinträchtigt, mit großer Wahrscheinlichkeit zu postoperativen Sprachdefiziten führen wird, sind angeführt in: George A. Ojemann, »Electrical stimulation and the neurobiology of language«, *Behavioral Brain Science* 6:221–226 (1983).

71 Die Illustration der unterschiedlichen Gehirnorganisation für Sprache und Handbewegungen bei Männern und Frauen wurde mit neu berechneten prozentualen Anteilen adaptiert nach Doreen Kimura, »Sex differences in the brain«, *Scientific American* 267(3):118–125 (September 1992). Weitere, aus Stimulations-Kartierungen gewonnene Belege für unterschiedliche Sprachorganisation bei Mann und Frau finden sich in Catherine Mateer, Samuel Polen, George Ojemann, »Sexual variation in cortical localization of naming as determined by stimulation mapping«, *Behavioral and Brain Science* 5:310–311 (1983), sowie in dem oben zitierten Bericht über die Untersuchungsreihe mit 117 Patienten.

4. Wenn links die Sprache sitzt, was passiert dann rechts?

Jedes gängige Lehrbuch über die menschliche Neuropsychologie ist ein guter Ausgangspunkt für weiterführende Lektüre, z. B. Bryan Kolb, Ian Q. Whishaw, *Fundamentals of Human Neuropsychology*, 3. Aufl. (Freeman 1990). Eher skeptisch wird die Überbewertung der Links-rechts-Unterschiede gesehen in Robert Efron, *The Decline and Fall of Hermispheric Specialization* (Erlbaum 1990), und William H. Calvin, *The Throwing Madonna*, Kap. 10 (Bantam 1991).

E. D. Ross, »The aprosodias: Functional-anatomical organization of the affective components of language in the right hemisphere«, *Archives of Neurology* 38:561–569 (1981).

Richard B. Ivry, Paul C. Lebby, »Hemispheric differences in auditory perception are similar to those found in visual perception«, *Psychological Science* 4(1):41–45 (Januar 1993).

Robert J. Zatorre, Alan C. Evans, Ernst Meyer, Albert Gjedde, »Lateralization of phonemic and pitch discrimination in speech processing«, *Science* 256:846–849 (6. Mai 1992).

73 Juhn Wada hat den intracarotiden Amobarbital-Test 1949 entwickelt, um die Sprachdominanz zu testen. Erst rund ein Jahrzehnt später begann man ihn hauptsächlich zur präoperativen Lokalisierung der Gedächtnisfunktionen in den beiden

Hemisphären einzusetzen; Wegbereiter hierfür war »H. M.«, vgl. W. B. Scoville, Brenda Milner, »Loss of recent memory after bilateral hippacampal lesions«, *Journal of Neurology, Neurosurgery, and Psychiatry* 20:11–21 (1957).

74 Edwin A. Weinstein, *Woodrow Wilson: A Medical and Psychological Biography* (Princeton University Press 1981).

75 Woodrow Wilsons Schlaganfall sowie einige Implikationen des 25. Nachtrags zur Verfassung der Vereinigten Staaten werden diskutiert in William H. Calvin, *The Throwing Madonna: Essays on the Brain* (McGraw-Hill 1983).

77 Eine Reihe von Selbstportraits, die Anton Räderscheidt in der Zeit sowohl vor seinem Schlaganfall in der rechten Hemisphäre wie während seiner teilweisen Genesung anfertigte, ist abgebildet in Howard Gardner, *The Shattered Mind: The Person After Brain Damage* (Knopf 1975), S. 30–331.

80 Die Zahlen über die Anteile links- beziehungsweise rechtsseitiger Läsionen, die zu Aphasie, konstruktiver Apraxie oder Ankleide-Apraxie führten, wurden entnommen aus R. J. Joynt, M. N. Goldstein, »Minor cerebral hemisphere«, *Advances in Neurology* 7:147–183 (1975).

81 Peter F. MacNeilage, Michael G. Studdert-Kennedy, Björn Lindblom, »Hand signals: Right side, left brain and the origin of language«, *The Sciences* 33(1):32–37 (Januar/Februar 1993) bringt eine gute Zusammenfassung der Literatur über Lateralisierung bei Tieren. Vgl. auch den diesbezüglichen Brief von William H. Calvin in der Ausgabe November/Dezember 1993.

81 Wenn visuell-räumliche Funktionen und die Sprache in einer einzigen Hemisphäre zusammengepfercht sind (wie bei einem Kind, dem wegen Sturge-Weber-Krankheit eine Seite des Gehirns bald nach Geburt entfernt wurde), kann auch die Sprache so gut wie normal sein, dafür werden aber visuell-räumliche Funktionen nur schlecht ausgebildet. Das läßt den Schluß zu, daß eine Hemisphäre allein nicht ausreicht, um beide Hauptgruppen von kortikalen Funktionen zu bewältigen.

Seit langem weiß man, daß Linkshändigkeit bei Stotterern viel häufiger ist als im Bevölkerungsdurchschnitt. Belege für einen ungewöhnlich hohen Anteil von bilateraler Sprachrepräsentation bei Stotterern finden sich in J. P. Brady, J. Berson, »Stuttering, dichotic listening, and cerebral dominance«, *Archives of General Psychiatry* 32:1449–1452 (1975). Einseitige Schädigungen des Gehirns in Bereichen, die gewöhnlich die Sprachzentren der linken Hemisphäre sind, haben in einigen Fällen lebenslanges Stottern kuriert; über sie berichtet R. K. Jones, »Observations on stammering after localized cerebral injury«, *Journal of Neurology, Neurosurgery, and Psychiatry* 29:192–195 (1966).

J. Mondlock, L. Caplan, »Behavioral abnormalities after right hemisphere stroke«, *Neurology* 33:337–344 (1983).

82 Robert Desimone, »Face-selective cells in the temporal cortex of monkeys«, *Journal of Cognitive Neuroscience 3* (Winter 1991).

83 Oliver Sacks, *Der Mann, der seine Frau mit einem Hut verwechselte* (Rowohlt 1987).

83 Von Veränderungen beim Benennen von emotionalen Gesichtsausdrücken bei Stimulationen des rechten hinteren Temporallappens berichten Itzhak Fried, Catherine Mateer, George Ojemann, Richard Wohns, Paul Fedio, »Organization of visuo-spatial functions in human cortex: evidence from electrical stimulation«, *Brain* 105:349–371 (1982). Hier werden auch mit einer Vielzahl von Techniken abgeleitete Belege dafür angeführt, daß Mechanismen zur Identifizierung von emotionalen Gesichtsausdrücken in der rechten Gehirnhälfte lateralisiert sind.

84 Von Veränderung der neuronalen Aktivität des menschlichen Temporallappens beim Betrachten von Gesichtern berichten Jeff Ojemann, George Ojemann, Ettore Lettich, »Neuronal activity related to faces and matching in human right nondominant temporal cortex«, *Brain* 115:1–13 (1992).

86 Justine Sergent, S. Ohta, Brennan MacDonald, »Functional neuroanatomy of face and object processing. A positron emission tomography study«, *Brain* 115:15–36 (Februar 1992). Eine Zuordnung von Gesichtern und Geschlecht ergab Aktivitätsveränderungen im rechten extrastriären Kortex, Gesichtererkennung produzierte zusätzliche Aktivität des fusiformen Gyrus sowie des vorderen Temporalkortex beider Hemisphären, des rechten Gyrus parahippocampalis und angrenzender Bereiche. Während der Übungen zum Erkennen von Objekten kam es im wesentlichen im linken okzipitalen und temporalen Kortex zu zerebraler Aktivität, wobei die Bereiche der rechten Hemisphäre, die speziell beim Gesichtererkennen aktiviert werden, nicht involviert waren.

Justine Sergent, Jean-Louis Signoret, »Functional and anatomical decomposition of face processing: evidence from prosopagnosia and PET study of normal subjects«, *Philosophical Transactions of the Royal Society of London (Biology) 335:55–61 (29. Januar 1992)*. Vgl. auch den Bericht in *American Scientist* 80(6):537–539 (November/Dezember 1992).

87 Zur Lokalisierung von Gedächtnisinhalten vgl. Martha J. Farah, »Neuropsychological inference with an interactive brain: a critique of the locality assumption«, *Behavioral and Brain Sciences.*

87f. Die Auswirkungen kortikaler Stimulation auf einfache mathematische Rechenaufgaben sind in einer unveröffentlichten Untersuchung von A. Forbes und G. Ojemann beschrieben. Ein allgemeiner Überblick zur Lokalisierung des Rechnens im Gehirn findet sich in F. Grewel, *Handbook of Neurology* (Vinken and Bruyn, Hgg., North Holland Biomedical Press) S. 181–194 (1969).

88 T. G. Bever, R. J. Chiarello, »Cerebral dominance in musicians and non-musicians«, *Science* 185:137–139 (1974).

89 Von Veränderungen der neuronalen Aktivität im menschlichen Temporallappen beim Anhören von verschiedenen Arten Musik berichten Otto Creutzfeldt, George Ojemann, »Neuronal activity in the human lateral temporal lobe. III. Activity changes during music«, *Experimental Brain Research* 77:490–498 (1989). Die Auswirkungen von Hirnschäden auf künstlerische Fähigkeiten aller Art, auch die von Berufsmusikern, werden im 8. Kapitel von Howard Gardner, *The Shattered Mind* (Knopf 1975) anschaulich diskutiert.

89 Gardner et al. (1983).

5. Probleme mit der Aufmerksamkeit

Penfields »evozierte Erinnerungen« werden diskutiert in Larry R. Squire, *Memory and Brain* (Oxford University Press 1987), S. 76–84.

92 Elizabeth F. Loftus, Geoffrey R. Loftus, »On the permanence of stored information in the human brain«, *American Psychologist* 35:409–420 (Mai 1980).

93 Penfields eigene Zusammenfassung seiner Erfahrungen mit evozierten Erinnerungen findet sich in Wilder Penfield, Phanor Perot, »The brain's record of auditory and visual experience – a final summary and discussion«, *Brain* 86:595–696 (1963). Dieser Bericht deutet an, daß Erinnerungs-Reaktionen bei Stimulation sowie als Teil der epileptischen Anfälle desselben Patienten etwas miteinander zu tun haben. Weitere Anzeichen dafür, daß es zu diesen Reaktionen nur dann kommt, wenn die Stimulation einen kleinen epileptischen Anfall auslöst, bieten Pierre Gloor, Andre Olivier, L. Quesney, Fred Andermann, S. Horowitz, »The role of the limbic system in experiential phenomena of temporal lobe epilepsy«, *Annals of Neurology* 12:129–144 (1982).

Der Patient, der Led Zeppelin hörte, wird ausführlicher beschrieben in George Ojemann, »Brain mechanisms for consciousness and conscious experience«, in McMaster-Bauer Symposium on Consciousness, *Canadian Psychology* 27:158–168 (1986).

98 José v. Pardo, Peter T. Fox, Marcus E. Raichle, »Localization of a human system for sustained attention by positron emission tomography«, *Nature* 349:61–64 (3. Januar 1991).

98 Michael I. Posner, Steven E. Petersen, Peter T. Fox, Marcus E. Raichle, »Localization of cognitive operations in the human brain«, *Science* 240:1627–1631 (1988). Michael I. Posner, »Attention as a cognitive and neural system«, *Current Directions in Psychological Science* 1:11–14 (Februar 1992).

102 Die Auswirkungen einer Thalamus-Stimulation auf die Sprache und die Leistungsfähigkeit des verbalen Kurzzeitgedächtnisses werden zusammengefaßt in George Ojemann, »Language and the thalamus: object naming and recall during and after thalamic stimulation«, *Brain and Language* 2:101–120 (1975).

104 Von den Auswirkungen einer Thalamus-Stimulation auf das Kurzzeitgedächtnis für komplexe Formen und dem Unterschied zu Auswirkungen auf das verbale Kurzzeitgedächtnis berichtet George Ojemann, »Altering memory with human ventrolateral thalamic stimulation«, in *Modern Concepts in Psychiatric Surgery*, hg. v. E. Hitchcock, T. Ballantine, B. Meyerson (Elsevier/North Holland Biomedical Press 1979), S. 103–109.

105 Uta Frith, »Autism«, *Scientific American* 268(6):108–114 (Juni 1993. Uta Frith, John Morton, Alan M. Leslie, »The cognitive basis of a biological disorder: Autism«, *Trends in the Neurosciences* 14:433–438 (Oktober 1991).

Oliver Sacks, »A neurologists's notebook: an anthropologist on Mars«, *The New Yorker*, S. 106–125 (27. Dezember 1993).

6. Der Charakter des bescheidenen Neurons

Eine gute Einführung in die Physiologie bietet Charles F. Stevens, »The neuron«, *Scientific American* 241/3):55–65 (September 1979). Zu den lokalen Bahnen des zerebralen Kortex vgl. die Sonderausgabe der Zeitschrift *Cerebral Cortex 3* (September/ Oktober 1993), hg. v. Kathleen S. Rockland.

107 Santiago Ramón y Cajal, *Histologie du système nerveux de l'homme et des vertébrés* (Paris: Malone 1909–1911).

107 Zu den sechs Schichten des Neokortex: die ursprüngliche Klassifizierung ist seither abgewandelt worden. Die Schichten II und III können in der Regel zusammengefaßt werden; meist geschieht das als »Schicht II/III« oder als »Oberflächenschichten« (die Schicht I umfaßt nicht viele Zellkörper, so daß man unter den »Zellen der Oberflächenschichten« gewöhnlich diejenigen der Schicht II/III versteht). Im Gegensatz dazu ist die Schicht IV wiederholt weiter unterteilt worden, vor allem im visuellen Kortex, wo wir von den Schichten IVa, IVb und IVc sprechen (und manchmal noch weiter unterteilen in IVcα und IVcβ).

109 Die besten Bilder der horizontalen Verbindungen findet man in Barbara A. McGuire, Charles D. Gilbert, Patricia K. Rivlin, Torsten N. Wiesel, »Targets of horizontal connections in macaque primary visual cortex«, *Journal of Comparative Neurology* 305:370–392 (1991), und in Charles D. Gilbert, »Circuitry, architecture, and functional dynamics of visual cortex«, *Cerebral Cortex* 3:373–386 (1993). Einige Axonen setzen sich noch ein Stück weiter fort und bilden weitere Endstellen aus.

Zu den Größenverhältnissen vgl. Jennifer S. Lund, Takashi Yoshioka, Jonathan B. Levitt, »Comparison of intrinsic connectivity in different areas of macaque monkey cerebral cortex«, *Cerebral Cortex* 3:148–162 (März/April 1993). Der 0,5 mm-Abstand beträgt genauer 0,43 mm im primären visuellen Kortex, 0,65 mm in den sekundären visuellen Bereichen, 0,73 mm im sensorischen Streifen und 0,85 mm im motorischen Kortex von Affen. Der Durchmesser des Endstellen-Bereichs (und damit der Ausbreitung der basalen Dendriten) beträgt etwa die Hälfte des Abstands von Zentrum zu Zentrum (unsere »Blocklänge«); folglich erreicht die »Massensendung« nicht nur »jedes dritte Haus in jedem Block«, sondern ebenso eine Reihe von Adressen in der Nähe. Bei Menschen liegt der Abstand zwischen Zentrum und Zentrum (zumindest im primären visuellen Kortex) in der Größenordnung von 0,6 bis 1,0 mm, ungefähr doppelt so viel wie bei Affen: Andreas Brukhalter, Kerry L. Bernardo, »Organization of corticocortical connections in human visual cortex«, *Proceedings of the National Academy of Sciences (U.S.A.)* 86:1071–1075 (1989).

109 Horizontale Verbindungen gibt es auch zwischen den Pyramidenzellen der tiefen Schichten (V und VI), die regelmäßigen Abstände wurden jedoch nur bei den Pyramidenzellen der Oberflächenschichten festgestellt. Letztere schicken möglicherweise auch Myelin-isolierte Axone (die horizontalen Seitenverbindungen haben keine Myelinhüllen) aus den kortikalen Schichten durch die weiße Substanz zu anderen kortikalen Bereichen, manchmal durch das Corpus callosum. Rund siebzig Prozent der exzitatorischen Synapsen jeder Pyramidenzelle in den Oberflächenschichten, aber weniger als ein Prozent der exzitatorischen Synapsen der Pyramidenzellen von

Schicht V stammen von Pyramidenzellen in einer Entfernung von weniger als 0,3 mm: Andrew Nicoll, Colin Blakemore, »Patterns of local connectivity in the neocortex«, *Neural Computation* 5:665–680 (September 1993).

109 Charles F. Stevens, »How cortical interconnectedness varies with network size«, *Neural Computation* 1:473–479 (1989).

110 Illustration des Corpus callosum adaptiert nach Jonas Szentágothai, »The neuron network of the cerebral cortex, a functional interpretation«, *Proceedings of the Royal Society, London* B201:219–248 (1978).

110 A. J. Rockel, R. W. Hiorns, T. P. S. Powell, »The basic uniformity in structure of the neocortex«, *Brain* 103:221–244 (1980).

110f. Zumindest in den sensorischen Bereichen des Kortex gibt es »Minikolumnen« in der Größenordnung von rund 30 µm, wie sie beispielsweise im visuellen Kortex für die Ausrichtung von Linien zuständig sind; dies mag auf eine vertikale Bündelung von apikalen Dendriten zurückzuführen sein, so die Hypothese von Alan Peters, C. Sethares, »Organization of pyramidal neurons in area 17 of monkey visual cortex«, *Journal of Comparative Neurology* 306:1–23 (1991), und Alan Peters, Engin Yilmaz, »Neuronal organization in area 17 of cat visual cortex«, *Cerebral Cortex* 3:49–68 (Januar/Februar 1993). Sodann gibt es »Makrokolumnen« in der Größenordnung von 0,4 bis 0,7 mm (beispielsweise die Kolumnen, die sich bevorzugt um ein Auge kümmern, Mountcastles ursprüngliche Kolumnen des sensorischen Streifens). Eine Makrokolumne umfaßt rund 300 Minikolumnen, und eine Minikolumne rund 100 Neuronen (142 im visuellen Kortex von Affen). Vgl. Vernon B. Mountcastle, in *The Neurosciences Fourth Study Program*, hg. v. F. O. Schmitt und F. G. Worden, S. 21–42 (MIT Press 1979).

Die Kolumnen des Assoziationskortex werden diskutiert in *Trends in the Neurosciences* 15:362–368 (1992) und 16:178–181 (1993).

115 Luigi F. Agnati, Börje Bjelke, Kjell Fuxe, »Volume transmission in the brain«, *American Scientist* 80:362–373 (Juli/August 1992).

118 Impulse stellen nicht die einzige Möglichkeit dar, Neurotransmitter-Pakete freizusetzen; es gibt sogar Neuronen, die kaum von Impulsen Gebrauch machen. Die Photorezeptoren im Auge sowie die, grob gesagt, nächste Schicht von Interneuronen operieren normalerweise ohne Impulse. Alle Neuronen ohne ein langes Axon sind gute Kandidaten für »Synapsen mit abgestufter Freisetzung«, an denen die Menge des freigesetzten Neurotransmitters der exzitatorischen Gesamtspannung der Synapse proportional ist. Vgl. Kapitel 8 in W. H. Calvin, *The Throwing Madonna: Essays on the Brain* (Bentam 1991).

118 Anstelle von »Impulsen« spricht man häufig auch vom *Aktionspotential*. Ein weiteres gebräuchliches Synonym ist *Spitze*, aber wir haben diesen Ausdruck hier vermieden, weil er in der EEG-Terminologie zugleich für die charakteristische Ruheaktivität zwischen den Anfällen eines epileptischen Herds verwandt wird. Bei der EEG-Spitze handelt es sich nicht um den Impuls eines einzelnen Neurons, sondern um die Gesamtaktivität vieler synchronisierter exzitatorischer postsynaptischer Potentiale (EPSPs).

118 Die Myelin-gestützte Impulsweiterleitung wird manchmal auch *saltatorisch* genannt, nach dem lateinischen Verb *saltare*, »springen«. Die Lücken in der Myelin-

Isolierung, die rund einen Millimeter auseinanderliegen, sind diejenigen Stellen, an denen Natrium durch die Membran des Axons eindringen kann.

118 f. Wenn das präsynaptische Neuron ein paar Impulse in rascher Folge abfeuert, werden sich die nachfolgenden EPSPs zu einer höheren Spitzenspannung addieren (»zeitliche Summierung«). Auch EPSPs aus anderen Quellen addieren sich (»räumliche Summierung«); ein kortikales Neuron hat zwischen 3000 und 60 000 Input-Synapsen, von denen rund vierzig Prozent inhibitorisch sind.

Wir sprechen vom »Feuern« eines Neurons, als würde durch die Spannung fest genug an einem Abzug gezogen, so daß der »Schuß« losgeht. Manchmal sind die EPSPs in der Tat so kurz, daß es nur zu einem einzigen Impuls kommt. Doch ein Neuron kann alle paar Millisekunden einen Impuls abfeuern (in der Regel tut es das, um eine ziemlich dringliche Botschaft zu übermitteln). Bei vielen Neuronen des Gehirns und des Rückenmarks stellt die Feuer-Rate beinahe eine lineare Funktion der aufaddierten synaptischen Ströme dar, zumindest wenn ein Minimalwert überschritten ist. Es verhält sich damit ähnlich wie mit den Geldbußen bei Geschwindigkeitsübertretungen: Unterhalb eines Schwellenwerts (der zulässigen Höchstgeschwindigkeit) passiert überhaupt nichts, danach ist ein Grundbetrag fällig, der sich mit jedem zusätzlichen Stundenkilometer weiter erhöht. So wird auch ein Neuron beispielsweise unterhalb des Schwellenwerts der synaptischen Ströme keinen Impuls produzieren, dann sofort zu einer rhythmischen Mindestsequenz von Impulsen springen (sagen wir, fünfundzwanzig pro Sekunde) und noch zwei Impulse pro Sekunde für jede Nanoampere-Steigerung oberhalb des Minimalwerts dazulegen. Einige Neuronen, vor allem die motorischen Neuronen des Rückenmarks, die die Muskeln steuern, ändern ihr Verhalten bei einem zweiten Schwellenwert noch einmal, etwa wie es bei der Geschwindigkeitsübertretung von einem bestimmten Maß an zusätzlich zum Führerscheinentzug kommt.

Wenn die postsynaptischen Potentiale jeweils für sich klein sind, es aber ausreichend viele gibt, um das Neuron oberhalb des Minimalwerts für wiederholtes Feuern zu halten, kann sich ein Neuron bemerkenswert »analog« verhalten (beispielsweise linear addieren und subtrahieren). Die motorischen Neuronen des Rückenmarks, die die Muskeln steuern, sind hierfür ein gutes Beispiel. Ein Neuron kann sich aber auch eher »digital« verhalten, wenn die postsynaptischen Stärken größer sind und sich wenige EPSPs aufeinander aufbauen können, um den Impuls-Schwellenwert zu erreichen. Kortikale Neuronen scheinen sowohl analog wie digital arbeiten zu können. Daß kortikale Neuronen ihre rhythmischen Feuer-Raten in einem weiten Bereich graduell abstufen können – analog den motorischen und vielen sensorischen Neuronen –, wird beschrieben in William H. Calvin, »Normal repetitive firing and its pathophysiology«, in *Epilepsy: A Window to Brain Mechanisms* (Joan S. Lockard, Arthur A. Ward, Jr. Hgg., Raven Press, New York 1980), S. 97–121. Daß bei wachen Affen viele kortikale Neuronen Intervalle zwischen Impulsen zeigen, die eher zu einem nicht-rhythmischen und möglicherweise digitalen Prozeß passen, wird demonstriert in William R. Softky, Christof Koch, »Cortical cells should fire regularly, but do not«, *Neural Computation* 4:643–646 (September 1992), sowie »The highly irregular firing of cortical cells is inconsistent with temporal integration of random EPSPs«, *Journal of Neuroscience* 13:334–350 (Januar 1993).

119 Bei Neuronen führt die zehnfach höhere Konzentration von Natrium-Ionen außerhalb der Zelle dazu, daß über die Zellmembran eine Batterie von ungefähr 60 Millivolt entsteht. Das Kalium im Inneren der Neuronen ist ungefähr dreißigmal konzentrierter als außerhalb, und das wirkt, als säße eine Batterie von −90 Millivolt auf der Zellmembran. Auch werden Chlorid-Ionen aus der Zelle herausgepumpt, und das stellt ebenfalls das Äquivalent einer Batterie von −90 Millivolt dar.

Die tatsächliche Spannung innerhalb des Neurons hängt von diesen (und anderen) gegensätzlichen Einflüssen ab. Jeden Augenblick kann sie zwischen irgendwelchen Werten von +60 bis −90 Millivolt wechseln, gerade wie man mit einer Mischbatterie jede gewünschte Temperatur zwischen der des Heißwasserboilers und jener der Kaltwasserleitung einstellen kann. In der Regel sind die meisten der Membran-Poren, die Natrium-Ionen hindurchlassen, geschlossen, und die Spannung innerhalb des Neurons bleibt irgendwo in der Gegend von −70 Millivolt stabil. Dann und wann jedoch werden einige Natrium-Poren geöffnet, und die positiv geladenen Natrium-Ionen strömen herein, wodurch die innere Spannung steigt – manchmal ein wenig, manchmal viel. Gelegentlich werden auch die Kalium- oder Chlorid-Poren geöffnet, um die Spannung weiter hinunter in die Gegend von −90 Millivolt zu bringen.

Der Impuls rührt einfach daher, daß genügend Natrium-Kanäle geöffnet werden, so daß die innere Spannung von −70 auf vielleicht +30 Millivolt hinaufschießt, ein Sprung um 0,1 Volt. Eine Folge davon ist, daß die Kalium-Poren sich öffnen – und das bringt die Spannung wieder herunter. Wenn kein Kalium auf diese Weise die interne Spannung »zurückstellte«, hielte der Impuls viel länger an. Und dadurch würden am präsynaptischen Endpunkt noch mehr Neurotransmitter freigesetzt.

119 Auch beim Ruhepotential sind die Ionen-Ströme gleich, doch handelt es sich dabei um ein stabiles Gleichgewicht; wenn die Spannung ein wenig schwankt, pendelt sie sich binnen einiger -zig Millisekunden wieder auf das Ruhepotential ein. Natrium-Ionen (Na^+) und Kalium-Ionen (K^+) sind nicht die einzigen Teilnehmer bei diesem Spiel, auch Chlorid-Ionen (Cl^-) mischen mit, doch deren Membran-Poren öffnen oder schließen sich nicht so leicht wie die für die beiden positiven Ionen. In einigen Bereichen der Zelle (wenn auch in der Regel nicht am Axon) spielen auch Kalzium-Ionen (Ca^{++}) eine wichtigere Rolle.

119 Daß die Natrium-Poren bei höheren Spannungen dazu neigen, sich allmählich von selbst zu schließen, ist auch als »Natrium-Inaktivierung« bekannt; sie ist zum größten Teil für die refraktäre Phase verantwortlich, während der die Zelle nicht in der Lage ist, einen weiteren Impuls zu initiieren.

121 Impulse, die sich entgegen der üblichen Richtung ausbreiten und unterwegs Seitenverzweigungen hinab sich fortpflanzen sind auch als *Axonreflex* bekannt. Manchmal bricht der rückläufige Impuls aus Gründen der Geometrie an einem Verzweigungspunkt zusammen, vgl. dazu William H. Calvin, »Some design features of axons and how neuralgias may defeat them«, in *Advances in Pain Research and Therapy* (John J. Bonica, Hg.), 3:297:309 (1979).

124 Genauer gesagt, können nur die postsynaptischen Poren einer Synapse exzitatorisch oder inhibitorisch sein. Doch wird auch das stromaufgelegene Neuron oft so bezeichnet, weil seine »Massensendungen« in der Regel alle dieselbe postsynaptische Wirkung an den Tausenden von Synapsen, die die Axonenden darstellen, hervorrufen.

124 Edward L. White, Asaf Keller, *Cortical Circuits: Synaptic Organization of the Cerebral Cortex* (Birkhäuser 1989).

124 Die Axonen von nicht-pyramidalen Neuronen reichen so gut wie nie bis in die weiße Substanz, während die Pyramidenzellen in der Regel (aber nicht immer) zusätzlich zu all ihren lokalen Axon-Verzweigungen einen weiter reichenden Fortsatz haben. Im zerebralen Kortex der Primaten gibt es eine Art von nicht-pyramidalen Neuronen, bei denen es sich um modifizierte Pyramidenzellen mit exzitatorischer Wirkung handeln könnte: Jennifer S. Lund, »Spiny stellate cells«, in *Cerebral Cortex*, Bd. 1, A. Peters, E. G. Jones, Hgg. (Plenum 1984), S. 255–308.

127 Illustration zu den drei Typen von Neuronen im motorischen Kortex aus: William H. Calvin, George W. Sypert, »Fast and slow pyramidal tract neurons: An intracellular analysis of their contrasting repetitive firing properties in the cat«, *Journal of Neurophysiology* 39:420–434 (1976). Die Kalibrierungs-Balken repräsentieren 20 Millivolt, 20 Nanoampere eingeleiteten Stroms und 20 Millisekunden.

128 Für jeden Neurotransmitter wie beispielsweise Glutamat gibt es in der Regel eine Anzahl leicht unterschiedlicher postsynaptischer Rezeptoren, die alle einen Kanal durch die Membran und/oder einen intrazellulären Prozeß irgendwelcher Art steuern. Daß Acetylcholin »nikotinische« und »muscarinische« Rezeptoren hat, wußte man schon vor einem halben Jahrhundert; heute sind wir mit Dutzenden von Serotonin-Rezeptoren in postsynaptischen Zellen konfrontiert. Was an Synapsen passiert, hängt also nicht allein von der Frage ab, wieviel Membran-Strom in der ersten Millisekunde erzeugt wird, sondern auch davon, wie der freigesetzte Neurotransmitter in größerem Zeitmaßstab Regelprozesse in der Zelle beeinflußt.

128 Der Blutfluß hängt auf noch nicht geklärte Weise von der Anzahl der aktiven Neuronen und ihrer Feuer-Raten ab – doch man kann damit nicht zwischen exzitatorischen und inhibitorischen Neuronen unterscheiden. Wenn inhibitorische Neuronen ihre Aktivität so weit steigern, daß sie die exzitatorische Aktivität auslöschen, würden die Daten der Blutflußmessung einfach nur ergeben, daß der Kortex doppelt so fleißig wie normal ist – während in Wirklichkeit eine Patt-Situation besteht.

128 Tatsächlich ist die Synapsenstärke nicht das einzige, was zum Zwecke des Lernens und Erinnerns angepaßt werden kann. Einige Neurotransmitter und ihre sekundären Botenstoffe innerhalb des postsynaptischen Neurons können die Art und Weise der Impulsinitiierung von rhythmisch-regelmäßig nach ausbruchsähnlich verändern. Dies betrifft aber die ganze Zelle, während mit der Anpassung der Synapsenstärken an oder nahe einer Synapse eher eine Art Feinabstimmung möglich ist.

129 Bei der LTP (Langzeitpotenzierung) gibt es sowohl prä- wie postsynaptische Aspekte zu beachten; NMDA ist ein Beispiel dafür, wie dieselbe Menge von Neurotransmitter mehr postsynaptischen Strom zum Fließen bekommen kann. LTP hat aber auch insofern präsynaptische Aspekte, als mehr Transmitter freigesetzt zu werden scheinen. Wir stellen uns das so vor, daß es bestimmte »retrograde Neurotransmitter« gibt, die dazu führen, daß die postsynaptische Zelle bei späteren Impulsen eine verstärkte präsynaptische Transmitter-Freisetzung stimuliert. Sowohl NO- wie

CO-Gase sind hierfür Kandidaten, vgl. z. B. Charles F. Stevens, Yanyan Wang, »Reversal of long-term potentiation by inhibitors of haem oxygenase«, *Nature* 364:147–149 (8. Juli 1993), sowie S. 104–105 derselben Ausgabe.

129 Atsushi Iriki, Constantine Pavlides, Asaf Keller, Hiroshi Assanuma, »Long-term potentiation of thalamic input to the motor cortex induced by coactivation of thalamocortical and corticocortical afferents«, *Journal of Neurophysiology* 65:1435–1441 (1991).

7. Das Was und Wo des Gedächtnisses

Ein ausgezeichnetes Standardwerk zu diesem Thema ist: Larry R. Squire, *Memory and Brain* (Oxford University Press 1987). Zur vertiefenden Lektüre können u. a. zusätzlich empfohlen werden:

Daniel C. Alkon, *Memory's Voice: Deciphering the Mind-Brain Code* (Harper-Collins 1992).

Neal J. Cohen, Howard Eichenbaum, *Memory, Amnesia, and the Hippocampal System* (MIT Press 1993).

Larry R. Squire, Stuart Zola-Morgan, »The medial temporal lobe memory system«, *Science* 253:1380–1386 (1991).

Geoffrey E. Hinton, »How neural networks learn from experience«, *Scientific American* 267(3):105–109 (September 1992).

Patricia S. Goldman-Rakic, »Working memory and the mind«, *Scientific American* 267(3):73–79 (September 1992).

Endel Tulving, *Elements of Episodic Memory* (Oxford University Press 1983), sowie »Remembering and knowing the past«, *American Scientist* 77:361–367 (1989) oder »What is episodic memory?« *Current Directions in Psychological Science* 2(3):67–70 (Juni 1993).

Suzanne Corkin, »Lasting consequences of bilateral medial temporal lobectomy: Clinical course and experimental findings in H. M.«, *Seminars in Neurology* 4:249–259 (1984).

131 William Scoville, Brenda Milner, »Loss of recent memory after bilateral hippo-campal lesions«, *Journal of Neurology, Neurosurgery and Psychiatry* 20:11–21 (1957).

131 Die Autopsie-Befunde des Patienten mit Verlust des Kurzzeitgedächtnisses nach Entfernung des linken Temporallappens, denen zufolge im verbleibenden Hippocampus eine fokale Schädigung festzustellen war, finden sich in Wilder Penfield, G. Mathieson, »An autopsy and a discussion of the role of the hippocampus in experiential recall«, *Archives of Neurology* 31:145–154 (1974).

132 Einen detaillierten Überblick über die Gedächtnisstörungen des Patienten H. M. bietet Arthur Shimamura, »Disorders of memory: the cognitive science perspective«, in *Handbook of Neuropsychology*, hg. v. François Boller, Jordan Grafman, Bd. 3, S. 37–42 (Elsevier 1988).

135 G. Stillhard, T. Landis, R. Schiess, M. Regard, G. Sialer, »Bitemporal hypoperfu-sion in transient global amnesia: 99m-Tc-HM-PAO SPECT and neuropsychological findings during and after an attack«, *Journal of Neurology, Neurosurgery and Psychiatry* 53:339–342 (1990).

137 Milners Befunde werden besprochen in »Hemispheric specialization: scope and limits«, in *The Neurosciences: Third Study Program*, hg. v. F. O. Schmitt, F. G. Worden (MIT Press 1974), S. 75–89.

137 Hermann Ebbinghaus, *Memory: A Contribution to Experimental Psychology* (Dover 1964).

138 Ulric Neisser, Nicole Harsch, »Phantom flashbulbs: False recollections of hearing the news about Challenger«, in W. Winograd, U. Neisser (Hgg.), *Affect and accuracy in recall: Studies of »Flashbulb« memories* (Cambridge University Press 1992).

140 Elizabeth F. Loftus, »When a lie becomes memory's truth«, *Current Direction in Psychological Science* 1:121–123 (1992). Elizabeth F. Loftus, Geoffrey R. Loftus, »On the permanence of stored information in the human brain«, *American Psychologist* 35–409–420 (Mai 1980). In Wirklichkeit wurde kein Videoband verwendet, sondern vielmehr eine Serie von dreißig Dias, und die Fehlinformation über das Vorfahrt-achten-Schild wurde geschickt in eine andere Frage eingebaut und dann später dadurch getestet, daß die Versuchspersonen gebeten wurden, zwischen einem Bild der Kreuzung und einem fast identischen Foto, auf dem das Stoppschild durch ein Vorfahrt-achten-Zeichen ersetzt worden war, zu wählen.

140 D. Stephen Lindsay, »Eyewitness suggestibility«, *Current Directions in Psychological Science* 2:86–89 (Juni 1993).

141 Tulving (1989) und David H. Ingvar, »Ideography: Mapping ideas in the brain«, in *Brain Work and Mental Activity*, hg. v. N. A. Lassen, D. H. Ingvar, M. E. Raichle, L. Friberg (Munksgaard, Copenhagen 1991), S. 346–359.

142 Die Auswirkungen kortikaler Stimulation auf das verbale Kurzzeitgedächtnis sind beschrieben in George Ojemann, »Organization of short term verbal memory in language areas of human cortex: evidence from electrical stimulation«, *Brain and Language* 5:331–340 (1978) und »Brain organization for language from the perspective of electrical stimulation mapping«, *Behavioral and Brain Sciences* 6:189–206 (1983).

Belege dafür, daß diese kortikalen Gedächtnis-Stellen zu Gedächtnisstörungen nach Entfernung des linken Temporallappens beitragen, finden sich in George Ojemann, Carl Dodrill, »Verbal memory deficits after left temporal lobectomy for epilepsy: Mechanism and intraoperative prediction«, *Journal of Neurosurgery* 62:101–107 (1985).

Die Auswirkungen von Stimulationen an anderen Stellen des Gehirns einschließlich des Hippocampus werden besprochen in George Ojemann, Otto Creutzfeldt, »Language in humans and animals: contribution of brain stimulation and recording«, in *Handbook of Physiology, The Nervous System, Bd. 5, Higher Functions of the Brain*, hg. b. Vernon Mountcastle, Fred Plum, Steven Geiger, (American Physiological Society 1989), S. 675–699.

8. Wie werden Erinnerungen gebildet?

146 George A. Miller, »The magical number seven: plus or minus two. Some limits on our capacity for processing information«, *Psychological Review* 9:81–97 (1956).

146 f. E. Paulesu, C. D. Frith, R. S. J. Frackowiak, »The neural correlates of the verbal component of working memory«, *Nature* 362:343–346 (25. März 1993).

148 Philip Lieberman, *Uniquely Human: The Evolution of Speech, Thought, and Selfless Behavior* (Harvard University Press 1991).

148 P. M. Grasby, C. D. Frith, K. J. Friston, C. Bench, R. S. J. Frackowiak, R. J. Dolan, »Funktional mapping of brain areas implicated in auditory verbal memory function«, *Brain* 116:1–20 (1993).

149 Joaquin Fuster, »Neuronal discrimination and short-term memory in association cortex«, in *Neurobiology of Higher Cognitive Function*, Arnold Scheibel, Adam Wechsler, Hgg. (Guilford Press 1990), S. 85–102.

150 William H. Calvin, George A. Ojemann, Arthur A. Ward, Jr., »Human cortical neurons in epileptogenic foci: Comparison of inter-ictal firing patterns to those ›epileptic‹ neurons in animals«, *Electroencephalography and Clinical Neurophysiology* 34:337–351 (1973).

150 George Ojemann, Otto Creutzfeldt, Ettore Lettich, Michael Haglund, »Neuronal activity in human lateral temporal cortex related to short-term verbal memory, naming and reading«, *Brain* 111:1383–1403 (1988).

151 Michael Haglund, George Ojemann, Ted Schwartz, Ettore Lettich, »Neuronal activity in human lateral temporal cortex during serial retrieval from short-term-memory«, *Journal of Neuroscience* (i. Dr. 1993).

151 Die mit dem Lernen verbundenen Veränderungen der zerebralen Blutfluß-Muster sind im zusätzlichen motorischen Feld besonders ausgeprägt; vgl. z. B. R. J. Seitz, P. E. Roland, C. Bohm, T. Greitz, S. Stone-Elander, »Motor learning in man: a positron emission tomography study«, *NeuroReport* 1:17–20 (1990).

Beim Erlernen einer Sprache waren mittels der PET-Blutfluß-Untersuchungen Veränderungen im Bereich des Gyrus cingulatus und in den klassischen Sprachzentren deutlicher auszumachen; vgl. Marcus Raichle, »Exploring the mind with dynamic imaging«, *Seminars in the Neurosciences* 2:307–315 (1990).

153 William H. Calvin, »Binding forms a cerebral code which error corrects: Scattered feature detectors generate a hegagonal code via synchronizing excitation among pyramidal neurons«, *Society for Neuroscience Abstracts* 19:398.22 (1993).

153 Malcolm P. Young, S. Yamane, »Sparse population coding of faces in the inferotemporal cortex«, *Science* 256:1327–1331 (1992).

154 Einfachere Mechanismen für die Schlußfolgerung *Post hoc, ergo propter hoc* werden diskutiert in William H. Calvin, *The Throwing Madonna: Essays on the Brain* (Bentam 1991), Kap. 9.

155 Die Buckelpisten-Illustration stammt aus einem Vortrag von William H. Calvin für die *Dutch National Science Week* (Oktober 1992).

155 f. Franklin B. Krasne, »Extrinsic control of intrinsic neuronal plasticity: a hypothesis from work on simple systems«, *Brain Research* 140:197–206 (1978).

156 Eric R. Kandel, Robert D. Hawkins, »The biological basis of learning and individuality«, *Scientific American* 267(3):52–60 (September 1992).

156 f. Anita M. Turner, William T. Greenough, »Differential rearing effects on rat visual cortex synapses. I. Synaptic and neuronal density and synapses per neuron«, *Brain Research* 329:195–203 (1985).

Fred R. Volkmar, William T. Greenough, »Rearing complexity affects branching of dendrites in the visual cortex of the rat«, *Science* 176:1445–1447 (1972).

William T. Greenough, »Experimental modification of the developing brain«, *American Scientist* 63:37–46 (1975).

157 Belege dafür, daß Medikamente, welche die Proteinsynthese blockieren, sich bei Versuchstieren auf die Ausbildung von Langzeiterinnerungen auswirken, stehen seit mehreren Jahrzehnten zur Verfügung. S. Barondes, H. Cohen, »Memory impairment after subcutaneous injection of acetoxycyclohexemide«, *Science* 160:556–557 (1968). Jedoch wird die Interpretation dieser Befunde dadurch kompliziert, daß diese Medikamente möglicherweise neben der Blockade der Proteinsynthese noch weitere Wirkungen haben.

157 Donald O. Hebb, *The Organization of Behavior* (Wiley 1949) schließt auch ein, was wir heute die »Hebbsche Synapse« nennen, die – wie die moderne NMDA-Synapse – sich verstärkt, wenn am selben Dendriten beinahe gleichzeitig Signale eingehen. Es war auch Hebb, der den »Hebbschen Zellverband« als die aktive Form des Gedächtnisses vorgeschlagen hat. Und Hebb bemerkte auch, daß das Gedächtnis wirklich ein »zweispuriges« System erfordert, bei dem ein zugrundeliegendes Muster von Verbindungen es dem Zellverband ermöglicht, seine charakteristische Aktivität wieder zu entwickeln. All dies erkannte Hebb wenige Jahre, ehe die ersten Mikroelectroden-Messungen am Zentralnervensystem von Säugetieren gemacht wurden auf der theoretischen Grundlage von psychologischen Experimenten und Läsions-Befunden. Vgl. Peter M. Milner, »The mind and Donald O. Hebb«, *Scientific American* 268(1):124–129 (Januar 1993).

158 Der NMDA-Kanal an den Glutamat-Synapsen heißt so nach dem N-Methyl-D-Asparat, weil diese Verbindung, und nicht Glutamat, den Kanal in geringsten Konzentrationen öffnet. Doch abgesehen davon macht Glutamat ihn genausogut auf, und dieser Stoff ist derjenige, der in der Regel als Neurotransmitter freigesetzt wird.

160 John G. Taylor, *When the Clock Strikes Zero* (Pan Macmillan 1992), diskutiert, welche Rolle der Hippocampus beim Trainieren des zerebralen Kortex während der REM-Schlafphase spielt.

9. Was ist vorne los?

Für eine allgemeine Einführung in psychiatrische Störungen siehe Nancy Andreasen, *The Broken Brain* (Harper and Row 1984) und Peter D. Kramer, *Listening to Prozac* (Viking 1993).

U. Halsband, N. Ito, J. Tanji, H.-J. Freund, »The role of premotor cortex and the supplementary motor area in the temporal control of movement in man«, *Brain* 116:243–266 (Februar 1993).

164 Eine Darwinsche Vorstellung vom Bewußtsein wird entwickelt in W. H. Calvin, *Die Symphonie des Denkens. Wie aus Neuronen Bewußtsein entsteht* (Hanser 1993), sowie in »Islands in the Mind«, *Seminars in the Neurosciences* 3:423–433 (1991). Diese alte Idee geht auf William James, 1880, zurück.

166 Justine Sergent, »Music, the brain, and Ravel«, *Trends in the Neurosciences* 16:168–172 (Mai 1993). Die Illustration zeigt die Ergebnisse für rechtshändiges Klavierspiel, Notenlesen und Zuhören, wobei die Aktivitäts-Kartierung des bloßen Tonleiter-Spielens subtrahiert wurde; der Kortex entlang der Mittellinie, zum Beispiel das zusätzliche motorische Feld, ist nur wenig aktiviert; und die einzige rechtsseitige Aktivierung ist diejenige im hinteren Bereich des oberen Parietallappens.

Justine Sergent, Eric Zuck, Sean Terriah, Brennan MacDonald, »Distributed neural network underlying musical sight-reading and keyboard performance«, *Science* 257:106–109 (3. Juli 1992).

168 Tim Shallice, Paul W. Burgess, »Deficits in strategy application following frontal lobe damage in man«, *Brain* 114:727–741 (April 1991), beschreibt drei Patienten mit Kopfverletzungen, die für Frontallappen-Patienten typischer sind als diejenigen, die wir in unserem Kapitel diskutieren und eher lokalisierte Läsionen hatten.

168 f. Wilder Penfield, J. Evans, »The frontal lobe in man: a clinical study of maximum removals«, *Brain* 58:115–133 (1935). Die Geschichte mit dem Essenkochen wird in der Regel so erzählt, wie sie William H. Calvin auch in *Der Strom, der bergauf fließt* (Hanser 1994) auf S. 609 wiedergibt, daß nämlich die Schwierigkeiten mit der Essenszubereitung Teil der Tumor-Diagnose gewesen seien; doch der Originalaufsatz von 1935 zeigt, daß in Wirklichkeit erst fünfzehn Monate *nach* der Operation, bei der der gesamte rechte Frontallappen bis auf einen Zentimeter vor dem motorischen Streifen entfernt wurde, die Schwierigkeiten auftraten.

169 A. J. Wilkins, Tim Shallice, R. McCarthy, »Frontal lesions and sustained attention«, *Neuropsychologia* 25:359–365 (1987).

169 José v. Pardo, Peter T. Fox, Marcus E. Raichle, »Localization of a human system for sustained attention by positron emission tomography«, *Nature* 349:61–64 (3. Januar 1991).

169 Paul J. Eslinger, Antonio R. Damasio, »Severe disturbances of higher cognition after bilateral frontal lobe ablation: patient E.V.R.«, *Neurology* 35:1731–1741 (1985).

170 Nancy C. Andreasen, »Brain imaging: applications in psychiatry«, *Science* 239:1381–1388 (1988).

Judith L. Rapoport, »The biology of obsessions and compulsions«, *Scientific American* 260(3):82–89 (März 1989). *The Boy Who Couldn't Stop Washing: The Experience and Treatment of Obsessive Compulsive Disorder* (E. P. Dutton 1989).

173 Belege für reduzierten Glukose-Stoffwechsel im linken Frontallappen bei mehreren, unterschiedlichen Arten von Depressionen werden präsentiert von L. Baxter Jr., J. Schwartz, M. Phelps, J. Mazziotta, B. Guze, C. Selin, R. Gerner, R. Sumida, »Reduction of prefrontal glucose metabolism common to three types of depression«, *Archives of General psychiatry* 46:243–250 (1989).

173 f. Antonio R. Damasio, Daniel Tranel, Hanna Damasio, »Individuals with sociopathic behavior caused by frontal damage fail to respond autonomically to social stimuli«, *Behavioral Brain Research* 41:81–94 (1990).

174 Der dorsolaterale präfrontale Kortex ist direkt mit dem Colliculus superior verbunden, einer Gewebestruktur im Mittelhirn, der eine bedeutende Rolle bei der Steuerung der Augen- und Kopfbewegungen zukommt. Im Gegensatz dazu kragt der orbitofrontale Kortex direkt zum Hirnstamm und den spinal-viszeralen motorischen Strukturen aus, die mit dem autonomen Nervensystem zu tun haben; er stellt zugleich einen wichtigen olfaktorischen und viszeralen sensorischen Bereich dar. Vgl. Edward J. Neafsey, »Prefrontal autonomic control in the rat: anatomical and electrophysiological observations«, *Progress in Brain Research* 85:147–166 (1990).

176 Simon Levay, *The Sexual Brain* (MIT Press 1993). Vgl. auch den Artikel über genetische Zusammenhänge in *Science* 261:291–292 (16. Juli 1993).

10. Wenn es mit dem Denken und Fühlen nicht klappt

Elliot S. Gershon, Ronald O. Rieder, »Major disorders of mind and brain«, *Scientific American* 267(3):89–95 (September 1992). Ein gutes Lehrbuch zu diesem Thema, dem auch die meisten der statistischen Angaben in diesem Kapitel entnommen wurden, ist: Nancy C. Andreasen, Donald W. Black, *Introductory Textbook of Psychiatry* (American Psychiatric Press 1991).

Samuel H. Barondes, *Molecules and Mental Illness* (Freeman 1992).

Irving I. Gottesman, *Schizophrenia Genesis* (Freeman 1991).

179 Peter D. Kramer, *Listening to Prozac* (Viking 1993), S. 165.

179 Kay Redfield Jamison, *Touched with Fire: Manic-depressive illness and the artistic temperament* (Free Press 1993), S. 125.

180 f. M. M. Mesulam, »Slowly progressive aphasia without generalized dementia«, *Annals of Neurology* 11:592–598 (Juni 1982).

181 Sergent (1993).

182 J. William Langston, »The case of the tainted heroin: a trail of tragedies leads to a new theory of Parkinson's disease«, *The Sciences* 25(1):34–40 (Januar 1985). Vgl. auch *Science* (25. Februar 1983).

182 f. Matti Virkkunen, Judith DeJong, John Bartko, Frederick K. Goodwin, Markku Linnoila, »Relationship of psychobiological variables to recidivism in violent offenders and impulsive fire setters. A follow-up study«, *Archives of General Psychiatry* 46:600–603 (Juli 1989). Nachfolgende Artikel in den Ausgaben vom Januar und Februar 1994 derselben Zeitschrift erforschten die Persönlichkeitsprofile und die zustandsbedingte Aggressivität finnischer Alkoholiker, Gewalttäter, Brandstifter und gesunder Versuchspersonen in Zusammenhang mit Selbstmordversuchen. Von besonderer Bedeutung sind die CSF-Biochemie, der Glukose-Stoffwechsel, und die täglichen Aktivitätsrhythmen.

184 Jamison (1993), S. 29. Vgl. auch Arnold M. Ludwig, *The Price of Greatness* (Guilford, i. Dr.), der herausfand, daß unter den Manisch-Depressiven sich siebzehn

Prozent Schauspieler, dreizehn Prozent Dichter, aber weniger als ein Prozent Naturwissenschaftler (derselbe Anteil wie an der Gesamtbevölkerung) fanden.

185 Nancy C. Andreasen, »Creativity and mental illness: prevalence rates in writers and their frist-degree relatives«, *American Journal of Psychiatry* 144:1288−1292 (1987).

185 Jamison (1993), S. 60−89. Vgl. auch *The New York Times* vom 12. Oktober 1993.

188 Eric R. Kandel, Robert D. Hawkins, »The biological basis of learning and individuality«, *Scientific American* 267(3):79−86 (September 1992).

188 Viele wirksame Antidepressiva (wie auch die Elektroschock-Therapie) vermindern die Freisetzung von zyklischem Adenosinmonophosphat, das im Innern eines Neurons entsteht, wenn nur Epinephrin oder verwandte Verbindungen sich an ihre Rezeptoren binden; Belege dafür werden besprochen in Elliot S. Gershon, Ronald O. Rieder, »Major disorders of mind and brain«, *Scientific American* 267(3):89−95 (September 1992).

189 Murray A. Falconer, »Reversibility by temporal-lobe resection of the behavioral abnormalities of temporal-lobe epilepsy«, *New England Journal of Medicine,* 289:451−455 (1973).

189 R. L. Suddath, M. F. Casanova, T. E. Goldberg, D. G. Daniel, J. R. Kelsoe, Jr., D. R. Weinberger, »Temporal lobe pathology in schizophrenia: a quantitative magnetic resonance imaging study«, *American Journal of Psychiatry* 146:464−472 (April 1989). Die Gesamtmenge der grauen Substanz der Temporallappen war bei den Patienten zwanzig Prozent kleiner als bei Kontrollpersonen (aber dies muß nicht bedeuten, daß es dort weniger Neuronen gab: vgl. Greenough 1975).

Rue L. Cromwell, »Searching for the origins of schizophrenia«, *Psychological Science* 4:276−279 (September 1993).

I. I. Gottesman, *Schizophrenia Genesis: The Origins of Madness* (Freeman 1991).

Daniel R. Weinberger, K. F. Berman, R. Suddath, E. F. Torrey, »Evidence of dysfunction of a prefrontal-limbic network in schizophrenia: a magnetic resonance imaging and regional cerebral blood flow study of discordant monozygotic twins«, *American Journal of Psychiatry* 149:890−897 (Juli 1992). Je mehr sich ein betroffener Zwilling von dem nicht-betroffenen Zwilling hinsichtlich des Volumens des linken Hippocampus unterschied, desto unterschiedlicher war auch die präfrontale Blutfluß-Aktivierung während des Wisconsin-Kartentests. Bei den betroffenen Zwillingen als Gruppe stand die präfrontale Aktivierung im engen Zusammenhang mit sowohl dem linken wie dem rechten Hippocampus-Volumen, was auf eine Fehlfunktion innerhalb eines weit ausgedehnten neokortikal-limbischen neuralen Netzes schließen läßt, das im Arbeitsgedächtnis eingeschlossen ist.

190 Eric M. Reiman, Maureen J. Fusselman, Peter T. Fox, and Marcus E. Raichle, »Neuroanatomical correlates of anticipatory anxiety«, *Science* 243:1071−1074 (1989): Eine PET-Studie, die zeigt, daß die Spitze des Temporallappens sowohl bei normalen Versuchspersonen wie bei Patienten mit Angststörungen aktiv wird.

190 Es gibt ebenfalls Hinweise darauf, daß eine Struktur an der Innenseite des Temporallappens, der Mandelkörper, bei unbeherrschtem Zorn eine Rolle spielt. Es gibt eine kleine Zahl von Patienten, bei denen es episodisch zu solchen unkontrol-

lierten Wutausbrüchen kommt. Nur wenige Menschen haben jemals solche Zornes-
ausbrüche beobachtet. Es handelt sich dabei nicht um die Wut, wie sie bei den meisten häuslichen Auseinandersetzungen offenbar wird, bei Wirtshausschlägereien oder
sozialen Unruhen. Vielmehr werden diese – sehr seltenen – Patienten durch so
harmlose Stimuli wie eine Berührung am Mantelärmel dazu gebracht, daß sie einen
völlig Fremden umzubringen versuchen. So große Gefahr kann von ihnen ausgehen,
daß man sie selbst in der Umgebung einer entsprechenden Einrichtung nicht in die
Nähe anderer Menschen ·lassen darf. Ihr Verhaltensmuster ist Folge einer Schädigung
der Vorder- und Innenseiten des Temporallappens einschließlich des Mandelkörpers,
und eine Entfernung dieser geschädigten Strukturen kehrt die episodischen Zornes-
ausbrüche ins Gegenteil um, wenn auch normale Wut dadurch nicht ausgeschaltet
wird. Auch hat die lokale Zerstörung des Mandelkörpers die episodische Raserei
ebenfalls abgemildert. Eine Auswertung chirurgischer Interventionen bei dieser Art
von Problemen findet sich in Edward Hitchcock, V. Cairns, »Amygdolotomy, *Post-
graduate Medicine* 49:894–904 (1973) und Vernon Mark, Frank Erwin, William
Sweet in *Neural Basis of Violence and Aggression*, hg. v. William Sweet und William
Fields (St. Louis, Warren Green, 1975), S. 379–391.

194 Vgl. »Psychosurgery: National Commission issues surprisingly favorable
report«, *Science* 194:299 (15. Oktober 1976). Und *Federal Register* 43(221):53242
(1978).

195 E. Tan, I. M. Marks, P. Marset, »Biomedical leucotomy in obsessive-com-
pulsive neurosis: a controlled serial inquiry«, *British Journal of Psychiatry*
118:155–164 (1971). I. M. Marks, J. L. Birley, M. G. Gelder, »Modified leucotomy
in severe agoraphobia: a controlled serial inquiry«, *British Journal of Psychiatry*
112:757–769 (1966). R. Strom-Olsen, S. Carlisle, »Bi-frontal stereotactic tractotomy:
A follow-up study of ist effects on 210 patients«, *British Journal of Psychiatry*
118:141–54
(1971).

Für die Untersuchungen, bei denen Verhaltens- wie Intelligenztests vorher und
nachher durchgeführt wurden, vgl. N. Mitchell-Heggs, D. Kelly, A. Richardson, and
McLeish, S. 327–336 in *Modern Concepts in Psychiatric Surgery*, hg. b. Edward
Hitchcock et al. (Elsevier 1979); Corkin Twitchell, Sullivan, S. 253–272; N. Mitchell-Heggs, D. Kelly, A. Richardson, »Stereotactic limbic leucotomy – a followup
at 16 months«, *British Journal of Psychiatry* 128:226–40 (1976).

200 Robert M. Sapolsky, »Stress in the wild«, *Scientific American* 2652(1):
116–123 (1990) und *Stress, the Aging Brain, and the Mechanisms of Neuron Death*
(MIT Press 1992).

200 Tourettes Verhaltens-Ticks sind beschrieben in Oliver Sacks, »A surgeon's
life«, *The New Yorker*, S. 85–94 (16. März 1992).

202 Jerome Kagan, J. Stephen Reznick, Nancy Snidman, »Biological basis of
childhood shyness«, *Science* 240:167–171 (1988). Vgl. auch Kramer (1993).

11. Weniger ist manchmal mehr

David H. Hubel, *Eye, Brain, and Vision* (Freeman 1988).

209 Eine theoretische Analyse des Verhältnisses von linkem und rechtem Sehfeld im visuellen Kortex sowie zahlreiche relevante Literaturangaben zu diesem Thema bietet Kenneth D. Miller, Joseph B. Keller, Michael P. Stryker, »Ocular dominance column development: analysis and simulation«, *Science* 245:605–615 (11. August 1989).

209 Die Skizze der Zellen in der Retina wurde adaptiert nach John E. Dowling, Brian B. Boycott, »Organization of primate retina: electron microscopy«, *Proceedings of the Royal Society, London* B166:80–111 (1966).

216 P. R. Huttenlocher, »Synapse elimination and plasticity in developing human cerebral cortex«, *American Journal of Mental Deficiency* 88:488–496 (1984).

217 J. Tigges, J. G. Herndon, A. Peters, »Neuronal population of area 4 during the life span of the rhesus monkey«, *Neurobiology of Aging* 11:201–208 (Mai/Juni 1990). Bei heranwachsenden Affen (weniger als fünfeinhalb Jahre alt) wurde hinsichtlich der Gesamtzahl der Neuronen des motorischen Streifens ein signifikanter Verlust von annähernd einem Drittel beobachtet. Im Gegensatz dazu wurde bei erwachsenen Affen kein mit dem Alter zusammenhängender Neuronenverlust beobachtet.

218 Peter F. Drucker, *Post-capitalist Society* (HarperCollins 1993), S. 57.

219 David H. Hubel, »Effects of distortion of sensory input on the visual system of kittens«, *The Physiologist* 10:43 (1967).

12. Sprechen lernen und wieder zur Sprache kommen

Patricia S. Kuhl, »Auditory perception and the evolution of speech«, *Human Evolution* 3:21–45 (1988).

John L. Locke, *The Child's Patch to Spoken Language* (Harvard University Press 1993).

Oliver Sacks, *Stumme Stimmen. Reise in die Welt der Gehörlosen* (Rowohlt 1990).

220 Noam Chomsky, »Language and the mind«, *Psychology Today* (Februar 1969).

221 Vgl. z. B. den Nachrichten-Artikel auf S. 535 zu dem Beitrag von Patricia K. Kuhl, Karen A. Williams, Francisco Lacerda, Kenneth N. Stevens, Björn Lindblom, »Linguistic experience alters phonemic perception in infants by 6 months of age«, *Science* 255:606–608 (31. Januar 1992). Des weiteren vgl. M. J. S. Weiss, P. R. Zelazo, Hgg., *Newborn Attention* (Ablex 1991).

221 Steven Harnad, Hg., *Categorical Perception* (Cambridge University Press 1987).

223 Jon H. Kaas, »Plasticity of sensory and motor maps in adult mammals«, *Annual Reviews of Neuroscience* 14:137–167 (1991).

William M. Jenkins, Michael M. Merzenich, Greg H. Recanzone, »Neocortical representational dynamics in adult primates: implications for neuropsychology«, *Neuropsychologia* 28:573–584 (1990).

Michael M. Merzenich, Greg H. Recanzone, William M. Jenkins, K. A. Grajski, »Adaptive mechanisms in cortical networks underlying cortical contributions to learning and nondeclarative memory«, *Cold Spring Harbor Symposia for Quantitative Biology* 55:873–887 (1990).

223   Alvaro Pascual-Leone, Fernando Torres, »Plasticity of the sensorimotor cortex representation of the reading finger in Braille readers«, *Brain* 116:39–52 (Februar 1993).

223   Tim C. Pons, Preston E. Garraghty, Alexander K. Ommaya, Jon H. Kaas, Edward Taub, Mortimer Mishkin, »Massive cortical reorganization after sensory deafferentation in adult macaques«, *Science* 252:1857–1860 (28. Juni 1991). Vgl. auch Preston E. Garraghty, John H. Kaas, »Large-scale functional reorganization in adult monkey cortex after peripheral nerve injury«, *Proceedings of the National Academy of Sciences (U.S.A.)* 88(16):6976–6980 (15. August 1991).

Zufällig handelt es sich hierbei um genau die »Silver-Springs«-Affen, die Tierschützer unter ihre Obhut zu bekommen versuchten, indem sie in der Öffentlichkeit wie bei Gerichtsverhandlungen behaupteten, es handele sich dabei um sinnlose wissenschaftliche Versuche. Viele Motorradfahrer, die bei einem Unfall über den Lenker geschleudert werden, solange sie noch fest an den Handgriffen hängen, erleiden Verletzungen, die jenen gleichen, welche man diesen Affen zugefügt hat: Die sensorischen Axonen, die von Hand und Arm kommen, werden an der Eintrittsstelle in das Rückenmark durchtrennt. Es lohnt sich, nach Lektüre dieser wissenschaftlichen Abhandlungen noch einmal die journalistischen Berichte nachzulesen und festzustellen, welche Rolle arrogante Ignoranz bei der Kontroverse spielte. Eine populäre Abhandlung bietet Carolyn Fraser, »The raid at Silver Springs«, *The New Yorker* (19. April 1993), S. 66 ff.

226   Maureen Dennis, Harry Whitaker, »Language acquisition following hemidecortication: Linguistic superiority of the left over the right hemisphere«, *Brain and Language* 3:404–433 (1976).

226   Ein Beispiel für die Sprachlokalisierung bei einem vierjährigen Kind anhand von Stimulations-Kartierungen während des Benennens vertrauter Objekte findet sich in George Ojemann, Jeff Ojemann, Ettore Lettich, Mitchell Berger, »Cortical language localization in left, dominant hemisphere«, *Journal of Neurosurgery* 71:316–326 (1989):

229   Die Kurven des Spracherwerbs wurden adaptiert nach Eric H. Lenneberg, *Biological Foundations of Language* (Wiley 1966), S. 133.

232   Richard P. Meier, »Language acquisition by deaf children«, *American Scientist* 79:60–70 (Januar/Februar 1991).

232   National Institutes of Health, Office of the Director, Early identification of hearing impairment in infants and young children«, *NIH Consensus Statement 11* (1. März 1993). Hier wird empfohlen, daß alle hörbehinderten Kinder noch vor dem Alter von sechs Monaten identifiziert sein sollten und mit der Behandlung begonnen werden muß.

232f. Oliver Sacks, *Stumme Stimmen* (Rowohlt 1990).

234 Susan Curtiss, *Genie: A Psycholinguistic Study of a Modern-Day »Wild Child«* (Academic Press 1977).

236 Daß Versuche fehlschlugen, Verwandten zweier erfolgreicher Bonobos verspätet Sprache beizubringen, entnehmen wir der persönlichen Mitteilung von E. Sue Savage-Rumbaugh, 1993.

237 Faktoren, die die spontane Genesung von Aphasie beeinflussen, werden besprochen in Audrey Holland, »Recovery in aphasia«, in *Handbook of Neuropsychology*, hg. v. François Boller, Jordan Graphman (Elsevier 1989) Bd. 2, S. 83–90. Untersuchungen, die die Wirkungen von Therapien in diesen Fällen auswerten, finden sich in Martha Sarno, »Recovery and rehabilitation in aphasia«, in *Acquires Aphasia*, hg. v. Martha Sarno (Academic Press 1981), S. 485–529.

237 Michael Gazzaniga, »Right hemisphere language following brain bisection: a 20-year perspective«, *American Psychologist* 38:525–537 (1983).

238 Fehlen von ungewöhnlich plazierten Benennungs-Stellen bei Schlaganfallpatienten: vgl. G. A. Ojemann, unveröffentlichtes Material.

240 J: William Langston, »The case of the tainted heroin: a trail of tragedies leads to a new theory of Parkinson's disease«, *The Sciences* 25(1):34–40 (Januar 1985). P. L. McGeer, E. G. McGeer, J. S. Suzuki, »Aging and extrapyramidal function«, *Archives of Neurology* 34:33–35 (1977). Vgl. auch M. L. McGeer, E. G. McGeer, »Aging and neurotransmitter systems«, in *Parkinsons's Disease – II. Aging and Neuroendocrine Relationships*, hg. v. C. E. Finch et al., S. 41–57 (Plenum 1978). Eine neuere Diskussion findet sich in James A. Mortimer, »Human Motor behavior and aging«, *Annals of the New York Academy of Sciences* 515:54–65 (1988).

13. Das Bild wird zerlegt

David H. Hubel, *Eye, Brain, and Vision* (Scientific American Books 1988).

Semir Zeki, *A Vision of the Brain* (Blackwell Scientific Publication 1993).

Margaret Livingstone, David H. Hubel, »Segregation of form, color, movement, and depth: Anatomy, physiology, and perception«, *Science* 240:740–749 (1988).

Dale Purves, D. R. Riddle, A.-S. LaMantia, »Iterated patterns of brain circuitry (or how the brain gets its spots)«, *Trends in the Neurosciences* 15:362–368 (1992).

Jennifer S. Lund, «Anatomical organization of macaque monkey striate visual cortex«, *Annual Reviews of Neuroscience* 11:253–288 (1988).

242 E. H. Gombrich, *Kunst und Illusion: Eine Studie über die Psychologie von Abbild und Wirklichkeit in der Kunst* (Belser 1978)

244 Floyd Ratliff, *Mach Bands: Quantitative Studies on Neural Networks in the Retina* (Holden-Day 1965).

246 Die Abbildung der Reaktionen zweier retinaler Ganglienzellen wurde adaptiert nach Robert W. Rodieck, *The Vertebrate Retina: Principles of Structure and Function* (Freeman 1973).

245 Roy M. Pritchard, »Stabilized images on the retina«, *Scientific American* S. 72–91 (Juni 1991).

247 Margaret S. Livingstone, »Art, illusion and the visual system«, *Scientific American* 258(1):78–65 (Januar 1988).

247 Margaret S. Livingstone, Glenn D. Rosen, Frank W. Drislane, Albert M. Galaburda, »Physiological and anatomical evidence for a magnocellular defect in developmental dyslexia«, *Proceedings of the National Academy of Sciences (U.S.A.)* 88:7943–7947 (15. September 1991). Bei Dyslektikern sind die visuell evozierten Potentiale für Stimuli niedrigen Kontrasts verzögert. Während der Nucleus corporis geniculati lateralis in den parvozellularen Schichten normal aussieht, sind in den magnozellularen Schichten von Dyslektikern die Zellkörper um siebenundzwanzig Prozent reduziert.

249 David H. Hubel, Torsten N. Wiesel, »Brain mechanisms of vision«, *Scientific American* 241(3) (September 1979).

251 David H. Hubel, Torsten N. Wiesel, »Functional architecture of macaque monkey visual cortex« *Proceedings of the Royal Society, London* 198B:1–59 (1977). Eine Einführung bietet John G. Nicholls, A Robert Martin, Bruce G. Wallace, *From Neuron to Brain*, 3. Aufl. (Sinauer 1992).

253 f. Gian E. Chatrian, Ettore Lettich, I. H. Miller, John R. Green, »Pattern-sensitive epilepsy. I. An electrographic study of its mechanisms«, *Epilepsia* 11: 125–149 (1970).

254 Margaret S. Livingstone, David H. Hubel, »Psychophysical evidence for separate channels for the perception of form, color, movement, and depth«, *Journal of Neuroscience* 7:3416–3468 (1987).

254 Semir Zeki, »The visual image in mind and brain«, *Scientific American* 267(3):42–50 (September 1992).

254 D. C. van Essen, C. H. Anderson, D. J. Fellman, »Information processing in the primate visual system: an integrated systems perspective«, *Science* 255:419 (1992).

254 Daß Dreieck-Detektoren tatsächlich eine Möglichkeit sind, folgt aus Gyula Sáry, Rufin Vogels, Guy A. Orban, »Cue-invariant shape selectivity of macaque inferior temporal neurons«, *Science* 260:995–997 (14. Mai 1993).

255 Zum Farbensehen vgl. die Stichworte »Colour vision« und »Thomas Young« in *The Oxford Companion to the Mind*, hg. v. Richard L. Gregory (Oxford University Press 1987). Die Zapfenzellen werden diskutiert in Edward F. MacNichol, Jr., »Three-pigment color vision«, *Scientific American*, S. 64 (Dezember 1964).

257 Die Kombinations-Theorie des Geschmacks wird behandelt in Robert P. Erickson, »On the neural bases of behavior«, *American Scientist* 72:233–241 (Mai/Juni 1984). Die Anmerkung 155 auf S. 358f. in W. H. Calvin, *Die Symphonie des Denkens* (Hanser 1993) diskutiert ihre Übertragung auf die Linienorientierungs-Neuronen des visuellen Kortex mit achtzehn elementaren Orientierungstypen.

257 Donald O. Hebb, *The Organization of Behavior* (Wiley 1949). Vgl. auch Peter M. Milner, »The mind and Donald O. Hebb«, *Scientific American* 268(1): 124–129 (Januar 1993).

258 Antonio Damasio, »Prosopagnosia«, *Trends in the Neurosciences* 8:132–145 (1985). Antonio Damasio, Daniel Tranel, Hanna Damasio, »Facial agnosia and the neural substrates of memory«, *Annual Review of Neuroscience* 13:9–109 (1990). Justine Sergent, Jean-Louis Signoret, »Varieties of functional deficits in prosopagnosia«, *Cerebral Cortex* 2:375–88 (1992).

14. Wie das Gehirn die Sprache unterteilt

George A. Ojemann, Otto D. Creutzfeldt, »Language in humans and animals: contribution of brain stimulation and recording«, in *Handbook of Physiology, Section 1: The Nervous System. The Higher Functions of the Brain,* hg. v. Vernon B. Mountcastle, Fred Plum und Steven R. Geiger (American Physiological Society 1987).

Steven E. Petersen, P. T. Fox, A. Z. Snyder, »Activation of extrastriate and frontal cortical areas by visual words and word-like stimuli«, *Science* 249:1041–1044 (1990.

M. Paradis; »Bilingualism and aphasia«, *Studies in Neurolinguistics* 3:65–122 (1977).

259 ff. George Ojemann, Harry Whitaker, »The bilingual brain«, *Archives of Neurology* 35:409–412 (1978). Unterschiedliche, für das Benennen entscheidende Stellen sind sogar für verschiedene chinesische Dialekte ein und desselben Patienten festgestellt worden. Ob es spezifische Muster für erste und zweite Sprachen gibt oder für Sprachen, die man mehr oder weniger fließend spricht, ist nicht klar.

261 Ursula Bellugi, Howard Poizner, Edward S. Klima, »Language, modality, and the brain«, *Trends in Neurosciences* 12(10):380–388 (1989). Vgl. auch Michael M. Haglund, George A. Ojemann, Ettore Lettich, Ursula Bellugi, David Corina, »Dissociation of cortical and single unit activity in spoken and signed languages«, *Brain and Language* 44:19–27 (Januar 1993).

263 Ein Patient, der weiterhin Werkzeuge, aber nicht mehr Tiere benennen konnte, wird beschrieben in Antonio Damasio, »Synchronous activation in multiple cortical regions; a mechanism for recall«, *Seminars in the Neurosciences* 2:287–296 (1990).

Ein weiterer Patient, bei dem nach einem Schlaganfall die eine semantische Kategorie erhalten blieb, eine andere aber nicht, wird vorgestellt in J. Hart, R. Berndt, A. Caramazza, »Category-specific naming deficit following cerebral infarction«, *Nature* 316:439–440 (1985).

Daß Benennungs-Stellen woanders liegen als jene, die verwendet werden, wenn man aus Substantiven Verben bildet, wird mit Stimulations-Kartierungen belegt in Jeff Ojemann, George Ojemann, Ettore Lettich, »Cortical stimulation during a language task with known blood flow changes«, *Societey for Neuroscience Abstracts* 19:1808 (1993).

Wie Gehirnbereiche, die während der Ableitung von Verben aus Substantiven aktiv sind, mittels PET-Scanner lokalisiert werden, wird beschrieben in Marcus Raichle, »Exploring the mind with dynamic imaging«, *Seminars in the Neurosciences* 4:307–315 (1990). Die Gruppe um Raichle hat kürzlich Belege dafür vorgelegt, daß die PET-Lokalisierung dieser Sprachfunktion unterschiedlich ausfällt, wenn die Versuchsperson schon früher Erfahrungen mit der speziellen Liste von Substantiven gemacht hat, aus denen die Verben gebildet werden sollen.

Die Auswirkungen der Stimulations-Kartierung auf die Identifikation von Sprechlauten und auf orofaziale Sprechbewegungen finden sich in George A. Ojemann, Catherine Mateer, »Human language cortex: localization of memory, syntax and sequential motor-phoneme identification systems«, *Science* 205:1401–1403 (1979).

263 f. Für Syntax-Beispiele siehe George A. Ojemann, »Brain organization for language from the perspective of electrical stimulation mapping«, *Behavioral and Brain Sciences* 6(2):189–230 (1983).

267 Das Tempo der lautlichen Veränderungen könnte besonders wichtig sein: J. Schwartz, Paula Tallal, »Rate of acoustic change may underlie hemispheric specialization«, *Science* 207:1380–1381 (1980).

268 Itzhak Fried, George Ojemann, Eberhard Fetz, »Language-related potetials specific to human language cortex«, *Science* 212:353–356 (1981), und George Ojemann, Itzhak Fried, Ettore Lettich, »Electrocorticographic (ECoG) Correlates of language: I. Desynchronization in temporal language cortex during object naming«, *Electroencephalography and Clinical Neurophysiology* 73:453–463 (1989).

270 Die in der Regel vorübergehenden, aber dramatischen Sprachdefizite nach Entfernung des zusätzlichen motorischen Felds werden detailliert beschrieben in Robert Rostomily, Mitchell Berger, George Ojemann, Ettore Lettich, »Postoperative deficits and functional recovery following removal of tumors involving the dominant hemisphere supplementary motor area«, *Journal of Neurosurgery* 75:62–68 (1991).

Untersuchungen der Vokalisierung bei Affen, sowohl mittels Stimulations-Kartierung wie mit neuronalen Messungen, werden besprochen in George Ojemann, Otto Creutzfeldt, »Language in humans and animals: contribution of brain stimulation and recording«, in *Handbook of Physiology, the Nervous System, Bd. 5, Higher Functions of the Brain,* hg. v. Vernon Mountcastle, Fred Plum, Steven Geiger, S. 675–699 (American Psychological Society 1987).

15. Warum können wir so gut lesen?

Eine allgemeine Einführung in Sprache an sich bietet David Crystal, *The Cambridge Encyclopedia of Language* (Cambridge University Press 1987).

Antonio Damasio, Hanna Damasio, »The anatomic basis of pure alexia«, *Neurology* 33:1573–1583 (1983).

Albert M. Galaburda (Hg.), *Dyslexia and Development* (Harvard University Press 1993).

Margaret Livingstone, »Parallel processing in the visual system and the brain: Is one subsystem selectively affected in dyslexia?«, in *Dyslexia and Development,* hg. v. Albert M. Galaburda (Harvard University Press 1993).

Paula Tallal, Roslyn Holly Fitch, »Hormones and cerebral organization: implications for the development and transmission of language and learning disabilities«, in *Dyslexia and Development*, hg. v. Albert m. Galaburda (Harvard University Press 1993).

275 Alexie und Aufmerksamkeitsstörungen werden besprochen in Michael I. Posner, »Attention as a cognitive and neural system«, *Current Directions in Psychological Science* 1:11–14 (Februar 1992).

277 Margaret S. Livingstone, Glenn D. Rosen, Frank W. Drislane, Albert M. Galaburda, »Psychological and anatomical evidence for a magnocellular defect in developmental dyslexia, »*Proceedings of the National Academy of Sciences (U.S.A.)* 88:7943–7947 (15. September 1991).

277 Dyslexie kommt bei Männern häufiger als bei Frauen vor, wenn auch nicht in dem Maß, wie man das früher gedacht hatte. Vgl. W. James, »The sex ratios of dyslexic children and their sibs«, *Developmental Medicine and Child Neurology* 34:530–533 (1992).

Beweise für einen Zusammenhang mit Anomalien des Chromosom 15 bei einigen Fällen von familiärer Dyslexie finden sich in S. Smith, W. Kimberling, B. Pennington, H. Lubs, »Specific reading disability: identification of an inherited form through linkage analysis«, *Science* 219:1345–1347 (1983).

Eine neuere Bewertung von Geschwindts Hypothese hinsichtlich des Ursprungs von Dyslexie, Allergien, Linkshändigkeit und ungewöhnlich guten mathematischen Fähigkeiten bietet Albert Galaburda, »The testosterone hypothesis: reassessment since Geschwind and Behan«, *Annals of Dyslexia* 40:18–38.

Mehr über die Mäuse mit Autoimmun- und Lernstörungen findet man in V. Dennenberg, G. Sherman, L. Schrott, G. Rosen, A. Galaburda, «Spatial learning, discrimination learning, paw preference, and neocortical ectopias in two autoimmune strains of mice«, *Brain Research* 562:98–104 (1991).

279 George A. Ojemann, »Some brain mechanisms for reading«, in *Brain and Reading*, hg. v. Curt von Euler (Macmillan 1989); S. 47–59.

280 f. Die Gesundheitskosten und Patientenzahlen neurologischer Erkrankungen wurden 1993 von der Society for Neuroscience nach verschiedenen landesweiten Erhebungen zusammengestellt. Die für 1990 geschätzten 3,3 Prozent Aufwendungen für Forschung und Entwicklung wurden entnommen aus Donald C. Harrison, »Science for the 21st Century: the coming biomedical revolution«, in *Preparing for Science in the 21st Century*, hg. v. Donald C. Harrison, Marian Osterweis, Elaine R. Rubin (Association of Academic Health Centers, Washington DC, 1991), S. 5.

283 Zu den Verwaltungskosten vgl. den Artikel und das Editorial in *New England Journal of Medicine* (5. August 1993).

284 Christina Enroth-Cugell, John G. Robson, »The contrast sensitivity of retinal ganglion cells of the cat«, *Journal of Physiology* 187:517–552 (1966).

284 Groß ist das Unwissen darüber, wie es wirklich zu nützlichen wissenschaftlichen Entdeckungen kommt, und so neigen die Gesetzgeber dazu, nur Forschungsmittel für spezifische Krankheiten bereitzustellen, statt den Forschern zu gestatten, einfach ihren gutausgebildeten Instinkten zu folgen, wo es ein »interessantes Problem« geben könnte.

285 Lewis Thomas, *The Lives of a Cell* (Viking 1974), S. 36–42.

16. Wenn Dinge auf neue Weise verknüpft werden

Neuere Übersichten zur Organisation des menschlichen Sprachkortex finden sich unter anderem in:

Doreen Kimura, *Neuromotor Mechanisms in Human Communication* (Oxford University Press 1993).

George A. Ojemann, »Cortical organization of language«, *Journal of Neuroscience* 11:2281–2287 (August 1991); »Cortical organization of language and verbal memory based on intraoperative investigations«, *Progress in Sensory Physiology* 12:193–230 (1991)

David Corina, Jyotsna Vald, Ursula Bellugi, »The linguistic basis of left hemisphere specialization«, *Science* 255:1258–1260 (6. März 1992).

286 f. George A. Ojemann, Catherine Mateer, »Human language cortex: localization of memory, syntax and sequential motor-phoneme identification systems«, *Science* 205:1401–1403 (1979).

288 J. P. Mohr, »Broca's area and Broca's aphasia«, in *Studies in Neurolinguistics*, hg. v. Harry Whitaker, Hanna A. Whitaker (Academic Press 1976).

290 Viele Primatologen würden die Liste von sechsunddreißig Vokalisationen, die Jane Goodall in *Wilde Schimpansen* (Rowohlt 1991) beschreibt, erweitern. Der entscheidende Punkt aber bleibt davon unberührt: Die Liste bedeutungsloser Phoneme beim Menschen ist ungefähr so lang wie die Liste bedeutungstragender Vokalisierungen beim Schimpansen.

290 f. Für die Gehirnentwicklung der Hominiden vgl. Dean Falk, *Braindance* (Henry Holt 1992). Die kortikale Auffaltung wird in allgemeiner Weise abgehandelt in John W. Prothero, John W. Sundsten, »Folding of the cerebral cortex in mammals«, *Brain, Behavior, and Evolution* 24:152–167 (1984).

292 John Hughlings Jackson, »Remarks on evolution and dissolution of the nervous system«, *The Journal of Medical Science* 33:25–48 (1887–88).

292 f. William H. Calvin, »A stone's throw and its launch window: timing precision and its implications for language and hominid brains«, *Journal of Theoretical Biology* 104:121–135 (1983).

294 Otto Creutzfeldt, George Ojemann, Ettore Lettich, »Neuronal activity in the human lateral temporal lobe. I. Responses to speech«, *Experimental Brain Research* 77:451–475 (1989).

Otto Creutzfeldt, George Ojemann, Ettore Lettich, »Neuronal activity in the human lateral temporal lobe. II. Responses to the subject's own voice«, *Experimental Brain Research* 77:176–489 (1989).

Otto Creutzfeldt, George Ojemann, »Neuronal activity in the human lateral temporal lobe. III. Activity changes during music«, *Experimental Brain Research* 77:490–498 (1989).

294 Doreen Kimura, »Sex differences in the brain«, *Scientific American* 267(3):81–87 (September 1992).

296 Zu den Sequenzierungs-Fähigkeiten als Schlüsselelement der Gehirnentwicklung bei Hominiden vgl. W. H. Calvin, *The Ascent of Mind: Ice Age Climates and the Evolution of Intelligence* (Bantam 1990, deutsche Ausgabe Hanser, i.Vb.).

296 Eine zeitgemäße Diskussion der Konfusion hinsichtlich der kortikalen Spezialisierungen findet sich in Robert Efron, *The Decline and Fall of Hemispheric Specialization* (Erlbaum 1990), S. 3–16.

17. Tief im Temporallappen, gegenüber dem Hirnstamm

Der Fachausdruck für die übliche Epilepsie-Operation lautet *Vordere Temporallappen-Teilresektion* oder *partielle Temporallobektomie*. Hintergrundinformationen finden sich in Wilder Penfield, Theodore Rasmussen, *The Cerebral Cortex of Man* (Macmillan 1950).

Die Vernarbung des Uncus wird auch als *mesiale Sklerose* bezeichnet. Die Illustration, die den Uncus nahe der Dura-Kante zeigt, wurde adaptiert nach John Nolte, *The Human Brain: An Introduction to its* Functional *Anatomy*, 3. Aufl. (Mosby 1993); man beachte, daß die Schnittebene auf der linken und auf der rechten Seite unterschiedlich plaziert ist und daß der Uncus tatsächlich im vorderen Drittel an der Unterseite des Temporallappens liegt.

301f. R. Ivnik, F. Scharbough, E. Laws, »Effects of anterior temporal lobectomy on cognitive functions«, *Journal of Clinical Psychology* 43:128–137 (1987); Robert Efron, Paul Crandall, »Central auditory processing. II. Effects of anterior temporal lobectomy«, *Brain and Language* 19:237–253 (1893); Robert Efron, Paul Crandall, B. Koss, P. Divenyi, E. Yund, »Central auditory processing. III. The ›cocktail party‹ effect and anterior temporal lobectomy«, *Brain and Language* 19:254–263 (1983).

306 Belege dafür, daß die Reinnervation im Rahmen des Reparaturprozesses des menschlichen Hippocampus bei Epilepsie zu weiterer Übererregbarkeit führen kann, finden sich in Thomas Babb et al., »Aberrant synaptic reorganization in human epileptic hippocampus: evidence for feedforward excitation«, *Dendron* 1:7–25 (1992) und Tom Sutula et al., »Mossy fiber synaptic reorganization in epileptic human temporal lobe«, *Annals of Neurology* 26:321–330 (1989).

308 Wie man mit mehreren standardisierten Meßverfahren ermittelt hat, schätzen Patienten, die fünf Jahre nach einer Epilepsie-Operation anfallsfrei sind, ihre Lebensqualität als deutlich verbessert ein. Diejenigen, die Arbeit hatten, konnten ihre berufliche Stellung mit höherer Wahrscheinlichkeit verbessern; und diejenigen, die zur Zeit der Operation zur Schule gingen und in den darauffolgenden fünf Jahren ins Arbeitsleben eintraten, haben mit größerer Wahrscheinlichkeit eine Beschäftigung als jene vergleichbaren Patienten, die in jenen fünf Jahren nur mit Medikamenten behandelt wurden. Larry Batzel, Robert Fraser, »Resection surgery for epilepsy: outcome and quality of life«, in *Epilepsy Surgery*, hg. v. Dan Silbergeld, George Ojemann, *Neurosurgical Clinics of North America* 4:435–351 (April 1993). Wie auch andere kommt diese Untersuchung zu dem Schluß, daß im Gegensatz zu diesen beiden Gruppen solche Patienten, die die Schule schon verlassen hatten, aber arbeitslos waren, nur selten eine Beschäftigung fanden, wenn ihre Anfälle operativ behoben worden waren. Dies ist ein wichtiges Argument dafür, daß bei Patienten, deren Anfälle nicht mit antiepileptischen Pharmazeutika behandelt werden können, eine Operation schon während der Adoleszenz in Erwägung gezogen werden sollte.

308 Michael M. Haglund, Linda Moretti Ojemann, »Seizure outcome in patients undergoing temporal lobe resections for epilepsy«, *Neurosurgical Clinics of North America* 4:337–344 (April 1993).

308 »National Institutes of Health Consensus Conference: Surgery for Epilepsy«, *Journal of the American Medical Association* 264:729–733 (1990). Die Konferenz kam zu dem Schluß, daß bei entsprechenden Patienten Epilepsie-Operationen sich als wirksames Mittel zur Kontrolle der Anfälle erwiesen haben.

308 f. Ein amerikanischer Bundesstaat, Oregon, hat ursprünglich versucht, staatliche Unterstützungen für Epilepsie-Operationen zu streichen, um mit diesen Spareffekt die Verfügbarkeit anderer Gesundheitsmaßnahmen zu verbessern.

18. Auf der Suche nach dem Ich-Erzähler

Die allgemeine Grundlage für dieses Kapitel findet sich in W. H. Calvin, *Die Symphonie des Denkens. Wie aus Neuronen Bewußtsein entsteht* (Hanser 1993).

Marvin Minsky, *Mentopolis* (Klett-Cotta 1990).

Antonio R. Damasio, »Synchronous activation in multiple cortical regions: a mechanism for recall«, *Seminars in the Neurosciences* 2:287–296 (August 1990).

Francis Crick, Christof Koch, »The problem of consciousness«, *Scientific American* 267(3):111–117 (September 1992), und »Towards a neurobiological theory of consciousness«, *Seminars in the Neurosciences* 2:262–276 (August 1990).

Howard Eichenbaum, »Thinking about brain cell assemblies«, *Science* 261: 993–994 (20. August 1993).

Christof Koch, Joel E. Davis, Hgg., *Large-Scale Neuronal Theories of the Brain* (MIT-Press 1994).

Michael S. Gazzaniga, Hg., *The Cognitive Neurosciences* (MIT Press 1994).

318 B. L. J. Kaczmarek, »Neurolinguistic disturbances of verbal utterances in patients with focal lesions of frontal lobes«, *Brain and Language* 21:52–58 (1984).

318 Der extrastriäre visuelle Bereich, der bei Affen MT (Mittlerer Temporalbereich) genannt wird und auch als V5 bekannt ist, scheint beim Menschen eher am Rand des Okzipital- und Temporallappens lokalisiert zu sein, und zwar in etwa so an der Unterseite, daß das meiste um den seitlichen Rand herausschaut. Während sich die visuellen Bereiche vom Affen zum Menschen vielleicht nur verdoppelt haben, hat sich der Kortex insgesamt eher verzehnfacht. Folglich können viele der visuellen kortikalen Bereiche, die bei Affen im mittleren Temporallappen lokalisiert sind, bei Menschen viel dichter am Okzipitallappen liegen.

319 Antonio R. Damasio, Daniel Tranel, »Nouns and verbs are retrieved with differently distributed neural systems«, *Proceedings of the National Academy of Sciences (U.S.A.)* 90:4957–4760 (1. Juni 1993).

Gregory McCarthy, Andrew M. Blamire, Douglas L. Rothman, Rolf Gruetter,

Robert G. Shulman, »Echo-planar magnetic resonance imaging studies of frontal cortex activation during word generation in humans«, *Proceedings of the National Academy of Sciences (U.S.A.)* 90:4952–4956 (1. Juni 1993).

320 John Hart, Barry Gordon, »Neural subsystems for object knowledge«, *Nature* 359:60–64 (1992). Hier finden sich Belege, daß es zwischen visuell basierten und sprachbasierten Repräsentationen höherer Ebene größere Unterschiede gibt. Hintergrundinformationen finden sich auch in *The New York Times*, S. C3 (15. September 1992).

323 Es wird angenommen, daß die Bereiche des Gyrus lingualis, die mit der Farbwahrnehmung zu tun haben, den extrastriären visuellen Bereichen homolog sind, die in der wissenschaftlichen Literatur über Affen als V2 und V4 bezeichnet werden. Vgl. Hanna Damasio, Antonio R. Damasio, *Lesion Analysis in Neuropsychology* (Oxford University Press 1989).

Antonio R. Damasio, Hanna Damasio, Daniel Tranel, John P. Brandt, »Neural regionalization of knowledge access: preliminary evidence«, *Cold Spring Harbor Symposia on Quantitative Biology* 55:1039–1047 (1990).

Antonio R. Damasio, »Time-locked multiregional retroactivation: a systems-level proposal for the neural substrates of recall and recognition«, *Cognition* 33:25–62 (1989).

325 Daniel C. Dennett, *Consciousness Explained* (Little, Brown 1991).

325 Peter M. Milner, »A model for visual shape recognition«, *Psychological Reviews* 81:521–535 (1974).

325 Andreas K. Engel, Peter König, Andreas K. Kreiter, Thomas B. Schillen, Wolf Singer, »Temporal coding in the visual system: new vistas on integration in the nervous system«, *Trends in Neuroscience* 15:218–226 (Juni 1992). Und Wolf Singer, »Synchronization of cortical activity and its putative role in information processing and learning«, *Annual Review of Physiology* 55:349–374 (1993). Vgl. auch Steven H. Strogatz, Ian Stewart, »Coupled oscillators and biological synchronization«, *Scientific American* 269(6):102–109 (Dezember 1993).

326 Venkatesh N. Murthy, Eberhard E. Fetz, »Coherent 25- to 35-Hz oscillations in the senorimotor cortex of awake behaving monkeys«, *Proceedings of the National Academy of Sciences (U.S.A.)* 89:5670–5674 (Juni 1992).

326 Von temporalen Mustern neuronaler Thalamus-Akitivität beim Menschen, die für bestimmte semantische Kategorien spezifisch zu sein scheinen, berichten Natalia Bechtereva und ihre Mitarbeiter am Institut für Experimentelle Medizin in St. Petersburg. Vgl. N. P. Bechtereva, P. V. Bundzen, Y. L. Gogolitsin, V. N. Malyshev, P. D. Perepelkin, »Neurophysiological codes of words in subcortical structures of the human brain«, *Brain and Language* 7:145–163 (1979).

Von Temporallappen-Neuronen, die offensichtlich spezifische Aktivitätsmuster für bestimmte Worte aufweisen, berichten Otto Creutzfeldt, George Ojemann, Ettore Lettich, »Neuronal activity inhuman lateral temporal lobe. I. Responses to speech«, *Experimental Brain Research* 77:451–475 (1989).

326 f. Frances H. Rauscher, Gordon L. Shaw, Katherine N. Ky, »Music and spatial task performance«, *Nature* 365:611 (14. Oktober 1993). Musik von Mozart zu hören, verbessert die anschließende Leistung bei räumlichen IQ-Tests um durchschnittlich neun Punkte für vielleicht fünfzehn Minuten.

327 Peter F. Drucker, *Post-capitalist Society* (HaperCollins 1993).

329 Kenneth J. W. Craik, *The Nature of Explanation* (Cambridge University Press 1943), S. 61.

331 Ursula Bellugi, A. Bihrle, T. Jernigan, D. Trauner, S. Doherty, »Neuropsychological, neurological, and neuroanatomical profile of Williams syndrome«, *American Journal of Medical Genetics, Supplement* 6:115–125 (1990): behandelt Sprach- und andere kognitive Funktionen bei Heranwachsenden mit Williams-Syndrom im Unterschied zu Heranwachsenden mit Down-Syndrom gleichen Alters und vergleichbarer Intelligenz; diejenigen mit Williams-Syndrom zeigten eine ungewöhnliche Fraktionierung höherer kortikaler Funktionen mit erheblichen kognitiven Defiziten, aber selektiv bewahrter Syntax.

335 William H. Calvin, »The brain as a Darwin Machine«, *Nature* 330:33–34 (5. November 1987).

335 Ein weiteres Beispiel ist das Rechenverfahren des sogenannten »genetischen« Algorithmus, vgl. z. B. John H. Holland, »Genetic algorithms«, *Scientific American* 267(1):66–72 (Juli 1992). Genetische Algorithmen, die sich der kreativen Kraft der Evolution bedienen, haben sich zu einer weitverbreiteten Forschungstechnik entwikkelt und werden für nichtlineare symbolische Regressionen, automatische Programmierung, Planung von Produktionsanlagen und so weiter eingesetzt.

338 William H. Calvin, »Islands in the mind: dynamic subdivisions of association cortex and the emergence of a Darwin Machine«, *Seminars in the Neurosciences* 3(5):423–433 (1991).

339 f. Frederick David Abraham, Ralph H. Abraham, Christopher D. Shaw, *A Visual Introduction to Dynamical Systems Theory for Psychology* (Aerial Press, Santa Cruz, 1990). James Gleick, *Chaos* (Viking 1987), S. 140.

340 John H. R. Maunsell, William T. Newsome, »Visual processing in monkey extrastriate cortex«, *Annual Review of Neuroscience* 10:363–401 (1987).

341 William H. Calvin, »Error-correcting codes: Coherent hexagonal copying from fuzzy neuroanatomy«, *World Congress on Neural Networks* 1:101–104 (1993). Und William H. Calvin, »The emergence of intelligence«, *Scientific American* (September 1994).

Anmerkung des Übersetzers:

Zur Übertragung der wissenschaftlichen Terminologie und der fachspezifischen Zusammenhänge wurde neben o. a. Werken in der Hauptsache die folgende deutschsprachige Fachliteratur herangezogen:

W. Birkmayer et. al., *Die Parkinson-Krankheit* (Stuttgart: Trias 1993)

A. Borbély, *Das Geheimnis des Schlafs* (Stuttgart: Deutsche Verlags-Anstalt 1984)

F. Dorsch, *Psychologisches Wörterbuch* (Bern, Stuttgart, Wien: Huber 1976)

J. C. Eccles, *Die Evolution des Gehirns* (München: Piper 1993)

H. Feneis, W. Daubner, *Anatomisches Bildwörterbuch*, und dies., *Pocket Atlas of Human Anatomy* (Stuttgart: Thieme 1993, 1994)

Zetkin/Schaldach, *Wörterbuch der Medizin, Zahnheilkunde und Grenzgebiete*, hg. v. Heinz David, Bd. 1 u. 2 (Stuttgart: Thieme 1985)

Register